特种设备作业人员安全技术培训考核统编教材

游乐设施安全操作与维修

张耀光 主 编
勾连生 师淑华 副主编
张 勤 主 审

中国劳动社会保障出版社

图书在版编目（CIP）数据

游乐设施安全操作与维修/张耀光主编．—北京：中国劳动社会保障出版社，2011

特种设备作业人员安全技术培训考核统编教材

ISBN 978-7-5045-9214-9

Ⅰ.①游…　Ⅱ.①张…　Ⅲ.①游乐场-设施-安全技术-技术培训-教材②游乐场-设施-维修-技术培训-教材　Ⅳ.①TS952.8

中国版本图书馆 CIP 数据核字（2011）第 191575 号

中国劳动社会保障出版社出版发行

（北京市惠新东街 1 号　邮政编码：100029）

出 版 人：张梦欣

*

三河市华骏印务包装有限公司印刷装订　新华书店经销

850 毫米×1168 毫米　32 开本　16.125 印张　396 千字

2011 年 9 月第 1 版　2019 年 4 月第 5 次印刷

定价：43.00 元

读者服务部电话：（010）64929211/64921644/84626437

营销部电话：（010）64961894

出版社网址：http://www.class.com.cn

编委会

内容简介

本书根据国家质量监督检验检疫总局2008年颁布的TSG Y6001—2008《大型游乐设施安全管理人员和作业人员考核大纲》编写，是游乐设施作业人员安全技术培训考核用书。

本书系统介绍了游乐设施作业人员应学习掌握的安全技术理论知识。全书包括大型游乐设施的安全监督管理、游乐设施分类、分级以及游乐设施代号、游乐设施常用的传动和传动机构、游乐设施的安全装置、游乐设施的电气系统、游乐设施的安全管理、操作与服务、游乐设施事故案例分析、游乐设施的润滑、游乐设施的维修与保养、大型游乐设施技能培训等。

本书可作为游乐设施操作、维修作业人员安全技术培训考核教材。

本书由张耀光同志主编，张勤同志主审，勾连生、师淑华同志担任副主编。主要编写人员包括北京市特种设备检测中心、石景山游乐园、北京朝阳公园勇敢者天地游乐园、北京九华游乐设备制造有限公司等单位有多年工作经验的同志。各章节的主要编写人员是：第一章、第三章的部分、第七章由张耀光编写；第三章的第九节、第四章、第五章由陈新民编写；第三章的第六、七、八节、第八章由尹钦栋编写；第六章、第九章、第十章由勾连生编写；第二章由张静编写。

限于编者的水平和经验，难免有疏漏错讹之处，恳请读者和专家提出宝贵意见。

前言

特种设备作业技术含量高，专业性强，如果引发安全生产事故，会造成人员伤亡、设备损毁，后果极为严重。特种设备作业事故大多发生在使用和操作环节，究其原因，一是作业人员的安全素质低，安全生产意识薄弱；二是违章作业、操作不当甚至无证作业；三是缺乏必备的安全生产知识技能；四是对设备缺乏维护和保养以及规章制度不健全，管理不善。

国务院令第 549 号《特种设备安全监察条例》规定："锅炉、压力容器、电梯、起重机械、客运索道、大型游乐设施、场（厂）内专用机动车辆的作业人员及其相关管理人员（以下统称特种设备作业人员），应当按照国家有关规定经特种设备安全监督管理部门考核合格，取得国家统一格式的特种作业人员证书，方可从事相应的作业或者管理工作。"

为了进一步落实上述规定，配合国家质量监督检验检疫总局依法做好特种设备作业人员的培训考核工作，培养生产一线工人和基层生产管理者的安全意识，传授必备的安全生产知识和操作技能，使他们掌握正确的操作方法，规范操作行为，养成良好的操作习惯，杜绝违章作业，我们组织了一批经验丰富、多年从事特种设备作业安全培训的有关专家编写了这套"特种设备作业人员安全技术培训考核统编教材"。本套教材第一批共 17 种，包括：《锅炉安全管理与操作》《锅炉水处理技术》《压力容器安全管理与操作》《气瓶安全管理与操作》《锅炉压力容器压力管道气瓶安全管理》《压力管道巡检与维护》《起重机械安全管理》

《流动式起重机》《桥门式起重机》《起重机械指挥司索》《场（厂）内机动车》《场（厂）内专用机动车安全管理》《电梯安全管理》《电梯司机》《电梯安装与维修》《特种设备焊接》《游乐设施安全操作与维修》。

本套教材针对特种设备作业人员各工种的安全技术培训考核，紧扣考核大纲和技能操作考核标准，具有科学性、实用性、适用性的特点，内容深入浅出、通俗易懂。本套教材反映了国家质量监督检验检疫总局关于全国特种设备作业人员培训考核的最新要求，是全国各有关行业、各类企业从事特种设备作业的劳动者，为掌握和提高有关特种设备作业知识与技能，提高自身安全素质，取得特种设备作业人员操作证的优秀培训教材。

本套教材在编写过程中，得到了北京市质量技术监督局、北京市特种设备检测中心、北京特种设备行业协会的大力支持；参与教材编写的行业专家和主编倾注了大量的心血，为教材的顺利出版作出了贡献。在此，我们表示衷心的感谢！同时，恳切希望广大读者提出宝贵的意见和建议，以便修订时加以完善。

编委会

2011 年10月

目录

第一章　大型游乐设施的安全监督管理……………………（ 1 ）

第一节　特种设备的安全监督管理体制………………………（ 1 ）
第二节　特种设备安全监督管理法规体系……………………（ 3 ）
第三节　游乐设施的安全监察…………………………………（ 4 ）
第四节　游乐设施的标准和标准体系及设计、制造环节的安全监察……………………………………………………（ 12 ）
第五节　游乐设施安装、改造、维修和使用环节的安全监察……………………………………………………………（ 15 ）
第六节　安全生产的法律法规…………………………………（ 19 ）

第二章　游乐设施分类、分级以及游乐设施代号…………（ 27 ）

第一节　游乐设施的分类………………………………………（ 27 ）
第二节　游乐设施的分级………………………………………（ 85 ）
第三节　游乐设施代号…………………………………………（ 90 ）

第三章　游乐设施常用的传动方式和传动机构……………（ 95 ）

第一节　游乐设施传动系统概述………………………………（ 95 ）
第二节　齿轮传动系统…………………………………………（106）
第三节　链传动与带传动………………………………………（116）
第四节　常用的机械传动机构…………………………………（129）
第五节　联轴器、制动器与回转支撑…………………………（142）
第六节　液压传动原理…………………………………………（163）
第七节　气压传动原理…………………………………………（193）
第八节　液力传动原理…………………………………………（212）

第九节　游乐设施的电制动…………………………（217）

第四章　游乐设施的安全装置……………………（222）

第一节　座舱中的安全装置…………………………（222）
第二节　吊挂乘坐物的保险装置……………………（226）
第三节　撞击缓冲装置………………………………（228）
第四节　其他形式的保险装置………………………（230）

第五章　游乐设施的电气系统……………………（234）

第一节　游乐设施的供配电系统……………………（234）
第二节　游乐设施的电气控制系统…………………（236）
第三节　游乐设施的照明和灯饰……………………（243）
第四节　游乐设施的电力拖动………………………（246）
第五节　游乐设施的电气安全保护装置……………（254）
第六节　控制电路常用电气图形符号和代号及电气元件………………………………………………（257）

第六章　游乐设施的安全管理、操作与服务……（266）

第一节　游乐设施的管理总要求……………………（266）
第二节　游乐设施的操作与服务……………………（269）
第三节　游乐设施操作服务维修保养人员的培训………（276）
第四节　游乐设施的安全运行实例…………………（281）

第七章　游乐设施事故案例分析…………………（291）

第一节　国内发生的事故案例………………………（291）
第二节　发生事故的原因及其分析…………………（312）
第三节　游乐设施事故预防与应急救援预案………（316）

第八章　游乐设施的润滑…………………………（331）
第一节　润滑油脂的种类、牌号与选用………………（331）
第二节　特种油的种类、牌号与选用…………………（338）
第三节　油杯和油枪…………………………………（345）
第四节　润滑作业的方法……………………………（348）
第五节　游乐设施上的润滑点………………………（349）
第九章　游乐设施的维修与保养……………………（351）
第一节　游乐设施的磨损与维修……………………（351）
第二节　游乐设施定期保养…………………………（380）
第十章　大型游乐设施实操技能培训………………（397）
第一节　实操技能培训项目…………………………（397）
第二节　操作服务岗位训练项目……………………（406）
第三节　紧急事故状态应采取的措施和步骤…………（408）
附录一　游乐设施操作人员题库………………………（410）
附录二　游乐设施维修人员题库………………………（446）
附录三　游乐设施操作人员题库答案…………………（498）
附录四　游乐设施维修人员题库答案…………………（501）
参考文献…………………………………………………（505）

第一章

大型游乐设施的安全监督管理

本章知识要点

1. 了解特种设备安全监督管理法规体系

2. 熟悉大型游乐设施的安全监督管理的法规和游乐设施运营应具备的条件

3. 掌握大型游乐设施的安全监察范围和大型游乐设施维护保养规则

第一节　特种设备的安全监督管理体制

特种设备是生产和生活中广泛使用的具有危险性的设备，有的在高温高压下工作，有的盛装易燃、易爆、有毒介质，有的在高空、高速下运行，一旦发生事故，会造成严重人身伤亡及重大财产损失。多年来，世界各国锅炉、压力容器、压力管道爆炸、泄漏，电梯、起重机械、客运架空索道、游乐机和游乐设施坠落、倒塌，厂内机动车辆碰撞损坏等灾害性事故时有发生。特种设备的安全事关人民群众的生命和财产安全，事关社会稳定，各国政府十分重视，不断探索，寻找解决办法，逐步形成了行之有效的安全监察体制，保证了正常生产秩序。

安全监察是负责特种设备安全的政府行政机关为实现安全目的而从事的决策组织、管理、控制和监督检查等活动的总和。

对特种设备实行安全监察是国务院授予质监部门的职责和权力。它区别于工业主管部门、行业组织（总会、联合会）及大企业的安全管理。安全监察活动是为了公众安全从国家整体利益出发以政府的名义利用行政权力进行的，不受部门或行业的限制。

在我国，安全监察用于特种设备领域最早在 1963 年 5 月 28 日，国务院批准劳动部《关于加强各地锅炉和受压容器安全监察机构的报告》中，将政府负责锅炉和压力容器的行政管理工作称为安全监察，并在以后的十几年中一直使用。在 1982 年 2 月 6 日国务院颁布的《锅炉压力容器安全监察暂行条例》中正式使用了安全监察概念，使其法制化。

目前，我国的安全生产监督管理实行的是综合监督管理与专项安全监察相结合的工作体制。国家安全生产监督管理总局是国务院负责安全生产监督管理的部门，承担国务院安全生产委员会办公室的日常工作，综合管理全国安全生产工作，依法行使国家安全生产综合监督管理职权，依法行使国家煤矿安全监察职权。国家对特种设备实行专项安全监察体制，《特种设备安全监察条例》所称特种设备安全监督管理部门，是指国家质量监督检验检疫总局及各级地方质量技术监督局。国家在特种设备安全监督管理部门内设立特种设备安全监察局，各省、市、自治区、直辖市在特种设备安全监督管理部门内设有特种设备安全监察处，各地市设安全监察科，各地建立压力容器检验所和特种设备检验所。国家质量监督检验检疫总局及各级地方质量技术监督局负责对包括游乐设施、旅游景区、游乐场所及特定区域使用的专用机动车辆在内的特种设备实施专项安全监察。

国家质量监督检验检疫总局主要负责对特种设备安全监察的统一管理，制定相关规章政策。

县级以上地方质量技术监督部门主要负责安全监察工作的具体实施，包括生产、使用过程中的审核、发证以及对违法行为的查处。

第二节　特种设备安全监督管理法规体系

目前我国制定的特种设备安全监察方面的一系列规章和规范性文件，基本形成了法律—行政法规—部门规章—规范性文件—相关标准及技术规定等五个层次的特种设备安全监察法规体系结构。

一、第一层次：国家法律

由全国人民代表大会颁布的法。

1. 现行法律

《中华人民共和国产品质量法》《中华人民共和国劳动法》《中华人民共和国安全生产法》《中华人民共和国节约能源法》和《中华人民共和国商品检验法》。

2. 拟定法律

《中华人民共和国特种设备安全监察法》。

二、第二层次：法规

1. 行政法规

国务院颁布的条例和总理签发的令。

2. 地方法规

省、自治区、直辖市人民代表大会颁布的条例。

3. 现行法规

《国务院关于修改〈特种设备安全监察条例〉的决定》《生产安全事故报告和调查处理条例》《国务院关于特大安全事故行政责任追究的规定》《工业产品生产许可证试行条例》和地方的劳动保护条例、劳动安全卫生监察条例等。

三、第三层次：规章

1. 行政规章

国务院行政职能部门行政第一首长签发的令。

2. 地方规章

省、自治区、直辖市和国务院授权城市的行政第一首长签发的令。

3. 现行规章

《特种设备质量监督与安全监察规定》《锅炉压力容器压力管道特种设备事故处理规定》《锅炉压力容器压力管道特种设备安全监察行政处罚规定》《特种设备检验机构管理办法》和部分地方的省（市）长令、自治区主席令等。

四、第四层次：规范性文件和技术法规

1. 规范性文件

国务院及其行政职能部门、地方政府及其行政职能部门颁布的各类行政行为实施办法、规则、细则等。

2. 技术法规

规定强制执行的产品特性或其相关工艺和生产方法，包括适用的行政（管理）规定在内的文件。该文件还包括或专门给出适用产品、工艺或生产方法的术语、符号、包装、标志或标签要求。

3. 现行规范性文件

《特种设备注册登记与使用管理规则》《特种设备作业人员监督管理办法》《特种设备作业人员考核规则》。

五、第五层次：国家标准

国家标准是安全技术规范的重要基础和支撑，用来指导设备的生产和使用。全国专业标准化技术委员会（简称技术委员会）是在一定专业领域内，从事全国性标准化工作的技术组织，负责本专业领域内的标准化技术归口工作，是国家标准化管理机构的重要技术支撑。

第三节　游乐设施的安全监察

一、游乐设施实施安全监察的范围及类型

1. 纳入国家安全监察的游乐设施范围

(1)“游乐设施”是指用于经营目的，在封闭的区域内运行，承载游客游乐的设施。

（2）运行的最大线速度大于等于 2 m/s 或运行高度距地面大于等于 2 m 的游乐设施（不包括专用于体育竞技活动、文艺演出和个人非经营活动的设施）。

2. 纳入国家安全监察的游乐设施的类型

转马类、滑行类（包括滑道）、观览车类、自控飞机类、陀螺类、飞行塔类、架空游览车类、赛车类、小火车类、碰碰车类、水上游乐类（水上摩托、快艇和游船除外）、无动力类蹦极、滑索和其他类游乐设施（儿童用组合游乐设施除外）。

二、对游乐设施实施全过程安全监察

多年实践表明，特种设备安全涉及生产、使用、检验检测及其监督检查全过程，因此，必须对涉及安全的各个环节实施全过程安全监察。全过程包括特种设备的设计、制造、安装、使用、检验、修理、改造等七个环节，实施全过程的安全监察是保证设备安全的行之有效的手段。特种设备事故往往是在使用时发生，其原因与所有环节都有关。特种设备技术比较复杂，各环节之间相互关联，互相影响。如设计、制造时，不但要考虑设备本身的安全要求，而且要考虑安装、使用、检验等环节的要求。对事故进行正确分析，又能促使各个环节工作的改进，是建立和完善相应安全法规、标准的基础。从大量的事故教训中都可以得出这样的结论：要有效地防止事故，必须对特种设备的各个环节进行严格的管理，建立和完善组织系统、法规系统，并由专门机构实施全过程安全监察。

监督检查的具体活动和内容都应当遵守《特种设备安全监察条例》。其含义如下：一是体现依法行政，依法监察，特种设备安全监督管理部门依据条例实施安全监察、行使规定的职权；二是任何单位和个人都不能置于法律法规之外，包括监督检查等安全监察行为都应在条例规定的范围内，既不能越权，也不能不作为。

三、游乐设施安全监察有关的法规依据

1. 行政法规

《特种设备安全监察条例》于2003年2月19日国务院第68次常务会议审议通过，2003年3月11日国务院令第373号发布，2003年6月1日实施。

《特种设备安全监察条例》实施的意义是第一次把特种设备纳入法制化管理，第一次提出了特种设备全过程管理，第一次规定了特种设备实行监督检验、定期检验和型式试验。

2009年5月1日起施行的修改后的《特种设备安全监察条例》（以下简称新《条例》）有了以下几个特点：

（1）调整了适用范围，进一步统一了特种设备安全监管范围。将场（厂）内专用机动车辆纳入条例调整范围，确立了制造、改造、维修、检验许可制度；将移动式压力容器充装管理纳入条例调整范围；明确了无损检测机构的监督管理规定和特种设备材料管理规定。

（2）新《条例》明确了对高耗能特种设备实施节能审查与监管，就是在特种设备安全监察体系的基础上，建立特种设备安全监察与节能监管相结合的工作机制，即坚持不设立新的行政许可，利用特种设备安全监察机构向节能监管方面延伸，形成“企业主体、政府引导、部门联动、突出重点、服务优先”的工作格局，实现“确保安全、节能降耗”的双重目标。

（3）新《条例》还做了一个重大的调整。就是在行政许可方面，新《条例》规定，国务院特种设备安全监督管理部门可以授权省、自治区、直辖市特种设备安全监督管理部门负责新《条例》规定的特种设备行政许可工作。按照新《条例》的规定，国家质量监督检验检疫总局将把现行委托省级局实施的特种设备许可项目，全部下放到省级质监局自主实施。被依法授权的省级质监局将以自己名义实施特种设备行政许可，并对实施的行政许可行为后果承担法律责任。下放后，省级质监局接收的许可数量约

占国家质量监督检验检疫总局现行许可项目的70%。同时，新《条例》还规范了许可收费，专门增加了行政许可收取费用的明确规定。

(4) 新《条例》中明确了高耗能特种设备节能监管工作职责，为特种设备工作服务经济发展大局拓宽了领域。

锅炉、电梯等高耗能的特种设备节能减排的空间巨大。在新修改的《节约能源法》第16条中明确规定："对高耗能的特种设备，按照国务院的规定实行节能审查和监管"。

新《条例》根据这一原则规定，在节能监管方面主要作了四方面的细化：一是明确节能责任制度。新《条例》规定特种设备生产、使用单位应当建立健全特种设备安全、节能管理制度和岗位安全、节能责任制度，并保证必要的安全和节能投入。二是明确生产节能制度。规定特种设备生产单位对其生产的特种设备的安全性能和能效指标负责，不得生产不符合能效指标的特种设备。制定了高耗能特种设备设计文件节能鉴定规定，并明确了新产品能效测试规定。三是明确使用节能制度。包括对作业人员进行节能教育培训、锅炉使用单位应当按照要求进行锅炉水（介）质处理、规定从事锅炉清洗的单位和超标设备节能改造规定等。四是明确节能监督管理制度。发现能耗严重超标的，应当发出特种设备安全监察指令，责令纠正。

特种设备安全和节能工作涉及各行各业、方方面面，需要企业、检验技术机构、安全监察部门和地方政府明确职责定位，履行各自责任。

(5) 新《条例》明晰各方责任，突出企业主体责任

1) 新《条例》明确了生产、使用单位承担对特种设备安全质量全面负责的主体责任。特种生产企业不但要保证所生产的特种设备的安全质量，而且要保证其生产的特种设备能效指标满足要求。安全生产和节能减排是企业必须履行的义务，企业主要负责人应是第一责任人。

2）新《条例》明确了检验检测机构承担技术把关责任。检验检测机构既承担监督检验的重任，同时又是被监督对象。为了确保检验检测机构依法履行职责，公正、客观地对特种设备进行检验检测，新《条例》明确规定，特种设备检验检测机构对其检验检测结果、鉴定结论承担法律责任。

3）新《条例》明确了政府安全监督管理部门承担特种设备安全监管责任。新《条例》规定了各级特种设备安全监督管理部门必须依法对特种设备安全实施严格的监督管理，包括生产、使用过程中的审核、发证以及对违法行为的查处等。

4）明确了各级政府对特种设备安全实行统一领导，协调、解决特种设备安全工作中的重大问题的责任。

（6）新《条例》对特种设备事故分级和调查的规定。特种设备，特别是电梯、大型游乐设施、客运索道、锅炉等广泛应用于公共场所和人员密集地区，一旦发生事故，往往对人民群众的生命健康造成严重危害，并会产生恶劣的社会影响，需要加强预防和及时处理。考虑到特种设备事故预防和调查处理的专业性以及与一般生产安全事故的差异，条例总结实践中的成熟做法，根据《生产安全事故报告和调查处理条例》，增设专章规定特种设备事故的预防和调查处理：

一是，根据特种设备事故所造成的人员伤亡、直接经济损失、中断运行时间、受事故影响人数等情形，将特种设备事故分为特别重大事故、重大事故、较大事故和一般事故 4 级。

大型游乐设施高空滞留 100 人以上并且时间在 48 小时以上的，为特别重大事故。

大型游乐设施高空滞留 100 人以上并且时间在 24 小时以上 48 小时以下的，为重大事故。对事故发生负有责任的单位处 50 万元以上 200 万元以下罚款。

大型游乐设施高空滞留人员 12 小时以上的为较大事故。对事故发生负有责任的单位处 20 万元以上 50 万元以下罚款。

大型游乐设施高空滞留人员1小时以上12小时以下的为一般事故。对事故发生负有责任的单位处10万元以上20万元以下罚款。

修改后的条例首次提出特种设备一旦发生事故，负有责任的单位主要负责人也将受罚。发生一般事故的，处上一年年收入的30%罚款；发生较大事故的，处上一年年收入的40%罚款；发生重大事故的，处上一年年收入的60%罚款；属于国家机关工作人员的，依法予以处分；触犯刑律的，依照刑法关于重大责任事故罪或者其他罪的规定，依法追究刑事责任。

二是，根据特种设备事故的特点，规定应急预案、应急演练和事故分析及评估制度，规定特种设备使用单位应当制定事故应急专项预案，并定期进行事故应急演练。同时，特种设备安全监督管理部门应当对发生事故的原因进行分析，并根据特种设备的管理和技术特点、事故情况对相关安全技术规范进行评估；需要制定或者修订的，应当及时予以制定或者修订。

三是，完善事故报告制度，规定县以上特种设备安全监督管理部门接到事故报告，应当尽快核实有关情况，立即向所在地人民政府报告，并逐级上报事故情况，必要时可以越级上报事故情况。

四是，明确事故调查主体，特别重大事故由国务院或者国务院授权有关部门组织事故调查组进行调查，重大事故由国务院特种设备安全监督管理部门会同有关部门组织事故调查组进行调查，较大事故由省、自治区、直辖市特种设备安全监督管理部门会同有关部门组织事故调查组进行调查，一般事故由设区的市的特种设备安全监督管理部门会同有关部门组织事故调查组进行调查。

五是，规定事故调查报告应当由负责组织事故调查的特种设备安全监督管理部门的所在地人民政府批复，并报上一级特种设备安全监督管理部门备案。有关机关应当按照批复，依照法律、行政法规规定的权限和程序，对事故责任单位和有关人员进行行政处罚，对负有事故责任的国家工作人员进行处分。

2. 行政规章

《特种设备质量监督与安全监察规定》是行政规章，由政府机构行政长官签发，以令的形式发布的规范性文件。2000 年 6 月 29 日国家质量技术监督局第 13 号局长令发布，2000 年 10 月 1 日实施《特种设备质量监督与安全监察规定》确立了特种设备监督管理的统一，为条例奠定了基础，确立了设计审查、分级管理等主要制度。

3. 技术规范

游乐设施安全技术规范是规定游乐设施的安全性能和相应的设计、制造、安装、修理、改造、使用管理和检验检测方法，以及许可、考核条件、程序的一系列行政管理文件。安全技术规范是游乐设施法规体系的重要组成部分，其作用是把法律、法规和行政规章原则规定具体化，提出游乐设施基本安全要求。

(1) 《游乐设施安全技术监察规程（试行）》（国质检锅［2003］34 号）

1）基本的安全技术要求。

2）确定纳入安全监察的游乐设施范围。

3）确定了游乐设施的分级办法。

4）提出游乐设施设计审查、型式试验的要求。

5）提出游乐设施安全管理的基本要求。

(2)《关于调整大型游乐设施分级并做好大型游乐设施检验和型式试验工作的通知》(国质检特函［2007］373 号)

1）对《游乐设施安全技术监察规程（试行）》（国质检锅［2003］34 号）“附件 2 游乐设施分级表”进行调整：缩小原 A 级设备范围，提高原 B 级设备分级上限参数，原 C 级设备范围不变。此次调整自 2007 年 5 月 31 日之日起实施。

2）提出分级调整的实施意见。

3）提出安装监督检验和定期检验的有关要求。

4）提出型式试验的有关要求。

5）强调安全监察和检验机构的要求。

（3）《游乐设施监督检验规程（试行）》（国质检锅［2002］124号）。规定游乐设施检验的程序，检验的内容要求与方法，检验的仪器设备，检验报告的格式，合格判定准则，工作时限要求，检验机构和人员的要求等。

（4）《机电类特种设备制造许可规则（试行）》（国质检锅［2003］174号）和《机电类特种设备安装改造维修许可规则（试行）》（国质检锅［2003］251号）。规定包括游乐设施在内的特种设备制造安装改造维修许可申请的程序，制造安装改造维修单位的基本条件，鉴定评审的主要内容要求，评审报告的格式，工作时限要求，评审机构和人员的要求等。

（5）《特种设备作业人员监督管理办法》（国家质量监督检验检疫总局第70号令）

1）国家质量监督检验检疫总局负责全国特种设备作业人员的监督管理，县以上质量技术监督部门负责本辖区内的特种设备作业人员的监督管理。

2）大型游乐设施的作业人员是指安装、维修、操作及其相关管理人员，统称特种设备作业人员。

3）从事特种设备作业的人员应当按照本办法的规定，经考核合格取得特种设备作业人员证方可从事相应的作业或者管理工作。

（6）《大型游乐设施设计文件鉴定规则（试行）》（国质检锅［2003］321号）

1）设计鉴定是指对设计文件的审查和必要的设计验证活动。

2）实施设计文件鉴定的游乐设施范围：只对结构复杂、技术难度高的A级和B级的大型游乐设施进行设计文件鉴定。

3）制造、安装符合设计鉴定范围条件的大型游乐设施，其设计文件必须进行鉴定。

4）设计文件鉴定是指对所设计的大型游乐设施的安全技术

性能进行的鉴定。

(7) TSG Y6001—2008《大型游乐设施安全管理人员和作业人员考核大纲》。大纲适用于《特种设备安全监察条例》所规定的大型游乐设施安全管理人员和作业人员。大型游乐设施安全管理人员是指大型游乐设施使用单位配备从事大型游乐设施安全管理的专职人员；大型游乐设施作业人员是指使用单位从事大型游乐设施操作的人员和大型游乐设施安装改造维修单位从事安装维修人员。

第四节　游乐设施的标准和标准体系及设计、制造环节的安全监察

一、游乐设施的标准和标准体系

游乐设施的各类各项标准经过修订，在2000年11月1日颁发了14项标准代替了原游乐设施的15项标准，经多年实践应用，又陆续出台了几个标准。GB 8408—2008《游乐设施安全规范》代替了GB 8408—2000《游艺机和游艺设施安全标准》，初步形成游乐设施的标准体系。现在已有的22项标准如下：

GB 8408—2008　《游乐设施安全规范》

GB/T 20306—2006　《游乐设施术语》

GB/T 20049—2006　《游乐设施代号》

GB/T 20050—2006　《游乐设施检验验收》

GB/T 20051—2006　《无动力类游乐设施技术条件》

GB/T 21268—2007　《非公路用旅游观光车通用技术条件》

GB 18158—2008　《转马类游艺机通用技术条件》

GB 18159—2008　《滑行类游艺机通用技术条件》

GB 18160—2008　《陀螺类游艺机通用技术条件》

GB 18161—2008　《飞行塔类游艺机通用技术条件》

GB 18162—2008　《赛车类游艺机通用技术条件》

GB 18163—2008 《自控飞机类游艺机通用技术条件》

GB 18164—2008 《观览车类游艺机通用技术条件》

GB 18165—2008 《小火车类游艺机通用技术条件》

GB 18166—2008 《架空游览车类游艺机通用技术条件》

GB 18167—2008 《光电打靶类游艺机通用技术条件》

GB 18168—2008 《水上游乐设施通用技术条件》

GB 18169—2008 《碰碰车类游艺机通用技术条件》

GB 18170—2008 《电池车类游艺机通用技术条件》

GB/T 16767—1997 《游乐园（场）安全和服务质量》

GB/T 18878—2008 《滑道设计规范》

GB/T 18879—2008 《滑道安全规范》

在《游乐设施安全规范》中，规定了游乐设施的技术要求和安全要求；适用于游乐设施的设计、制造、安装、改造、维修、检验、使用管理和监督管理；标准不适用于竞技体育设施及健身设施。

游乐设施与其他产品不同，千变万化，不断更新，不断改进。因此，没有对设施造型、规格尺寸、技术条件性能作统一规定。

二、大型游乐设施设计环节的安全监察

自从我国自己设计、制造的第一台游艺机“登月火箭”在1981年投入运行至今，我国的游乐行业已形成了以游乐设施为主体的巨大产业。但由于一些产品质量低劣、安全性能达不到要求，致使人身伤亡事故屡有发生。据有关方面统计，在以往发生的游乐设施事故中，有40%是因为设计不合理和粗制滥造造成的。因此，需从游乐设施的设计入手，实施审核和审查工作。我国大型游乐设施按照高度、倾角、速度、回转直径等技术参数分为A级、B级和C级。对A级、B级大型游乐设施实行设计审核制度。经国家质量监督检验检疫总局核准的检验检测机构对申请单位设计的大型游乐设施的结构、强度、材料和与安全性能有关的功能的设计图样、计算书、说明书等设计文件进行鉴定，合格后，方可用于制造。

对于没有通过设计审查即投入制造者，由监督管理部门责令改正，没收非法制造的产品，并处相应罚款；触犯刑律的，依法追究刑事责任。

三、大型游乐设施制造环节的安全监察

大型游乐设施制造环节安全监察的目的是确保产品的安全性能。大型游乐设施实行的是制造许可制度，按《机电类特种设备制造许可规则（试行）》的要求进行。特种设备及其安全附件、安全保护装置制造、安装、改造许可制度是一项重要的市场准入制度，是特种设备安全监察的一项重要行政管理措施。制造许可工作由国家质量监督检验检疫总局特种设备安全监察机构负责统一管理。大型游乐设施只有取得制造许可才可以在市场上销售。新《条例》中把原来实行工业产品许可证制度的产品也纳入特种设备制造许可，实现了所有特种设备全过程安全监察，促进了这些特种设备安全水平的提高。

大型游乐设施的制造许可方式中，各类大型游乐设施为制造单位许可方式，其他类大型游乐设施（高空蹦极系列、弹射蹦极系列、小蹦极系列、滑索系列、空中飞人系列、系留式观光气球系列、其他形式无动力类）和进口的各类游乐设施为型式试验方式。

由于制造的复杂程度不同，根据游乐设施的设备类型及高度、摆角、倾角、回转直径、速度、运行高度等技术参数把制造类别分为 A、B、C 三个制造等级，对应每个等级，对制造单位的基本要求也不相同。因此，制造单位应按自身条件来申报相应制造级别。各类游乐设施的许可申请全部由国家受理。

游乐设施在人们生活休闲娱乐中占有一定地位，一旦发生事故，会给社会造成很坏的影响。因此，制造企业要把好出厂这一关，配齐合格的零部件。为了遏制不合格甚至伪劣产品流入市场，要求游乐设施出厂时必须附有合格证、使用维护说明书和有关图样等随机文件及监督检验证明。其中，监督检验证明是指对游乐设施制造过程进行监督检验后，对符合要求的产品出具的监督检验证书（此项工作还未在全国全面展开）。该项工作由国家质量监督检验检疫总局核准的检验检测机构进行。同时，制造企业需提供必要的备品配件和专用工具。这些用来满足用户使用的需要，方便用户的日常维护保养，可实时地保持游乐设施的运转安全性，减少游乐设施在运营中发生事故的可能。

随着我国改革开放的深入，境外制造的游乐设施在国内的销量增多了。按照国际惯例，对境外企业在中国境内销售境外制造的游乐设施，必须明确中国境内注册的代理商，并由代理商承担相应的安全责任。实行注册代理商制度，是为了明确承担责任的主体，有利于安全监察工作的开展。代理商必须持接受委托代理和在中国境内注册的证明材料，到所在地省级特种设备安全监察机构备案。对代理商在中国境内销售制造的游乐设施，按型式试验许可方式进行，产品性能需满足我国有关游乐设施法规、强制性标准及技术规程的要求，合格后方可以正式销售。上述表明，境外企业及其产品在我国并不享有特权，我国对游乐设施的安全监察要求是不分内外，一视同仁。

对于无相应产品有效的制造许可即投入制造者，由特种设备安全管理部门予以取缔，没收非法制造的产品，并处相应罚款。触犯刑律的，依法追究刑事责任；对于出厂产品所附随机文件不全的，责令改正。情节严重的，停止生产、销售，并处相应罚款。

第五节　游乐设施安装、改造、维修和使用环节的安全监察

一、游乐设施安装、改造、维修环节的安全监察

游乐设施需通过现场安装完成后才能实现其运行功能。安装

工程质量直接影响安全性能。如有些安装工程结束后，整体结构达不到安装精度要求等，设施就不能投入使用。因此，安装单位对游乐设施的质量、安全起决定作用。对游乐设施的安装、改造与维修施工单位实行资格许可制度，按《机电类特种设备安装改造维修许可规则（试行)》的要求进行。游乐设施的安装、改造施工单位的资格许可工作由国家质量监督检验检疫总局委托省局负责管理。游乐设施维修施工单位的资格许可工作由省局或委托市局负责管理。游乐设施的施工单位只有取得特种设备安装改造维修许可证才能开展相应的活动。

由于施工的复杂程度不同，根据游乐设施的主要运动特点，依据其高度、摆角、倾角、回转直径、速度、运行高度等技术参数把施工类别分为 A、B、C 三个施工等级，对应每个等级，对施工单位的基本要求也不相同。因此，施工单位应按自身条件来申报施工级别。施工单位资格许可工作程序的办理按《机电类特种设备安装改造维修许可规则（试行)》的要求进行。

为了加强对工程项目的监管，帮助使用单位把关，对游乐设施的安装、改造、维修施工与电梯一样实行书面告知制度，告知后，即可施工。国家质量监督检验检疫总局核准的检验检测机构对游乐设施安装、改造、重大维修过程进行监督检验（此项工作还未在全国全面展开)，不合格的不得交付使用。施工项目经检验合格，由检验机构发给游乐设施安全检验合格标志，游乐设施即可投入正常的使用运行，标志有效期自签发检验报告之日起计算。为了有利于今后的安全监察工作，要求游乐设施安装、改造、维修活动结束后，施工单位应当在验收后30日内将有关涉及安全性能参数的技术资料移交使用单位，存入该台游乐设施的技术档案。

对于无资格证书或者有资格证书但无相应项目即从事设备的安装、改造、维修保养者，由特种设备安全监督部门予以取缔，并处相应罚款。触犯刑律的，依法追究刑事责任。

二、游乐设施使用环节的安全监察

事故统计表明，游乐设施的使用环节是最容易发生安全事故的环节，因此国家安全监察部门一贯重视对游乐设施使用安全的管理。要保证游乐设施使用安全，使用单位必须使用经国家监督检验机构审核通过的设计产品。使用的产品必须有制造许可证，使用单位应核对交付使用的游乐设施的各类技术文件，保证齐全。

使用单位应对其使用的游乐设施进行使用登记。使用登记程序包括申请、受理、审查、颁发。使用登记证的办理按《特种设备注册登记与使用管理规则》的要求进行。实际使用中，使用单位必须将游乐设施的“安全检验合格”标志固定在设备的显著位置上。标志的有效期为一年。有效期满前 1 个月需申请定期检验，检验不合格的不得继续使用。

对于需要易地重新安装的游乐设施，新的使用单位应按上述有关程序办理注册登记手续，重新进行验收检验，合格后重新发证。

游乐设施在使用过程中会因各种因素产生机械磨损，某些销轴需定期拆卸检查，超过使用寿命的重要销轴应更换，出现故障或缺陷需要维修，到了大修周期整机需要全面检修，游乐设施需进行定期检验等。这些工作都需要依据游乐设施的设计、制造、安装等原始资料进行。因此，游乐设施必须建立包括其本身技术文件、使用管理和有关检查方面记录的安全技术档案。

游乐设施的使用单位应当制定事故应急措施和救援预案。其中，包括紧急情况时的应对措施、处理办法、程序以及部门和人员的计划和安排。如模拟事故状态，手动使空中座舱降到地面的措施等。使用单位每年至少组织一次游乐设施出现意外事件或者发生事故的紧急救援演习，演习情况应当记录备查。使用单位必须强化安全管理，配置安全管理机构和安全管理人员，制定各项管理制度，确定单位领导和管理人员职责，配合政府安全监督管理部门的工作。应给安全管理人员赋予一定权限，紧急情况时，安全管理人员有权停止使用游乐设施，任何人不得予以阻挠。

游乐设施每日投入使用前，应进行空载试运行，对安全装置及安全部件，如控制装置、限速装置、制动装置及门锁开关、安全带等进行检查或确认，并做好详细的检查记录。

运营中游乐设施的注意事项应固定在乘客易于注意的显著位置，内容包括游乐设施的运动特点、禁止事宜等。每次运营前，游乐设施的工作人员应对乘客讲述注意事项，安全管理人员应指导游客安置好相应保护装置，如锁好吊舱门、系好安全带等。运行中，还需随时注意游客动向。游乐设施的主要负责人应当熟悉游乐设施相关的安全知识，全面负责运营使用的安全工作。且每月至少召开一次会议，督促检查安全使用工作，存在问题及时解决，并做好会议记录。运营使用单位应当结合本单位的实际情况，配备相应数量的营救装备和急救物品，如水上救生艇、救生衣及应急药品等。

为了加强运营单位对游乐设施的管理，要求使用单位必须制定以岗位责任制为核心的游乐设施运营安全管理制度。对游乐设施应进行日常维护保养，至少每月对索道进行一次定期自行检查，发现问题做好记录并及时处理。对于安全保护装置，如制动器应定期调整。使用单位应严格执行年检、月检、日检的常规检验制度。

游乐设施作为特种设备的一种，其设备性能、运营特点都有其特殊性，因此要求游乐设施的作业人员，如从事安装、改造、维修人员和游乐设施操作人员等必须经专业培训，使其熟悉并掌握设备的技术性能及安全操作规程，通过考核，取得地、市级以上特种设备安全监察机构颁发的特种设备作业人员资格证书后，方可从事相应工作。事实表明，无证上岗作业造成人身伤害事故的事例也较多。人员的考核程序包括申请、受理、组织考核和颁发资格证。另外，运营单位应当对游乐设施作业人员进行阶段性安全教育和培训，使作业人员掌握更多的安全知识，对其所运营的游乐设施的性能有更深的了解。

使用单位由于环境建设或其他原因自行决定对游乐设施进行封停使用，如果其期限超过一年，应当报该游乐设施注册登记机构备案，办理停止使用手续。经确认的，在游乐设施停止使用期间，可不对其进行定期检验。但封停期限超过一年且未及时报注册登记机构备案的，或者封停期限不足一年的，由相应的监督检验机构仍按照原期限进行定期检验。对于有些游乐设施由于使用年限长，结构老化，安全性能达不到现行标准要求或者由于其他原因造成设备损坏而不能修复的，该游乐设施应予以报废。游乐设施报废处理后，使用单位应当向该设备的注册登记机构报告，办理注销手续，这样便于安全监察机构进行管理。

对于违反上述有关要求的使用单位，由特种设备安全监督管理部门责令限期改正，逾期未改正的，处以相应罚款，情节严重的，责令停止使用。

第六节　安全生产的法律法规

一、《中华人民共和国安全生产法》在安全生产法律体系中的地位

全国人大常委会第九届第二十八次会议，于 2002 年 6 月 29 日审议通过并于 2002 年 11 月 1 日施行的《中华人民共和国安全生产法》（以下简称《安全生产法》），是在党中央、全国人大和国务院领导下制定的一部“生命法”。它的颁布实施是我国安全生产法制建设的重要里程碑。

二、我国安全生产方针

1. 法律规定的安全生产方针

《安全生产法》在总结我国安全生产管理经验的基础上，将“安全第一，预防为主”规定为我国安全生产工作的基本方针。

（1）“安全第一”的含义

1）组织生产活动时，先考虑安全。

2）生产、安全矛盾时，以安全为重，先解决安全问题。

3）在保证自己和他人安全的条件下，才能从事生产活动。

(2)“预防为主”的含义

1）安全工作立足于预防，关口前移。

2）建立长效机制，将安全工作贯穿于生产活动的始终。

(3)“预防为主”主要体现为“六先”

1）安全意识在先。

2）安全投入在先。

3）安全责任在先。

4）建章立制在先。

5）隐患预防在先。

6）监督执法在先。

2. 十六届五中全会提出的安全生产方针

(1) 安全第一。实行“安全优先”原则，始终把安全放在首要位置。

(2) 预防为主。按照事故发生的规律和特点，千方百计预防事故的发生，将事故消灭在萌芽状态。

(3) 综合治理。综合运用科技手段、法律手段、经济手段和必要的行政手段，标本兼治，重在治本。

3. 安全发展的提出

十六届五中全会通过的《关于制定国民经济和社会发展第十一个五年计划的建议》中，提出“坚持节约发展、清洁发展、安全发展，实现可持续发展”。十六届五中全会确立了安全发展的指导原则，把“安全发展”作为一个重要理念纳入我国社会主义现代化建设的总体战略。

4. 安全发展的含义

(1)“以人为本”必须要以人的生命为本。发展不能以牺牲人的生命为代价，不能损害劳动者的安全和健康权益。

（2）经济社会发展必须以安全为基础、前提和保障。经济发展要建立在安全保障能力不断增强、安全生产状况持续改善、劳动者安全健康得到切实保障的基础上。

（3）构建社会主义和谐社会必须解决安全生产问题。只有搞好安全生产，国家才能富强安宁，百姓才能平安幸福，社会才能和谐安定。

三、《安全生产法》

1.《安全生产法》的基本规定

（1）生产经营单位主要负责人的安全责任。生产经营单位主要负责人是生产经营活动和安全生产工作的决策者和指挥者，对于落实安全生产责任制，加强安全管理，确保安全生产至关重要。只有明确生产经营单位主要负责人在安全生产中的地位和责任，才能真正促使生产经营单位重视并抓好安全生产工作，防止和减少生产安全事故的发生。

（2）主要负责人的安全生产基本职责。《安全生产法》第 17 条规定了其应当负有：

1）建立、健全本单位安全生产责任制。

2）组织制定本单位安全生产规章制度和操作规程。

3）保证本单位安全生产投入的有效实施。

4）督促、检查本单位的安全生产工作，及时消除生产安全事故隐患。

5）组织制定并实施本单位的生产安全事故应急预案。

6）及时、如实报告生产安全事故。

（3）生产经营单位主要负责人的法律责任。根据有责必究、有罪必罚的原则，将依照下列法律规定追究责任：

1）不依照本法规定保证安全生产所必需资金投入，致使生产经营单位不具备安全生产条件的。

2）未履行本法规定的安全生产管理职责的。

3）与从业人员订立协议，免除或者减轻其对从业人员因生产安全事故伤亡依法应承担的责任的。

4）在本单位发生重大生产安全事故时，不立即组织抢救或者在事故调查处理期间擅离职守或者逃匿的。

（4）从事生产经营活动应当具备的安全生产条件

1）相关安全生产立法中有关安全生产条件的规定，是生产经营单位必须遵循的行为规范。

2）安全生产条件是生产经营活动中始终都要具备，并需不断补充完善的。生产经营单位安全投入的标准——以安全生产法律、行政法规和国家标准或者行业标准规定生产经营单位应当具备的安全生产条件为基础进行计算。具备法定安全生产条件所需的安全资金数额，就是生产经营单位应当投入的资金标准。

（5）特种设备检测、检验的规定

1）国家对涉及生命安全、危险性较大的特种设备，实行强制性检测、检验制度。

2）特种设备应由专业生产单位负责生产。

3）检测检验单位必须取得专业资质。

（6）重大危险源管理的规定

1）重大危险源要登记建档。

2）定期进行检测检验、评估、监控。

3）制定应急预案和应急措施。

（7）生产经营项目、场所、设备发包或者出租的安全管理。生产经营单位不得将生产经营项目、场所、设备发包或出租给不具备安全生产条件或者相应资质的单位或个人。租赁双方要签订安全管理协议，约定各自职责。

（8）发生重大生产安全事故时生产经营单位主要负责人的职责

1）立即组织抢救，防止事故扩大。

2）坚守岗位，配合事故调查。

（9）工伤保险的规定

1）保障从业人员的人身安全，是生产经营单位的责任。

2）工伤保险是人身保障的经济基础。

3）民事赔偿是工伤保险的必要补充。

4）工伤保险与民事赔偿相互补充，不可替代。

（10）从业人员的权利和义务

1）从业人员的人身保障权利

①获得安全保障、工伤保险和民事赔偿的权利。

②得知危险因素、防范措施和事故应急措施的权利。

③对本单位安全生产的批评、检举和控告的权利。

④拒绝违章指挥和强令冒险作业的权利。

⑤紧急情况下的停止作业和紧急撤离的权利。

2）从业人员的安全生产义务

①遵章守规、服从管理的义务。

②正确佩戴和使用劳动防护用品的义务。

③接受安全培训，掌握安全生产技能的义务。

④发现事故隐患或者其他不安全因素及时报告的义务。

3）《安全生产法》首次明确规定了从业人员安全生产的法定义务和责任的意义：

①安全生产是从业人员最基本的义务和不容推卸的责任。

②搞好安全生产是从业人员的天职。

③从业人员如不履行法定义务，必须承担相应的法律责任。

④安全生产义务的设定，可为事故处理及其从业人员责任追究提供明确的法律依据。

2. 有关事故责任追究的规定

（1）行政责任。主要是对职务性过错的制裁，包括不作为失职处分和作为失职处分。

1）防范性工作失职。

2）确保中小学生社会实践活动安全的失职。

3）安全审批失职。

4）监督管理失职。

5）事故调查处理失职。

（2）刑事责任

1）行为人因犯罪行为而应承受的，由司法机关代表国家所确定的否定性法律后果。认定和追究刑事责任的主体是国家审判机关即各级人民法院，承担刑事责任的主体只能是刑事违法者本人。

2）与安全生产有关的犯罪主要有危害公共安全罪，渎职罪，生产、销售伪劣商品罪和重大环境污染事故罪。

《安全生产法》对刑事责任作了具体的规定。

（3）民事责任。行为人违反民事法律、违约或者由于民法规定所应承担的一种法律责任。民事责任主要表现为财产责任，是一种救济责任，用于救济当事人的权利，赔偿或补偿当事人的损失。

安全生产的民事责任主要是侵权民事责任，包括财产损失赔偿责任和人身伤害民事责任。《安全生产法》对民事责任作了具体的规定。

四、《劳动法》

1. 劳动者享有平等就业和选择职业的权利、取得劳动报酬的权利、休息休假的权利、获得劳动安全卫生保护的权利、接受职业技能培训的权利、享受社会保险和福利的权利、提请劳动争议处理的权利以及法律法规规定的其他劳动权利。

2. 用人单位应当依法建立和完善规章制度，保障劳动者享有劳动权利和履行劳动义务。

3. 禁止用人单位招用未满十六周岁的未成年人。

4. 劳动合同是劳动者与用人单位确立劳动关系、明确双方权利和义务的协议。建立劳动关系应当订立劳动合同。

5. 用人单位必须建立、健全劳动安全卫生制度，严格执行国家劳动安全卫生规程和标准，对劳动者进行劳动安全卫生教育，防止劳动过程中的事故，减少职业危害。

6. 从事特种作业的劳动者必须经过专门培训，并取得特种作业资格。

7. 劳动者在劳动过程中必须严格遵守安全操作过程。劳动者对用人单位管理人员违章指挥、强令冒险作业，有权拒绝执行；对危及生命安全和身体健康的行为有权提出批评、检举和控告。

8. 劳动者应当完成劳动任务，提高职业技能，执行劳动安全卫生规程，遵守劳动纪律和职业道德。

9. 劳动者不能胜任工作，经过培训仍不能胜任工作的，用人单位可以与其解除劳动合同。

五、《北京市安全生产条例》

1. 生产经营单位安全设备的设计、制造、安装、使用、检测、维修、改造和报废，应当符合地方标准或者行业标准。

2. 生产经营单位应当按国家标准或者行业标准为从业人员无偿提供合格的劳动保护用品，也可以以货币形式或其他物品替代。

3. 生产规模较小的生产经营单位可以委托专业应急救援机构提供救援服务。

4. 生产经营单位发生生产安全事故时，事故现场有关人员应当立即报告本单位负责人。

5. 安全警示标志应当明显、保持完好，便于从业人员和社会公众识别。

思 考 题

1. 特种设备安全监督管理部门是指哪个部门？

2. 什么是特种设备？

3. 新修订的《特种设备安全监察条例》什么时候开始实施的？新条例强调了哪些内容？

4. 我国特种设备安全监察法规体系由哪些组成？

5. 纳入国家安全监察的游乐设施范围是什么？以什么技术参数分级，分成几级？

6. 哪些类型的游乐设施纳入国家安全监察的范围？

7. 国家对游乐设施实施全过程的安全监察的内容是什么？

8. 何谓大型游乐设施一般事故，如何处罚？

9. 大型游乐设施的作业人员是指哪些人？法规对这些人有哪些要求？

10. GB 8408—2008 的名称是什么？

11. 对游乐设施的安装、改造、维修施工单位有哪些要求？

12. 我国法律规定的安全生产方针是什么？

13. 法规对安全检验合格标志是如何规定的？

14. 法规对事故应急措施和救援预案有哪些规定？

15.《安全生产法》的立法目的是什么？

16.《安全生产法》中规定对本单位安全生产工作全面负责的人是谁？主要职责是什么？

第 二 章

游乐设施分类、分级以及游乐设施代号

本章知识要点

1. 熟悉游乐设施分类、分级方法
2. 了解游乐设施代号
3. 掌握游乐设施分类、分级的法规

第一节 游乐设施的分类

一、游乐设施定义和基本要求

1. 游乐设施定义

游乐设施是指在特定的区域内运行，承载游客游乐的载体。其包括具有动力的游乐器械，为游乐而设置的构筑物和其他附属装置以及无动力的游乐载体。

2. 基本要求

(1)《游乐设施安全规范》(GB 8408—2008) 明确规定：游乐设施设计应规定其整机及主要部件设计的使用寿命，整机使用寿命不小于 23 000 h。

(2) 重要的机械零件所用的金属材料，其力学性能、热处理性能、焊接性能等均应满足工况要求。

(3) 乘坐成人 1～2 人时按 750 N/人计算，2 人以上按 700 N/人计算。儿童（身高不超过 1.2 m 或 10 岁以下）按 400 N/人计算。

(4) 乘人支撑物在正常运行及启动、制动和紧急状况时，乘人对扶手、支撑、脚蹬及靠壁等约束物处施加的力，成人不应小于 500 N/人，儿童专用的游乐设施不应小于 300 N/人。

(5) 游乐设施的设计，按最大运行风速 15 m/s 计算工作状态下的风载荷。

(6) 重要的轴、销轴及重要焊缝的安全系数大于等于 5，一般构件安全系数大于等于 3.5（脆性材料≥8）。

二、游乐设施分类

游乐设施分类与制定游乐设施标准有关。因为游乐设施种类繁多，其结构及运动形式各不相同，不可能每种游乐设施都制定一个标准，而是把结构及运动形式类似的游乐设施划为一类，按类制定标准。游乐设施的分类主要根据其结构及运动形式划分，即把结构及运动形式类似的游乐设施划为一类，而不是按游乐设施的名称划分。每类游乐设施用一种常见的有代表性的游乐设施名字命名，该游乐设施为基本型，与其结构及运动形式类似的游乐设施均属于类似型。

特种设备目录中游乐设施共分成观览车类等 15 个类别。

1. 观览车类游乐设施

观览车类游乐设施的主要运动特点是乘人部分绕水平轴转动或摆动。观览车类分为观览车系列、飞毯系列、太空船系列、摩天环车、海盗船系列和组合式观览车系列等 6 个品种。

(1) 观览车系列。运动特点是乘人部分绕水平轴转动，覆盖范围原则是：以高度分级，并向下覆盖。高度大于等于 50 m 为 A 级，高度小于 50 m 大于等于 30 m 为 B 级，高度小于 30 m 为 C 级。

观览车也称摩天轮（见图 2—1），是一种乘人部分绕水平轴转动类游乐设施。摩天轮主体由大转轮安放在两大立柱支架上所组成，远看像是五彩缤纷的巨大车轮，转轮周缘上均匀地挂着数个吊厢，每个吊厢乘坐 2～6 人。转轮连续而缓慢地旋转，乘客可随上随下，十分安全、方便。乘客随着观览车吊厢的徐徐上升，视野渐渐开阔，大地美景犹如一幅巨大的画卷展现在乘客眼前，人们可以纵情鸟瞰游乐园全貌、大地风光和秀丽的山水，也可以旁顾左右，环视地平线，令人心旷神怡。由于设备车轮般的造型和庞大的占空面积，因此一直是现代都市和大型游乐园的标志性的景观建筑。一些观览车在夜幕下更加迷人，五颜六色的彩灯由中心向外辐射，整体流光溢彩，灿烂夺目。观览车以其独特的游乐、观光方式可以接纳各种层次和各种年龄段的游客，具有其他游乐设施所无法比拟的亲和力。观览车（摩天轮）以极大的乘客吞吐量位居各类游乐设施之首，为旅游景点、餐饮、购物、交通、房地产开发带来无穷的商机。

图 2—1　观览车

最早的观览车制造史可以追溯到 19 世纪末。1893 年美国人 George Ferris 在芝加哥世界博览会上为纪念哥伦布首航美洲大陆 400 周年，建造了世界上第一座观览车。紧随其后的英国、奥地利和法国于 1895 年、1897 年、1899 年分别在英国的伯爵府 (Earls Court)、维也纳及巴黎建造了炫耀诸国列强实力的摩天轮。后来由于第二次世界大战的因素，观览车的发展停滞了将近一个世纪。

1981 年日本在神户建造了 63 m 高的观览车，掀起了世界第二次观览车制造的高潮。不甘寂寞的美国于 1985 年在达拉斯建造了 65 m 高的观览车。此后的二十余年内，世界上仅有的两三个游艺机生产大国，在刷新观览车高度的记录上展开了多轮角逐，相继建成了百米以上的观览车共 8 台，除建在英国 135 m 高的“伦敦眼”外，其余的 7 台均建在日本。

进入 21 世纪，中国上海游艺机工程有限公司等游艺机制造厂家于 2002 年 5 月 1 日建成高度为 108 m 的上海大转盘，2003 年 5 月 1 日建成高度为 110 m 的哈尔滨大转盘。2006 年 5 月 1 日在江西南昌赣江之滨建成全球最高的巨型摩天轮“南昌之星”（见图 2—2），总高度为 160 m，比英国 135 m 高的“伦敦眼”高出 25 m。其转盘直径为 153 m，比“伦敦眼”的直径大 25 m。“南昌之星”摩天轮有望刷新最高、最大摩天轮的世界纪录。“南昌之星”摩天轮安装了总长度达 6 500 m 的装饰灯具。这些灯具采用 LED 发光元件，通过计算机控制可组成各种图案，成为南昌市一道靓丽的夜景。

图 2—2　江西南昌赣江之滨巨型摩天轮

预计 2011 年在北京朝阳公园建成的朝天轮如图 2—3 所示。朝天轮轮盘直径约为 198 m，离地面高度为 208 m，高耸入云的观景巨轮将与京广中心等高，由曾设计英国观景摩天轮“伦敦眼”的荷兰艾维公司设计。安装在轮缘上的 48 个同步旋转的空调轿厢，每个最多可载客 40 人，晴天时的远望距离可达几十千米。北京朝阳公园朝天轮建成后，将成为北京标志性的观景旅游建筑、接待五洲宾客观览北京古貌新颜的制高点和北京一个最具魅力的现代化标志性建筑。

图 2—3　北京朝阳公园朝天轮（未建成）

(2) 飞毯系列。其运动特点是乘客随船绕水平轴做 360°转动，但是不翻滚。飞毯系列全部是 A 级。覆盖范围原则是以承载人数向下覆盖。产品有飞毯、阿拉伯飞毯、摇滚排排坐等。

飞毯（见图 2—4）是利用惯性积累的能量时而上升，时而急速下降，如同儿时的秋千。交替而至的失重感，让人血脉贲张，让视野淡出淡入。

阿拉伯神毯（见图 2—5）是乘客在空中经受变速回荡运动的大型娱乐设备。乘客乘坐飞毯，就像乘坐阿拉伯神毯一样，有遨游太空的感觉，神毯左右回荡渐渐升高，至最高点时，犹如飞向天空。神毯时高时低，严重的超重与失重使乘客深感惊险、刺激。

图 2—4　飞毯

图 2—5　阿拉伯神毯

摇滚排排坐（见图 2—6）属于飞毯系列游艺机，乘客坐在长椅上，配合摇滚音乐上下摇摆，可以亲身感受那种由内心激发出来的热力与激昂。

（3）太空船系列。运动特点是绕水平轴做 360°转动，乘客翻滚。太空船系列全部是 A 级。覆盖范围原则是按结构形式划分，承载人数向下覆盖。产品有超级飞船、罗马战车（直冲云

图 2—6 摇滚排排坐

霄)、穿梭时空等。

超级飞船游艺机（见图 2—7）是一种模仿宇宙飞船的游乐设施。该设备由设备基础、塔架、回转臂、座舱、站台、气动系统、电控系统、灯饰、外装饰组成。本设备应用了先进的伺服变频调控技术，可以使电动机的输出转矩、转速按照预先给定的曲线进行调控。系统启动以后，在塔架上端左右两侧安装的回转臂做方向相反的垂直旋转，游客在运动中体验到上下翻飞的无穷乐趣，领略一下宇航员太空飞行的风采，过一把失重瘾。

穿梭时空游艺机（见图 2—8）设计上紧跟现代文明，在外部选型方面采用了较新颖的设计，以转臂回转轴为中心，在两回转臂的对称中心面上，设置了装饰性较强的时钟表盘，且固定连接在主支架立柱的适当位置上，设备运行时，两回转臂带动座椅宛如与时间赛跑，切合飞速发展的现代科技文明。

（4）摩天环车。运动特点是沿圆形轨道绕水平轴做 360°转动，乘客翻滚。摩天环车全部是 A 级。覆盖范围原则是以承载人数向下覆盖。产品有摩天环车等。

摩天环车（见图 2—9）有 4～6 个座位，围成一个圆状的座舱。开始运行时，座舱先在原地旋转，然后像钟摆一样左右摆动。座舱沿封闭的环形轨道摆动幅度越来越大，乘客如同在惊涛骇浪中冲浪，忽而置身浪尖，忽而置身浪谷，惊险刺激，趣味无

图 2—7　超级飞船游艺机

图 2—8　穿梭时空游艺机

穷，最后越过最高点时乘客头朝下整个倒立过来，转过几圈，速度渐渐减慢，摆动的幅度越来越小。

图 2—9 摩天环车

（5）海盗船系列。运动特点是海盗船船体绕水平轴往复摆动，乘客不翻滚。覆盖范围原则是以承载人数向下覆盖。单侧摆角大于等于 90°或乘客大于等于 40 人为 A 级，单侧摆角小于 90°大于等于 45°且乘客小于 40 人为 B 级，单侧摆角小于 45°为 C 级。产品有海盗船等。

海盗船游艺机（见图 2—10）的船体模仿 18 世纪欧洲沿海猖獗一时的海盗船。当乘客乘坐于海盗船之上仿佛又回到了 18 世纪，在感观上给人以时光倒退的感觉。海盗船船体被吊装在空中，乘客乘坐在海盗船上，随之由缓至急地往复摆动，犹如莅临惊涛骇浪的大海之中，时而冲上浪峰，时而跌入谷底，惊险刺激，极具娱乐性。

（6）组合式观览车系列。运动特点是主运动绕水平轴转动，兼有其他运动形式，该系列不能归属于前 5 种形式。覆盖范围原则是按结构形式划分，承载人数向下覆盖。回转直径大于等

图 2—10　海盗船游艺机

于 20 m 或乘客大于等于 24 人为 A 级；单侧摆角大于等于 45°且回转直径小于 20 m，且乘客小于 24 人为 B 级；除 A 级、B 级之外的运行最大线速度大于等于 2 m/s 或运行高度距地面大于等于 2 m 的组合式观览车系列产品为 C 级。产品有超级飞船、疯狂列车、大摆锤（挑战者之旅、木星）、翻江倒海（超级波浪翻滚、火星）、空中飞舞、滑翔谷等。

大摆锤（挑战者之旅、木星）（见图 2—11）是国内最新颖的大型游艺机，远观设备，动如重锤舞蹈，静如莲花开放；夜间，灯光随着强劲的音乐节奏缤纷闪烁，游客仿佛置身于光怪陆离的茫茫宇宙中，真真切切地品尝感官刺激的飨宴。游客坐在圆形的座舱上，随大臂 240°的加速往复摆动，座舱 360°顺时针或逆时针旋转，锤臂左右往复运动，幅度渐大。

金刚魔轮（见图 2—12）静止时，安装在两根高高立起的巨大钢柱子上的两只大摇臂向下方倾斜，中间扭夹的乘人座舱水平放在站台上，乘客乘坐其上。设备运转时，大臂一端将座舱慢慢举起。大臂逐渐向上倾斜，同时两只大臂同步沿立柱向上平移数米。在大臂举起座舱的同时，座舱绕转轴倾斜的轴线旋转。当转臂与摇臂的转速、旋转方向连续变化时，座舱在空间不断改变状态，摇摆、颠簸、翻滚……座舱上下翻滚，乘客感觉天旋地转，使乘客犹如置身于惊涛骇浪之中，领略到顶级的刺激。其豪华靓丽的外观装饰，不一样的运动方式，深受广大青少年的喜爱，极具刺激和趣味性。

图 2—11　大摆锤（挑战者之旅、木星）

图 2—12　金刚魔轮

2. 滑行车类游乐设施

运动特点是车辆本身无动力，由提升装置提升到一定高度后，靠惯性沿轨道运行或车辆本身有动力，在起伏较大的轨道上运行。滑行车类游乐设施分为单车滑行车系列、多车滑行车系列、弯月飞车系列、滑道系列、激流勇进和其他形式滑行类等 6

个品种。

（1）单车滑行车系列。线路上单车运行，以结构形式、速度或高度分级，覆盖范围原则是按结构形式划分，以速度、承载人数向下覆盖。速度大于等于 40 km/h 或轨道高度大于等于 5 m 为 A 级；满足速度大于等于 20 km/h 或轨道高度大于等于 3 m，除 A 级之外为 B 级；运行的最大线速度大于等于 2 m/s 或运行高度距地面大于等于 2 m，除 A 级、B 级之外为 C 级。产品有单环双螺旋过山车、悬挂式过山车、单环往复式过山车、太空飞车、滑行龙、矿山车、溶洞飞车（侏罗纪探险）、大青虫等。

享有“游艺机之王”美称的过山车种类繁多。单环双螺旋过山车（见图 2—13）是单车滑行车系列中的一种。该设备由主体滑行结构、提升机、滑车、站台、制动系统、气动系统、电控系统、设备基础组成。滑车共有 6 节车厢，可坐 24 人。从站台上发车，经过提升机使滑车提升到最高高度，在势能的作用下，依靠惯性沿轨道滑行。时而加速俯冲，时而冲顶滑行，通过垂直立环、水平螺旋环，在缓冲区减速滑行最后回到站台，完成一次循环运行。滑车运行过程中产生的加速度、离心力和失重感使游客在惊险刺激的感觉中体验极限的乐趣。

图 2—13　单环双螺旋过山车

悬挂式过山车（见图 2—14）是该系列中的另一个品种。该设备由滑行导轨、立柱、列车、提升系统、制动系统和推进系统、站台、电气系统等部分组成。轨道总长 800 m，有高速俯冲下滑段、高空翻转的立环段、螺旋推进的螺旋段等。列车由 10 辆车组成，每辆车可并排坐两位乘客，一次能坐 20 位乘客。乘客坐在吊椅上，吊椅顶部与轮桥连接。轮桥两侧各装置一组车轮，每组车轮含行走轮 2 个、下导轮 1 个。每个车轮组均从三个方向即上、下、内侧包住轨道。轮桥之间通过连接器十字铰接。其工作过程是：推进系统将列车从站台推进到提升段，直流电动机驱动链条将列车提升到顶端（最高处），直流电动机固定在提升段的顶部。站台上共装有四组推进轮。制动系统有两组，每组有五套制动装置：一组设置在站台，另一组设置在站外缓冲区。每套制动装置均有气囊，通过气动系统控制气囊充气实现制动。

图 2—14　悬挂式过山车

（2）多车滑行车系列。线路上多车运行，以结构形式、速度或高度分级，覆盖范围原则是按结构形式划分，以速度、承载人数向下覆盖。速度大于等于 40 km/h 或轨道高度大于等于 5 m 为 A 级；速度大于等于 20 km/h 或轨道高度大于等于 3 m，除 A 级之外为 B 级；运行的最大线速度大于等于 2 m/s 或运行高度距地面大于等于 2 m，除 A 级、B 级之外为 C 级。主要产品有宇宙旅行、丛林鼠、自旋滑车、蝙蝠自旋滑车（小悬挂）、疯狂老鼠、探空过山车等。

自旋滑车（见图 2—15）是一种多车滑行车系列游艺机。其主要特点是：每个独立运行轨道上的车子，由爬升装置牵引到轨道最高点后，借势能和动能的互相转换，沿轨道倾斜下滑，高速由上而下作惯性运动，它的坐席部分在沿轨道滑行的全程中，因离心作用产生各种旋转运动，使滑车在滑行过程中的动作更加丰富，乘坐感觉与众不同且更添乐趣。

图 2—15　自旋滑车

疯狂老鼠游艺机（见图 2—16）同属于多车滑行车系列游艺机，用于各种游乐场所。滑车由爬升装置牵引到轨道最高点后，借势能和动能的互相转换，沿轨道倾斜下滑，高速由上而下作惯性运动，犹如一只疯狂老鼠滑行奔跑。

（3）弯月飞车系列。沿半圆轨道滑行。速度大于等于 20 km/h或轨道高度大于等于 3 m 为 B 级；运行的最大线速度大于等于 2 m/s 或运行高度距地面大于等于 2 m，除 B 级之外为 C 级。弯月飞车系列没有 A 级。覆盖范围原则是以速度、承载人数向下覆盖。

弯月飞车（见图 2—17）是弯月飞车系列中乘客自行操作的一种电力驱动的滑行类游艺机。该设备沿弯月形轨道运行。乘客脚踏开关可驱动飞车滑行，乘客双向反复驱动，可保持飞车运行高度，之后限时断电制动停车。游客乘坐飞车，两人配合驱动，往复曲线滑行，如同波涛冲浪、滑雪速降，全力参与更显刺激。

图 2—16　疯狂老鼠游艺机

图 2—17　弯月飞车

（4）滑道系列。运动特点是小车沿轨道下滑。滑道长度大于等于 800 m 为 A 级，滑道长度小于 800 m 为 B 级，滑道系列没有 C 级。主要产品有槽式滑道、轨式滑道等。

槽式滑道游艺机（见图 2—18）由下行滑道（不锈钢滑道）、滑车、提升系统、站房（上站房和下站房）、通信设备与安全电路、标牌和标志等设施组成。下行滑道是由不锈钢板（厚 2～3 mm）弯制成弧形，铺在或架在具有一定坡度的地面上而成。滑车按乘坐人数可分为单人滑车和双人滑车；按轮数可分为双轮滑车和四轮滑车，双轮滑车一般是用两个滑块替代两个前轮；滑车的制动手柄可布置在前部中央，也可布置在两侧，如布置在两侧，则两侧对称布置。滑车的面板有可折叠和不可折叠之分，滑车面板材料一般用玻璃钢材料制成。滑车前、后部一般要设置防撞缓冲装置。滑车是具有制动功能可供乘坐者乘坐、沿滑道自上而下进行无动力滑行的小车。滑车的速度由游客通过制动装置控制。提升系统可将空车通过简易拖牵索道的一条封闭的钢丝绳，由配有安全电路的控制电路控制电动机将到达下站的滑车送至上站；或者用其他运输工具，将下站的滑车送至上站。

轨式滑道（管式滑道）（见图 2—19）一般包括下行滑道（不锈钢滑道或碳钢滑道）、滑车、提升系统、站房（上站房和下站房）通信设备与安全电路、标牌和标志等。下行滑道（滑道）主要由三根 ϕ76 mm×4 的无缝管（不锈钢管或 Q235A 碳钢）管材制成轨道，架设在具有一定坡度的地面上而成。滑车为双人四轮滑车，滑车的制动手柄布置在两侧，对称布置。滑车的面板不可折叠，面板材料一般用玻璃钢材料制成。滑车前、后部一般要设置防撞缓冲装置。滑车是无动力滑行的小车，沿滑道自上而下滑行。滑车通过固定装置被限制在管型轨道上向下滑行，正常情况下沿线滑车不能脱离管型轨道，乘客通过安全带绑缚在滑车上。滑行的速度由乘坐者通过制动装置控制。到达下站的滑车可用滑道闭合提升系统提升，或采用简易地面索道提升系统的一条封闭的钢丝绳由电动机带动，将到达下站的滑车送至上站。

图 2—18　槽式滑道游艺机

图 2—19　轨式滑道（管式滑道）

（5）激流勇进。运动特点是在水中滑行。以水中滑行速度或轨道高度分级，速度大于等于 40 km/h 或轨道高度大于等于 5 m 为 A 级；满足速度大于等于 20 km/h 或轨道高度大于等于 3 m，除 A 级之外为 B 级；运行的最大线速度大于等于 2 m/s 或运行高度距地面大于等于 2 m，除 A 级、B 级之外为 C 级。覆盖范围原则是按提升高度向下覆盖。主要产品有激流勇进、琼斯冒险等。

激流勇进（见图 2—20）是一种游客体验水上乐趣的游乐设施，水路全长有几百米，游客乘坐游船在迂回曲折的水道中随波逐流、悠然自得，当一切看似平静的时候，游船由坡顶上主传动带将船提升至数米高的坡顶，刹那间就从高空急速俯冲下来挑战自我的激情，在下坡水道上，浪花飞溅，掀起大浪，人们驾驶游船似乘风破浪，激流勇进。

图 2—20　激流勇进

琼斯探险（见图 2—21）是激流勇进系列游艺机中的一种。当游客坐上特制的仿古彩船离开站台后，所有的紧张情绪在提升中慢慢积聚，当在高空欣赏美丽的景致，心情放松之际，突然，于陡坡飞速直下，如堕万丈深渊，身边只有空气的阻力，享受疾风的速度，体验失重的快感，在高速俯冲的刺激下疯狂尖叫。刹那间，劈波斩浪，冲入水幕，飞溅的白色水帘柱迸出绝美姿态，四处绽放。惊心动魄的刺激、巨浪翻卷的快感制造了人与自然的较量，当水面恢复平静的时候，仍可深深回味。

图 2—21 琼斯探险

(6) 其他形式滑行类。它们不能归属于前五类，主运动沿轨道滑行。以速度或轨道高度分级。速度大于等于 50 km/h 或轨道高度大于等于 10 m 为 A 级；满足速度大于等于 20 km/h 小于 50 km/h 或轨道高度大于等于 3 m 小于 10 m 为 B 级；运行的最大线速度大于等于 2 m/s 或运行高度距地面大于等于 2 m，除 A 级、B 级之外为 C 级。覆盖范围原则是，按结构形式划分，主要安全技术参数向下覆盖。主要产品有探空过山车、迪斯科（神州飞碟）、星空之门、迪斯科转盘、激浪旋艇、旋转的士高。

探空过山车（见图 2—22）是一种全新设计的大型滑行过山车类游艺机。该设备采用特制链条提升机构将带有座舱的滑车垂直提升到轨道的最高位置点，经过一个圆弧段然后释放，使滑车靠自身重力沿垂直轨道俯冲而下，紧接着就是一个大立环，乘客随着载人小车进行 360°大回环，再经过上下起伏、拐弯、倾斜等各种动作，然后减速回到站点。各种不一样的滑行感受令乘客流连忘返，产品广泛适用于各大、中型游乐园（场）。

图 2—22　探空过山车

旋转迪斯科（神州飞碟）游艺机（见图 2—23）是根据国外游乐动态最新研发的滑行车类游艺机产品。圆弧轨道上安装了一个彩色大圆盘，圆盘周边安装了 24 个座椅，圆盘由快到慢自旋的同时，沿弧形轨道往复摆动，坐人大圆盘配以五光十色的灯饰、豪华的外观装饰、欢快激烈的背景音乐，不仅让乘坐者疯狂欢乐，还会带动围观的游客激动万分，深受广大青少年朋友的喜爱。

图 2—23　旋转迪斯科（神州飞碟）游艺机

3. 架空游览车类游乐设施

运动特点是沿架空轨道运行。架空游览车类游乐设施可分为电力单轨列车系列、电力双轨列车系列、脚踏车系列和其他形式架空游览车类等 4 个品种。

(1) 电力单轨、双轨列车系列。架空游览车类全部形式的游乐设施，轨道高度大于等于 10 m 或单车（列）乘客大于等于 40 人为 A 级，轨道高度大于等于 3 m 小于 10 m，且单车（列）乘客小于 40 人为 B 级，运行的最大线速度大于等于 2 m/s 或运行高度距地面大于等于 2 m，除 A 级、B 级之外为 C 级。覆盖范围原则，按结构形式划分，承载人数向下覆盖。

环园列车（见图 2—24）属电力单轨列车系列电力驱动型游乐项目。游客乘坐列车沿高架轨道而行，或穿行于树梢屋脊之间，或跨越池塘河流，既可代步行走，又可一路欣赏美景。

图 2—24　环园列车

(2) 脚踏车系列。主要产品有高架车、UFO 飞碟车等。

UFO 飞碟车（见图 2—25）即飞碟状单轨脚踏高架车，是轨道架空、人力驱动、单车运行的游乐项目。游客乘坐在飞碟形状的游览车上蹬踏，在高架轨道上，轻松自由，或停或止，悠然自得，别有情趣，游览园内风光。它是青少年喜欢的游乐代步工具。

图 2—25　UFO 飞碟车

(3) 其他形式架空游览车类。它们不能归属于前两种形式，如太空漫步等。

太空漫步（可增加爬坡功能，见图 2—26）外形设计仿佛来自外太空的飞行器，新颖时尚，是一种创意新颖的架空游览车类游乐设施。既保留了脚踏车的前行功能，又增加了自动行驶功能。游客可换到自动挡，车体将自动前行。车体上设置了感应装置，当后车追上前车时，前车自动由脚踏挡变为自动前行，使车行驶流畅。在行进中游客可通过转向盘使车体 360°旋转，欣赏四周的美景，同时，游客通过仪表盘上的按键选择喜爱的乐曲，在音乐中漫步，心旷神怡。

4. 陀螺类游乐设施

运动特点是座舱绕可变倾角的轴做回转运动，主轴大都安装在可升降的大臂上。陀螺类分为陀螺系列和组合式陀螺系列 2 个品种。

(1) 陀螺系列。以倾角或回转直径分级，倾角大于等于 70°或回转直径大于等于 12 m 为 A 级；满足倾角大于等于 45°小于

图 2—26　太空漫步

70°或回转直径大于等于 8 m 小于 12 m 为 B 级；运行的最大线速度大于等于 2 m/s 或运行高度距地面大于等于 2 m，除 A 级、B 级之外为 C 级。覆盖范围原则是倾角、回转直径向下覆盖。主要产品有橄榄球、勇敢者转盘、双人飞天、飞身靠壁等。

橄榄球（见图 2—27）是仿照国外同类设备在国内首次开发的一项新的游乐设施，从外表看造型美观、气势宏大，乘坐舒适。设备启动之后，从静止到旋转由慢到快，由水平到倾斜。当达到预定的倾斜角度后，乘客在忽上忽下的同时又产生了时而自身左转，时而自身右转，身不由己、飘忽不定的运动。再伴之以下转臂的公转，仿佛有进入宇宙后的梦幻般的感觉。这种高低差的反复，强弱分明的反复，快慢明显的反复，松弛张紧的反复，真如进入宇宙遨游太空一般。虽然乘客有如此这般的感受，但却有惊无险、平安无事、其乐无穷，是青年人寻求探险、猎奇、神往、刺激和超级享受的理想去处。它美丽的外装饰，再伴之以不同形式、不同排列的彩灯在空中翩翩起舞，在夜间时起时落、光彩夺目、十分壮观，可成为一个色彩靓丽的景点。

图 2—27 橄榄球

勇敢者转盘（见图 2—28）是陀螺类高速回转大型游乐设施。主要由站台、转盘主体、升降装置、液压传动装置、控制系统等组成。游客乘坐在四周封闭的吊厢内以飞快的速度绕垂直轴旋转，因离心力而向外甩出。吊厢旋转的同时动臂或升降臂徐徐升起近乎垂直。乘客在座舱内忽而急剧上升，忽而急剧直下，犹如在时光隧道中穿梭，可尽情领略因重力变化而被抛在空中的新鲜感。

双人飞天游艺机（见图 2—29）也是一种陀螺类游艺机，外形美观，色彩鲜艳。机器启动之后，转盘绕垂直轴逐渐转动，乘客乘坐在吊椅上，在水平回转的同时，臂架徐徐升起，乘客时而冉冉升空，时而飘然下降，犹如在悠然自得的仙境游玩，像乘坐降落伞一般在空中徘徊。吊椅中的乘客可尽情地领略因重力变化而被抛在空中的新鲜感，在彩灯闪烁的夜幕下游玩情趣更浓。

飞身靠壁（见图 2—30）是陀螺系列游艺机之一，回转盘绕可变倾角的轴做回转运动。机器采用先进的程序控制和全液压传动系统，操作方便，动作准确可靠，运行平稳。回

图 2—28　勇敢者转盘

图 2—29　双人飞天游艺机

转盘可乘坐 30 名成人游客。游乐中，回转盘绕垂直轴回转，油缸慢慢顶起大臂，回转盘在小于等于 45°倾斜旋转，使乘客充分体验超重、失重的感觉。夜晚运行时，几百只七色彩灯程控闪光，似花团锦簇，异常壮观。

图 2—30　飞身靠壁

（2）组合式陀螺系列。主要产品有天旋地转、欢乐风火轮、金星（极速风车）、流星锤等。

天旋地转游艺机（见图 2—31）属于组合式陀螺系列。该游艺机造型和装饰豪华大方，别有特色，是由大臂绕倾斜轴旋转，座舱绕水平轴作正反方向翻转。运行时，游客乘坐其上，三维多变的翻滚运动使游客可以感受 360°翻转感觉。忽而被托上浩瀚苍穹，忽而被翻下深渊，使人有一种天旋地转的非凡刺激感。

极速风车（金星）游艺机（见图 2—32）是最新创意及用高科技打造的大型游艺机。在天空中就像一架伸展的大风车，共有六条像风车叶片的托臂固定在大臂上，每条托臂上的座舱中有五个座位，乘客被安全压杆稳妥地固定在座椅上。设备运行时，立柱缓缓托起，然后正反公转，座舱托臂急速正反自转，在离心力和重心作用下座舱产生自由无规则的自旋翻滚运动，三种运动的叠加结合使风车在高空跳起优美狂野的舞蹈，360°自由翻滚、扭动、转向、摇摆、滚动，形成了立体多变的运动轨迹。当华灯初上的时候，五彩缤纷的声光效果，豪华靓丽醒目的外观装饰，在激烈音乐的背景下，宛如将人带入波涛汹涌的海洋。

图 2—31　天旋地转游艺机

图 2—32　极速风车（金星）游艺机

5. 飞行塔类游乐设施

运动特点是用挠性件悬挂吊舱，边升降边绕垂直轴旋转。飞行塔类可分为旋转飞椅系列、青蛙跳系列、探空飞梭系列、观览塔系列和组合式飞行塔系列等 5 个品种。

飞行塔系列游乐设施的全部形式，运行高度大于等于 30 m 或乘客大于等于 40 人为 A 级；运行高度大于等于 3 m 小于 30 m 且乘客小于 40 人为 B 级；运行的最大线速度大于等于 2 m/s 或运行高度距地面大于等于 2 m，除 A 级、B 级之外为 C 级。

(1) 旋转飞椅系列。主要产品有摇头飞椅、旋风飞椅、摇摆旋转伞等。

摇头飞椅游艺机（见图 2—33）是一种新颖的飞行塔类游乐设施。本设备由机座、主柱、立柱、轨道、升降套筒、转盘、吊椅、驱动装置、微机控制系统等组成。立柱做公转运动，顶部大转盘上升、倾斜、摇摆式反方向自转运动，在离心力的作用下起伏飞旋，三种运动完美叠加一起。乘坐在悬挂环链吊椅上的乘客，随转盘的转动而徐徐升起，仿佛在空中飞舞翱翔，由于转盘的升高，垂直柱头角度渐渐偏转，使游客犹如置身于波涛起伏的大海中此起彼伏，上下翻飞，其乐无穷。

(2) 青蛙跳系列。主要产品是青蛙跳游艺机。

青蛙跳游艺机（见图 2—34）是属于一种匀速升高、分段下降的游乐设施，设备配有 6 个座位。操作人员待游客坐下并扣好安全带、杆后，将游客升高到一定高度，然后会跳跃式分段下降，犹如坐在大青蛙的背上蹦蹦跳跳的感觉。深受游客，特别是青少年游客的喜爱。

(3) 探空飞梭系列。主要产品有探空飞梭、高空探索、跳楼机、自由落体等。

探空飞梭游艺机（见图 2—35），能模仿宇宙飞船的发射动作，让游客亲身体验宇航员以每秒 20 m 时速升空时的速度和在太空中的失重感觉。乘客在座位上坐好，放下安全压杆，系好安

图 2—33　摇头飞椅游艺机

图 2—34　青蛙跳游艺机

全带，储蓄在发射罐中的压缩空气突然被释放，急速流向缆索气缸，推动气缸中的活塞快速向下运动，向下运动的活塞带动吊挂在缆索上的升降车向上运动，坐在升降车上的乘客在极短的时间内被发射至接近塔架的顶部，紧接着在重力的作用下急速跌落，跌落到一定高度时再次被空气压力弹回至塔架中部偏上的位置，然后按程序慢慢向下降落，最后乘客安全返回地面。该游艺机极度刺激，深受广大青少年的喜爱。

跳楼机（见图 2—36）就像一个火箭发射塔，在几秒之内，将乘客从平地弹射到 20 多米的高空，而后任由乘客从高空中自由坠落。

图 2—35　探空飞梭游艺机

图 2—36　跳楼机

（4）观览塔系列。主要产品有跳伞观览塔、观光跳伞塔、世博和谐塔等。

观光跳伞塔（见图 2—37）可以看成是一种独立于建筑物之外的把观光和模拟跳伞融为一体的游乐设施。观览舱可一次把人数众多的乘客运载到高空，并通过观览舱的回转欣赏周围各方位的美景。而跳伞设施则是把乘客提升到高空，然后高速下降，使乘客既可感受到悬空感又可感受到瞬间的失重感，从而使游客得到一种在其他场合不能得到的特殊感受。

图 2—37　观光跳伞塔

(5) 其他组合式飞行塔系列。它们不能归属于前四种类型。

6. 转马类游乐设施

运动特点是座舱安装在回转盘或支撑臂上，绕垂直轴或倾斜轴回转，或绕垂直轴转动的同时有小幅摆动。转马类游乐设施可分为转马系列、荷花杯系列、滚摆舱系列、爱情快车系列和其他形式转马系列等 5 个品种。

转马类游乐设施的全部形式，回转直径大于等于 14 m 或乘客大于等于 40 人为 A 级；回转直径大于等于 10 m 小于 14 m 且运行高度大于等于 3 m，乘客小于 40 人为 B 级；运行的最大线速度大于等于 2 m/s 或运行高度距地面大于等于 2 m，除 A 级、B 级之外为 C 级。

(1) 转马系列游艺机。运动特点是回转盘绕垂直轴旋转，乘客自身上下运动。主要产品有豪华转马、转马、小转马、豪华双层转马。

豪华双层转马（见图 2—38）是一种现代游艺机械，它拥有富丽堂皇的外观、精美华丽的装饰、绚丽的灯饰和现代的模拟声响，犹如一顶旋转的音乐皇冠。该设备由机座、主柱、轨道、升降套筒、上下层转盘、吊椅、驱动装置、微机控制系统等组成。上下双层独立控制结构。下层顺时针旋转。上层逆时针旋转。游客乘坐在色彩斑斓、形态各异的木马上奔腾跳跃、四蹄生辉，欣赏着优美动听的音乐，仿佛置身仙境般的童话世界，犹如驰骋在草原上。

图 2—38　豪华双层转马

（2）荷花杯系列游艺机。运动特点是回转盘绕垂直轴旋转，乘客座舱自身旋转。主要产品有转转杯、美人鱼、浪卷珍珠等。

转转杯系列游艺机（见图 2—39）以座椅的不同的造型冠以不同的名称，如旋转杯、咖啡杯、转转杯、蕉叶杯、荷花杯、茶杯、齿轮、恐龙杯、考拉杯等，目前已形成了 24 座、36 座和 64 座不同规格的系列产品，设备造型精美。在乘客随座椅的公转和自转的同时，愉悦感油然而生。设备采用新一代无极变频控制和电控制动系统，运行安全可靠，乘坐舒适，载客量大，是大型游乐园首选的品种之一。

图 2—39　转转杯游艺机

美人鱼游艺机（见图 2—40）是模拟在波涛滚滚的海面上，美人鱼和一群海豚在游戏而设计的。扇形台面铰接而成的圆形台面上均布八个海豚式彩色座椅，圆形转盘沿圆周有三个波峰的曲轨旋转，偏心安装在扇形台面上的八个座椅沿自己的圆形轨道自由旋转。圆形转盘旋转时，所有座椅在离心力和重力作用下，既随圆形转盘做圆周式公转，本身又能自转。在圆形转盘作波浪式转动的情况下，这些座椅的自转急缓不匀。游客坐在座椅中，时而缓慢旋转，甚至停滞不动，恰似在风平浪静的海面上；时而急速旋转，恰似误入旋涡急流险滩，不能自主，任随他变，好似人们在波浪中游玩戏水一般。

（3）滚摆舱系列游艺机。运动特点是转动架绕垂直轴旋转，乘客座舱自身翻滚。主要产品有滚摆舱等。

滚摆舱游艺机（见图 2—41）是由转动架、翻转舱组成。转动架上悬挂 8 个翻转舱绕垂直轴作水平回转。在运行过程中，固

图 2—40　美人鱼游艺机

定在翻转舱轴上的摩擦轮在遇到摩擦板升降装置时，使翻转舱在运行一个周期内绕水平轴翻转若干次。游客乘坐舱内，在随转盘水平旋转过程中，又有垂直平面上的非意识的摆动和猝不及防的360°翻滚，令人发出阵阵欢笑声。

图 2—41　滚摆舱游艺机

（4）爱情快车系列。运动特点是回转盘绕垂直轴旋转，乘客座舱自身摆动。主要产品有宇航车、大青虫、大苹果、爱情快车、火凤凰、幸福快车、音乐船等。

音乐船（见图 2—42）是爱情快车系列游艺机，具有造型精美、灯光变幻多端等特点。该设备采用变频无级控制，随着音乐变速转动，乘客座舱自身摆动，高低起伏，趣味无限。

图 2—42　音乐船

（5）其他形式转马类。它们不能归属于前四种形式。主要产品有反斗转盘（见图 2—43）等。

图 2—43　反斗转盘

7. 自控飞机类游乐设施

运动特点是乘人部分绕中心轴转动并做升降运动，乘人部分大都安装在回转臂上。自控飞机类分为自控飞机系列、章鱼系列和其他形式自控飞机系列等 3 个品种。

自控飞机类游乐设施的全部形式，回转直径大于等于 14 m 或乘客大于等于 40 人为 A 级；回转直径大于等于 10 m 小于 14 m且运行高度大于等于 3 m，乘客小于 40 人为 B 级；运行的最大线速度大于等于 2 m/s 或运行高度距地面大于等于 2 m，除 A 级、B 级之外为 C 级。

（1）自控飞机系列游艺机。运动特点是乘客座舱自身不旋转。主要产品有白象戏水、自控飞机、自控飞碟、金鱼戏水、小飞象、恐龙狂欢、动物王国、超级秋千、空战机、弹跳机、激情跳跃等。

白象戏水游艺机（见图 2—44）属于绕垂直轴旋转的自控飞机类游艺机，该设备基础位于圆环形水槽的正中央，座舱置于环形水面上方。当设备运转时，基础周围布置的若干个喷泉同时喷射出各式各样的水柱，在阳光的照耀下形成五颜六色的光环，雾里映着太阳，云中彩虹万道，游客在水雾中荡来荡去，上下飞舞。座舱装饰繁多，颜色绚丽，主要装饰为大齿轮、小风车、小老鼠等，中央最高处的小飞象憨态可掬，惹人喜爱。16 只座舱就是 16 个造型各异的小象，造型卡通，美观大方，在水面上方跳跃行走，乘客自主控制升降，极具趣味性，同时有一定的刺激性，适合各类游客乘坐。

图 2—44　白象戏水游艺机

自控飞机游艺机（见图 2—45）上有八架飞机，每架飞机设有前后两排座位，八架飞机围绕中间火箭盘旋。乘客可按自己的意愿，随时按下操作按钮，使飞机上升、降落或停止在某一高度。飞机酷似在蓝天翱翔，乘客可享受到无穷乐趣。

图 2—45 自控飞机游艺机

弹跳机（见图 2—46）是在自控飞机的基础上开发的造型美观、色彩靓丽的新产品。通过程序控制气缸动作，座舱快速地上升下降。与此同时，座舱飞速地正反方向交替旋转。游客乘坐其上，紧张刺激，其乐无穷。

（2）章鱼系列游艺机。运动特点是主运动绕垂直轴旋转、升降，乘客座舱自身旋转。主要产品有章鱼、星球大战等。

章鱼游艺机（见图 2—47）是多转体复合运动游乐项目。乘客乘坐于座舱之中，在公转与自转的运动之中，又有起伏升降的娱乐趣味性，五只旋臂在旋转中此起彼伏，就像巨大的章鱼游荡于汹涌的大海之中。因离心力引起的重力变化产生一种被抛在空中的感觉，乘客能充分领略其惊险的快感。它操作安全简便，备有紧急停止装置、限制座椅摆动角度的按钮等安全装置。

图 2—46　弹跳机

图 2—47　章鱼游艺机

（3）其他形式自控飞机类。它们不能归属于前两种形式。主要产品有时空穿梭机（见图 2—48）、动感电影平台、音乐喷泉（见图 2—49）等。

8. 水上游乐设施

水上游乐设施是借助于水进行游乐的设施，可分为峡谷漂流系列、水滑梯系列、碰碰船系列、造浪机系列、水上自行车系列和组合式水上游乐设施等 6 个品种。

图 2—48　时空穿梭机

图 2—49　音乐喷泉

水上游乐设施的全部形式，高度大于等于 5 m 或速度大于等于 30 km/h 为 B 级；运行的最大线速度大于等于 2 m/s 或运行高度距地面大于等于 2 m，除 B 级之外为 C 级。水上游乐设施无 A 级。

（1）峡谷漂流系列游艺机。运动特点是在特定水域运行或滑行。

峡谷漂流（见图 2—50）是目前国内外最流行、最具震撼力的现代大型主题游乐项目，由数百米长的混凝土水道、人工塑造山石景观、水泵站、储水池、过人天桥、候船室、旋转站台、控船机构、控水流装置、漂流筏、漂流筏提升机以及电气控制系统和监控系统等 12 个主要部分组成。峡谷漂流游乐项目既讲究景观之美，又展现现代科技之精粹。游客乘坐漂流筏离开站台后，依靠两台大流量水泵的水流向前推动，其速度根据水道不同段的形状和挡水堰的位置而变化。漂流筏在水道中途经瀑布、峡谷、山洞、旋涡等，时快时慢地前进，一会儿像是被卷进旋涡，一会儿又冲向谷底，一路经过激流险滩，波涛汹涌，飞流直下。整个漂流过程，游客经历惊涛骇浪、急流万转、瞬息万变的惊险场面，同时能尽情欣赏浓缩于有限范围内的怪石、山峰、峡谷、瀑布、喷泉等野外景观。时而旋转 360°，时而旋转 720°，时而速降，时而缓缓漂流，仿佛纵情山水之间。游客既得到情感刺激，又能体验浪遏飞舟的快感。漂流筏回到站台前，由水道与回转站

图 2—50　峡谷漂流

台的连接纽带的提升机连续不断的运转把漂流筏提升到高处，滑入站台前段宽而平稳的水域，缓缓进入站台。漂流筏在回转站台与立式传送带的夹持下与回转台同步回转，游客可安全地上、下站台，结束漂流旅途。

（2）水滑梯系列。运动特点是在水域运行或滑行。主要产品为高速变坡滑道水滑梯等（见图 2—51）。

图 2—51　高速变坡滑道水滑梯

（3）碰碰船系列、造浪机系列、水上自行车系列游艺机。运动特点是在水域运行或滑行。主要产品有碰碰船（见图 2—52）、水上挑战者、水上骑士、造波机、双人脚踏船、加勒比海战等。

水上骑士（见图 2—53）是水上自行车系列游艺机。船采用白色船体，座架的颜色为紫色，在碧水之上色彩鲜明，并配有增加平衡的可以自由拆装的安全翼，脚踏是唯一的动力。游客通过脚踏板螺旋推进器驱动，时速可达每小时 12 km，犹如置身于水上漫游。该设备对环境不产生任何危害和污染。

图 2—52　碰碰船

图 2—53　水上骑士

（4）组合式水上游乐设施。它们在特定水域运行或滑行，不能归属于前四类。主要产品有戏水乐园、小小世界、小小漂流、电瓶船（见图 2—54）、小快艇等。

图 2—54　电瓶船

9. 赛车类游乐设施

运动特点是沿地面指定线路运行。赛车类分为场地赛车系列、越野赛车系列和其他形式赛车类游艺机等 3 个品种，全部属于 C 级。

（1）场地赛车系列、越野赛车系列游艺机。运动特点是沿地面指定线路运行，最大线速度大于等于 2 m/s。覆盖范围原则是按结构形式划分，速度向下覆盖。主要产品有赛车、小跑车、高速赛车、旋风赛车、卡丁车、豪华型赛车、拉力赛车等。

卡丁车（见图 2—55）是自控型游乐设施，车体美观大方。主车结构架使用无缝合金钢管，空间结构经焊接而成，坚固耐用，不易变形。车座为汽车用皮质软座椅及防滚架，符合北美安全标准，舒适安全，并配有四点式安全带；车体两侧铺有铝合金踏板，上下车方便；皮质

图 2—55　卡丁车

赛车转向盘在驾车时手感良好，易于操纵。卡丁车的最大优点是防撞性能好，马力强劲。游客自己驾驶车辆在车场自由行驶，施展自己的驾驶技能，前进、后退、左右转弯，冲撞躲闪，乐趣丛生，是青少年极为喜欢、百玩不厌、极其安全的游乐设施。卡丁车是适合在室内、室外场地娱乐的车型。

双人赛车（见图 2—56）车体美观大方。主车架使用无缝合金钢管，空间结构经焊接而成，坚固耐用，不易变形，防撞性能好。制动系统采用机械盘式制动器，车座为汽车用皮质软座椅及防滚架，舒适安全，并配有四点式安全带，车体两侧铺有铝合金踏板，上下车方便。皮质赛车转向盘在驾车时手感良好，易于操纵。双人赛车安装 6.6 kW、4.77 kW 单缸四冲程汽油发动机。发动机（HONDA GX270/GX200）马力强劲。游客自己驾驶车辆在车场自由行驶，施展自己的驾驶技能，冲撞躲闪，乐趣无穷。双人赛车是青少年极为喜欢、百玩不厌、极其安全的游乐设施。

图 2—56　双人赛车

（2）其他形式赛车类游艺机。它们不能归属于前两种形式。主要产品有旋风赛车等。

旋风赛车（见图 2—57）外观美观、新颖，性能优良，仪表盘上设有速度显示装置，车上的计算机控制中心能随时用语言提示驾驶失误，在运行中有高保真的音响伴奏，玩起来紧张、刺激、其乐无穷。驾驶旋风赛车可使驾驶者在游戏中体验到驾驶顶级赛车的感受。旋风赛车是深受人们喜爱的一种游乐设施。

10. 小火车类游乐设施

运动特点是沿地面轨道运行。它分为内燃机驱动小火车和电力驱动小火车 2 个品种，全部属于 C 级。

图 2—57　旋风赛车

（1）内燃机驱动小火车游艺机采用内燃机驱动，其沿地面轨道运行。主要产品有大型仿古小火车等。

大型仿古小火车（见图 2—58）采用优质柴油发动机为动力装置，综合了国内外小火车的优点，结构独特，整体造型优美，视野宽阔，操作方便灵活，运行平稳，安全可靠，噪声小无污染，乘坐舒适，可以与列车相媲美。小火车绕公园一周，乘客可以尽情浏览游乐园的风光，行驶速度时快时慢，其乐无穷，深受游客的喜爱。

图 2—58　大型仿古小火车

(2) 电力驱动小火车游艺机采用直流电动机为动力装置，沿地面轨道运行。主要产品有小火车、龙车、马戏小火车、动物戏车、猴抬轿等。

小火车（见图 2—59）设计新颖，整体造型优美，视野宽阔，乘坐舒适，动力系统设计别具一格，采用直流电动机驱动，设计有变速箱、传动轴、前后桥差速器、四轮驱动带四轮液压制动等结构。其最大特点是结构紧凑小巧，操作方便灵活，运行平稳，安全可靠，噪声小无污染。游客乘坐电动小火车，沿轨道行驶，速度时快时慢，尽情欣赏周围的风光，其乐无穷。电动小火车深受游客的喜爱。

图 2—59　小火车

马戏小火车专为儿童设计，包括一节车头和三节车厢，采用 2.2 kW 直流电动机驱动，综合其他小火车的优点，结构别具一格，外观醒目，乘坐的舒适度可与其他小火车媲美。

11. 碰碰车类游乐设施

运动特点是用电力、内燃机或人力驱动，乘客自己操作。碰碰车类仅碰碰车系列一个品种，运行的最大线速度大于等于 2 m/s或运行高度距地面小于等于 2 m，全部为 C 级游艺机。主要产品有电力碰碰车、电池碰碰车、双人星际战车、挑战者等。

碰碰车游艺机分为有天网（见图 2—60）和无天网（见图 2—61）两类碰碰车。在车场内，游客可以充分施展自己的驾驶技能，随意行驶，前进后退、左右转弯，冲撞躲闪，乐趣丛生，百玩不厌，是一种极其安全的游乐设施。

图 2—60　有天网碰碰车

图 2—61　无天网碰碰车

挑战者（见图 2—62）是一款创意新颖的高科技产品，充气的橡胶外胎使碰撞更加刺激，独有的钥匙、投币或无线启动功能令经营者管理更加方便，可活动的激光枪使对打效果更加强烈，高保真的音响系统及多变的灯光使其趣味性更强，转向盘及双手柄的操纵方式可满足用户的多种选择，低压报警电路可更好地保护电瓶寿命。

图 2—62　挑战者

12. 电池车类游乐设施

运动特点是以电池为动力，在地面上运行，一般为乘客自己操作，速度小于等于 5 km/h，适合儿童乘坐，全部为 C 级。覆盖范围原则是按速度、承载人数向下覆盖。电池车类仅有电池车系列一个品种。主要产品有西红柿车（见图 2—63）、电池车（见图 2—64）、坦克战车、吉普车、警车等。

图 2—63　西红柿车

图 2—64　电池车

13. 观光车类游艺机

在游乐园（场）内运行的大型游乐设施观光车类，已经由《特种设备目录》中“大型游乐设施观光车类”调整为特种设备增补目录中“场（厂）内专用旅游观光车辆”。仍然分为内燃观光车系列和蓄电池观光车系列 2 个品种。主要产品有豪华游览车等。

（1）内燃观光车系列的主要产品有火车头观光车（见图 2—65）等。

图 2—65　火车头观光车

（2）蓄电池观光车系列的主要产品有旅游观光车（见图2—66）、游览电瓶车等。

图2—66　旅游观光车

14. 无动力类游乐设施

运动特点是弹射或提升后自由坠落（摆动）。无动力游乐设施分为高空蹦极系列、弹射蹦极系列、小蹦极系列、滑索系列、空中飞人系列、系留式观光气球系列和组合式无动力游乐设施等7个品种。

（1）高空蹦极系列游艺机。蹦极也称机索跳，是近来新兴的一项非常刺激的户外休闲活动。跳跃者站在约40 m（相当于10层楼）高的桥梁、塔顶、高楼、吊车甚至热气球上，把一端固定的一根长长的橡皮绳绑在踝关节处，然后两臂伸开，双腿并拢，头朝下跳下去。绑在跳跃者踝部的橡皮绳很长，足以使跳跃者在空中享受几秒的自由落体。当人体落到离地面一定距离时，橡皮绳被拉开、绷紧，阻止人体继续下落，当到达最低点时橡皮绳回弹，人被拉起，随后又落下，这样反复多次。覆盖范围原则以高度向下覆盖。主要产品有高空蹦极（见图2—67）、世界最高蹦极点等。

人们把火箭蹦极、弹射塔、空中飞人称为惊险蹦极三部曲。从1997年5月至今，我国已建成并正常运营的蹦极跳台有20多座。北京房山十渡风景区的八渡麒麟山的悬崖上建成了国内首家蹦极跳台，距水面高度48 m。北京市怀柔区青龙峡风景区的蹦极跳台建于1998年6月，塔高68 m，乃当时国内最高的蹦极跳

图 2—67　高空蹦极

塔。南非东开普敦省齐齐卡马山中一座名为布劳克朗斯的大桥上拥有世界上最高的蹦极点（见图 2—68），高度为 216 m；第二高的蹦极点在瑞士的一个风景点的缆车上，高度为 160 m；第三高的蹦极点位于津巴布韦与赞比亚交界的维多利亚瀑布的一座桥上，高度为 111 m。

图 2—68　世界上最高的蹦极点

（2）弹射蹦极系列游艺机是向上弹射。在北京怀柔雁栖湖畔1998年9月建成的火箭蹦极塔，弹起高度为50 m。包括弹射支架、滑轮组件、弹性绳、吊挂安全带和动力装置，弹射支架具有左、右支架，动力装置引出的两根拉力绳、弹性绳连接弹射舱。参与者坐在弹射舱内，然后用特制的发射器将人弹向高空，再下落反弹多次。覆盖范围原则是以高度、承载人数向下覆盖，主要产品有火箭式蹦极（见图2—69）等。

图2—69　火箭式蹦极

（3）小蹦极系列游艺机是向上弹射，高度小于10 m。覆盖范围原则是以高度、承载人数向下覆盖。主要产品有欧洲小蹦极（见图2—70）等。

（4）滑索系列游艺机。运动特点是在重力作用下，沿着斜拉的钢绳从高处向低处飞速滑下。滑索长度大于等于360 m为A级，滑索长度小于360 m为B级，滑索系列没有C级。覆盖范围原则按结构形式划分。主要产品有速降、滑索、飞人等。

滑索（见图2—71）主要由钢筋混凝土基础、上站及下站门型结构支架、吊具（包括滑车和吊带，其中滑车分为双轮和四

图 2—70　欧洲小蹦极

图 2—71　滑索

轮，以及带限速和不带限速等形式)、缓冲装置、防护装置、吊具回收装置、承载索、牵引索等组成。乘客穿戴柔性吊具，悬挂在滑动小车下，以斜拉的一根或两根钢绳为轨道，利用重力，可以轻松跨越山谷、河流、湖面等障碍，从高处向低处飞速滑下。滑索运动充满速度感和刺激性，让乘客体会到凌空飞渡的新奇感受，因此深得游客的喜爱。

(5) 空中飞人系列的主要参数是运行高度距地面大于等于2 m。覆盖范围原则是以高度、承载人数向下覆盖。主要产品有空中飞人（见图 2—72)、蹦极轰炸机等。

图 2—72　空中飞人

空中飞人游艺机由拱形架、发射塔、载人升降平台、提升机构、拉索停止机构、飞行服及采用双重保险的各挂钩件组成。游客被提升到 33 m 高度处，瞬时飞落而下，速度由 0 增至 21 m/s 仅需 2.38 s，每次可容纳 2～3 人一同飞行。

蹦极轰炸机是由三个 40 m 高、呈三角形布置的桅杆组成，可同时有三人参加。乘客面部朝下并排绑在一起，脚部用一根钢缆与独立的桅杆连接。卷扬机把钢缆收紧，乘客即被提升至40 m高。当钢缆松开时，乘客头朝下向地面俯冲，几乎马上就要与大地相撞之时，又被固定在另两根桅杆上的钢缆牵引，向上空冲去。这样反复多次，让乘客体会到失重和近乎撞地的感觉。

(6) 系留式观光气球系列。主要参数是运行高度距地面大于等于 2 m。覆盖范围原则是以高度、承载人数向下覆盖。主要产品有观光气球（见图 2—73）等。

（7）组合式无动力游乐设施。主要参数不能归属于前面各种形式。运行的最大线速度大于等于 2 m/s 或运行高度距地面大于等于 2 m。覆盖范围原则是按结构形式划分，主要安全技术参数向下覆盖。主要产品有海洋球、宝来乐、树屋、儿童乐园等。

图 2—73　观光气球

15. 其他类

因结构及运动形式特殊，不能划分到某一类别的游乐设施。

（1）滑翔飞翼游艺机（见图 2—74）属于其他类游艺机。该类设备包括高塔、滑行索道、牵引装置、飞翼装置、牵引绳、张紧装置、控制装置及辅助设施等。采用型钢组焊的高塔，高低两端固定的滑行索道，由主传动、卷筒、电动机、离合器、制动器、排线机构等组成的牵引装置，套装于滑行索道上的载客飞翼装置，环形布置的牵引绳，连接滑行索道的张紧装置及控制装置、辅助设施等。

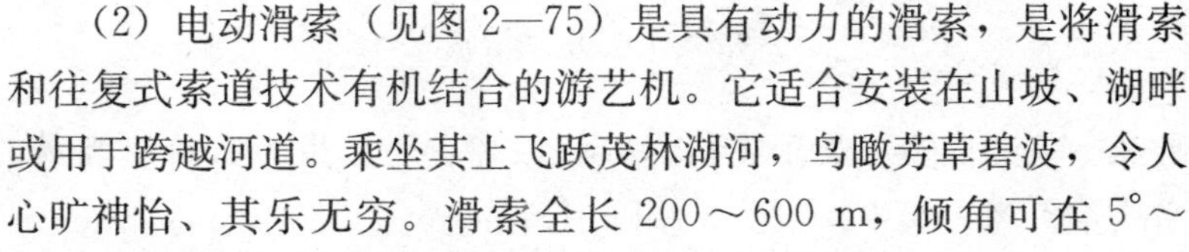

（2）电动滑索（见图 2—75）是具有动力的滑索，是将滑索和往复式索道技术有机结合的游艺机。它适合安装在山坡、湖畔或用于跨越河道。乘坐其上飞跃茂林湖河，鸟瞰芳草碧波，令人心旷神怡、其乐无穷。滑索全长 200～600 m，倾角可在 5°～35°。每条滑索上悬挂吊椅，乘员两人，最高速度可达 10 m/s。

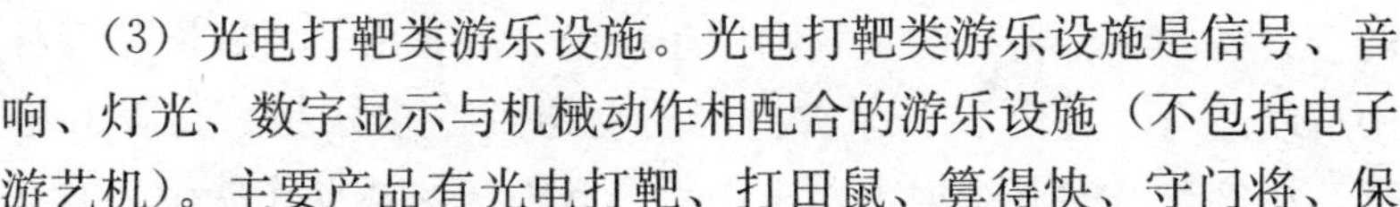

（3）光电打靶类游乐设施。光电打靶类游乐设施是信号、音响、灯光、数字显示与机械动作相配合的游乐设施（不包括电子游艺机）。主要产品有光电打靶、打田鼠、算得快、守门将、保

图 2—74　滑翔飞翼游艺机

图 2—75　电动滑索

龄球、美洲探险、欢乐旅行、鬼屋惊魂、魔兽世界、古堡幽灵、激战鲨鱼岛、蜗牛特攻队、跟踪追击等。

美洲探险（见图 2—76）是一项同时具有小火车和光电打靶两套设备的综合特点的新颖的游乐设施。战车沿轨道在原始森林中自动运行，过山洞、穿古树，还会遇到许多妖精、猛兽和匪徒，游客可及时开枪射击，击中后会有声、光或动作展示，并在各自的显示屏上记分，体现游客运用射击技巧取得记分成绩的乐趣。美洲探险既能观览世界奇观又是一项参与性极强的游乐项目。

图 2—76　美洲探险

欢乐旅行（见图 2—77）是一款高科技小火车类和光电打靶类游乐项目。游客坐在太空飞行器外形的车体内，可通过转向盘 360°旋转，场景内设有许多可爱的目标，可通过激光手枪进行射击，目标被击中后灯光闪亮并伴有相应的有趣动作，大屏幕记分系统能自动记录下击中次数。欢乐旅行会带游客进行一次愉快且充满神秘感的紧张刺激的旅行。

图 2—77　欢乐旅行

鬼屋惊魂（见图 2—78）是一种互动式的主题项目。游客乘坐幽灵战车手持激光枪与隐藏在暗处的鬼进行对攻。场景中设有感应器，当战车接近鬼时，鬼会突然出现，惊险恐惧，游客必须用激光枪快速向鬼射击并以此获得分数，否则会被鬼攻击，座位震动，使游客进入紧张的气氛中，其乐无穷。

图 2—78　鬼屋惊魂

激战鲨鱼岛（见图 2—79）是光电打靶类游乐设施。乘员为 24 人。游客用飞船上的水枪射击鲨鱼岛上的目标，当目标被击中后喷水。在冬季可把飞船上的水枪换成激光枪，激中目标后，目标会发出声音或有动作，是一款参与感强、经营灵活的老少皆宜的游乐项目。

图 2—79　激战鲨鱼岛

第二节　游乐设施的分级

游乐设施种类繁多，形式多样，一方面要保证安全，另一方面要减少管理成本，对不同的设备应采取不同的监察检验方式，所以纳入安全监察的游乐设施按危险程度分为 A、B、C 三级。一般以速度、高度、摆角等技术参数作为分级的原则。

对于速度快、高度高的游乐设施，如过山车、大型观览车、飞毯、探空飞梭、高空蹦极、空中飞人等设备设为 A 级；对于速度较快、高度较高的游乐设施，如滑行龙、转马、自控飞机、水滑梯等设备设为 B 级；对于速度一般、高度一般的游乐设施，如碰碰车、小赛车等设备设为 C 级。对于新兴的滑道、滑索、峡谷漂流等设备、技术复杂的游乐设施，划为 A 级。

对 A 级、B 级游乐设施实行设计审查，从源头保证质量与安全。国家级游乐设施检验机构主要负责数量较少、技术复杂、危险性高的 A 级游乐设施检验工作。各地取得国家质量监督检验检疫总局游乐设施检验许可的检验机构负责 B 级、C 级游乐设施的检验工作。

一、大型游乐设施的分级

国家质量监督检验检疫总局以国质检锅［2003］34 号文发布实施的《游乐设施安全技术监察规程（试行）》规定，根据游乐设施其危险危害程度，将纳入安全监察的游乐设施划分为 A、B、C 三级（见表 2—1）。

二、大型游乐设施的分级调整

为了适应大型游乐设施安全管理的现状，确保大型游乐设施的安全使用，国家质量监督检验检疫总局特种设备局 2007 年 5 月 31 日对大型游乐设施的分级进行调整。分级调整的内容如下：

缩小上述游乐设施分级表原 A 级设备范围，提高原 B 级设备分级上限参数，原 C 级设备范围不变，具体分级方法见调整后的大型游乐设施分级表（见表 2—2）。

表 2—1　　游乐设施分级

主要运动特点	典型产品举例	主要参数		C级
		A级	B级	
绕水平轴转动或摆动	观览车、飞毯、太空船、海盗船、流星锤	高度≥30 m或摆角≥90°	满足高度≥30 m或摆角≥45°，除A级之外	符合附件1规定的条件，除A级、B级之外的游乐设施
绕可变倾角的轴旋转	陀螺、三星转椅、飞身靠壁、勇敢者转盘等	倾角≥70°或回转直径≥10 m	满足倾角≥45°或回转直径≥8 m，除A级之外	
沿架空轨道运行或提升后惯性滑行	滑行车（过山车）、矿山车、疯狂老鼠、弯月飞车、急流勇进（滑道、滑索属A级）	速度≥40 km/h或轨道高度≥5 m	满足速度≥20 km/h或轨道高度≥3 m，除A级之外	符合附件1规定的条件，除A级、B级之外的游乐设施
绕垂直轴旋转、升降	波浪秋千、超级秋千、转马、章鱼、自控飞机等	回转直径≥12 m或运行高度≥5 m	满足回转直径≥10 m或运行高度≥3 m，除A级之外	
用挠性件悬吊并绕垂直轴旋转、升降	飞行塔、观览塔、豪华飞椅、波浪飞椅等	高度≥30 m或运行高度≥3 m且回转直径≥12 m	满足高度≥30 m或运行高度≥3 m，除A级之外	
在特定水域运行或滑行	直（曲）线滑梯、浪摆滑道等（峡谷河流属A级）	—	高度≥5 m或速度≥30 km/h	
弹射或提升后自由坠落（摆动）	探空飞梭、蹦极、空中飞人等	高度≥20 m或高差≥10 m		

表 2—2　　调整后的大型游乐设施分级

类别	主要运动特点	形式	主要参数		
			A级	B级	C级
观览车类	绕水平轴转动或摆动	观览车系列	高度≥50 m	50 m>高度≥30 m	其他
		海盗船系列	单侧摆角≥90°或乘客≥40 人	90°>单侧摆角≥45°且乘客<40 人	
		观览车类其他形式	回转直径≥20 m，或乘客≥24 人	单侧摆角≥45°且回转直径<20 m且乘客<24 人	
滑行车类	沿架空轨道运行或提升后惯性滑行	滑道系列	滑道长度≥800 m	滑道长度<800 m	无
		滑行车类其他形式	速度≥50km/h，或轨道高度≥10 m	50km/h>速度≥20km/h，且 10 m>轨道高度≥3 m	其他
架空游览车类		全部形式	轨道高度≥10 m，或单车（列）乘客≥40 人	10 m>轨道高度≥3 m，且单车（列）乘客<40 人	其他
陀螺类	绕可变倾角的轴旋转	全部形式	倾角≥70°或回转直径≥12 m	70°>倾角≥45°且 12 m>回转直径≥8 m	其他
飞行塔类	用挠性件悬吊并绕垂直轴旋转、升降	全部形式	运行高度≥30 m，或乘客≥40 人	30 m>运行高度≥3 m，且乘客<40 人	其他

续表

类别	主要运动特点	形式	主要参数		
			A级	B级	C级
转马类	绕垂直轴旋转、升降	全部形式	回转直径≥14 m，或乘客≥40人	14 m>回转直径≥10 m且运行高度≥3 m且乘客<40人	其他
自控飞机类					
水上游乐设施	在特定水域运行或滑行	全部形式	无	高度≥5 m或速度≥30 km/h	其他
无动力游乐设施	弹射或提升后自由坠落(摆动)	滑索系列	滑索长度≥360 m	滑索长度<360 m	无
		无动力类其他形式	运行高度≥20 m	20 m>运行高度≥10 m	其他
赛车类、小火车类、碰碰车类、电池车类	在地面上运行	全部形式	无	无	全部

表 2—2 中分级参数的含义如下：

乘客：指设备额定满载运行过程中同时乘坐游客的最大数量。

对单车（列）乘客是指相连的一列车同时容纳的乘客数量。

高度：对观览车系列，指转盘（或运行中座舱）最高点距主立柱安装基面的垂直距离（不计算避雷针高度，以上所得数值取最大值）。

对水上游乐设施，指乘客约束物支撑面（如滑道面）距安装基面的最大竖直距离。

轨道高度：指车轮与轨道接触面最高点距轨道支架安装基面最低点之间的垂直距离。

运行高度：指乘客约束物支撑面（如座位面）距安装基面运动过程中的最大垂直距离。

对无动力类游乐设施，指乘客约束物支撑面（如滑道面、吊篮底面、充气式游乐设施乘客站立面）距安装基面的最大竖直距离，其中高空跳跃蹦极的运行高度是指起跳处至下落最低的水面或地面。

单侧摆角：指绕水平轴摆动的摆臂偏离铅垂线的角度（最大 180°）。

回转直径：对绕水平轴摆动或旋转的设备，指其乘客约束物支撑面（如座位面）绕水平轴的旋转直径。

对陀螺类设备，指主运动做旋转运动，其乘客约束物支撑面（如座位面）最外沿的旋转直径。

对绕垂直轴旋转的设备，指其静止时座椅或乘客约束物最外侧绕垂直轴为中心所得圆的直径。

滑道长度：指滑道下滑段和提升段的总长度。

滑索长度：指承载索固定点之间的斜长距离。

倾角：指主运动（即转盘或座舱旋转）绕可变倾角轴做旋转运动的设备，其主运动旋转轴与铅垂方向的最大夹角。

速度：指设备运行过程中座舱达到的最大线速度，水上游乐设施指乘客达到的最大线速度。

第三节　游乐设施代号

一、游乐设施代号的国家标准

游乐设施的结构和运动形式千变万化，对同一类设备，制造厂家和游乐园（场）出于商业目的，按其造型装饰或运动方式，往往赋予其一个响亮、诱人的名称，容易造成同一种游乐设施冠以多种名称。对游乐设施进行科学的分类，对名称加以规范，非常必要。《游乐设施代号》（GB/T 20049—2006）给游乐设施按给定的代号加以规范。

二、游乐设施代号

1. 代号形式

X—Dy Ry Vy Hy Qy SZ。

2. 代号说明

（1）X是代表游乐设施不同运动形式的数字。

X为01，代表座舱绕水平轴回转的游乐设施。

示例：观览车、海盗船、太空船、飞毯、流星锤等。

X为02，代表座舱绕垂直轴回转、升降的游乐设施。

示例：自控飞机、章鱼、波浪秋千、转马、浪卷珍珠等。

X为03，代表座舱绕可变倾角的轴回转的游乐设施。

示例：陀螺、双人飞天、勇敢者转盘、飞身靠壁等。

X为04，代表座舱用挠性件悬吊绕垂直轴旋转、升降的游乐设施。

示例：飞行塔、空中转椅、观览塔、青蛙跳等。

X为05，代表沿架空轨道运行的游乐设施。

示例：过山车、疯狂老鼠、滑行龙、单轨空中列车、架空自行车等。

X 为 06，代表在地面上运行的游乐设施。

示例：碰碰车、赛车、电池车、小火车等。

X 为 07，代表在特定水域运行的游乐设施。

示例：水滑梯、峡谷漂流、水上自行车、游船等。

X 为 08，代表弹射或提升后自由坠落（摆动）的游乐设施。

示例：探空飞梭、蹦极、空中飞人等。

X 为 09，代表非上述运动形式的其他游乐设施。

（2）其他各字母的含义

D——游乐设施最大回转直径代号；

R——游乐设施最大回转半径代号；

V——游乐设施座舱最大运行速度代号；

H——游乐设施座舱最大高度代号；

Q——游乐设施座舱可变倾角代号；

S——游乐设施座舱可升降代号；

Z——游乐设施座舱可自转代号；

y——分别代表最大回转直径、最大回转半径、座舱最大运行速度、座舱最大高度、座舱可变倾角的数值。

直径、半径、高度单位为 m，速度单位为 m/min，在轨道、水上及地面上运行的速度单位为 km/h。

3. 代号示例

（1）绕水平轴回转的游乐设施示例

1）观览车。回转直径为 50 m，运行速度为 16 m/min，座舱高度为 52 m。

代号为 01—D50V16H52。

2）太空船。回转直径为 8 m，运行速度为 320 m/min，座舱高度为 10 m。

代号为 01—D8V320H10。

3）海盗船。回转半径为 4 m，运行速度为 300 m/min，摆角为 45°。

代号为 01—R4V300Q45。

(2) 绕垂直轴回转的游乐设施示例

1) 自控飞机。回转直径为 15 m，运行速度为 230 m/min，座舱高度为 5 m，座舱可升降。

代号为 02—D15V230H5S。

2) 浪卷珍珠。回转直径为 10 m，运行速度为 180 m/min，座舱高度为 0.3 m，座舱可自转。

代号为 02—D10V180H0.3Z。

(3) 绕可变倾角轴回转的游乐设施示例

1) 勇敢者转盘。回转直径为 10 m，运行速度为 600 m/min，倾角为 70°。

代号为 03—D10V600Q70。

2) 陀螺。回转直径为 8 m，运行速度为 300 m/min，倾角为 45°。

代号为 03—D8V300Q45。

(4) 座舱用挠性件悬吊绕垂直轴旋转、升降的游乐设施示例

1) 观览塔。回转直径为 10 m，运行速度为 50 m/min，座舱高度为 60 m，座舱可升降。

代号为 04—D10V50H60S。

2) 飞行塔。回转直径为 8 m，运行速度为 300 m/min，座舱高度为 8 m，座舱可升降。

代号为 04—D8V300H8S。

(5) 沿轨道运行的游乐设施

1) 过山车。运行速度为 75 km/h，列车最大高度为 30 m。

代号为 05—V75H30。

2) 滑行龙。运行速度为 20 km/h，列车最大高度为 5 m。

代号为 05—V20H5。

(6) 沿地面运行的游乐设施

1) 碰碰车。运行速度为 6 km/h。

代号为 06—V6。

2）电池车。运行速度为 4 km/h。

代号为 06—V4。

(7) 在特定水域运行的游乐设施

1）水滑梯。下滑速度为 15 km/h，高度为 10 m。

代号为 07—V15H10。

2）峡谷漂流。漂流速度为 6 km/h，高度为 4 m。

代号为 07—V6H4。

(8) 弹射或提升后自由坠落（摆动）的游乐设施

1）探空飞梭。弹射最大速度为 1 800 m/min，座舱高度为 50 m。

代号为 08—V1800H50。

2）空中飞人。最大飞行速度为 300 m/min，飞行高度为 25 m。

代号为 08—V300H25。

(9) 其他游乐设施。代号为 09—DyRyVyHyQySZ。

根据游乐设施的具体情况，分别填写其中的代号和数值。

思考题

1. 游乐设施分类的原则是什么？

2. 特种设备目录中游乐设施分成多少类？说出其中 5 个种类。

3. 观览车类游乐设施的主要运动特点是什么？一共分成几个品种？

4. 滑行车类游乐设施的主要运动特点是什么？一共分成几个品种？

5. 架空游览车类游乐设施的运动特点是什么？一共分成几个品种？

6. 陀螺类游乐设施的运动特点是什么？一共分成几个品种？

7. 飞行塔类游乐设施的运动特点是什么？一共分成几个品种？

8. 转马类游乐设施的运动特点是什么？一共分成几个品种？

9. 自控飞机类游乐设施的运动特点是什么？一共分成几个品种？

10. 水上游乐设施的运动特点是什么？一共分成几个品种？

11. 碰碰车类游乐设施的运动特点是什么？一共分成几个品种？

12. 小火车类游乐设施的运动特点是什么？一共分成几个品种？

13. 无动力类游乐设施的运动特点是什么？一共分成几个品种？

14. 为什么要调整游乐设施的分级范围？

15. 制定游乐设施代号的目的是什么？

第 三 章

游乐设施常用的传动方式和传动机构

本章知识要点

1. 了解游乐设施的传动系统基本知识
2. 掌握游乐设施的传动系统基本应用

第一节 游乐设施传动系统概述

一、传动系统及其组成

游乐设施的传动系统要具备三个功能：传递动力、改变运动速度和方向、改变运动形式。为此，该系统应由动力机、传动和执行机构三部分组成。

动力机的作用是把各种形态的能转变为机械能，其运动的输出形式通常为转动，运转速度一般较高。游乐设施常用的动力机有内燃机（汽油机、柴油机）和电动机等。

传动机构（也称传动装置）是指将动力机产生的机械能传送到执行机构上的中间装置，如齿轮传动机构（变速箱）、蜗轮传动、带传动、链条传动、液压或气压传动以及电传动等。

机械能是通过执行机构或工作部分，演绎各种趣味横生的运动。

二、游乐设施的传动机构

通常传动机构是将动力机的输出速度变成适宜执行机构需要

的速度（大多数为减速），把动力机输出的转矩（较小）变换成执行机构所需要的转矩（较大）或力。游乐设施的种类繁多，传动方式各不相同，归纳起来主要有以下几种。

1. 围绕中心轴回转的传动方式

这种传动方式用得最多，有机械传动也有液压传动，机械传动中有齿轮传动也有链条传动。表 3—1 所列为几种常用围绕中心轴回转的传动方式。

表 3—1　　几种常用围绕中心轴回转的传动方式

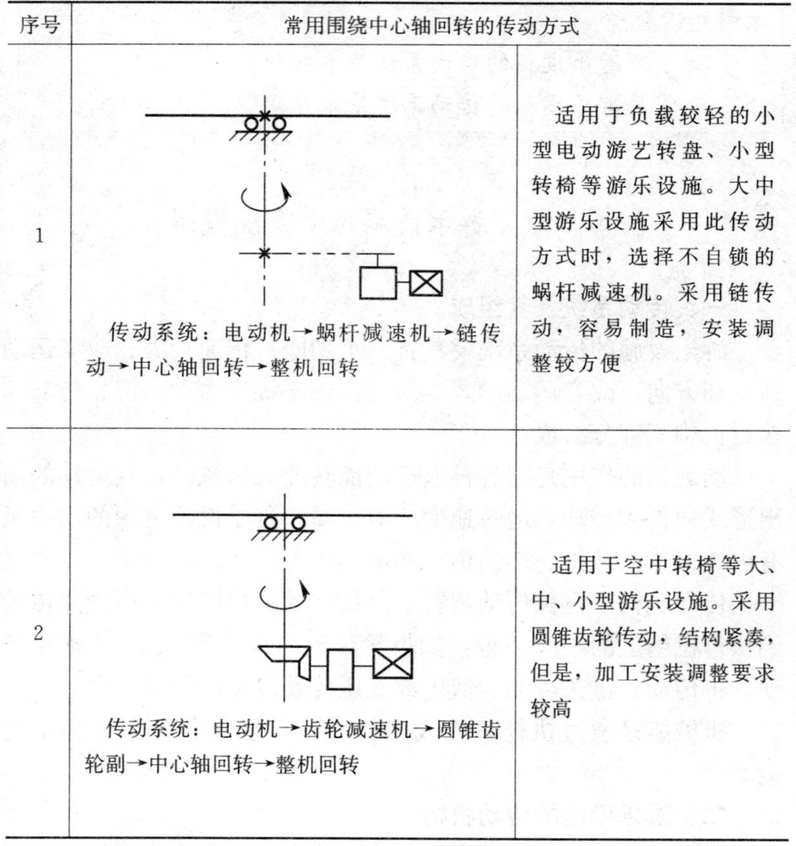

序号	常用围绕中心轴回转的传动方式	
1	传动系统：电动机→蜗杆减速机→链传动→中心轴回转→整机回转	适用于负载较轻的小型电动游艺转盘、小型转椅等游乐设施。大中型游乐设施采用此传动方式时，选择不自锁的蜗杆减速机。采用链传动，容易制造，安装调整较方便
2	传动系统：电动机→齿轮减速机→圆锥齿轮副→中心轴回转→整机回转	适用于空中转椅等大、中、小型游乐设施。采用圆锥齿轮传动，结构紧凑，但是，加工安装调整要求较高

续表

序号	常用围绕中心轴回转的传动方式	
3	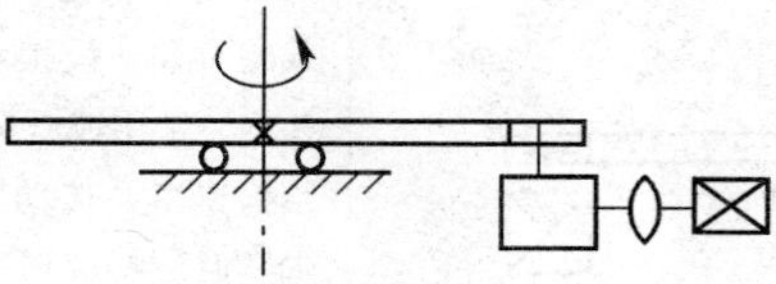 传动系统：电动机→液力耦合器→蜗杆减速机→圆柱齿轮副→中心轴回转→整机回转	适用于大型负载较重的自控飞碟、空战机等游艺机。采用蜗杆减速机，占地面积小，设液力耦合器，启动平稳；大齿轮成本较高，大、中型游乐设施采用此传动方式时，选择不自锁的蜗杆减速机
4	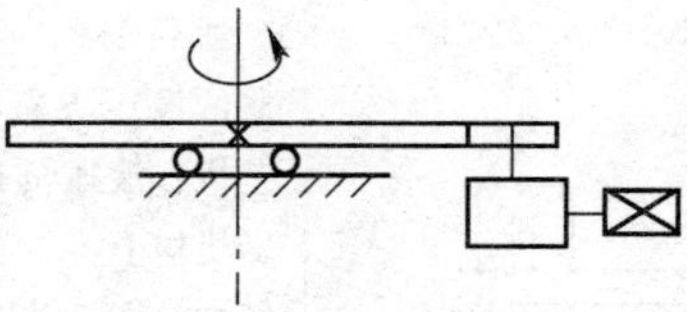 传动系统：电动机→蜗杆减速机→圆柱齿轮副→中心轴回转→整机回转	适用于大型负载较重的自控飞机、飞龙戏珠等游艺机。采用蜗杆减速机，占地面积小，传动系统环节少；大中型游乐设施采用此传动方式时，选择不自锁的蜗杆减速机，电气系统要有延长启动时间的措施
5	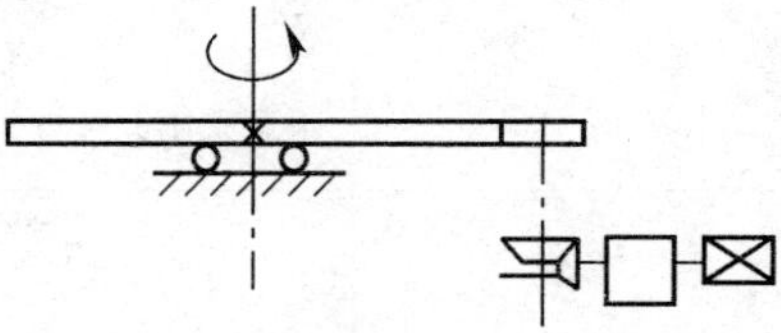 传动系统：电动机→齿轮减速机→圆锥齿轮副→圆柱齿轮副→中心轴回转→整机回转	适用于靠近底座不能安装减速机的水上转艇、空中转椅等游艺机。采用圆锥齿轮传动，结构比较紧凑，但是圆锥齿轮安装、调整的要求较高
6	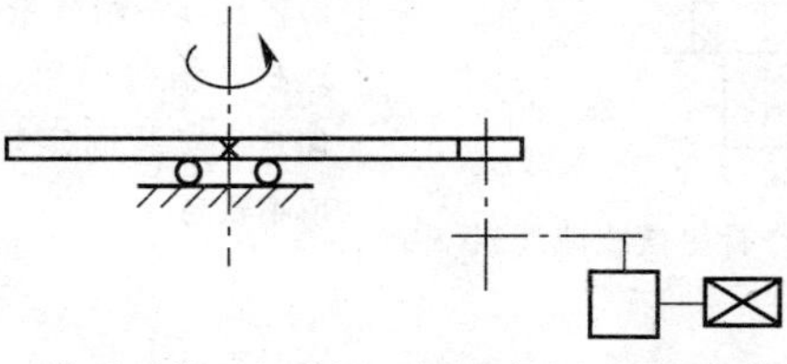 传动系统：电动机→蜗杆减速机→链条传动→圆柱齿轮副→中心轴回转→整机回转	适用于中、小型负载不太大及靠近底座处不能安装减速机的空中转椅、电动游艺转盘等游艺机。采用链传动，加工安装调整方便，成本低

续表

序号	常用围绕中心轴回转的传动方式	
7	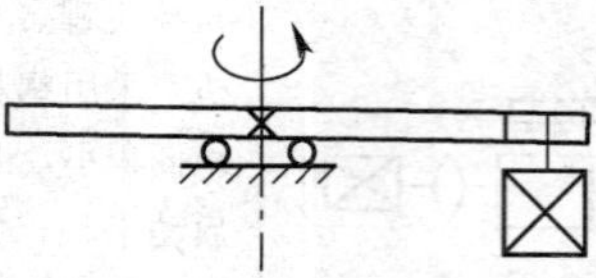 传动系统：液压马达→圆柱齿轮副→中心轴回转→整机回转	适用于大型、低速、重载的章鱼、波浪秋千等游艺机。采用液压马达传动，结构紧凑，传动系统环节少，但是，液压系统调试维护比较复杂。在地面上无法配置传动系统时，也可采用此种方式
8	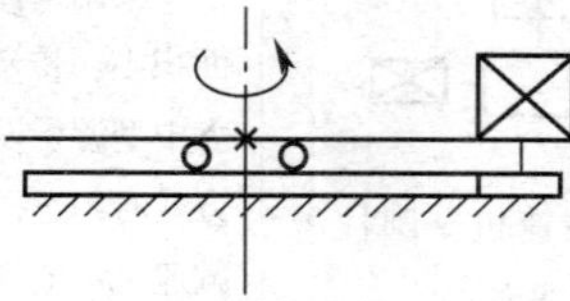 传动系统：液压马达→圆柱齿轮副→中心轴回转→整机回转	适用于大型、低速、重载的液压飞象、章鱼等游艺机。液压马达安装在回转机构上，易于安装调试，结构简单；当液压系统安装在地面上时，需设液压回转接头，但对制造、安装、维护要求较高。液压马达在下方不宜配置时，也可采用此种方式
9	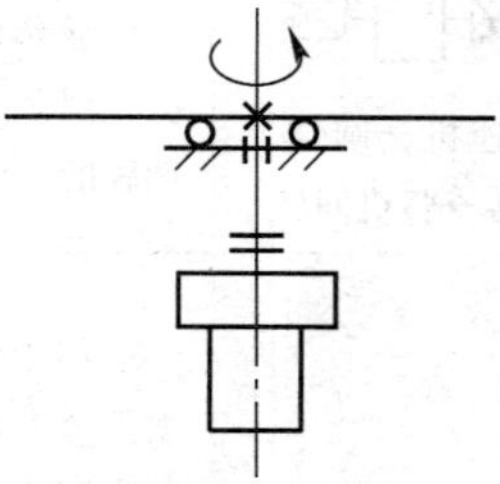 传动系统：电动机→行星摆线减速机→中心轴回转→整机回转	适用于结构紧凑、负载不太大的电动游艺转盘等游艺机。采用行星摆线减速机，结构简单、紧凑，但是，安装固定较麻烦，成本较高

续表

序号	常用围绕中心轴回转的传动方式	
10	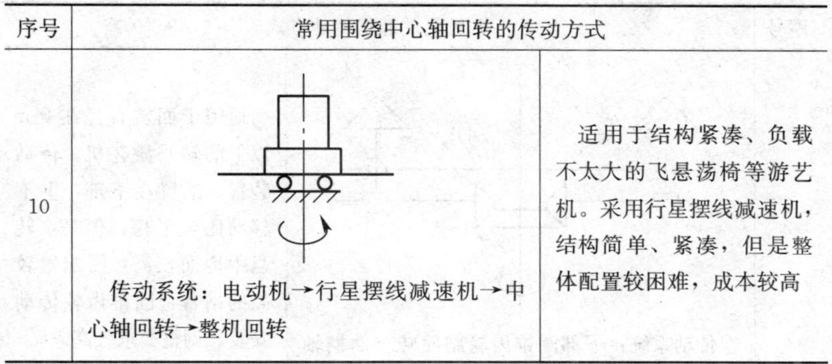 传动系统：电动机→行星摆线减速机→中心轴回转→整机回转	适用于结构紧凑、负载不太大的飞悬荡椅等游艺机。采用行星摆线减速机，结构简单、紧凑，但是整体配置较困难，成本较高

2. 转马游艺机马（或其他造型）的起伏传动

转马游艺机除了转动外，有的乘坐物还做上下起伏运动，这种动作的实现有各种不同的传动方式，表 3—2 介绍了几种常用马（或其他造型）的起伏传动方式。

表 3—2　几种常用马（或其他造型）的起伏传动方式

序号	几种马的起伏传动方式	
1	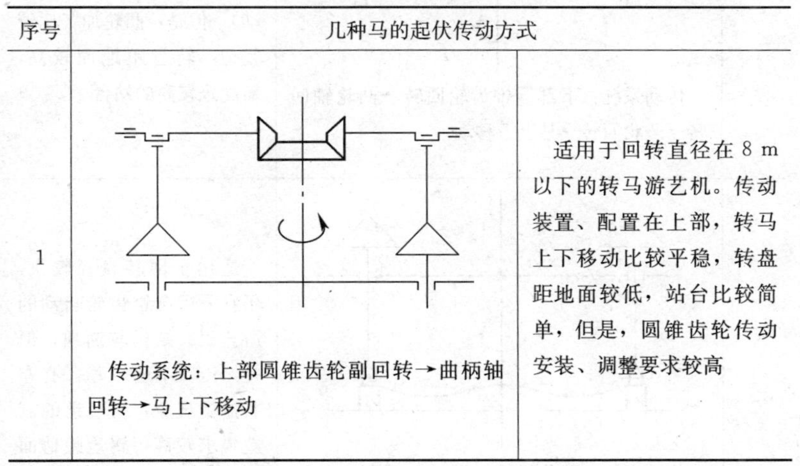 传动系统：上部圆锥齿轮副回转→曲柄轴回转→马上下移动	适用于回转直径在 8 m 以下的转马游艺机。传动装置、配置在上部，转马上下移动比较平稳，转盘距地面较低，站台比较简单，但是，圆锥齿轮传动安装、调整要求较高

续表

序号	几种马的起伏传动方式	
2	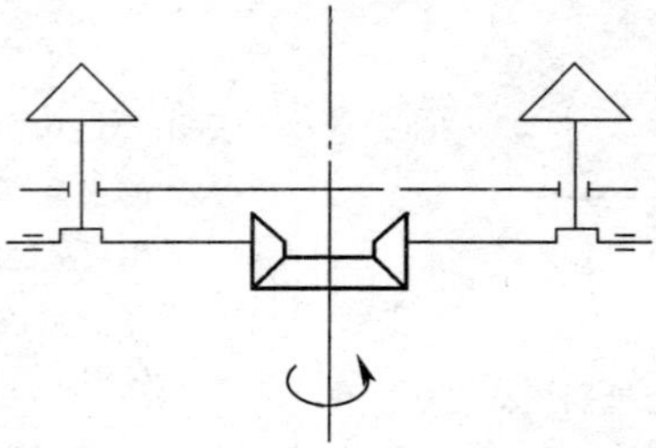 传动系统：下部圆锥齿轮副回转→曲柄轴回转→马上下移动	适用于回转直径在 8 m 以下的转马游艺机。传动装置、配置在下部，上下移动比较平稳，但是，转盘距地面较高，需配置较高的站台，圆锥齿轮传动安装、调整要求较高
3	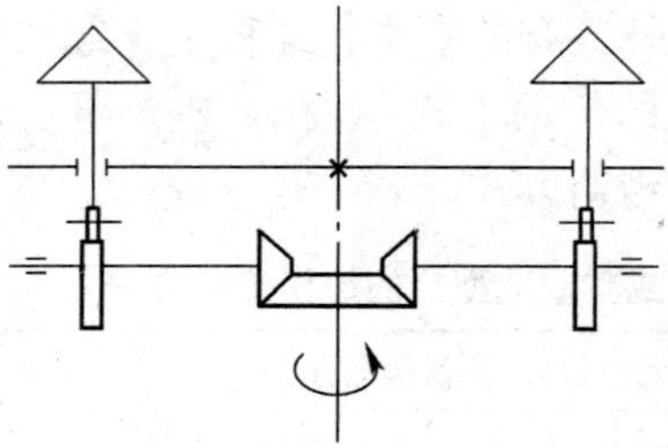 传动系统：下部圆锥齿轮回转→凸轮轴回转→凸轮回转→马上下移动	适用于回转直径在 8 m 以下的游艺机。传动平稳，马下方的支撑杆做直线运动（曲柄轴传动时有摆动），但是，凸轮加工比较复杂，转盘距地面较高，需配置较高的站台
4	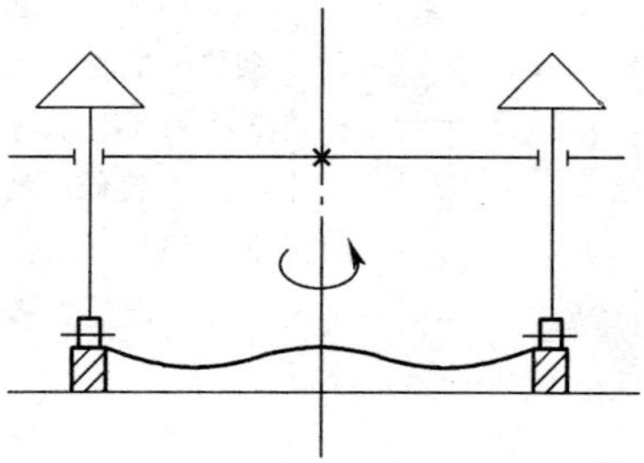 传动系统：游艺机圆盘回转→马下方的杆回转→杆下端的轮沿起伏轨道滚动→马上下移动	适用于回转直径较大，不宜采用圆锥齿轮转动的游艺机。结构较简单，但是，传动不够平稳，有左右摇摆现象，对轨道的制造要求较高，转盘距地面较高，需配置较高的站台

3. 美人鱼、荷花杯游艺机座舱的自转运动

美人鱼、荷花杯等游艺机，除圆盘做旋转运动外，座舱还做自转运动，其运动的实现有不同的传动方式，表 3—3 列出了几种常用的传动方式。

表 3—3　　　　几种常用的座舱自转传动方式

序号	几种常用的座舱自转传动方式	
1	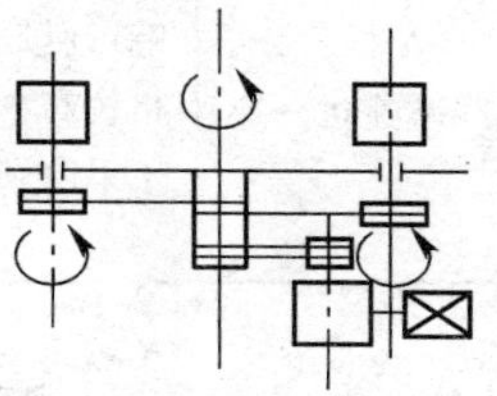 传动系统：电动机→蜗杆减速机→带传动→中心带轮回转→座舱下方带轮回转→座舱回转	适用于回转直径小于 2 m的小型游乐设施。采用带传动，结构简单，易于安装调整；但是，传递功率不大
2	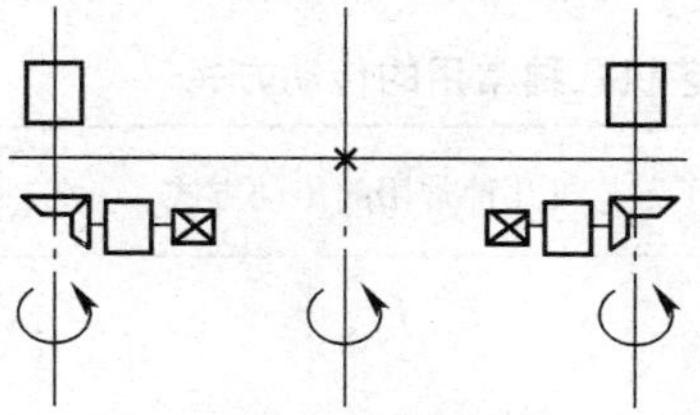 传动系统：电动机→齿轮减速机→圆锥齿轮副回转→座舱轴回转→座舱回转	适用于回转直径大于 6 m 的游乐设施。每个座舱单独配置一套传动装置，安装调整比较容易，受转盘变形的影响小，但是成本较高
3	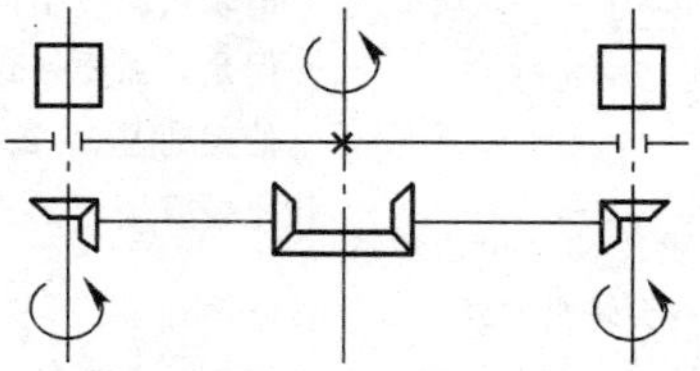 传动系统：中心轴回转→圆锥齿轮副回转→水平轴回转→座舱下方圆锥齿轮副回转→座舱回转	适用于回转直径小于 5 m 的中型游乐设施。采用圆锥齿轮副传动，结构紧凑，但是，安装调整要求较高，长轴安装在转盘上，易受转盘变形的影响

续表

序号	几种常用的座舱自转传动方式	
4	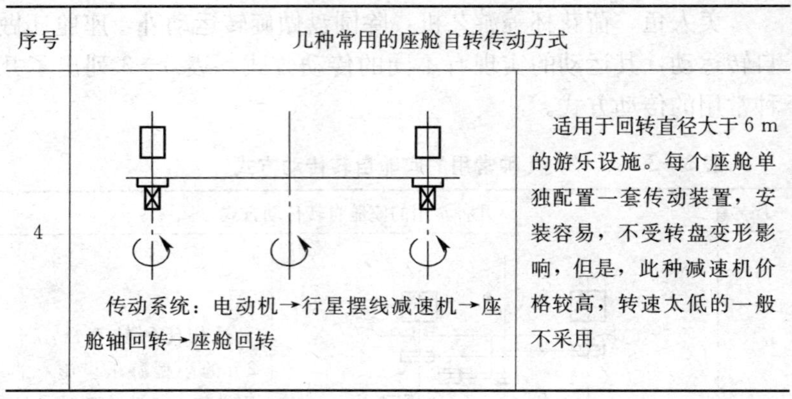 传动系统：电动机→行星摆线减速机→座舱轴回转→座舱回转	适用于回转直径大于 6 m 的游乐设施。每个座舱单独配置一套传动装置，安装容易，不受转盘变形影响，但是，此种减速机价格较高，转速太低的一般不采用

4. 观览车游艺机的传动方式

观览车游艺机外形尺寸相差很大。国产大型观览车其高度已达 160 m 以上，而小型观览车高度只有几米。观览车的传动方式较多，表 3—4 介绍了几种常用的传动方式。

表 3—4　　观览车游艺机几种常用的传动方式

序号	观览车游艺机几种常用的传动方式	
1	传动系统：液压马达→链传动→小齿轮回转→大齿轮（销齿）回转→大转盘回转	适用于高度 20 m 以下的观览车。采用液压马达及链条传动，结构较为简单，但是，需要一套液压系统，偏载时易滑车，销齿制造比较麻烦

续表

序号	观览车游艺机几种常用的传动方式	
2	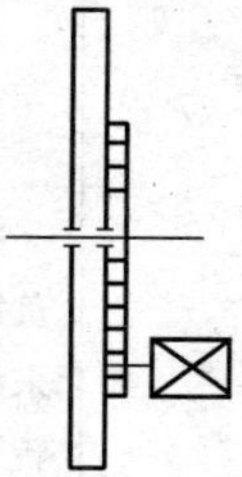 传动系统：液压马达→小齿轮回转→大齿轮（销齿）回转→大转盘回转	适用于高度 20 m 以下的观览车。采用液压马达直接传动，结构简单，但是，需要低速力矩较大的马达，偏载时易滑车，销齿制造比较麻烦
3	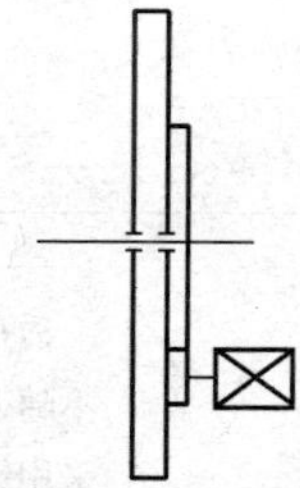 传动系统：液压马达→小摩擦轮回转→大摩擦轮回转→大转盘回转或电动机→减速机→分配齿轮→一对小摩擦轮回转	适用于高度 30 m 以上的大型观览车。采用摩擦轮传动，运转较平稳，但是，摩擦力的调整麻烦，偏载时易滑车
4	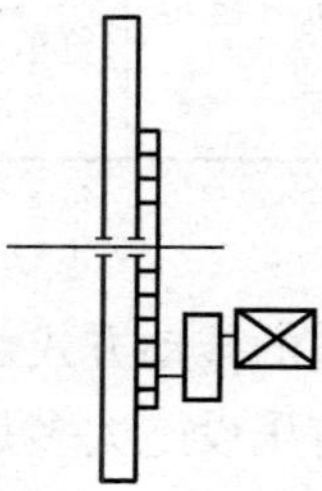 传动系统：电动机→齿轮减速机→小齿轮回转→大齿轮（销齿）回转→大转盘回转	适用于高度 20 m 以下的观览车。采用电动机驱动，无液压传动的缺点；但是，占地面积较大，配置传动装置的平台要有较好的刚性

续表

序号	观览车游艺机几种常用的传动方式	
5	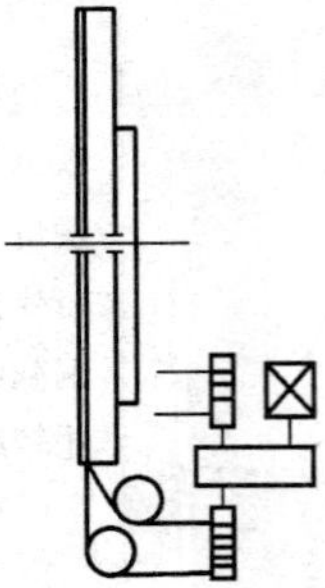 传动系统：电动机→齿轮减速机→双卷筒转动→钢丝绳卷绕→大转盘回转（实际为双面传动，图中只表示了一面）	适用于高度 40 m 以上，负载较重的大型观览车。采用钢丝绳摩擦传动，运转平稳，但是，传动装置环节较多，占地面积大，钢丝绳张紧力太小时会产生滑车
6	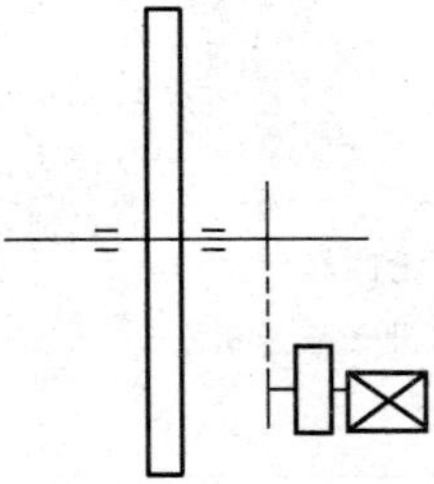 传动系统：电动机→齿轮减速机→链传动→大转盘回转	适用于高度 10 m 以下，不随上随下的小型观览车。采用链轮链条直接传动中心轴，结构简单，但是，占地面积较大，配置传动装置的平台要有较好的刚性，不适于负载较大的观览车

5. 回转运动的周边传动方式

回转运动除了围绕中心轴回转的传动方式之外，有些游乐设施还采用了周边摩擦传动。这些游乐设施大多是直径较大的回转盘式游艺机，如转马、荷花杯、登月火箭等，表 3—5 介绍了几种常用的周边传动方式。

表 3—5　　　　　几种常用的周边传动方式

序号	几种常用的周边传动方式	
1	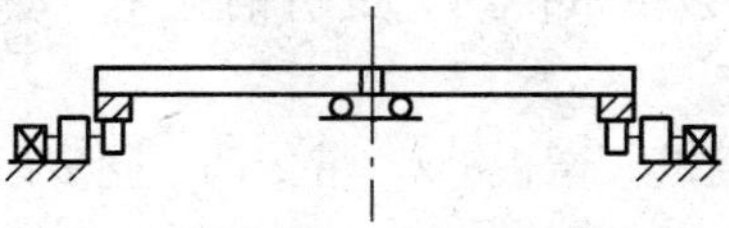 传动系统：电动机→减速机→摩擦轮驱动轨道→圆盘回转（传动装置固定）	适用于圆盘直径大于6 m的游乐设施。传动装置固定在基础上，安装调整比较方便，但是，占地面积较大
2	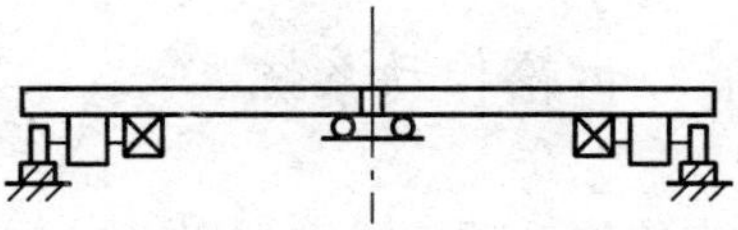 传动系统：电动机→减速机→摩擦轮在轨道上运行→圆盘回转（传动装置随动）	适用于圆盘直径大于6 m的游乐设施。传动装置固定在回转盘上，占地面积较小，但是，安装、调整、维修不太方便
3	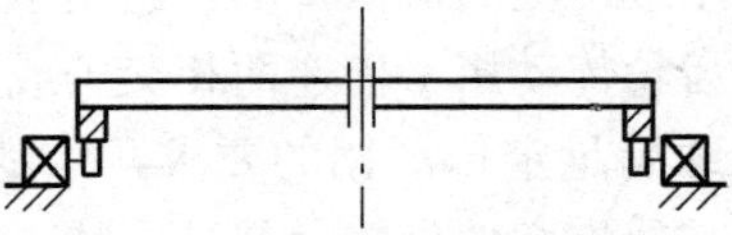 传动系统：液压马达→摩擦轮驱动轨道→圆盘回转	适用于回转直径大于8 m的游乐设施。采用液压马达传动，结构紧凑，占地面积小，但是，液压站及马达价格较高
4	 传动系统：电动机→减速机→链条传动→车轮轴回转→车轮沿轨道滚动→圆盘回转	适用于在轨道上围绕中心回转的雪橇、游龙戏水等游艺机。采用链条传动，便于安装、调整；由于安装在回转面上部，便于维护，但是，传动装置较重，重心较高时，会影响运转的稳定性

三、游乐设施常见的传动装置类型

通过以上的分析，概括为以下几类：

1. 齿轮传动系统

常用的有圆柱齿轮、锥齿轮、蜗轮及动轴轮系（摆线针轮减速器、行星减速器等)。

2. 挠性摩擦传动系统

常用的挠性摩擦传动包括带传动、曳引钢丝绳传动等。

3. 挠性啮合传动系统

常用的有链传动(套筒链、弯板链)、带传动(同步齿形带)。

4. 流体传动系统

主要有气压传动、液压传动、液力传动等。

第二节 齿轮传动系统

在游乐设施上,常用齿轮传动减速或增大扭矩。它具有传递功率大,能保证一定的传动比,传动平稳、准确可靠和传动效率高等特点。齿轮传动是应用最广泛的机械传动。它用于传递平行轴间的运动和动力,空间齿轮传动用于传递两相交轴或交错轴间的运动和动力。渐开线齿廓满足定传动比的要求,从啮合性能、制造、互换性等方面优于其他齿廓的齿轮。其啮合特点是啮合线为两齿轮基圆的内公切线,啮合角始终不变,中心距具有可分性等,但齿轮传动不宜在两轴间中心距过大的情况下使用。

一、齿轮传动的种类

1. 按齿形分

常用的齿轮传动均采用渐开线齿轮或摆线齿轮。

2. 按齿轮结构分

常用的有圆柱齿轮(正齿、斜齿、人字齿、螺旋齿)、锥齿轮(直齿、螺旋齿)。圆柱齿轮又可分成直齿圆柱轮(见图 3—1a)、斜齿圆柱轮(见图 3—1b)和内齿圆柱轮(见图 3—1c)三种。直齿圆柱齿轮的特点是加工方便,用途广泛,但齿上载荷集中,传动不平稳。斜齿圆柱齿轮的特点是传动平稳,载荷分布均匀,但有轴向力产生,因此要用平面轴承。内齿圆柱齿轮的特点是两根轴的旋转方向相同,所占空间小,但是加工困难。

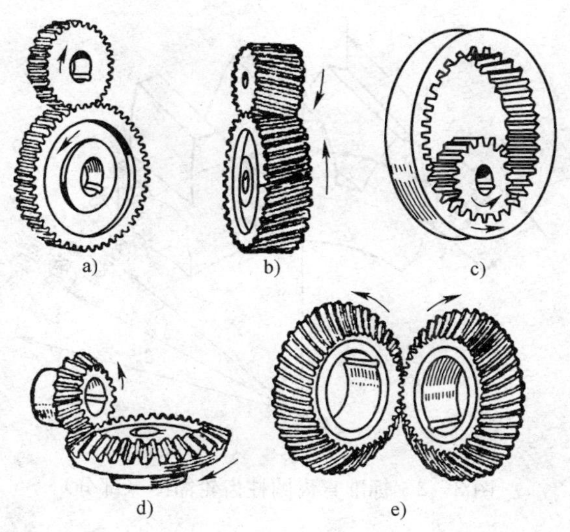

图 3—1　常用齿轮

a）直齿圆柱齿轮　b）斜齿圆柱齿轮　c）内齿圆柱齿轮　d）直齿锥齿轮　e）螺旋齿锥齿轮

3. 按减速装置分

常用的有开式传动和减速器（圆柱齿轮减速器、圆锥—圆柱齿轮减速器等）。通常把齿轮安装在封闭箱体内，成为独立部件，称为闭式传动或减速器。不在封闭箱里的齿轮传动称为开式齿轮传动。

二、标准直齿圆柱齿轮

标准直齿圆柱齿轮的各部分名称和代号如图 3—2 所示。

1. 基本概念

齿轮各齿的顶端都在同一圆周上，经过齿轮各齿顶端的圆称为齿顶圆。其直径以 d_a 表示。

齿轮相邻两齿左右齿廓的空间称为齿槽，齿轮各齿槽底部也在同一圆周上，经过齿轮各齿槽底部的圆称为齿根圆。其直径以 d_f 表示。

沿任意圆周所量得的齿槽的弧线长度称为该圆周上的齿槽宽，以 e 表示。

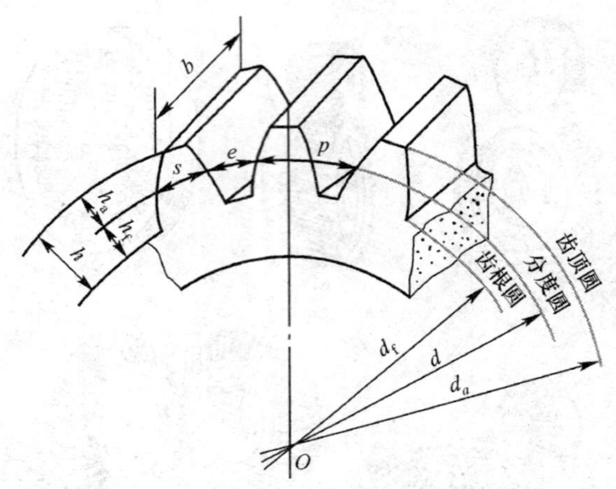

图 3—2　标准直齿圆柱齿轮简图（部分）

沿任意圆周所量得的轮齿的弧线长度称为该圆周上的齿厚，以 s 表示。

沿任意圆周所量得的相邻两齿上对应点之间的弧线长称为该圆上的齿距，用 p 表示。

为了作为计算齿轮各部分尺寸的基准，在齿顶圆与齿根圆之间规定一直径为 d 的圆，并把这个圆称为齿轮的分度圆。分度圆上的齿厚、齿槽宽和齿距分别以 s、e 和 p 表示。

2. 传动比与齿数的关系

在两个啮合的齿轮传动中（见图 3—3），装在原动机轴上输出旋转运动（即先转动）的齿轮是主动轮，装在工作机轴上被主动轮带动而转动的齿轮是从动轮（或称被动轮）。安装在主动轮和从动轮之间的齿轮是中间齿轮，中间齿轮只起改变从动轮旋转方向的作用，而与传动比 i 无关。设主动轮的转速、齿数、分度圆直径分别为 n_1、z_1、d_1，从动轮的转速、齿数、分度圆直径分别为 n_2、z_2、d_2，则这一对齿轮的传转比为：

$$i_{12}=\frac{n_1}{n_2}=\frac{d_2}{d_1}=\frac{z_2}{z_1}$$

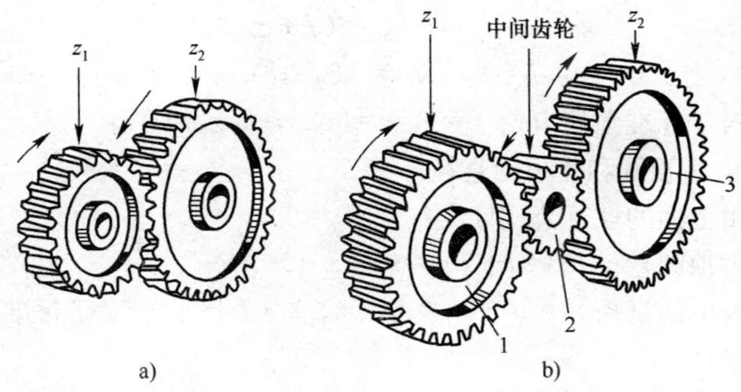

图 3—3　单式和中间轮齿轮传动

1—主动齿轮　2—被动齿轮　3—中间齿轮

a）单式齿轮传动　b）有中间轮齿轮传动

3. 分度圆齿厚、齿槽宽与齿距的关系

如图 3—2 所示，在分度圆上的齿厚 s 与齿槽宽 e 相等，为分度圆上的齿距 p 的一半，即：

$$s=e=\frac{p}{2}$$

4. 模数、分度圆直径与齿数之间的关系

设齿轮分度圆直径为 d，齿数为 z，则：

$$zp=\pi d \quad d=\frac{p}{\pi}z$$

式中，令 $m=p/\pi$，m 为齿轮模数，单位以 mm 计，则：

$$d=mz$$

由此式可见，齿轮分度圆直径相等而齿数不同时，齿数少的齿轮的齿距、模数较大，齿厚 s 与齿形也较大，所以模数 m 的大小反映了齿轮的大小。互相啮合的一对齿轮的模数相同。

5. 齿高

分度圆以上的齿高称为齿顶高 h_a，分度圆以下的齿高称为齿根高 h_f。对于标准齿，齿顶高、齿根高和齿全高的大小为：

$$h_a = fm \quad h_f = (f + c)\ m$$

$$h = h_a + h_f = (2f + c)\ m$$

对于标准圆柱齿轮 $f=1$，$c=0.25$，$h=2.25$ m。

6. 齿顶圆和齿根圆直径

由上面的计算公式导出：

齿顶圆直径 $d_a = d + 2h_a = m\ (z + 2f)$

齿根圆直径 $d_f = d - 2h_f = m\ [z - 2\ (f + c)]$，对于标准圆柱直齿轮：

$$d_a = m\ (z + 2)$$

$$d_f = m\ (z - 2.5)$$

7. 中心距 *d*

在安装正确的情况下，中心距 d 为：

$$d = \frac{d_1 + d_2}{2} = \frac{m}{2}\ (z_1 + z_2)$$

三、齿轮、齿条传动

当需要将直线运动转化为旋转运动时，就把齿条作为主动件，把齿轮作为从动件。需要将齿轮的旋转运动改变为直线运动时，可将上述传动反转过来使用，即把齿轮作为主动件，把齿条作为从动件，如图 3—4 所示。

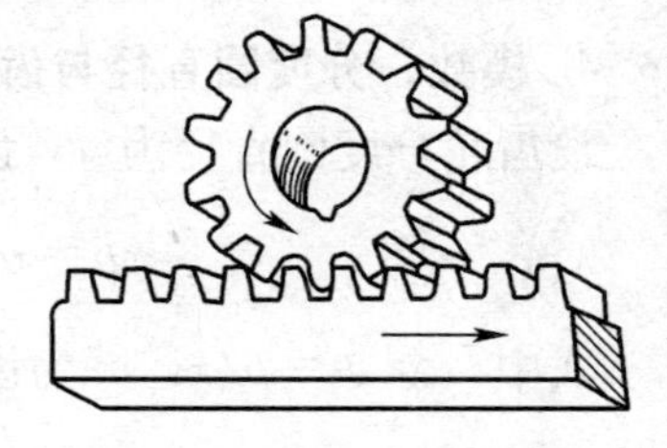

图 3—4　齿轮、齿条传动

齿条传动时，齿轮沿着齿条，或齿条在齿轮上移动一定距离。齿条的各部分尺寸计算基本上与直齿圆柱齿轮相同。

1. 齿轮、齿条传动的优点

（1）可以将两根距离不远并成任意相对位置的轴的运动联系起来。并且在传动中速比保持常值，而速比仅与齿有关。

（2）利用齿轮的不同啮合情况，可以很容易地在主动件速度一定的条件下，使被动件获得各种不同的转速与方向。

（3）可以传递任意大小的力和力矩。

（4）可以进行较远距离的传动。

2. 齿轮、齿条传动的缺点

（1）传动不够平稳。

（2）齿条制造较复杂，运行时噪声较大。

四、斜齿圆柱齿轮传动

斜齿圆柱齿轮是由直齿圆柱齿轮演变而来的，用于两根轴互相平行（见图 3—5a）或两根轴相交叉（见图 3—5b）情况下的传动。与直齿圆柱齿轮所不同的是它的齿根轴线倾斜了一个角度，而形成螺旋线。当螺旋线由右下方绕向左上方时，称为左斜圆柱齿轮（见图 3—6a）；当螺旋线由左下方绕向右上方时，称为右斜圆柱齿轮（见图 3—6b）。

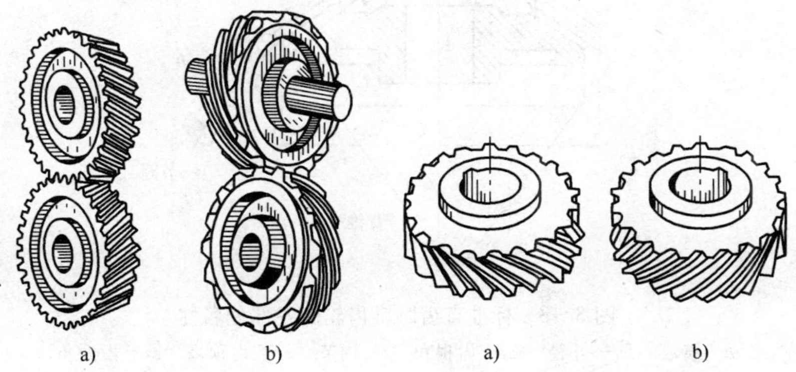

图 3—5　斜齿圆柱齿轮传动
a）两轴平行传动　b）两轴相交叉传动

图 3—6　斜齿圆柱齿轮
a）左斜圆柱齿轮　b）右斜圆柱齿轮

五、锥齿轮传动

当主动轴和从动轴两轴线相交时，常采用锥齿轮传动。锥齿轮的齿形在圆锥体上，用于两相交轴之间传动（见图 3—7），两轴间的夹角通常为 90°。

锥齿轮的齿形可以做成直齿式、斜齿式和螺旋齿式，常用的是直齿形。直齿锥齿轮加工方便，但传动时噪声较大。螺旋齿锥齿轮的特点是传动圆滑、噪声小，但加工复杂。

标准直齿锥齿轮的各部分名称和代号如图 3—8 所示。

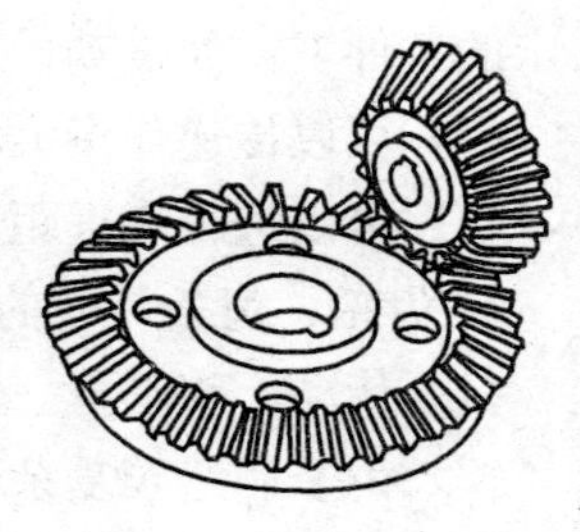

图 3—7　锥齿轮传动

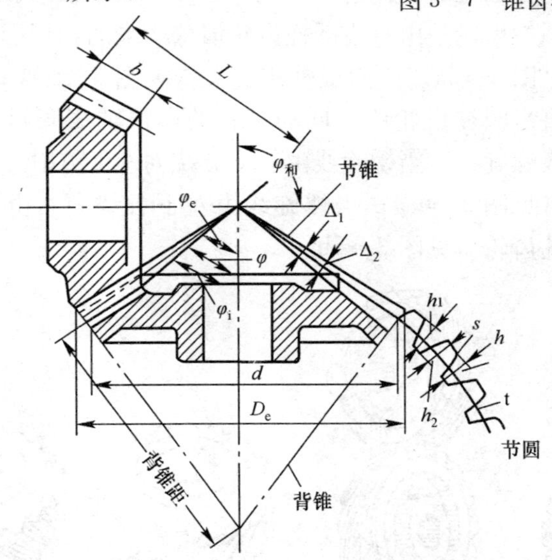

图 3—8　标准直齿圆锥齿轮的各部分名称

m—模数　D_e—外径　Δ_2—齿根角　t—周节　h_1—齿顶高　φ_e—齿面角
φ—节锥角　h_2—齿根高　φ_i—切削角　z—齿数　h—齿全高　b—齿面宽
d—节径　s—弧齿厚　$\varphi_和$—两轴夹角　L—节锥距　Δ_1—齿顶角

六、蜗杆蜗轮传动

蜗杆蜗轮传动是由蜗杆与蜗轮相互啮合组成的，用于传递空间两交错轴之间运动和动力的一种机构（见图 3—9），是一种应用广泛的机械传动形式。一般蜗杆为主动件，蜗轮为从动件，具有自锁性，作减速运动，传动比大，广泛应用在游乐设施及其他设备中。

图 3—9　蜗杆蜗轮传动

1. 模数 m 与压力角 α

通过蜗杆轴线并垂直蜗轮轴线的平面称为中间平面。在中间平面上，蜗杆与蜗轮的啮合相当于齿条和齿轮啮合。阿基米德蜗杆传动中间平面上的齿廓为直线，蜗轮在中间平面上齿廓为渐开线，压力角等于 20°。

显然，蜗杆轴向齿距 p_x（相当于螺纹螺距）应等于蜗轮端面齿距 S_x，因而蜗杆轴向模数 m_{a1} 必等于蜗轮端面模数 m_{t2}；蜗杆轴向压力角 α_{a1} 必等于蜗轮端面压力角 α_{t2}，即 $m_{a1}=m_{t2}=m$，$\alpha_{a1}=\alpha_{t2}=\alpha=20°$。

2. 蜗杆螺旋升角 γ 与蜗轮螺旋角 β

从整体看，蜗杆蜗轮齿面间的相对运动类似于螺旋传动，蜗杆的导程角相当于螺纹的螺旋升角。一对蜗杆蜗轮啮合时，蜗轮螺旋角 β 与蜗杆螺旋升角 γ 大小相等，且旋向相同，才能吻合一致，即 $\gamma=\beta$。

由以上讨论可知，蜗杆传动的正确啮合条件为：

$$m_{a1}=m_{t2}=m$$

$$\alpha_{a1}=\alpha_{t2}=\alpha$$

$$\gamma=\beta$$

3. 蜗杆头数和蜗轮齿数

蜗杆头数越多，升角 γ 越大，传动效率越高；蜗杆头数越少，升角 γ 越小，则传动效率越低，自锁性越好。一般自锁蜗杆头数取 $z_1=1$。常用蜗杆头数 z_1 取 1、2、4。z_1 过多，制造高精度蜗杆和蜗轮滚刀有困难。蜗轮齿数 $z_2=iz_1$。

4. 传动比和中心距

对于蜗杆传动，传动比为：

$$a=\frac{1}{2}(d_1+d_2)=\frac{m}{2}(q+z_2)$$

非变位的标准蜗杆传动的中心距为：

$$i=\frac{n_1}{n_2}=\frac{z_2}{z_1}=\frac{d_2}{d_1\tan\gamma}$$

5. 蜗杆蜗轮几何尺寸（见图 3—10）

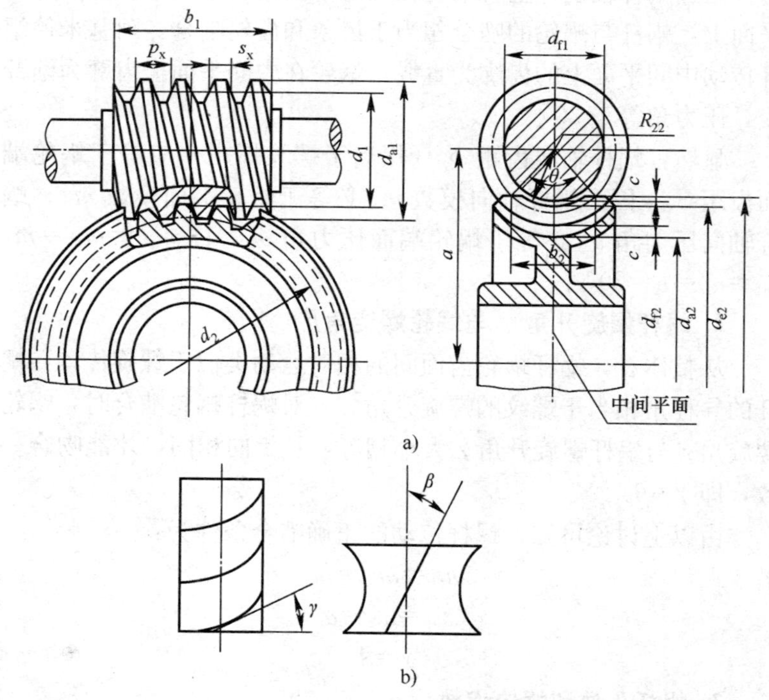

图 3—10　蜗轮蜗杆几何尺寸

几何尺寸计算见表 3—6。

表 3—6　　蜗杆蜗轮传动几何尺寸计算公式表

<table>
<tr><th rowspan="2">名称</th><th colspan="2">计算公式</th></tr>
<tr><th>蜗杆</th><th>蜗轮</th></tr>
<tr><td>齿顶高</td><td>$h_{a1}=m$</td><td>$h_{a2}=m$</td></tr>
<tr><td>齿根高</td><td>$h_{f1}=1.2\ m$</td><td>$h_{f2}=1.2\ m$</td></tr>
<tr><td>分度圆直径</td><td>$d_1=mq$</td><td>$d_2=mz_2$</td></tr>
<tr><td>齿顶圆直径</td><td>$d_{a1}=m(q+2)$</td><td>$d_{a2}=m(z_2+2)$</td></tr>
<tr><td>齿根圆直径</td><td>$d_{f1}=m(q-2.4)$</td><td>$d_{f2}=m(z_2-2.4)$</td></tr>
<tr><td>顶隙</td><td colspan="2">$c=0.2\ m$</td></tr>
<tr><td>蜗杆轴向齿距</td><td colspan="2" rowspan="2">$p_x=S_x=\pi m$</td></tr>
<tr><td>蜗轮端面齿距</td></tr>
<tr><td>蜗杆分度圆柱的导程角</td><td>$\gamma=\arctan\frac{z_1}{q}$</td><td></td></tr>
<tr><td>蜗轮分度圆柱的螺旋角</td><td></td><td>$\beta=\gamma$</td></tr>
<tr><td>中心距</td><td>$a=\frac{m}{2}(q+z_2)$</td><td></td></tr>
<tr><td>蜗杆螺纹部分长度</td><td>$z_1=1$、2，$b_1\geqslant(11+0.06z_2)m$
$z_1=4$，$b_1\geqslant(12.5+0.09z_2)m$</td><td></td></tr>
<tr><td>蜗轮咽喉母圆半径</td><td></td><td>$r_{g2}=a-\frac{1}{2}d_{a2}$</td></tr>
<tr><td>蜗轮最大外圆直径</td><td></td><td>$z_1=1$，$d_{e2}\leqslant d_{a2}+2\ m$
$z_1=2$，$d_{e2}\leqslant d_{a2}+1.5\ m$
$z_1=4$，$d_{e2}\leqslant d_{a2}+m$</td></tr>
<tr><td>蜗轮轮缘宽度</td><td></td><td>$z_1=1$、2，$b_2\leqslant 0.75d_{a1}$
$z_1=4$，$b_2\leqslant 0.67d_{a1}$</td></tr>
<tr><td>蜗轮轮齿包角</td><td></td><td>$\theta=2\arcsin\left(\frac{b_2}{d_1}\right)$
一般动力传动 $\theta=70°\sim90°$
高速动力传动 $\theta=90°\sim130°$
分度传动 $\theta=45°\sim60°$</td></tr>
</table>

第三节　链传动与带传动

一、链传动

1. 一般工作原理

链传动是由链条和主、从动链轮所组成。链轮上制有特殊齿形的齿，依靠链轮轮齿与链节的啮合来传递运动和动力，如图3—11所示。

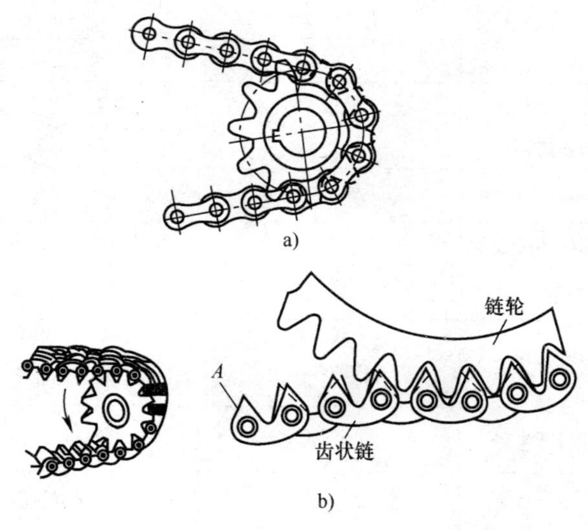

图 3—11　链传动

a）滚子链　b）齿状链

在两轴相距较远，而速比又要保持正确时，可采用链传动。链传动的优点是无弹性滑动和打滑现象（与带传动相比），可保证准确的传动比；链条速度可达 30～40 m/s；传动效率可达 97%～98%；在远距离传动时，结构要比齿轮传动轻便。缺点是只能用于两根平行轴同向回转的传动；不能保持恒定的瞬时传动比；工作时有噪声，不宜在载荷变化很大和急速反向的传动中应用。

2. 传动链的种类

传动链有套筒滚子传动链、套筒链、弯板滚子传动链、齿形传动链和钩式传动链。

3. 链传动的结构特点

（1）套筒滚子链的结构特点。套筒滚子链的结构如图 3—12 所示。它由滚子、套筒、销轴、内外链片组成。内链片与套筒之间、外链片与销轴之间均用过盈配合固定连接。滚子与套筒、套筒与销轴之间均为间隙配合。当内、外链节相对挠曲时，套筒可绕销轴自由转动。滚子是活套在套筒上的，工作时，滚子沿链轮齿廓滚动。

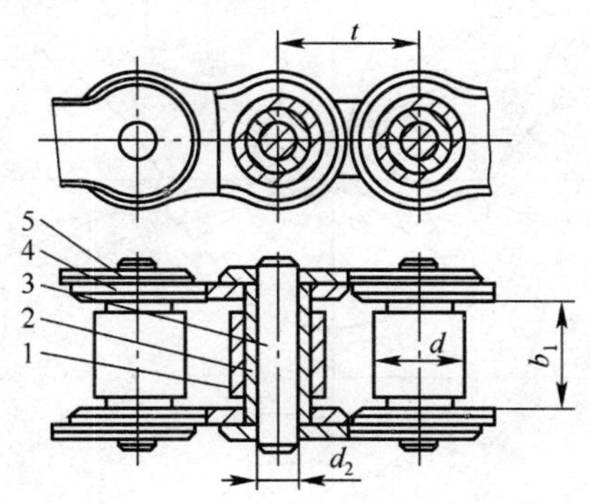

图 3—12　套筒滚子链的结构简图

1—滚子　2—套筒　3—销轴　4—内链片　5—外链片

当传递功率大时，可采用双列链或多列链。

链条齿距 t 是两相邻销轴之间的最短距离。一般采用齿距小的链条。

（2）套筒滚子链的链轮结构。链轮一般为实心齿轮，如图 3—13 所示。其主要参数有节圆直径 D、齿顶圆直径 D_e、齿根圆直径 D_i、最大齿根距离 L_x 和最大齿侧凸缘直径或最大排间槽直径 D_H。

链轮端面齿形如图 3—14 所示，齿廓由 aa、ab、cd 三段圆弧和一段直线 bc 组成。

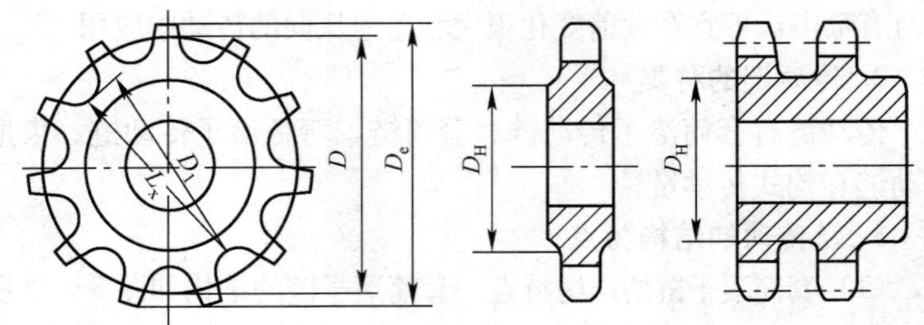

图 3—13　套筒滚子链的链轮结构示意图

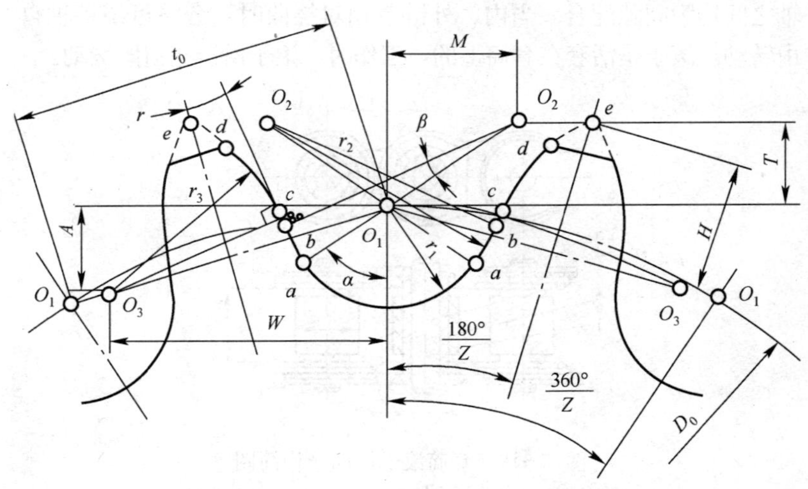

图 3—14　套筒滚子链链轮端面标准齿形

(3) 滚子链的结构参数

1) 传动比 i

$$i=\frac{n_1}{n_2}=\frac{z_2}{z_1}$$

式中，n_1、n_2 为主、从动链轮轴转速。通常 i 不大于 6。

2) 链轮齿数。小链轮齿数 z_1 一般为 12～32，大链轮齿数为 100～120。

3）链轮中心距 A

$$A=t\ (2L_t-z_1-z_2)\ K_a$$

$$K_a=\frac{L_t-z_1}{z_2-z_1}$$

式中，L_t为链条节数。

小直径的链轮可制成整体式；中等尺寸的链轮可制成孔板式；大直径的链轮，常采用可更换的齿圈，齿圈可焊接或用螺栓连接在轮芯上。

链轮与轴之间一般采用键连接，有的还加有止动螺钉，以增加传动能力和轴向定位。也有用销子连接的。

（4）链传动的布置、张紧。在不同条件下链传动的布置见表3—7。

表 3—7　　　　链传动的布置

传动参数	正确布置	不正确布置	说明
$i>2$ $A=(30\sim50)t$	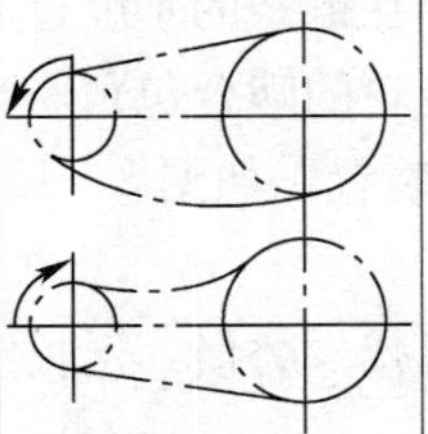		两轮轴线在同一水平面，紧边在上在下都可以，但在上好些
$i>2$ $A<30t$	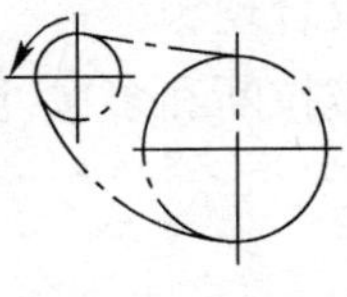	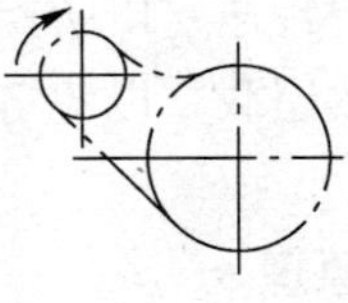	两轮轴线不在同一水平面，松边应在下面，否则松边下垂量增大后，链条易与链轮卡死
$i<1.5$ $A>60t$	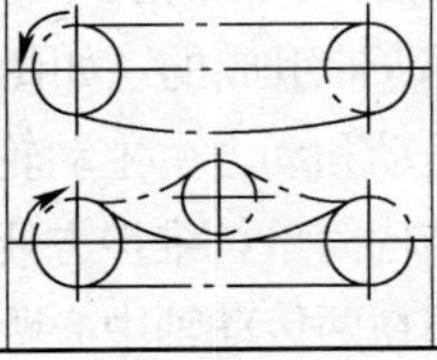	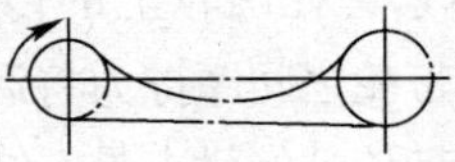	两轮轴在同一水平面，松边应在下面，否则下垂量增大后，松边会与紧边相碰，需经常调整中心距

续表

传动参数	正确布置	不正确布置	说明
i、A 为任意值	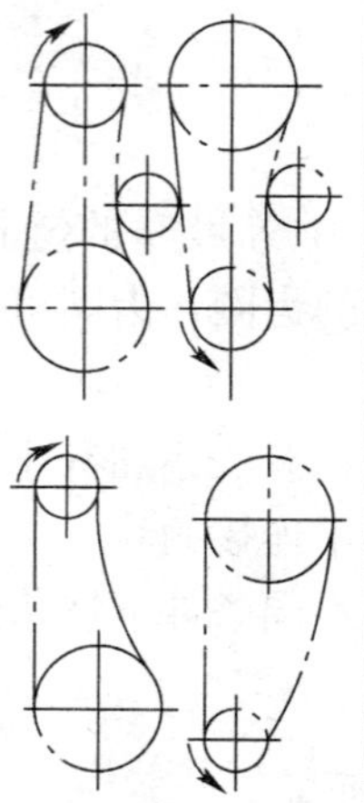	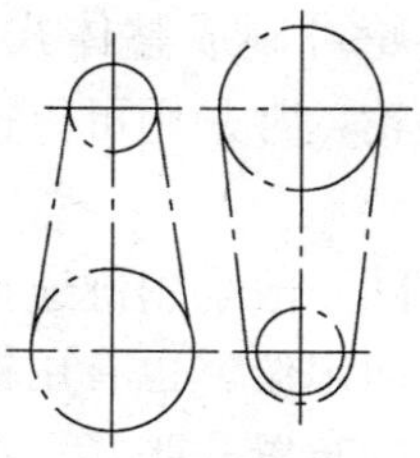	两轮轴线在同一铅垂面内，下垂量增大，会减少下链轮的有效啮合齿数，降低传动能力。为此应采用： a）中心距可调； b）设张紧装置； c）上、下两轮偏置，使两轮的轴线不在同一铅垂面内

链传动张紧的目的主要是为了在链条的垂度过大时防止啮合不良和振动，同时还增加链条与链轮的啮合包角。当两轮轴心连线倾角大于 60°时，通常设有张紧装置，如图 3—15 所示。

4. 链传动的维护

（1）保持良好的润滑状态，以减少磨损，延长链传动的使用寿命。

（2）限制极限转速，以防产生胶合现象。

（3）防止突然超载。以免链条被拉断和多次冲击而破断。

二、带传动

1. 一般工作原理

带传动一般由固定连接于主动轴上的主动轮、固定连接于从动轴上的从动轮和紧套在两轮上的传动带组成的，如图 3—16 所示。工作时，靠带与带轮之间摩擦力将运动和动力由主动轮传给从动轮。与链传动相比，带传动的优点是：结构简单，维护方便，容易制造，成本低；有缓冲、安全作用；可以用在两传动轴中心距较大的场合，能适应多种传动形式，如交叉与角度传动、多从动轮传动、张紧离合器等。缺点是不能保持准确稳定的传动比，使用寿命短。

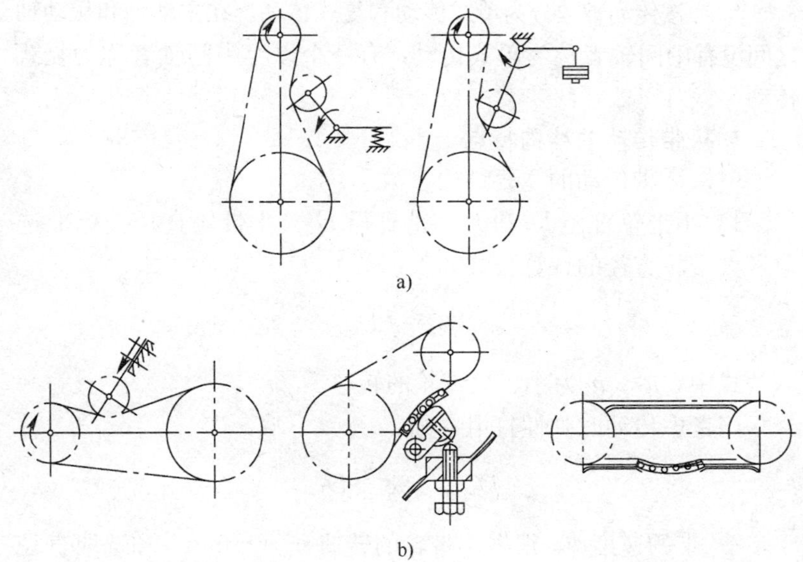

图 3—15　链传动的张紧装置

a）自动张紧装置　b）定期调整张紧

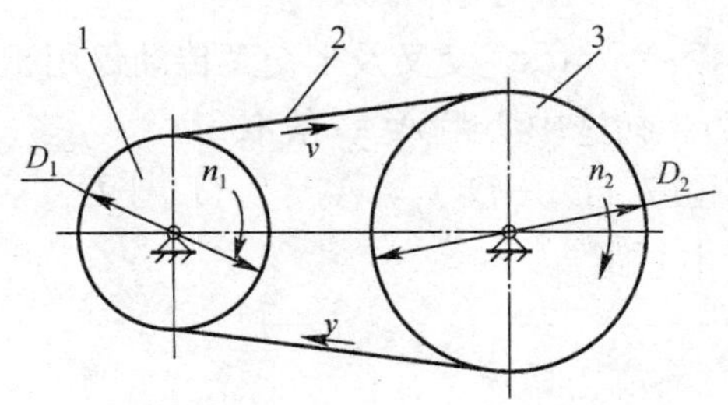

图 3—16　带传动示意图

1—主动轮　2—带　3—从动轮

2. 带传动种类

（1）按带结构不同分为平带传动和 V 带传动。

（2）按主从动轴相互位置和转向分为开式、交叉、半交叉和角度等传动。

（3）按传动轴数分为单式传动和复式传动。在主动轴和从动轴之间没有中间轴者称为单式传动，有一个以上中间轴者称为复式传动。

3. V 带传动的结构特点

（1）V 带传动的主要结构参数

1）小带轮直径 D_1 和大带轮直径 D_2。小带轮直径按标准选取，大带轮直径的计算公式如下：

$$D_2=\frac{n_1}{n_2}D_1$$

式中，n_1、n_2 为小、大带轮的转速。

当考虑传动时弹性打滑，则：

$$D_2=0.98\,\frac{n_1}{n_2}D_1$$

2）带的速度 v。根据小带轮的转速 n_1（r/min）和选取直径 D_1（mm），求得带传动的速度：

$$v=\frac{\pi D_1 n_1}{60\times1\,000}\ (\mathrm{m/s})$$

v 一般为 5～25 m/s。交叉及半交叉传动仅用于低速。

3）中心距。初选中心距 A_0 一般取：

$$0.7(D_1+D_2)\leqslant A_0\leqslant 2(D_1+D_2)$$

对于实际中心距：

$$A\approx A_0+\frac{L-L'}{2}$$

式中 L——实际计算长度；

L'——计算长度。

L' 的计算公式为：

$$L'=2A_0+\frac{\pi}{2}(D_1+D_2)+\frac{(D_2-D_1)^2}{4A_0}$$

4）小带轮上的包角 α_1

$$\alpha_1 \approx 180° - \frac{D_2 - D_1}{A} \times 60°$$

一般要求 α_1 不小于 120°，若小于 120°，应加大中心距 A_0。

5）带的根数 E。一般传动中，E 不超过 8 根。

6）传动比 i_{12}

$$i_{12} = \pm \frac{n_1}{n_2} = \pm \frac{D_2}{D_1}$$

i_{12} 取正值，表示主、从动轮的转向相同；取负值，表示主、从动轮的转向相反。i_{12} 一般为 8～15，对于有张紧轮的不大于 10。

（2）V 带带轮的结构。图 3—17 是 V 带带轮的几种典型结构形式。

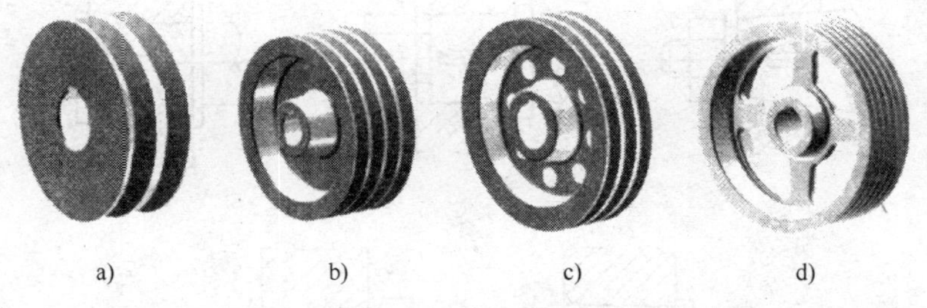

a)　b)　c)　d)

图 3—17　V 带带轮结构

a）实心式　b）腹板式　c）孔板式　d）轮辐式

1）实心式。如图 3—18a 所示，带轮计算直径 D 不大于（2.5～3）d（d 为轴的直径，单位为 mm）时，采用实心式。

2）腹板式。D 不大于 300 mm 时，采用腹板式，如图 3—18b 所示。

3）孔板式。当（$D_1 - d_1$）不小于 100 mm 时，可采用孔板式。

4）轮辐式。D 大于 300 mm 时，可采用轮辐式。

V 带带轮与轴一般采用过渡配合，用键连接。带轮在轴上的五种固定方法如图 3—19 所示。

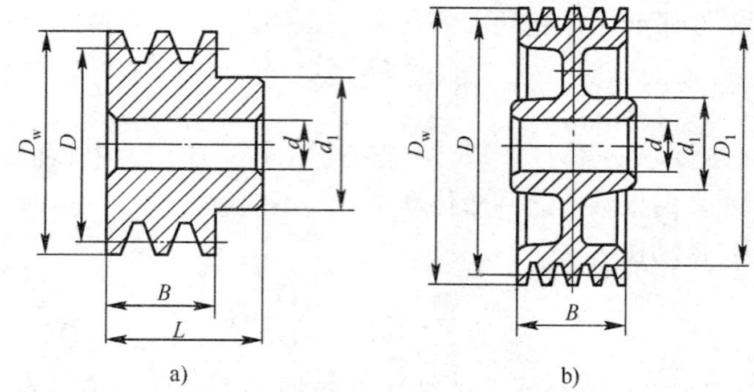

图 3—18 V 带带轮的参数

a）实心式 b）腹板式

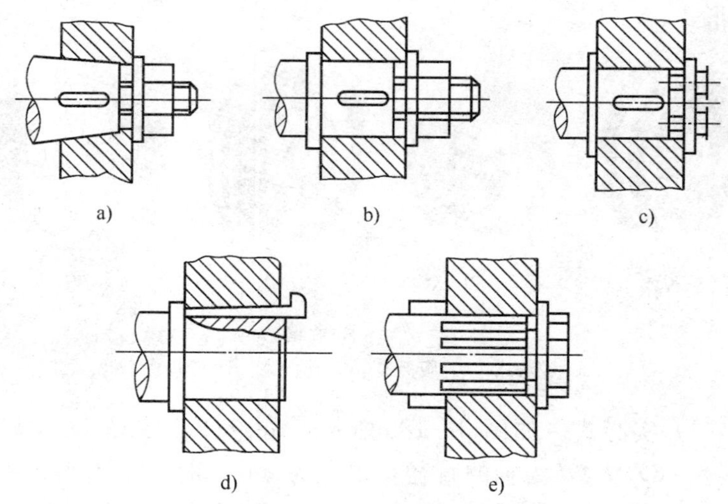

图 3—19 带轮在轴上的固定方法

a）键与螺母端面压紧圆锥形轴头端面 b）键与螺母的端面压紧圆柱形轴头端面 c）键与轴端挡板的端面压紧圆柱形轴头端面 d）钩头键 e）花键与螺母的端面压紧

（3）V 带传动的张紧装置（见表 3—8）

1）定期改变中心距使带重新张紧。

表 3—8　　带传动的张紧装置

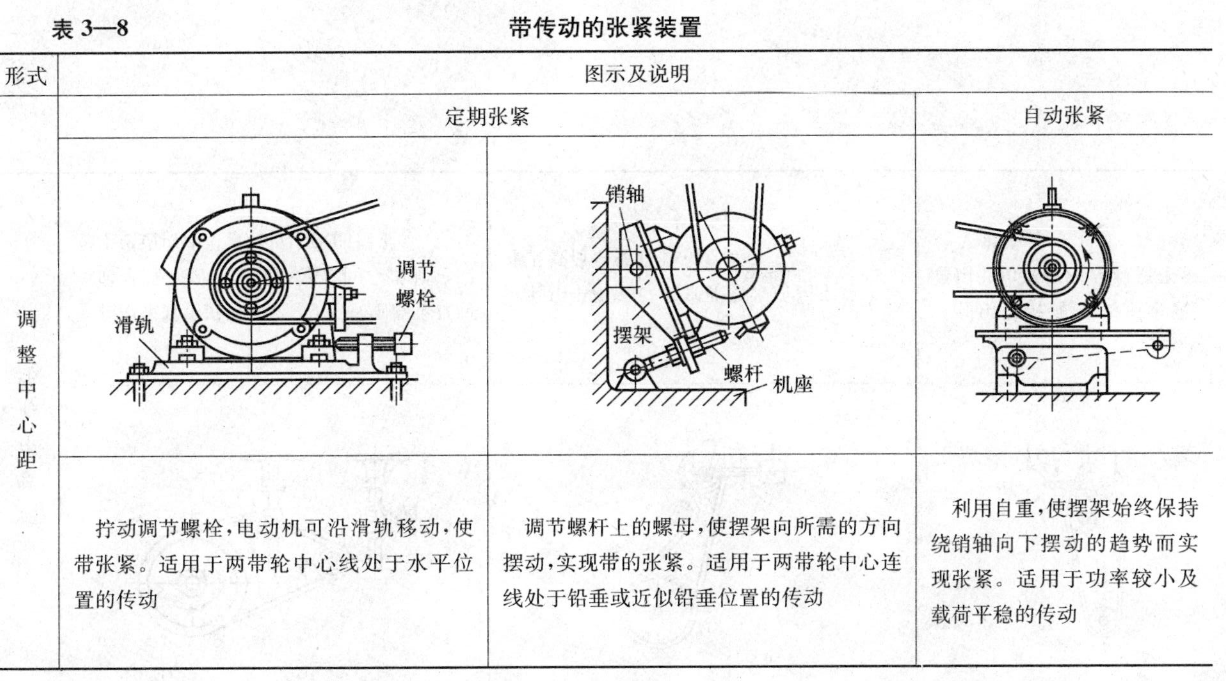

形式	图示及说明		
	定期张紧		自动张紧
调整中心距	拧动调节螺栓，电动机可沿滑轨移动，使带张紧。适用于两带轮中心线处于水平位置的传动	调节螺杆上的螺母，使摆架向所需的方向摆动，实现带的张紧。适用于两带轮中心连线处于铅垂或近似铅垂位置的传动	利用自重，使摆架始终保持绕销轴向下摆动的趋势而实现张紧。适用于功率较小及载荷平稳的传动

续表

形式	图示及说明		
调整中心距	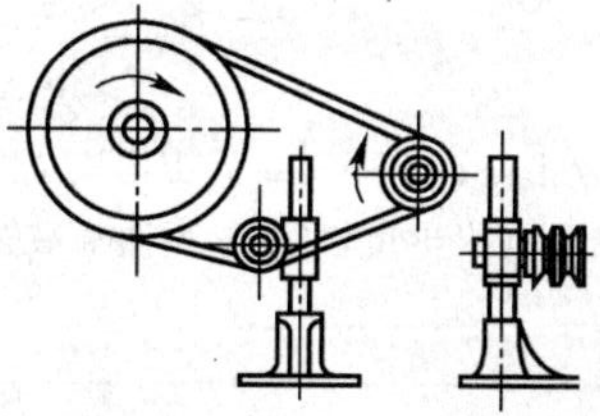	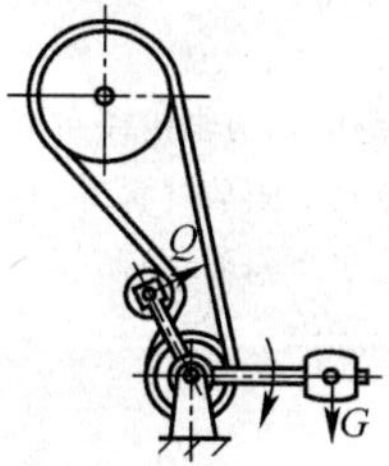	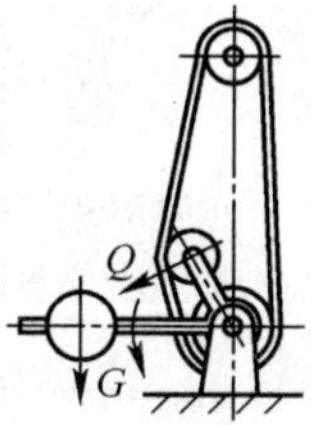
	利用张紧轮进行张紧，为了避免带受双向弯曲，且不使小轮包角减少过多，张紧轮应置于松边内侧尽量靠近大轮的位置	利用平衡锤 G 实现张紧。适用于功率较小及载荷平稳的平带传动	利用平衡锤 G 实现张紧。适用于功率较小及载荷平稳的 V 带传动

2）自动改变中心距使带重新张紧。

3）对于中心距固定不变的带传动，采用张紧轮将带张紧。

4. V 带传动的安装和维护

为提高 V 带传动的效率，延长 V 带的使用寿命和确保带传动的正常运转，必须正确做好带传动装置的安装、维修与保养工作。

（1）V 带必须正确地安装在轮槽之中，一般以带的外边缘与轮缘平齐为准，如图 3—20a 所示。图 3—20b、c 是两种不正确的安装方式，左侧的图中减少了 V 带侧面的工作面积，右侧的图中使 V 带几乎变成平带传动。两者都会严重降低 V 带的传动能力。

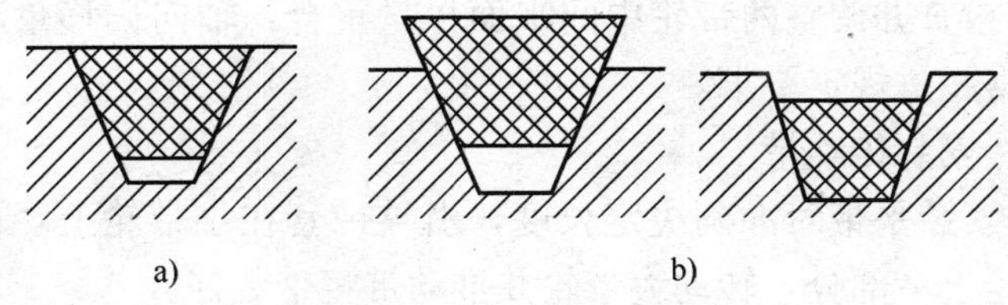

图 3—20　V 带在轮槽中的位置

a）正确　b）错误

（2）V 带传动中两带轮的轴线要保持平行，且两轮相对应的 V 形槽的对称平面应重合，如图 3—21a 所示。图 3—21b 为两种错误的安装方法，它们均会造成传动时带的受力和磨损不正常，破坏带的正常工作条件。

（3）带轮的安装要点

1）按轴和毂孔中键槽来修装配键，消除安装表面上的污物。涂上润滑油后，再把带轮压装在轴上。压装时不要损坏各部件。

2）安装支撑张紧用的张紧轮时，先将轴承压入轮毂上，然后再装配。

3）安装完毕，轴上的带轮不得晃动。在轮缘处检查其径向跳动及端面摆动。

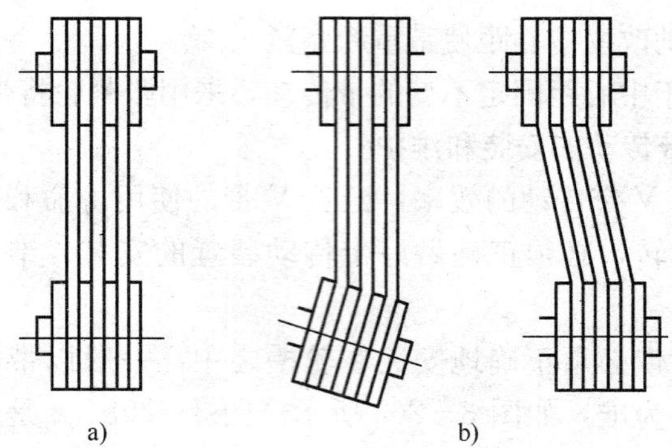

图 3—21　带轮的位置
a）正确　b）错误

4）检查并调整两带轮中间平面尽量重合，轴向偏移量和倾斜角不得超过规定要求。

（4）安装传动带

1）安装平带时准确决定长度，引导带套在小带轮上，再挂在大带轮上一部分，转动大带轮并推动带将带装好。

2）安装 V 带时，先将带套入小带轮槽中，再转动大带轮，用旋具等将带拨入大带轮槽中。带在轮槽中的位置应正确，不应陷没到槽底或凸出在轮槽外。

（5）带张紧程度的确定。一般中等中心距带的张紧程度以大拇指按下约 1.5 cm 为宜。不符合要求时应调整。

拆、装 V 带时，应先调小两带轮中心距，避免硬撬而损坏 V 带或设备。套好带后，再将中心距调回到正确位置，带的松紧要适度。

（6）V 带传动必须安装防护罩，防止因润滑油或其他杂物等飞溅到 V 带上而影响传动，并防止伤人事故的发生。

（7）对一组 V 带，损坏时一般要成组更换，新旧带不能混用。

5. 带传动的应用

带传动广泛应用在动力机和工作机之间，以及机器中各机构之间的传动。

如燃油发动机中，发电机和风扇均靠 V 带传递动力，如图 3—22 所示。

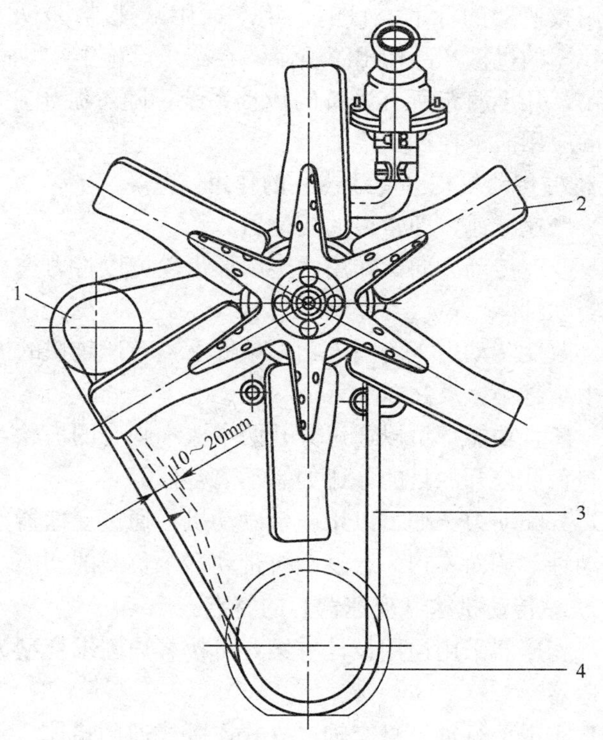

图 3—22　燃油发动机风扇、发电机带传动示意图
1—发电机带轮　2—风扇　3—带　4—曲轴带轮

第四节　常用的机械传动机构

一、机械传动机构

机械传动机构是一种传递动力与运动的装置，主要功能是增、减速度和扭矩的转换。减速机属于机械传动机构，由于只是

动力传递机构，因此本身并不具备驱动能力，需要将驱动组件如电动机、燃气机或发动机等设备的动能进行传递。自20世纪60年代以来，我国先后制定了JB 1130—70《圆柱齿轮减速器》等一批通用减速器的标准。目前，年产通用减速器25万台左右，对发展我国的机械产品作出了贡献。在游乐设施中，减速机得到广泛应用，几乎遍布所有设备的传动系统，随着游乐业的发展，减速机的应用需求在逐步增加。

1. 机械传动机构（变速器）的作用

（1）增速减速，即常说的变速器。

（2）改变传动方向。如用两个扇形齿轮可以将力垂直传递到另一个转动轴。

（3）改变转动力矩。同等功率条件下，转速越快的齿轮，轴所受的力矩越小，反之越大。

（4）离合功能。可以通过分开两个原本啮合的齿轮，达到把发动机与负载分开的目的。比如制动离合器等。

（5）分配动力。如可以用一台发动机，通过变速器主轴带动多个从动轴，从而实现一台发动机带动多个负载的功能。

2. 机械传动机构（变速器）的特点

（1）变速器采用通用设计方案，可按客户需求变型为行业专用的变速器。

（2）实现平行轴、直交轴、立式、卧式通用箱体，零部件种类减少，规格型号增加。

（3）采用吸音箱体结构、较大的箱体表面积和大风扇，圆柱齿轮和螺旋锥齿轮均采用先进的磨齿工艺加工，使整机的温升、噪声降低，运转的可靠性得到提高，传递功率增大。

（4）输入方式。电动机连接法兰、轴输入。

（5）输出方式。带平键的实心轴、带平键的空心轴、胀紧盘联结的空心轴、花键联结的空心轴、花键联结的实心轴和法兰联结的实心轴。

(6) 变速器安装方式。卧式、立式、摆动底座式、扭力臂式。

3. 减速器的分类

减速器可分为齿轮减速器、蜗轮蜗杆减速器、行星齿轮减速器、摆线针轮减速器等四类。

二、齿轮减速器

常用的齿轮减速器有圆柱齿轮减速器、圆锥齿轮减速器和圆锥—圆柱齿轮减速器等三种。如图 3—23 所示。

齿轮减速器按减速齿轮的级数可分为单级、二级、三级和多级减速器几种，按轴在空间的相互配置方式可分为立式和卧式减速器两种，按运动简图的特点可分为展开式、同轴式和分流式减速器等。单级圆柱齿轮减速器的最大传动比一般为（8～10）：1，作此限制主要为避免外廓尺寸过大。若要求传动比大于 10：1 时，就应采用二级圆柱齿轮减速器。

图 3—24 为单级直齿圆柱齿轮减速器的结构，它主要由齿轮、轴、轴承、箱体等组成。箱体必须有足够的刚度，为保证箱体的刚度及散热，常在箱体外壁上制有加强筋。为方便减速器的制造、装配及使用，还在减速器上设置一系列附件，如检查孔、透气孔、油标尺或油面指示器、吊环及启盖螺钉等。

图 3—25 所示为二级圆柱齿轮减速器，应用于传动比为（8～50）：1 及高、低速级的中心距总和为 250～400 mm 的情况下。三级圆柱齿轮减速器用于要求传动比较大的场合。

圆锥齿轮减速器和二级圆锥—圆柱齿轮减速器（见图 3—26）用于需要输入轴与输出轴成 90°配置的传动中。因大尺寸的圆锥齿轮较难精确制造，所以圆锥—圆柱齿轮减速器的高速级总是采用圆锥齿轮传动以减小其尺寸，提高制造精度。齿轮减速器的特点是效率高、寿命长、维护简便，因而应用极为广泛。

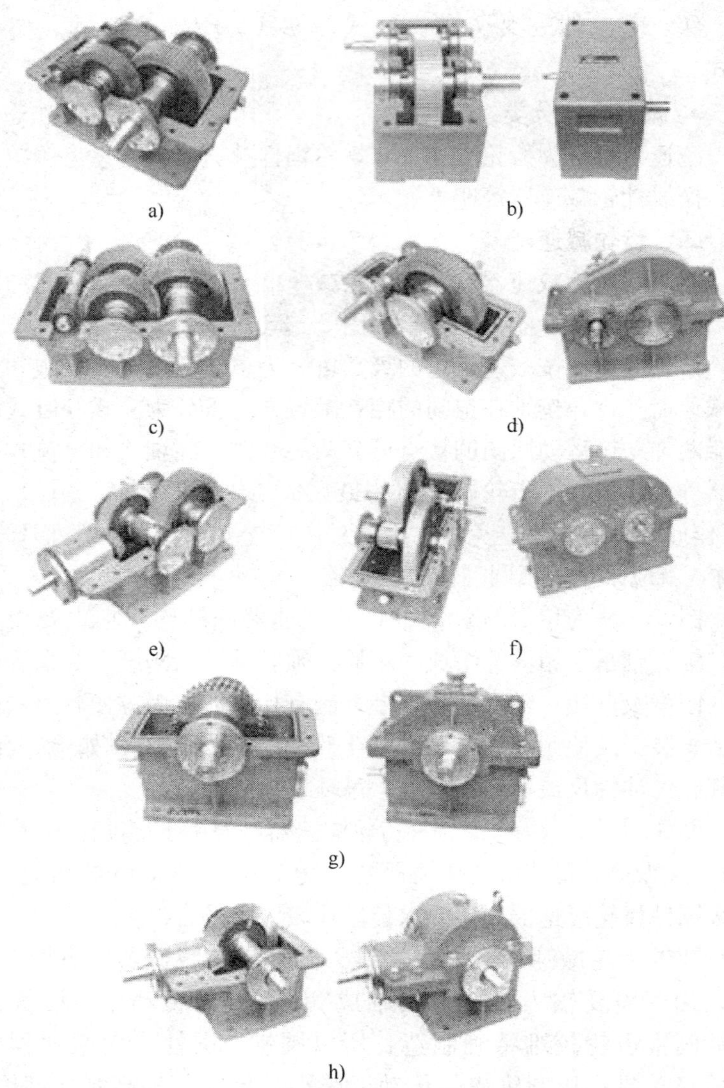

a)　b)　c)　d)　e)　f)　g)　h)

图 3—23　几种常用的减速器

a）二级分流式减速器　b）新型结构单级圆柱减速器　c）二级展示式减速器
d）一级圆柱减速器　e）圆柱圆锥减速器　f）同轴式减速器
g）蜗轮蜗杆减速器　h）单级圆锥齿轮减速器

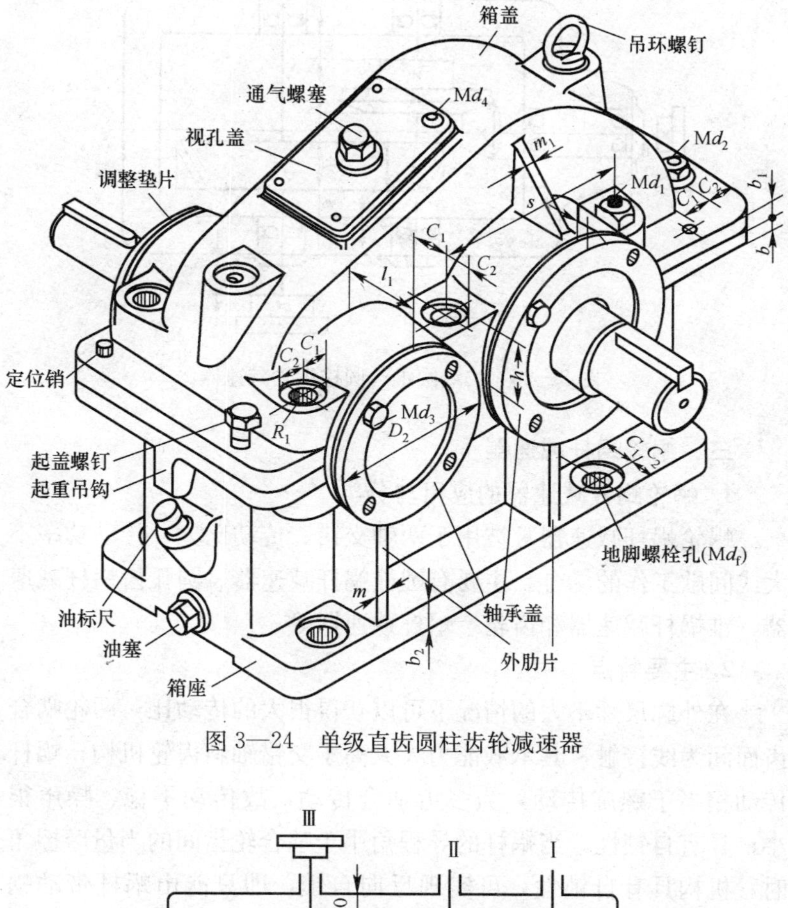

图 3—24　单级直齿圆柱齿轮减速器

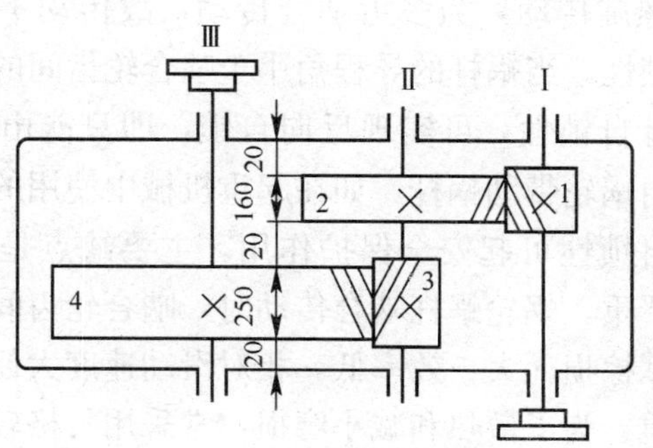

图 3—25　二级圆柱齿轮减速器

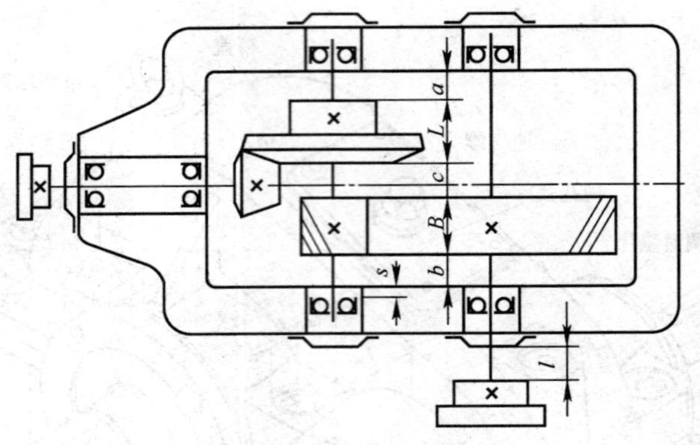

图 3—26　二级圆锥—圆柱齿轮减速器

三、蜗轮蜗杆减速器

1. 蜗轮蜗杆减速器的应用与分类

蜗轮蜗杆减速器常被用于两轴交错、传动比大、传动功率不大或间歇工作的场合。主要有圆柱蜗杆减速器、圆弧齿蜗杆减速器、锥蜗杆减速器和齿轮一蜗杆减速器等。

2. 主要特点

在外廓尺寸不大的情况下可以获得很大的传动比；两轮啮合齿面间为线接触，其承载能力大大高于交错轴斜齿轮机构；蜗杆传动相当于螺旋传动，为多齿啮合传动，故传动平稳、噪声很小；具有自锁性。当蜗杆的导程角小于啮合轮齿间的当量摩擦角时，机构具有自锁性，可实现反向自锁，即只能由蜗杆带动蜗轮，而不能由蜗轮带动蜗杆。如在起重机械中使用的自锁蜗杆机构，其反向自锁性可起安全保护作用。主要缺点是传动效率较低，磨损较严重。蜗轮蜗杆啮合传动时，啮合轮齿间的相对滑动速度大，故摩擦损耗大、效率低。相对滑动速度大使齿面磨损严重、发热严重，为了散热和减小磨损，常采用价格较为昂贵的减磨性与抗磨性较好的材料及良好的润滑装置，因而成本较高；蜗杆轴向力较大。

3. 常用蜗轮蜗杆减速器

蜗杆减速器中应用最广的是单级蜗杆减速器（见图 3—27）。单级蜗杆减速器根据蜗杆的位置可分为上置蜗杆式、下置蜗杆式及侧置蜗杆式三种，其传动比范围一般为（10～70）∶1。设计时应尽可能选用下置蜗杆式的结构，以便于解决润滑和冷却问题。

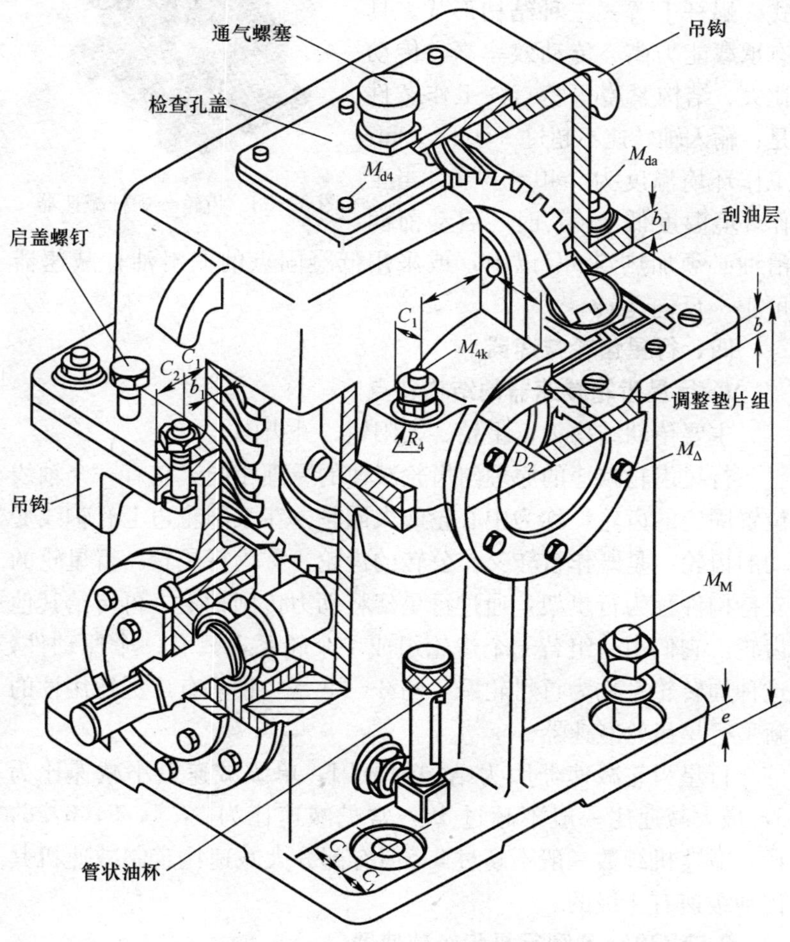

图 3—27　单级蜗杆减速器

图 3—28 所示为齿轮—蜗杆减速器，它是由高速级为圆柱齿轮传动、低速级为圆弧圆柱蜗杆传动的两级传动组成。按低速级蜗杆置向不同可分为蜗杆下置式、蜗杆侧置式、蜗杆上置式三种结构形式。具有承载能力高、传动效率高、传动比大、结构紧凑等特点。工作条件是：输入轴转速不超过 1 500 r/min；工作环境温度为－40～40℃，当工作环境温度低于 0℃时，启动前润滑油必须加热到 0℃以上，或采用低凝固点的润滑油；减速器可正、反向运转。

图 3—28　齿轮—蜗杆减速器

四、行星齿轮减速器

1. 行星齿轮减速器的结构特点

主要传动结构为行星轮、太阳轮、外齿圈。

行星齿轮减速的原理与齿轮减速的原理相同。它有一个轴线位置固定的齿轮，称为中心轮或太阳轮。在太阳轮边上有轴线变动的齿轮，是既作自转又作公转的齿轮，称为行星轮。行星轮的支持构件称为行星架，通过行星架将动力传到轴上，再传给其他齿轮。它们由一组若干个齿轮组成一个轮系，只有一个原动件，这种周转轮系称为行星轮系。图 3—29 是一种具有广泛通用性的新型行星齿轮减速器。

行星齿轮减速器因为结构的原因，单级减速最小减速比为 3，最大减速比一般不超过 10，常见减速比为 3，4，5，6，8，10，减速机级数一般不超过 3，但有部分大减速比定制减速机其传动级速有 4 级的。

2. NGW－S 型行星齿轮减速器

(1) NGW－S 型行星齿轮减速器由弧齿锥齿轮传动和行星

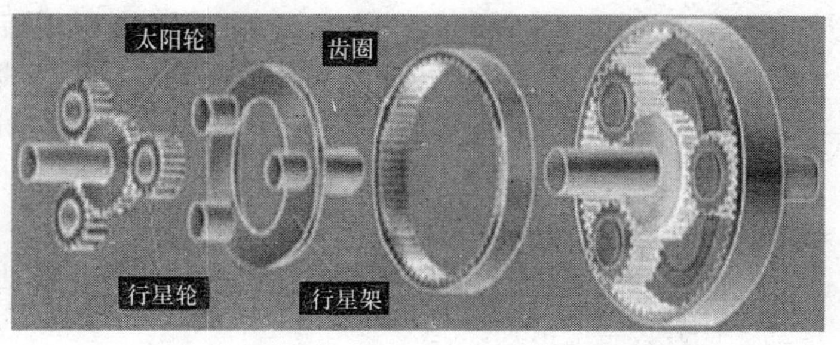

图 3—29　行星齿轮减速器

齿轮传动组合而成，包括两级（S42－S122）和三级（S73－S123）两个系列的 NGW－S 型行星齿轮减速器。

（2）NGW－S 型行星齿轮减速器传动原理（见图 3—30）。动力从主动弧齿锥齿轮 2 通过被动弧齿锥齿轮 1，传给同轴的太阳轮 5，太阳轮 5 又传递给与太阳轮 5 和内齿轮 3 同时啮合的行星轮 4，最后由行星架 6 输出动力。

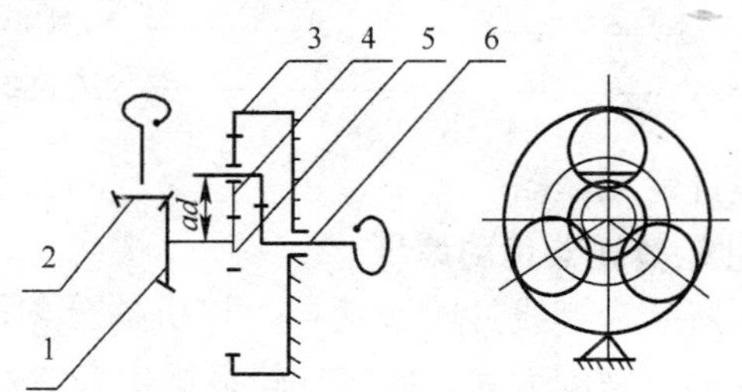

图 3—30　NGW－S 传动简图

1—被动弧齿锥齿轮　2—主动弧齿锥齿轮　3—内齿轮　4—行星轮
5—太阳轮　6—行星架　*ad*—公称中心距

图中的太阳轮 5 是行星齿轮公转的中心，其轴线固定，如太阳系中的太阳一样。在行星轮 4 上有两个啮合点，分别与太阳轮 5 和内齿轮 3 发生关系，且内齿轮 3 轴线与太阳轮 5 轴线重合，故内齿轮 3 也是太阳轮。

行星轮 4 的转动轴线是不固定的，安装在可以转动的行星架

6 上。行星轮除了能像定轴齿轮那样围绕着各自固定的轴线转动外，还随行星架绕太阳轮 5 和内齿轮 3 的轴线转动。绕自己轴线的转动称为自转，绕太阳轮 5 轴线的转动称为公转，就像太阳系中的行星那样，因此称为行星齿轮。

(3) 代号与标记方法

1) 减速器型号。包括减速器的系列代号、机座号、传动级数、传动比代号、装配形式。

2) 系列代号。由行星减速器 NGW 和组合级弧齿锥齿（伞齿）轮的（伞）汉语拼音第一个字母 S 组成，“NGW－S”代表系列代号。

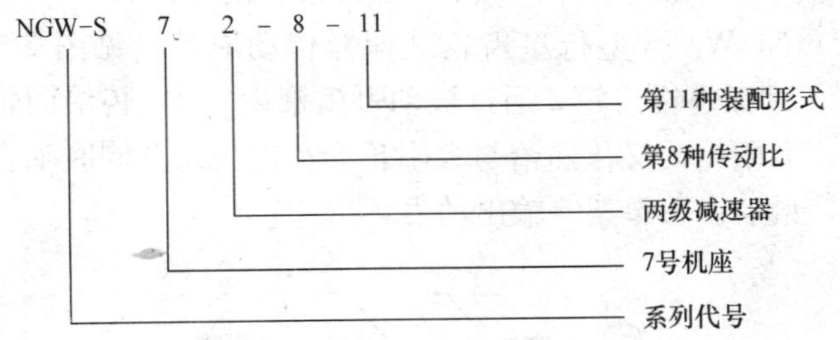

五、摆线针轮减速器

1. 摆线针轮减速器传动原理

图 3—31 所示为摆线针轮减速器。该机器分为卧式、立式、双轴型和直联型等装配方式。摆线针轮根据少齿差行星传动原理设计而成。其行星轮（摆线轮）轮齿为摆线齿，太阳轮（针轮）轮齿为针齿，两者组成了摆线针轮齿轮副，针轮齿数与摆线轮齿数的差为 1。在传动过程中，转臂将输入部分的运动传递给摆线轮，由于固定针轮的作用，摆线轮产生与输入运动相反的低速自转运动，再通过输出部分输出。因主要零件是采用高碳合金钢淬火处理（HRC58－62），再精磨而成，且摆线齿与针齿套啮合将动力传递至针齿形成滚动摩擦副，摩擦系数小，使啮合区无相对滑动，磨损极小，所以经久耐用。

图 3—31　摆线针轮减速器

图 3—32 为摆线针轮减速器结构图。该减速器传动装置可分为三部分：输入部分、减速部分、输出部分。在输入轴上装有一个错位 180°的双偏心套，在偏心套上装有两个称为转臂的滚柱轴承，形成 H 机构；两个摆线轮的中心孔即为偏心套上转臂轴承的滚道，并由摆线轮与针齿轮上一组环形排列的针齿相啮合，以组成齿差为一齿的内啮合减速机构（为了减小摩擦，在速比小的减速器中，针齿上带有针齿套）。当输入轴带着偏心套转动一周时，由于摆线轮上齿廓曲线的特点及其受针齿轮上针齿限制之故，摆线轮的运动成为既有公转又有自转的平面运动，在输入轴正转一周时，偏心套亦转动一周，摆线轮于相反方向转过一个齿从而得到减速，再借助 W 输出机构，将摆线轮的低速自转运动通过销轴，传递给输出轴，从而获得较低的输出转速。

2. 摆线针轮减速器的特点

（1）高速比和高效率。单级传动就能达到 1∶87 的减速比，效率在 90%以上，如果采用多级传动，减速比更大。

（2）结构紧凑体积小。由于采用了行星传动原理，输入轴与输出轴在同一轴线上，使其机型获得尽可能小的尺寸。

（3）运转平稳噪声低。摆线针齿啮合齿数较多，重叠系

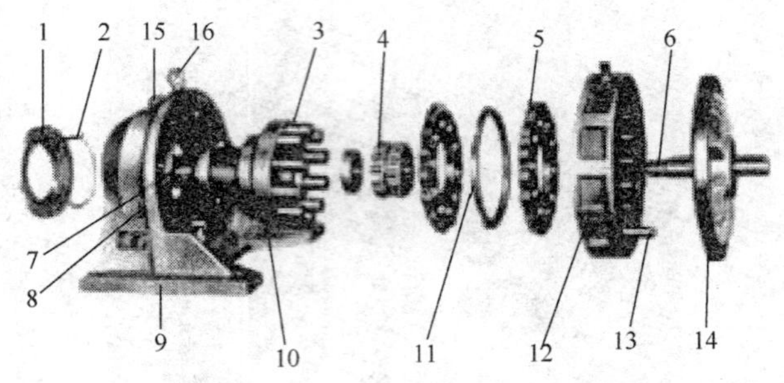

图 3—32　摆线针轮减速器结构图

1—压盘　2—制动环　3—销轴、销套　4—偏心套、轴承　5—摆线轮　6—输入轴　7，10—输出轴　8—油镜　9—基座　11—间隔环　12—针齿壳　13—针齿销、针齿套　14—端套　15—油塞　16—吊环

数大以及具有机件平衡的机理，使振动和噪声被限制在最小程度。

(4) 使用可靠、寿命长。因主要零件采用高碳铬钢材料制成，经淬火处理获得高强度，并且，部分传动接触采用了滚动摩擦，所以经久耐用、寿命长。

(5) 设计合理，维修方便，容易分解安装，采用零件最少以及简单的润滑，使摆线针轮减速器深受用户的信赖。

3. 摆线针轮减速器分类

(1) B 系列摆线针轮减速器。包括 BW 脚板式卧装双轴摆线针轮减速器、BL 法兰式立装双轴摆线针轮减速器、BWY 脚板卧装专用电动机直联型摆线针轮减速器、BLY 法兰式立装专用电动机直联型摆线针轮减速器、BWD 脚板式卧装普通电动机直联型摆线针轮减速器、BLD 法兰式立装普通电动机直联型摆线针轮减速器。

(2) X 系列摆线针轮减速器。包括 XW 脚板式卧装双轴摆线针轮减速器、XL 法兰式立装双轴摆线针轮减速器、XWD 脚板式卧装普通电动机直联型摆线针轮减速器、XLD 法兰式立装普通电动机直联型摆线针轮减速器、XWD脚板式卧装普通电动机直联型摆线针轮减速器、XLY法兰式立装专用电动机直联型摆线针轮减速器。

六、减速器安装注意事项

减速器的安装和使用直接关系到减速器的运行效果，要符合技术规范和标准。减速器要做到合理的安装和使用应注意以下几点事项。

1. 减速器安装的第一步是确定电动机和减速器本身的外观是否完好、备件是否齐全以及电动机与减速器相连接的部位尺寸是否一致。减速器在安装时，要特别注意传动中心轴线的对中，对中的误差不能超过减速器所用联轴器的使用补偿量。减速器按照要求对中之后，可以获得更理想的传动效果和更长久的使用寿命。

2. 减速器的输出轴上在安装传动件时，必须注意操作的柔和，禁止使用锤子等工具粗暴安装，最好利用装配夹具和端轴的内螺纹进行安装，以螺栓拧入的力度将传动件压入减速器，这样可以保护减速器内部零件不会受到损坏。减速器与电动机连接前，要先确定电动机轴键槽与紧固螺栓垂直、受力均匀。具体来说在安装时要先粗安装任意对角位置的两个螺栓，之后再逐个安装另外两个对角位置的螺栓，最后再统一旋紧四个螺栓，这样就可以保证受力不会出现太大差异。

3. 减速器所采用的联轴器有多种可选类型，但最好不要使用刚性固定式联轴器。这类联轴器的安装比较困难，一旦安装不当就会加大载荷量，容易造成轴承的损坏，甚至会造成输出轴的断裂。

4. 减速器的固定非常重要，要保证平稳和牢固。一般来说应将减速器安装在一个水平基础或底座上，同时排油槽的油应能排除，且冷却空气循环流畅。减速机的固定不好、基础不可靠时，就会出现振动等现象，也会使得轴承和齿轮受到不必要的损害。

5. 减速器的传动连接件在必要时应加装防护装置。例如连接件上有突出物或使用齿轮、链轮传动等，如果输出轴承受的径向荷载较大，也应当选用加强型。

6. 减速器的安装位置要方便工作人员的操作，包括可以方便地接近游标、通气塞和排油塞等位置。减速器安装完成后，检查人员应按照顺序全面检查安装位置的准确性，确定各个紧固件的可靠性等。

7. 减速器安装完成后，要详细检查各个部件，包括连接的紧密性、运转的灵活性、受力的均匀性等。无论减速器与什么机械备件连接，最重要的都是保证输出轴与驱动部分轴的同心度一致。

8. 减速器在运行前，还要做好运行准备，将油池的通气孔螺塞取下换成通气塞，打开油位后由螺塞钉检查油线高度，添加润滑油超过油位后由螺塞至孔溢出，而后拧上油位螺塞并确定无误后，可以开始试运行。

9. 减速器的试运行时间不能少于 2 h。运转正常的标准是运行平稳、无振动、无噪声、无渗漏、无冲击，如果出现异常情况应及时排除。

七、减速器的润滑方式

常用的减速器润滑方式有齿轮油润滑、半流体润滑脂润滑、固体润滑剂润滑。对于密封比较好，转速较高，负荷大，封闭性能好的可以使用齿轮油润滑；对于密封性不好，转速较低的可以使用半流体润滑脂润滑；对于禁油场合或高温场合可以使用二硫化钼超微粉润滑。

第五节　联轴器、制动器与回转支撑

一、联轴器

1. 联轴器的定义

联轴器是用来连接不同机构中的两轴或轴和回转件，使之共同旋转以传递扭矩的机械零件。某些特殊结构的联轴器还具有过载保护作用。在高速重载的动力传动中，有些联轴器还有缓冲、减振和提高轴系动态性能的作用。

联轴器所连接的两根轴常属于两个不同的机械或部件，由于制造和安装误差，以及工作时受载或受热后基础、机架和其他部件的弹性变形与温差变形等原因，两轴轴线不可避免地要产生相对偏移。偏移形式通常有轴向偏移、径向偏移、角向偏移和组合偏移，如图 3—33 所示。

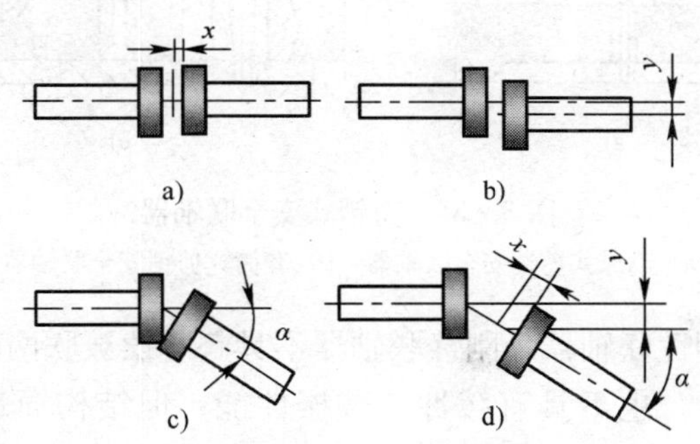

图 3—33　轴线的相对偏移

a）轴向偏移　b）径向偏移　c）角向偏移　d）组合偏移

2. 机械式联轴器分类

机械式联轴器种类繁多，按结构和功用的不同可分为安全联轴器、刚性联轴器和挠性联轴器三大类。

（1）安全联轴器。具有过载安全保护功能的联轴器称为安全联轴器。其结构特点是，存在一个保险环节（如销钉可动连接等），只能承受限定载荷。当实际载荷超过事前限定的载荷时，保险环节就发生变化，截断运动和动力的传递，以避免机器中的其他薄弱环节或重要零部件受到损坏，从而保护机器的其余部分不致损坏，即起安全保护作用。启动安全联轴器除具有过载保护作用外，还有将机器电动机的带载启动转变为近似空载启动的作用。

图 3—34 所示为常用的剪销式安全联轴器。这种联轴器在过载时销会被剪断。为了加强剪销式安全联轴器的剪切效果，通常在受剪销的预定剪断处切有环槽。销套的主要作用是避免销被切断时损伤联轴器和被连接零件的销孔壁。

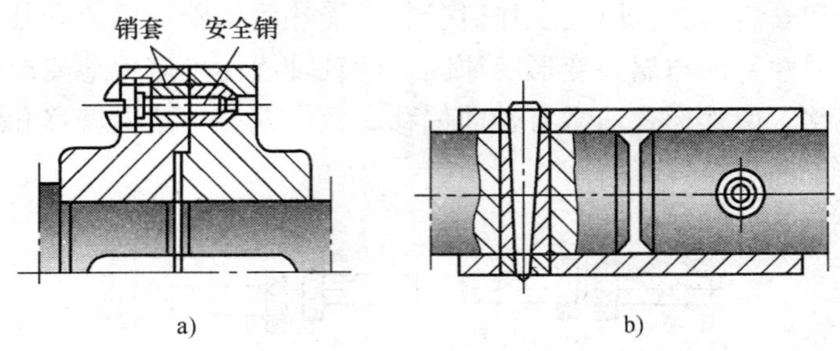

图 3—34 剪销式安全联轴器

a）凸缘式剪销安全联轴器 b）套筒式剪销安全联轴器

（2）刚性联轴器。刚性联轴器不具有补偿被联两轴轴线相对偏移的能力，也不具有缓冲、减振性能，但结构简单，价格便宜。适用于载荷平稳，转速稳定，并且两被连接轴的轴线严格对中的场合。常用的刚性联轴器有凸缘联轴器和套筒联轴器。

1）凸缘联轴器。两个半联轴器通过它们分别具有的凹、凸止口的相互嵌合实现对中。这种联轴器结构简单，价格便宜，应用较普遍，如图 3—35 所示。

通过铰制孔用螺栓与孔的配合对中，传递的转矩较大，且装拆时轴不必做轴向移动，如图 3—36 所示。

2）套筒联轴器。结构简单，对中性好，且径向尺寸较小，销连接结构传递能力较小，可起过载保护作用，如图 3—37 所示。

（3）挠性联轴器。挠性联轴器具有一定的补偿被连接两轴轴线相对偏移的能力，最大补偿量随型号不同而异。这种联轴器分为无弹性元件联轴器和弹性元件联轴器两类。

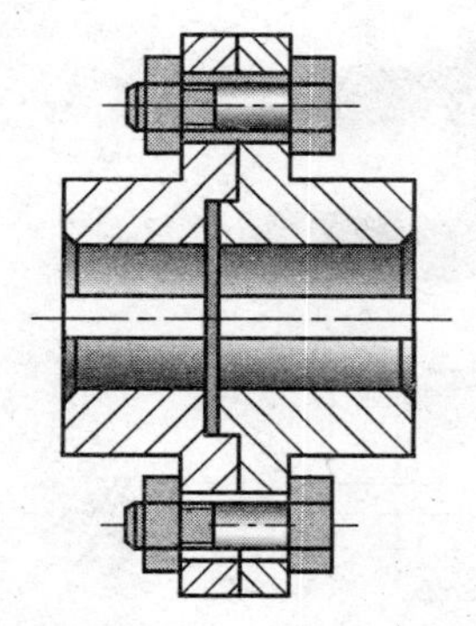

图 3—35　两个半联轴器凹、凸止口相互嵌合

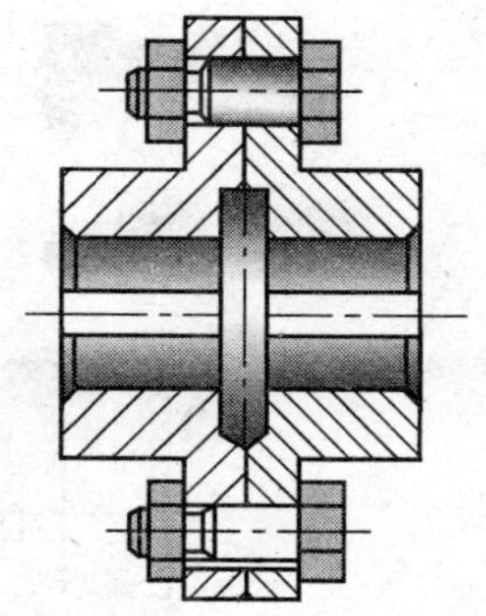

图 3—36　用螺栓与孔的配合来对中

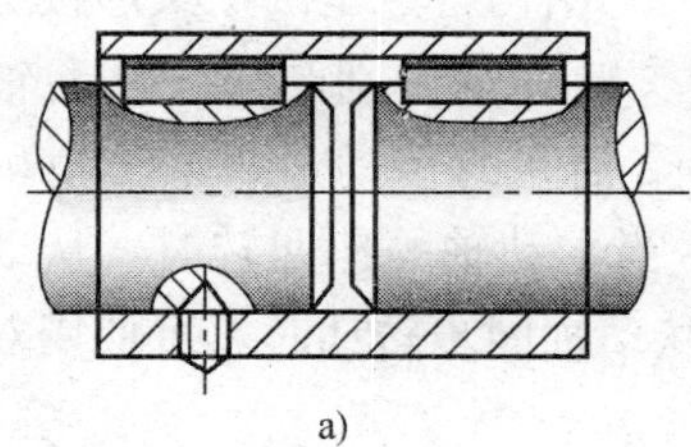

a)

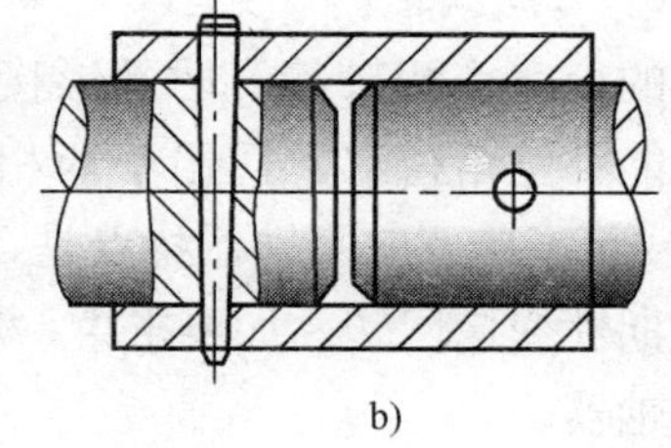

b)

图 3—37　套筒联轴器

a）键连接　b）销连接

1）无弹性元件挠性联轴器。无弹性元件挠性联轴器的承载能力大，不具有缓冲减振性能，在高速、转速不稳定或经常正、反转时，有冲击噪声。适用于低速、重载、转速平稳的场合。常用的无弹性元件挠性联轴器有十字滑块联轴器和万向联轴器。

①十字滑块联轴器（见图 3—38）的结构特点是中间滑块的两端面分别设有互相垂直的径向凸榫。工作时，两凸榫分别嵌入左、右两半联轴器的端面径向槽中，并可顺槽滑动，以补偿两轴径向位移（图中 y）。适用于被连接两轴间的相对径向位移较大，且载荷平稳、转速较低的场合。在使用中，应注意对滑动工作面的润滑。

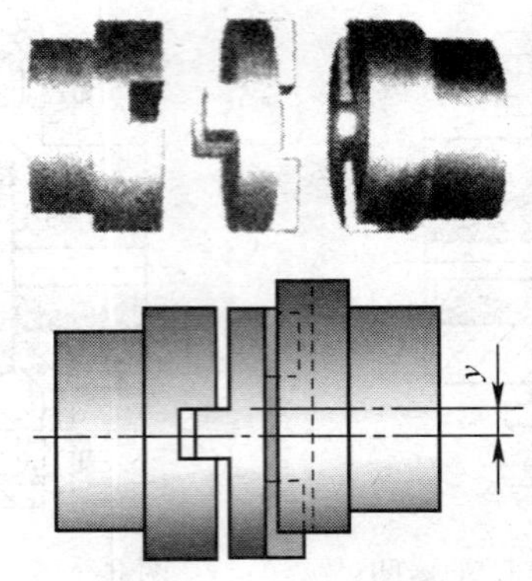

图 3—38　十字滑块联轴器

② 万向联轴器（见图 3—39）的结构特点是两个叉形接头和中间的十字头相铰接，两叉形接头的外端分别与主、从动轴相连，能补偿角位移。适用于两相交轴间的传动，两轴交角可达 40°～45°。单万向联轴器特点是，当主动轴等速回转时，从动轴作周期性变速回转。如要求主、从动轴同步转动时，可使用双万向联轴器。

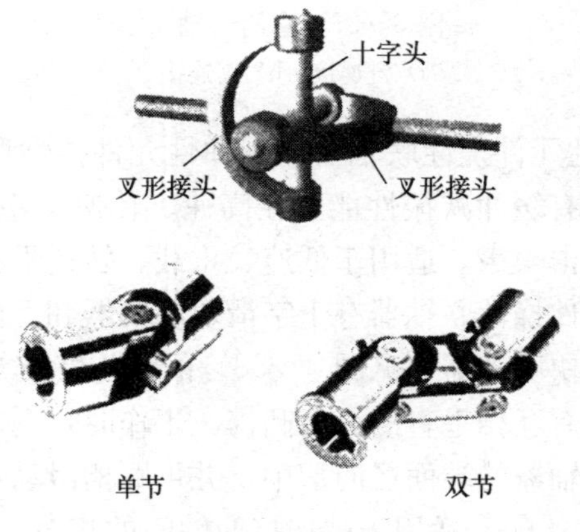

图 3—39　万向联轴器

双万向联轴器能实现主、从动轴同步转动，但是中间轴两端的叉面必须位于同一平面内，如图 3—40 所示，并且中间轴与主、从动轴之间的夹角要相等，如图中 $\beta_1=\beta_2$。

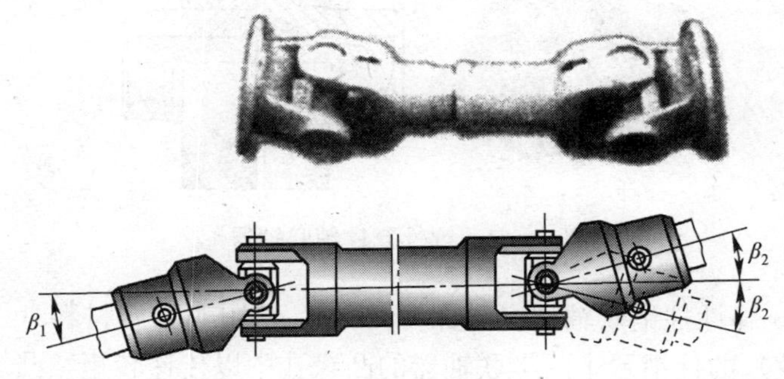

图 3—40　双万向联轴器

2）弹性元件挠性联轴器。弹性元件挠性联轴器是利用弹性元件的弹性变形来补偿两轴相对偏移，同时能起到缓冲和吸振作用。这种挠性联轴器分为非金属弹性元件式和金属弹性元件式两类。

非金属弹性元件式挠性联轴器在转速不平稳时有很好的缓冲减振性能，但由于非金属（橡胶、尼龙等）弹性元件强度低、寿命短、承载能力小、不耐高温和低温，故适用于高速、轻载和常温的场合。

金属弹性元件式挠性联轴器除了具有较好的缓冲减振性能外，承载能力也较大，适用于速度和载荷变化较大及高温或低温场合。下面介绍三种常用的弹性元件挠性联轴器的结构特点和应用。

① 弹性套柱销联轴器（见图 3—41）。其结构特点是弹性套柱销联轴器与刚性凸缘联轴器相似，只是用一端带有橡胶弹性套的柱销代替螺栓，利用橡胶套的弹性变形来补偿两轴的相对位移和缓冲、吸振，但弹性套易磨损、寿命短，适用于轻载、高速、启动频繁或经常变换正反转的传动。

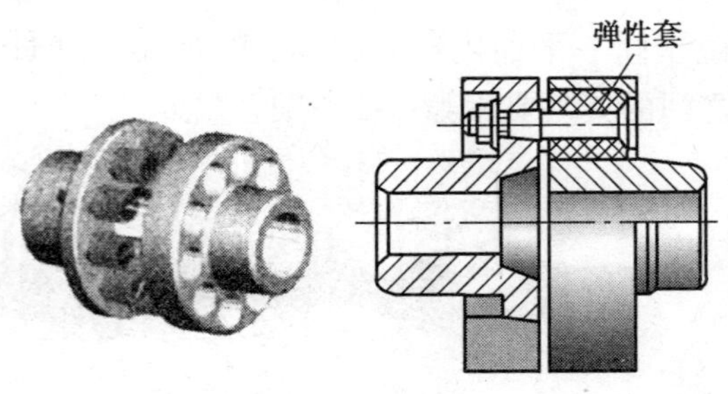

图 3—41　弹性套柱销联轴器

② 弹性柱销联轴器（见图 3—42）。利用非金属材料（一般为尼龙）的柱销置于两半联轴器的凸缘孔中以传递转矩，凸缘端部设置有挡圈以防止柱销滑出。其结构简单，柱销更换方便，但弹性变形量比弹性套要小。

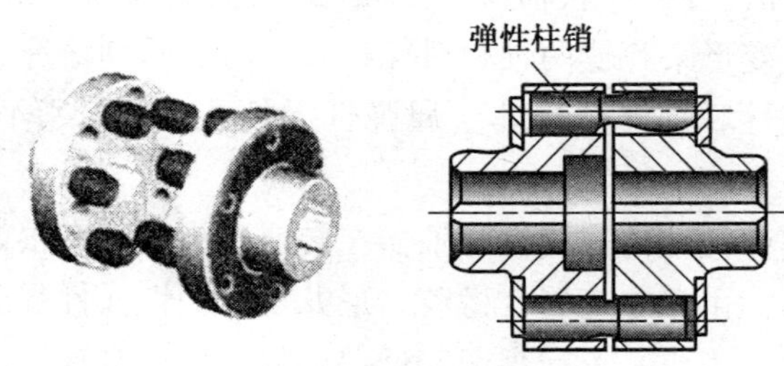

图 3—42　弹性柱销联轴器

③ 弹性柱销齿式联轴器（见图 3—43）。弹性柱销分为两列，置于由两个半联轴器和外套组合而成的圆柱形齿槽中。工作时，柱销受剪面为轴向截面，受力情况较好，因此承载能力较强。与同尺寸的弹性套柱销联轴器相比，传递转矩的能力大，但对偏移量的补偿能力较小。适用于轻载、频繁启动或经常变换正反转的传动。

3. 机械联轴器选择

联轴器外形尺寸，即最大径向和轴向尺寸，必须在机器设备允许的安装空间以内。应选择装拆方便、不用维护、维护周期长

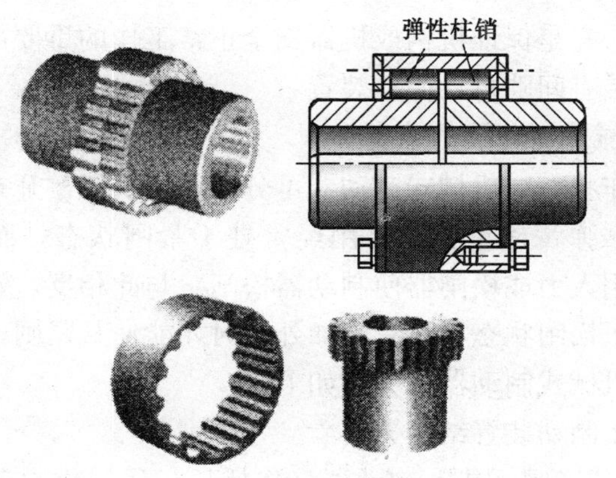

图 3—43　弹性柱销齿式联轴器

或维护方便、更换易损件不用移动两轴、对中调整容易的联轴器。

联轴器所联两轴由于受制造误差、装配误差、安装误差、轴受载而产生的变形、基座变形、轴承磨损、温度变化、部件之间的相对运动等多种因素影响而容易产生相对位移。一般情况下，两轴相对位移是难以避免的，但不同工况条件下的轴系传动所产生动态平衡位移方向（即轴向、径向、角向）以及位移量的大小有所不同。只有挠性联轴器才具有补偿两轴相对位移的性能，因此在实际应用中大量选择挠性联轴器。刚性联轴器不具备补偿性，应用范围受到限制，因此用量很少。角向位移较大的轴系传动宜选用万向联轴器；有轴向窜动，并需控制轴向位移的轴系传动，应选用膜片联轴器；只有对中精度要求很高的情况下才选用刚性联轴器。金属弹性元件挠性联轴器一般比非金属弹性元件挠性联轴器的使用寿命长。

二、机械式制动器

1. 概述

机械式制动器是较为常用的制动器，它主要由制动架、摩擦元件和驱动装置三部分组成。机械式制动器具有减速、停止、支持等功能，它是保证机构或机器安全正常工作的重要部件。许多制动器还装有间隙自动调整装置。

2. 机械式制动器的分类

按工作状态，机械式制动器可分为常闭式和常开式。常闭式制动器依靠弹簧或重力的作用经常处于紧闸状态，而机构工作时，可利用人力或松闸器使制动器松闸。与此相反，常开式制动器经常处于松闸状态，只有施加外力时才能使其紧闸。

常用机械式制动器的分类如下：

（1）按制动装置结构分类

1）块式（闸瓦式）制动器。包括长行程块式制动器和短行程电磁铁制动器。

图 3—44 所示为短行程电磁铁制动器。松闸器有交流和直流电磁铁式两种。基架为标准通用型。交流电磁铁（也称拍合式磁铁）工作时，动铁心绕销轴转动。直流电磁铁工作时，动铁心被直接吸合。这种制动器常用于快速、点动、对外形尺寸无严格要求的场合。缺点是耐用性较差。

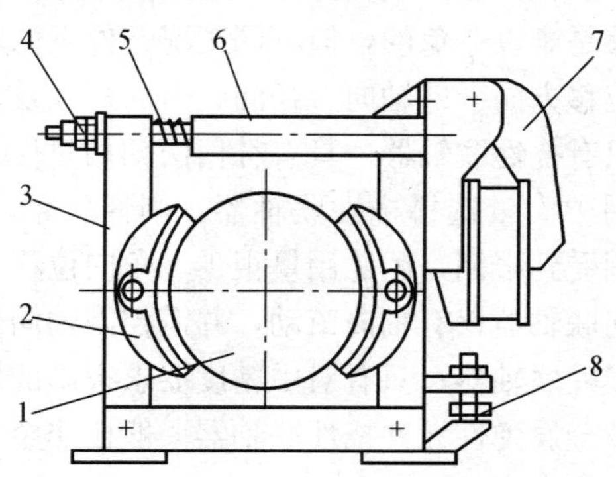

图 3—44　短行程电磁铁制动器

1—制动轮　2—制动瓦块　3—制动臂　4—调整螺母　5—副弹簧　6—拉杆　7—电磁铁　8—调整螺栓

长行程块式制动器也称闸瓦式制动器。通常用弹簧或重锤紧闸，用松闸器松闸。结构简单可靠，散热好，但制造较为复杂，外形尺寸大。长行程块式制动器是一种应用广泛，适用于工作频繁及空间较大的场合，且多为常闭式。图 3—45 所示为典型的常闭式长行程块式制动器。主弹簧架拉紧制动臂与制动瓦块，制动器紧闸。当松闸器中的电磁线圈通电时，推动杠杆向上推开制动臂，使制动器松闸。常闭式长行程块式制动器的松闸器，除采用如图 3—45 所示电磁液压松闸器外，还可采用交、直流电磁铁式和电动单、双推杆式松闸器。

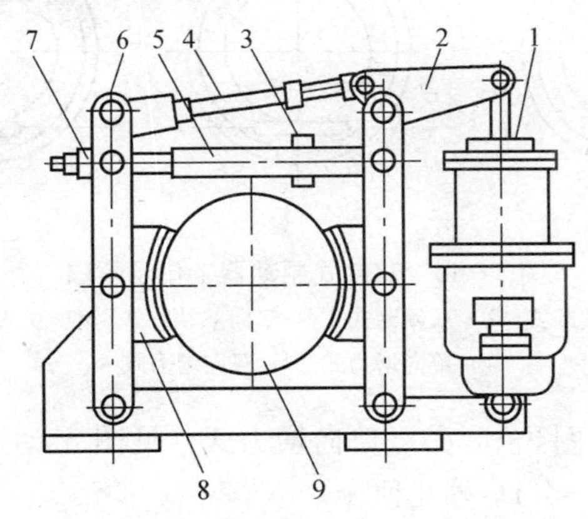

图 3—45　长行程块式制动器

1—液压电磁铁　2—杠杆　3—挡板　4—螺杆　5—弹簧架
6—制动臂　7—拉杆　8—瓦块　9—制动轮

2）蹄式制动器。蹄式制动器主要由制动鼓、制动蹄和驱动装置组成，蹄片装在制动鼓内，结构紧凑，密封性好。主要用于安装空间受限制的场合。这种制动器一般都是常开式制动器。

蹄式制动器的种类很多，有单蹄式、双蹄式和多蹄式等形式，其中双蹄式应用较为广泛。图 3—46 所示为按制动蹄属性分类的双蹄式制动器工作示意图，主要有领从蹄式（见图 3—46a)、双领蹄式（见图 3—46b)、双向双领蹄式（见图 3—46c)、

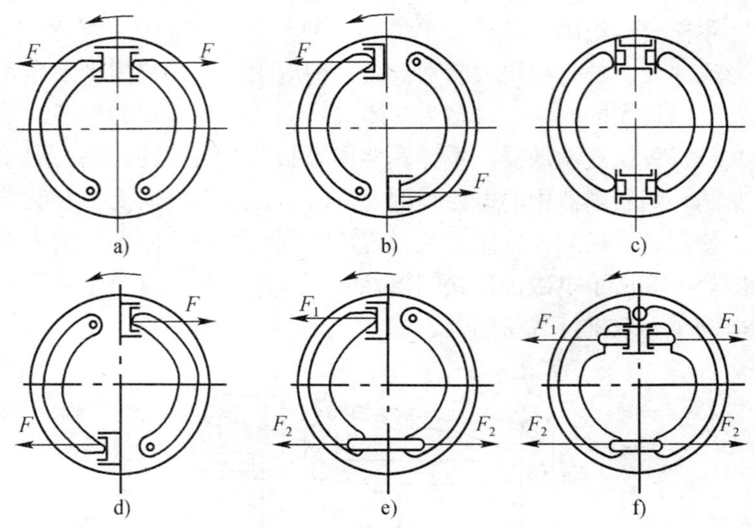

图 3—46　双蹄式制动器工作示意图

a）领从蹄式　b）双领蹄式　c）双向双领蹄式　d）双从蹄式

e）单向增力式　f）双向增力式

双从蹄式（见图 3—46d）、单向增力式（见图 3—46e）、双向增力式（见图 3—46f）等几种。

图 3—46b 所示是双领蹄式制动器，这种制动器结构简单，磨损均匀，但反转时，制动效果不相同。一般只用于单向制动。

图 3—47 所示是领从蹄式制动器的结构图。两个固定支撑销将制动蹄的下端铰接安装。制动分泵是双向作用的。制动时，分泵压力 F 使制动蹄压紧制动鼓，从而产生制动转矩。制动鼓正反转效果相同，操作系统简单。

图 3—48 所示是双向增力式双蹄制动器的结构图。制动蹄与可调顶杆相连接组成浮动系统。拉紧弹簧将浮动组件与支撑销压紧。制动缸工作时，两蹄张开压紧鼓则随鼓转动，当蹄端接触支撑销时即起制动作用。正反转时其增力作用相同。

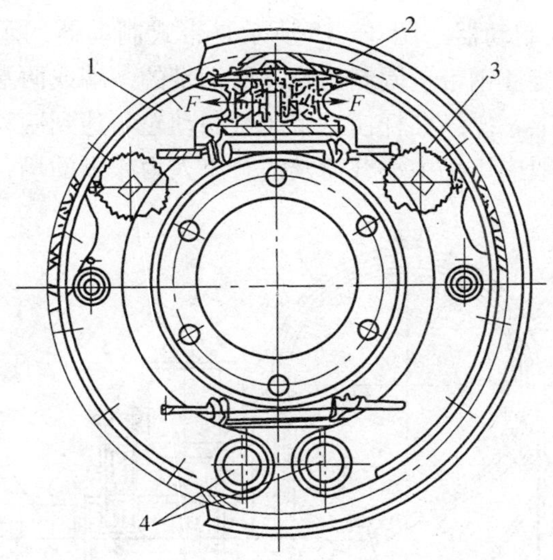

图 3—47　领从蹄式制动器的结构图

1，3—制动蹄　2—制动分泵　4—支撑销

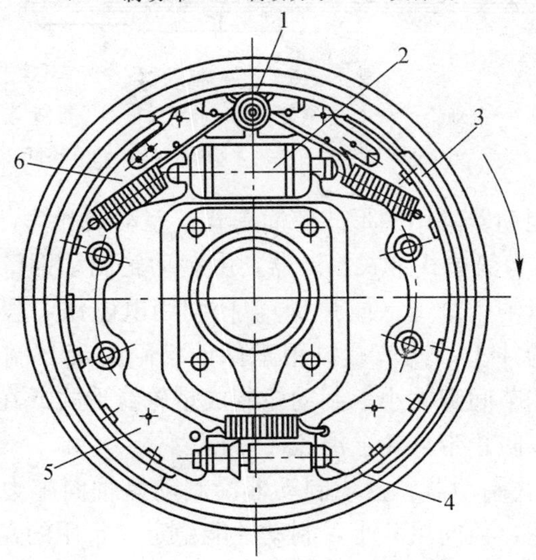

图 3—48　双向增力式双蹄制动器的结构图

1—支撑销　2—制动缸　3，5—制动蹄　4—可调顶杆　6—拉紧弹簧

3）带式制动器。图 3—49 所示是带式制动器的示意图。带式制动器用挠性钢带包围制动轮，而钢带的一端或两端固定连接在一根杠杆上，操纵杠杆使钢带压紧制动轮，达到制动目的。这种制动器一般应用于中小载荷及适合于人力操纵的场合。

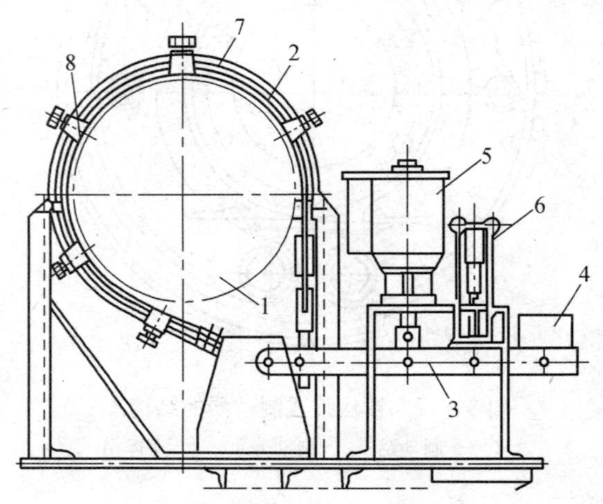

图 3—49　带式制动器

1—制动轮　2—制动钢带　3—制动杠杆　4—重锤
5—电磁铁　6—缓冲器　7—挡板　8—调节螺钉

带式制动器常用的形式有简单式、差动式和综合式三种。图 3—49 所示为简单式带式制动器，由制动轮制动钢带和制动杠杆等组成。紧闸用重锤（或弹簧），松闸用电磁铁，缓冲器用于减轻紧闸时的冲击，调节螺钉用于保证松闸时带与制动轮间隙均匀，也可调节间隙大小。制动轮制成带轮缘形式或在挡板上安装一些卡爪以防止带从轮上滑脱。

4）盘式制动器。盘式制动器沿制动盘轴向施力，制动轴承受弯矩作用，径向尺寸小，制动性能稳定。常用的盘式制动器有钳盘式、全盘式和锥盘式三种。

图 3—50 所示是钳盘式制动器示意图，因制动块与制动盘接

触面很小，故钳盘式制动器又称为点盘式制动器。为使制动轴不受径向力和弯矩作用，制动器需成对设置并对称于制动轴。其优点是体积小、重量轻、动作灵敏，调节油压可方便地改变制动力矩。钳盘式制动器可分为固定钳式、浮动钳式和摆动钳式。

图 3—50a 所示为固定钳式制动器。制动钳固定不动，制动盘两侧均有油缸。制动时仅两侧油缸中的活塞驱使制动块作相向移动。

图 3—50b、c 是浮动钳式和摆动钳式制动器的示意图。制动钳可以相对于制动盘作轴向滑动或在与制动盘垂直的平面内摆动，只在制动盘内侧设置油缸。制动时活塞在液压作用下推动制动块压靠到制动盘上，而反作用力则推动制动钳体连同固定制动块一起压向制动盘的另一侧，直至两制动块受力均匀为止。

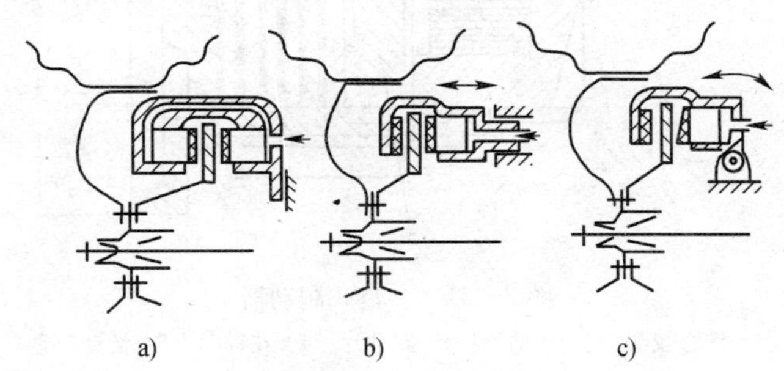

图 3—50　钳盘式制动器示意图

a）固定钳式制动器　b）浮动钳式制动器　c）摆动钳式制动器

全盘式制动器有单盘式和多盘式，径向尺寸受限时可采用多盘式制动器来增加制动力矩。全盘式制动器的特点是结构紧凑，制动力矩大，但散热条件差，装拆不方便。图 3—51 所示为多盘式制动器。

锥盘式制动器是盘式制动器的变形。如图 3—52 所示，锥盘式制动器的制动环与制动轮均为锥形，锥盘式制动器是锥形电动机的一部分。锥形电动机之所以把转子、定子设计制作成锥形，其目的就是为了获得一个结构简单轻巧，制作装配调整方便，并

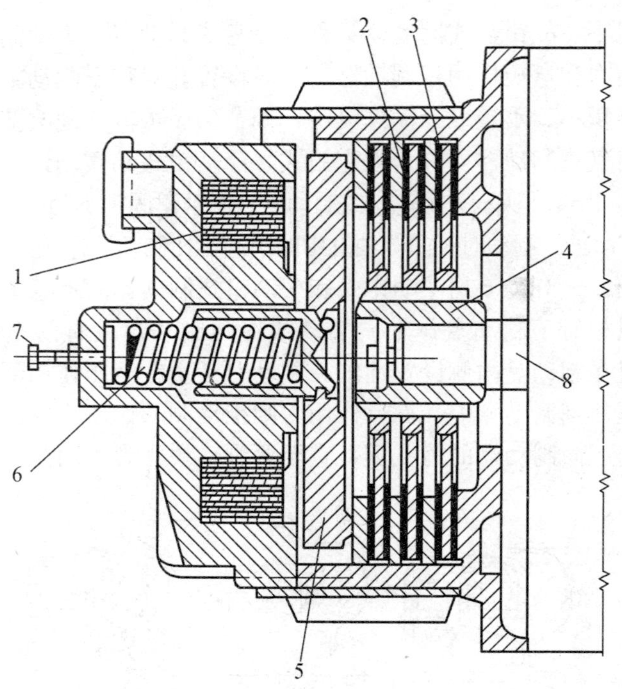

图 3—51　多盘式制动器

1—铁心线圈　2—止动环　3—制动片　4—花键套　5—活动压盘

6—压缩弹簧　7—六角调整螺钉　8—电动机轴

与电动机不可分割的一种锥盘式制动器。其动作原理为，当电路接通时，轴向的磁拉力使弹簧压缩，并使制动环与制动轮脱开，实现正常运转。当电路切断时，在弹簧的压力作用下，使制动环压紧制动轮并产生摩擦制动力矩，使电动机停止转动达到制动目的。锥盘式制动器的结构也不尽相同。制动环的安装方式有两种：一种为外套装式，此时锥形转子大头靠近风扇轮侧，压力弹簧靠近减速器侧；另一种为内套装式，此时锥形转子大头靠近减速器侧，压力弹簧靠近风扇轮侧。

5）板式制动器是一种较为特殊的制动器，只有当运动物体

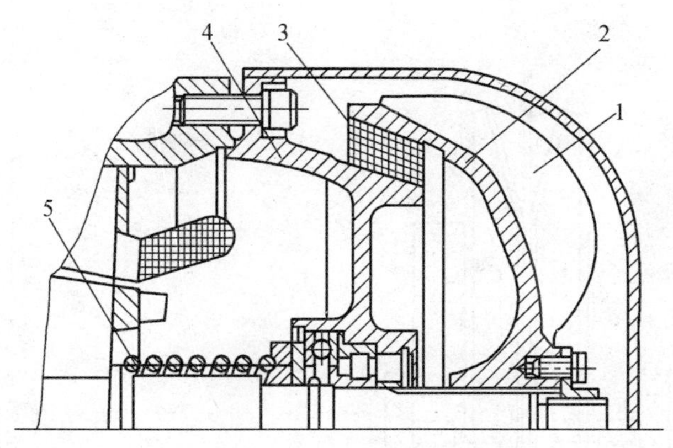

图 3—52 锥盘式制动器

1—风扇轮 2—锥形制动盘 3—制动环 4—制动轮 5—弹簧

呈直线运动时才可使用，它相当于一个展开使用的盘式制动器。在游乐设施中有着广泛的应用。板式制动器也分为常开式与常闭式两种。常开式制动器利用气囊（缸）气压推动制动板压紧，实现制动，利用弹簧复位，实现松闸。反之，常闭式制动器利用弹簧力压紧制动板实现制动，利用气压推动实现松闸。

图 3—53 所示为一常开式板式制动器的结构图。固定架与制动器座连接成一体，弹簧板中间与固定架连接，两端与动闸板连接，气囊一端与固定架相连，一端与动闸板相连。当气囊中充满压缩空气时，两侧的动闸板被紧压在一起，实现制动。当气囊失压时，动闸板在弹簧板的作用下，向外侧张开从而松闸。

（2）按制动器驱动方式分类。制动器在机构工作时要克服有效制动力矩完全松开（常闭式），或在机构制动时要产生有效的制动力矩（常开式），这个工作要通过制动器驱动机构（对常闭式制动器一般为松闸器）和控制系统实现。因此制动器的性能很大程度上取决于制动器驱动装置（松闸器）的性能。制动器的驱动及控制方式主要有电磁、电力、液压（包括静液系统）、气动、人力操作及复合控制系统等。

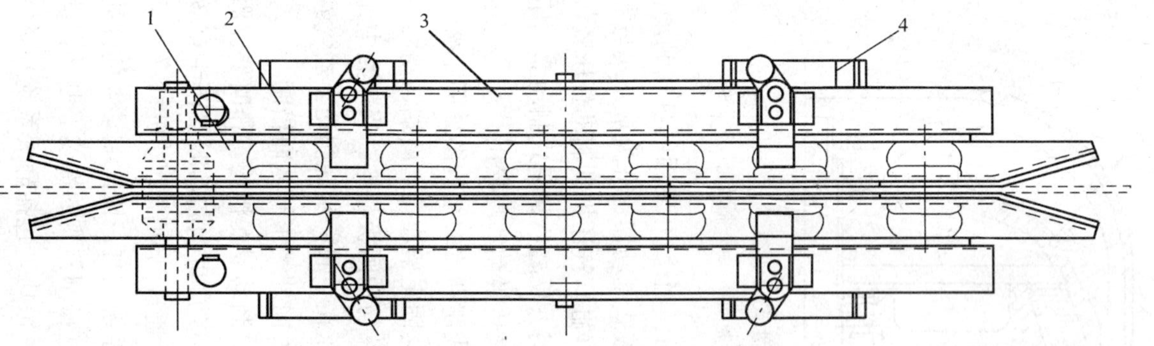

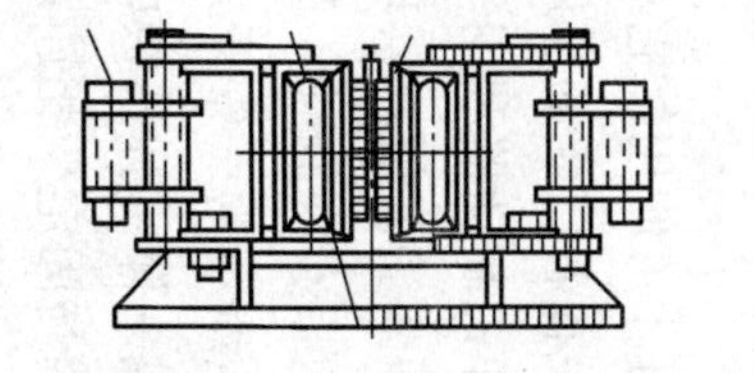

图 3—53　常开式板式制动器

1—动闸板　2—固定架　3—弹簧板　4—制动器座

常用松闸器有电磁铁驱动器式、电磁液压推动器式、电力液压推动式、液压或气动推动式。

1）电磁铁驱动器。制动电磁铁有交流、直流两种，每种又有长、短行程之分。制动电磁铁的共同缺点是动作时冲击大。现在电磁铁驱动式松闸器已逐渐由其他类型的松闸器取代。其结构如图 3—54 所示。

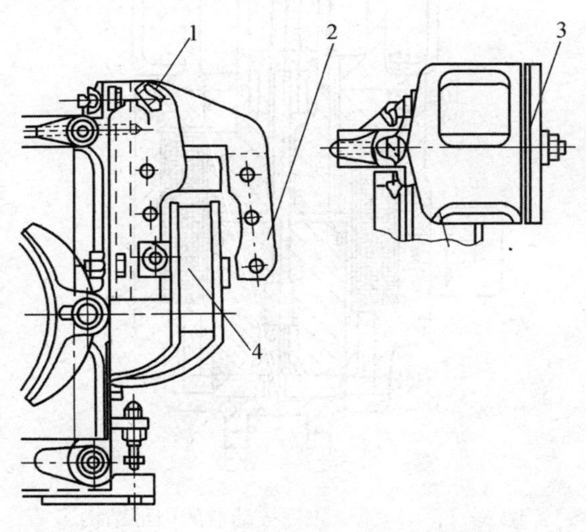

图 3—54　电磁铁驱动式松闸器结构图

1—销轴　2，3—动铁心　4—线圈

2）电磁液压推动器。图 3—55 所示为液压电磁铁推动器的内部结构。其工作原理是：当线圈通电后，动铁心被静铁心吸引向上运动，将两铁心间隙里的油液挤出，这些油液推动活塞将推杆压出，同时推动杠杆板，进一步压缩主弹簧，使制动器松闸。单向阀由阀和阀片组成，当下面油腔内没有压力时，阀片的自重使单向阀打开，油从油缸流回工作油腔。当工作油腔内有压力时，阀片被压向上面的 O 形密封圈将油路切断。单向阀能保证当线圈断电时，动铁心能落到底。

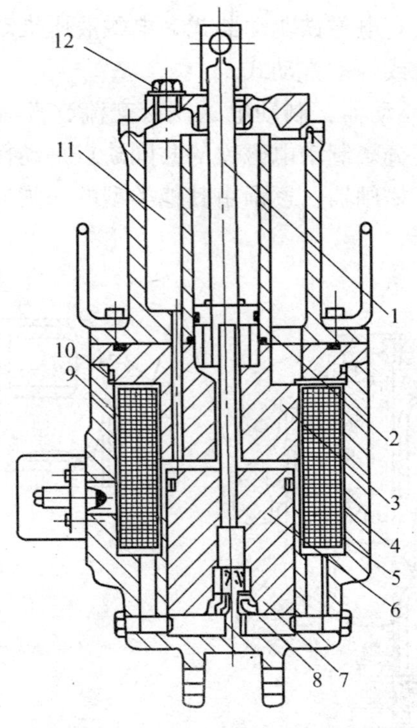

图 3—55　液压电磁铁推动器的内部结构

1—推杆　2—活塞　3—静铁心　4—线圈　5—垫圈
6—动铁心　7—下阀片　8—下阀座　9—齿形阀
10—齿形阀片　11—油缸　12—放气螺栓

3）电力液压推动器。图 3—56 为双推杆电力液压推动器结构图。

双推杆电力液压推动器的动作平稳，无噪声，耗电少，但动作缓慢。它主要由电动机、叶片泵和液压缸组成。空心电动机轴端装有带方形内孔的滑套，与活塞内叶片泵上的方轴滑接。电动机通电后，叶片泵将工作油压入活塞的下部工作腔，迫使活塞连同叶片泵和推杆一起上移。断电后，活塞靠制动器的主弹簧及推动器上移部分至重复位。

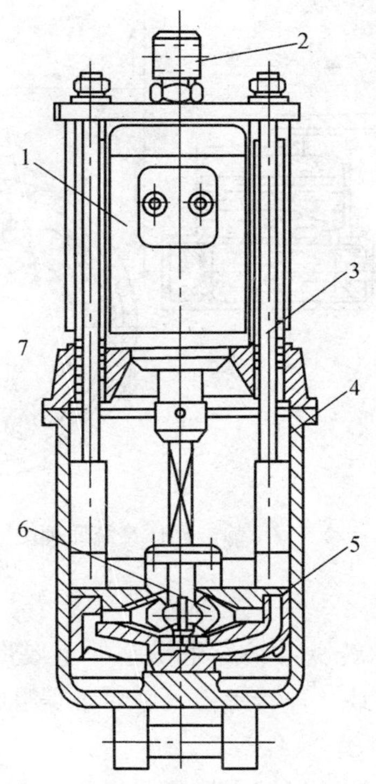

图 3—56　双推杆电力液压推动器结构图

1—电动机　2—连接轴　3—推杆　4—液压缸　5—活塞
6—叶片泵　7—滑套

4）液压及气动推动方式。利用液压或气压推动制动器工作，实现紧闸与松闸。如上述常开式板式制动器就是利用气压推动制动器工作的。对大多数常开式内胀蹄式和钳盘式制动器，由于其最后的推动元件一般为小型制动分泵，因此控制系统较多采用静液系统。它利用机构推动制动总泵工作，总泵推动制动液经管道至各轮分泵，分泵两活塞推动两制动蹄张开紧抵在制动毂上，实现车轮制动。图 3—57 所示为静液操作系统原理图。

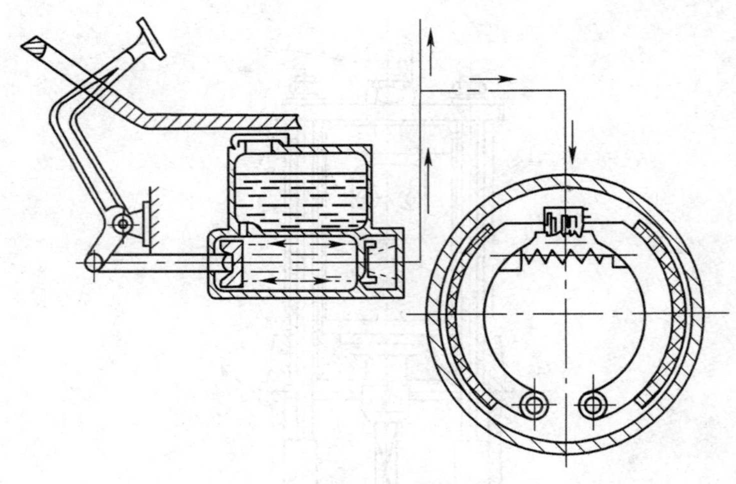

图 3—57　静液操作系统原理图

三、回转支撑

回转支撑简称转盘，是游乐设施的重要部件，由齿圈、座圈、滚动体、隔离块、连接螺栓及密封条等组成。

1. 回转支撑分类

按滚动体的不同，回转支撑可分为两大类：一类是球式回转支撑，另一类是滚柱式回转支撑。

同滚柱式回转支撑相比，球式回转支撑具有刚性比较好，变形比较小，对支撑座结构要求较低，造价较低等优点。另外，钢球与跑道的接触角度以及接触应力的分布均与理论计算分析相符合。钢球的运动形式为纯滚动，摩擦阻力力矩小，功率损失小。由于上述一系列特点，球式回转支撑应用面较为广泛。

根据回转支撑细部构造不同和滚动体使用数量的多少，回转支撑可分为单排四点接触球式回转支撑、单排交叉滚柱式回转支撑、双排球式回转支撑和三排滚柱式回转支撑。

单排四点接触球式回转支撑由一个座圈和一个齿圈组成，结构紧凑，重量轻，钢球与圆弧滚道四点接触，能同时承受轴向力、径向力和倾翻力矩。

单排交叉滚柱式回转支撑由一个座圈和一个齿圈组成，结构紧凑，自重轻，制造精度高，装配间隙小，对安装精度要求高，滚柱为1∶1交叉排列，能同时承受轴向力和倾翻力矩及较大的径向力。

双排球式回转支撑具有一个齿圈和两个座圈（上、下座圈），钢球和隔离块可直接排入上下滚道。根据受力情况，上排钢球直径比较大一些，下排钢球直径略小一些。这种回转支撑装配非常方便，上、下圆弧滚道的承载角都为 90°，能承受很大的轴向力和倾翻力矩。回转支撑构造如图 3—58 所示。

游乐设施的旋转部分与固定部分分别固定在回转支撑的齿圈与座圈上，借助于这个大滚动轴承传递载荷，并由滚动轴承上的齿圈实现游乐设施的旋转部分相对固定部分的回转。

滚动体的形式和尺寸应根据工作要求合理地选用。滚珠在工作时与滚道没有相对滑动，但承载能力低于滚柱；滚柱则相反。对大载荷的游乐设施，为了使轴承尺寸不致太大，一般采用滚柱。

2. 回转支撑装置的技术条件

回转支撑的座圈和齿圈大多采用相当 55 钢，55Mn，55SiMn 一类的热轧钢或锻钢件制作。机加工完毕后，滚动体滚道要经过火焰淬火或感应电热淬火，淬火后要进行研磨处理，硬度达到 50～60 HRC。齿圈的齿部经调质处理，齿面进行淬硬处理。

第六节　液压传动原理

一、液压传动的应用

液压传动是靠密封容器内的液体压力能来进行能量转换、传递与控制的一种传动方式。

游乐设施应用液压传动的场合较为普遍，如观览车类设备的巨轮回转驱动系统，陀螺类设备的动臂升降与转轮的回转驱动系统，滑行类设备的保险杠张合与闭锁装置，还有部分转马类、自

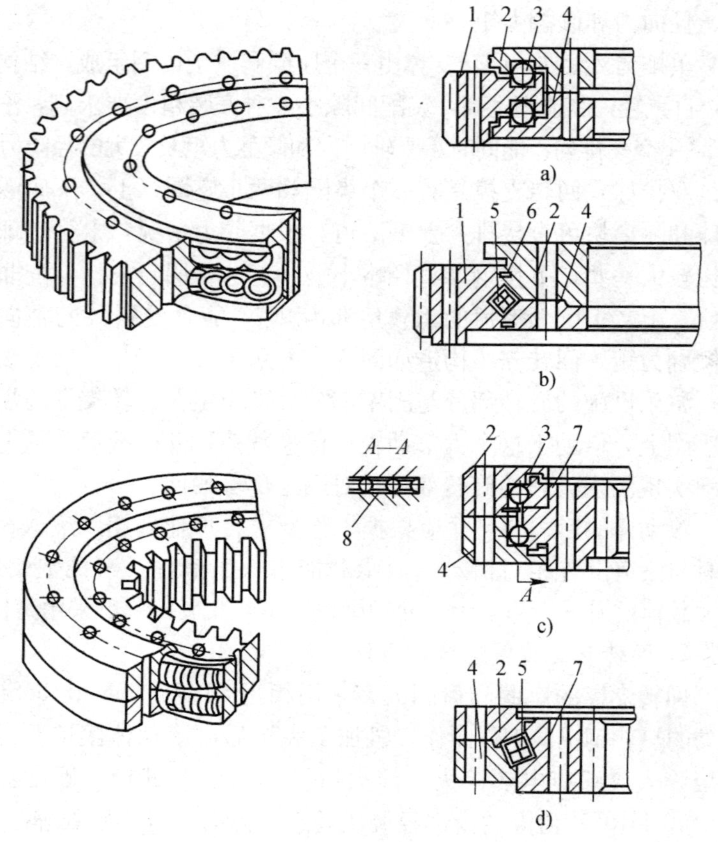

图 3—58　回转支撑构造示意图

a）外啮合双排球式回转支撑　b）外啮合单排柱式回转支撑

c）内啮合双排球式回转支撑　d）内啮合单排滚柱式回转支撑

1—大齿圈　2—上座圈　3—钢球　4—下座圈　5—滚柱　6—密封圈

7—内齿圈　8—隔离环

控飞机类设备的回转驱动与动臂升降系统，个别飞行塔类设备的动力系统均采用液压传动。

图 3—59 所示是极速风车液压系统原理图。从图示状态可看出 3 个变量液压泵分别由三个先导溢流阀控制，而三个先导溢流

阀分别由 BL1、BL2、BL3 三个二位四通电磁比例控制阀控制，极速风车在 BL1、BL2、BL3 失电状态下空载启动，此时系统无压，处于待机状态。

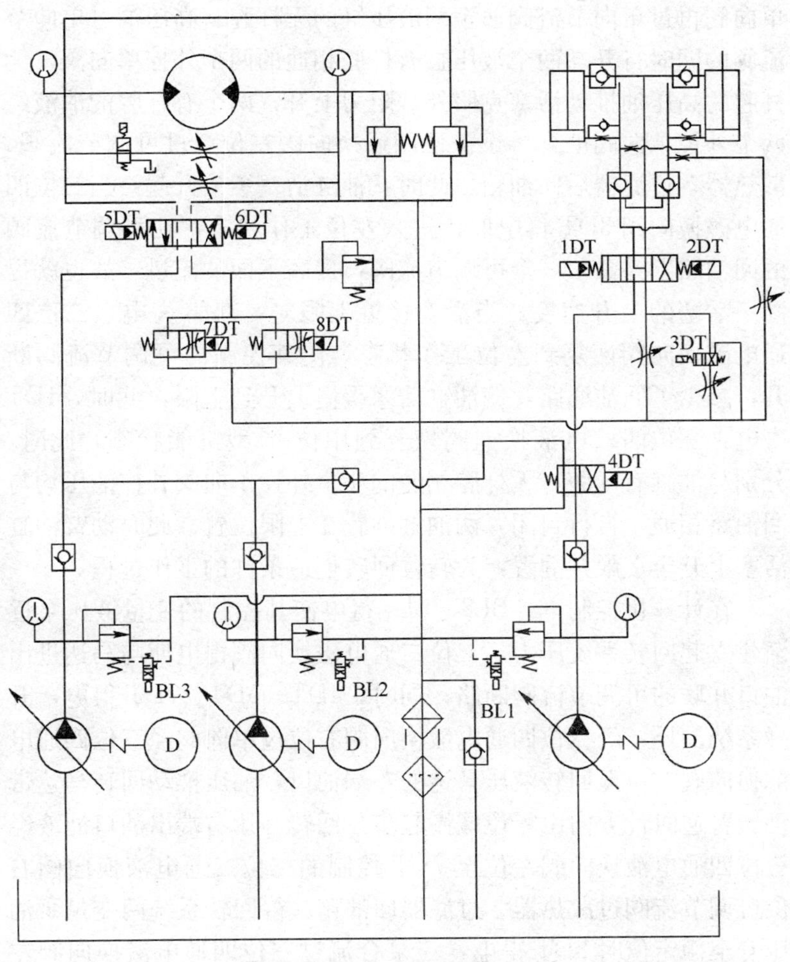

图 3—59　极速风车液压系统原理图

在计算机控制下，当 BL1 得电，二位四通电磁比例阀逐渐关闭，先导溢流阀的控制油口使动臂升降系统升压至额定压力时，1DT 得电，此时由变量泵产生的高压油经单向阀过二位四通电液换向阀左位到三位四通换向阀左位，后分两路经两个外控单向阀再过单向节流阀通至两液压缸的无杆腔。高压油过单向节流阀的同时打开与两个液压缸有杆腔相通的两个外控单向阀，无杆腔的高压油推动活塞克服外载阻力上升，两个有杆腔的油液经两个外控单向阀汇合再至三位四通换向阀左位，过可调节流阀、散热器、过滤器后回油箱。此时，油缸活塞缓慢升起，当二位四通电磁换向阀 3DT 得电时，进入左位工作状态，在可调节流阀的回油路上并联了一个可调节流阀，提高了回油流量，故也就提高了活塞的上升速度。当活塞接近上限时，3DT 失电，二位四通电磁换向阀恢复到左位工作状态，使其控制的可调节流阀断开，减少了回油通路，使油缸活塞缓慢上升到上限，此时，1DT 失电，三位四通电液换向阀恢复到中位 Y 型机能状态，此时，分别与油缸有杆腔、无杆腔相通的 4 个外控单向阀外控油压均与回油路相通，自行封闭，两油缸静置在上限位置。此时动臂油缸活塞上升至上限并静置，为转臂回转创造条件的工作过程。

在计算机控制下，BL2、BL3 得电使其控制的变量液压泵逐渐建立起回转系统压力。二位二通电磁换向阀得电使与马达进出油口并联的可调节流阀断路；同时，4DT、5DT、7DT 得电，升降系统油压，经二位四通电液换向阀右位过单向阀经三位四通电液换向阀左位至回转液压马达的左端油口，油压推动回转马达带动转臂逆时针方向由零位缓慢起步，回转马达右端出油口油液经三位四通电液换向阀左位至 7DT 控制的二位二通电液换向阀右位可调节流阀过散热器、过滤器回油箱。待回转系统两变量泵油压升至额定值时 8DT 得电，三泵合流过三位四通电液换向阀左位至回转马达左口，油液快速推动马达带动转臂克服负载阻力回转；左端油口油液经三位四通电液换向阀左位后，分两路过 7DT、8DT 控制的二位四通电液换向阀右位可调节流阀经散热器、过滤器回油箱，多余的回油液还可通过与两可调节流阀并联的背压溢流阀（打开）经散热器、过滤器回油箱。当转臂回转五圈半前即过上死点前 20°许，BL2、BL3 失电泄压不再参与回转供油，只剩升降变量泵单独供油，以降低回转速度，当转至五圈半后即过上死点后 20°许，BL1、5DT 和二位二通电磁换向阀同时失电，二位四通电磁比例换向阀恢复上位，升降位变量泵先导溢流阀失压卸载。三位四通电液换向阀恢复中位 O 型机能，马达两腔油液只能通过二位二通阀控制的可调节流阀靠动臂负载力矩缓慢转至零位即六圈完。此为一个回转程序。另一个回转程序是，当动臂缓慢转至零位时，二位四通电磁比例阀 BL1、二位二通电磁换向阀、6DT、BL2、BL3 依次得电，升降系统油液先回转系统油液一步，经单向阀三位四通电液换向阀右位至马达右侧油口，推动马达克服负载阻力缓慢起步顺时针回转后，回转系统两变量泵的额定油压合流至回转系统使转臂以额定转速回转至五圈半前即上死点前 20°许，BL2、BL3 失电泄压不再参与回转供油，只剩升降变量泵单独供油以降低回转速度，当回转至五圈半后即过上死点后 20°许，BL1、6DT、7DT、8DT 和二位二通电磁换向阀失电马达两腔油液再次通过可调节流阀靠在转臂负载转矩缓慢转至零位，即六圈整。此为回转系统的工作过程。

当转臂转至零位后，BL1 得电，4DT 失电，之后 2DT 得电，升降变量泵油液通过单向阀过二位四通电液换向阀左位至三位四通电液换向阀右位后，分为两路与动臂两液压缸有杆腔的两个外控单向阀相通，同时打开与两液压缸无杆腔相通的两个外控单向阀，高压油液便随负载重力从两油缸的有杆腔推动活塞下行，两油缸无杆腔的油液只能经单向节流阀的节流阀通过，因为此时单向节流阀的单向阀处于关闭状态，用以减小流量，降低活塞下行速度。再经外控单向阀、三位四通换向阀的右端、可调节流阀、散热器、过滤器缓慢下降至下限位置。之后 BL1、2DT 同时失电，系统泄压，三位四通电液换向阀恢复中位 Y 型机能，此为动臂下降的工作过程。

为确保液压系统安全，系统装有带电接点的油压表，其作用是一旦系统油压超调可迅速切断相应动力电源；在回转系统马达两腔并联安装安全阀，用以在动载超常时泄压，保障系统元件安全；在回转系统的马达两腔和升降系统的液压缸无杆腔回油路上均装有可调节流阀，常态时可调节流阀均处于关闭状态，遇有紧急情况时，供机组成员手动打开应急使用。此外，还在液压缸两无杆腔与可调节流阀之间串联有固定节流阀，用以控制活塞下降的安全速度。当散热器、过滤器因污染物堵塞影响过滤精度时，与其并联的单向阀打开回油，此时有报警信号发出，提示应保养过滤器了，以防污染物伤及其他液压元件，造成系统功能失效。

二、液压传动系统的组成

典型的液压传动系统如图 3—59 所示，主要由四部分组成。

1. 动力元件

动力元件是获得液体压力能源的装置。其主体部分是各种形式的液压泵，如齿轮泵、柱塞泵、叶片泵等，它将原动机供给的机械能转变为液体的压力能，在游乐设施中载荷相对均匀的设备如观览车、金鱼戏水、章鱼等常用定量泵，载荷与速度变化较大的设备如勇敢者转盘、急速风车等，常用变量泵。

2. 执行元件

执行元件是以液压能源为工作介质，产生机械运动并将液体的压力能转变为机械能的转换装置。如做直线往复运动的液压缸，做回转运动的液压马达等，依据其在游乐设施中不同载荷与应用场合，其大小和安装形式是多种多样的。

3. 控制元件

控制元件是用来控制液体压力、流量和流动方向的，以便使执行元件机构完成预定的运动形式与规律。如压力控制阀、方向控制阀、流量控制阀等。

4. 辅助元件

辅助元件是使油液净化、储存散热、加热、蓄能、指示、连接密封等所需要的一些装置，如过滤器、油箱、散热器、加热器、蓄能器、液压表、刚性管、软管及接头密封圈垫等。

三、液压传动的优缺点

1. 液压传动的主要优点

（1）液压传动易获得很大的力或力矩，并易于控制。

（2）在输出同等功率的条件下，液压传动体积小、重量轻、惯性小、动作灵敏，便于实现频繁的换向。

（3）调速范围较宽，且可较方便地实现无级调速。

（4）易于实现过载保护。

（5）因工作介质为油液，它具有自润滑能力和防锈性能，故使用寿命长。

（6）便于布局，操纵力较小。

（7）易于实现标准化、系列化、通用化及自动化。

2. 液压传动的主要缺点

（1）由于油液渗漏和管件的弹性变形等原因，不宜用于传动比要求严格的场合。

（2）油液内漏影响系统效率，且易转化为热量；外漏易造成环境污染。

（3）系统混入空气后，易产生爬行和噪声。

（4）油液污染后，机械杂质常会堵塞小孔、缝隙，影响动作的可靠性。

（5）发生故障后，不易寻找、分析故障的原因，修理者需要有较丰富的经验。

四、动力与执行元件的主要结构与工作原理

1. 齿轮泵和马达

通常的齿轮泵有两种形式：外啮合齿轮泵和内啮合齿轮泵。内啮合齿轮泵体积小、重量轻、流量均匀、噪声低，但齿形复

杂，不易加工。在游乐设施中应用较少，一般均用在飞机上。而外啮合齿轮泵结构简单、成本低、抗污染和自吸性能好，因而应用较广泛，在游乐设施中也较为常见。

（1）齿轮泵与马达的工作原理。图 3—60 所示为外啮合齿轮泵的工作原理，在密封壳体内的一对啮合齿轮，以啮合点 P 沿齿宽方向的接触线将其进油腔与压油腔分开，当电动机带动主动齿轮按图示的逆时针方向旋转时，便带动与其啮合的从动齿轮按顺时针方向一起旋转，在右侧进油腔相互啮合的轮齿从啮合到脱开的工作过程中，两齿轮的轮齿依次与壳体接触并继续滑移时，其轮齿移出油腔的空间容积逐渐增大，形成负压，油箱中的油液在大气压力的作用下进入进油腔并填满齿间，沿齿轮的旋转方向，齿轮与壳体间形成的各齿间的油液便汇集到压油腔，由于压油腔侧的两齿轮的轮齿逐渐啮合，阻挡了各齿间汇集来的油液通路，只有从出油口排出体外，进入液压系统，如此连续不断地循环，就形成了油泵进油与压油的工作过程。

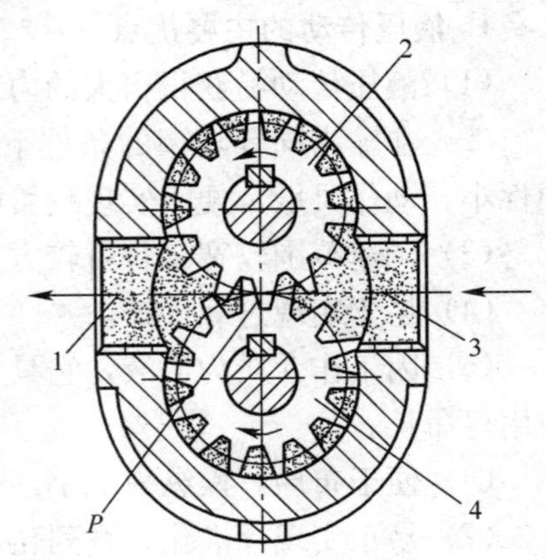

图 3—60　外啮合齿轮泵的工作原理

1—压油腔　2—主动齿轮

3—进油腔　4—从动齿轮

油泵与液压马达的工作原理是互逆的，即任何的油泵均可作为液压马达使用。以图 3—60 的齿轮泵原理图为例，简要介绍其工作原理。当高压油液进入进油腔时，由于相互啮合的一对轮齿的啮合点 P 在两齿轮的节圆直径即半齿高的位置上，而两齿轮与进油腔处壳体相接触的轮齿为齿顶圆直径即全齿高的位置上，根据外力加在密闭的液体上压强向各方面的力都相等的理论，各轮两齿节圆至齿根圆的力矩相互抵消，顶圆与壳体相接触的两齿比啮合点 P 处的两齿高半齿的力矩，故高压油便推动两齿轮沿图示方向回转，在主动齿轮的输出轴上，便可得到输出回转力矩。工作后的液体便源源不断地从出油腔流出。此为齿轮液压马达的工作原理。

(2) 齿轮泵与马达的结构。如图 3—61 所示，CB-B 型外啮合齿轮泵采用三片式结构，即前盖、泵体、后盖。一对与泵体宽度相等、齿数相同而又互相啮合的齿轮装入泵体中，主动齿轮用平键固定在长轴上，滚针轴承分别装在前后盖里，齿轮被包围在前后盖和泵体中，与外界隔离而形成密封容积，泵的前后盖和泵体靠两个定位销定位，并用螺钉紧固，为了使齿轮能转动，齿轮与泵体和前后盖之间均留有微小的径向和轴向间隙，为防止工作时泄漏的油液从轴端封盖和轴伸动密封及前后盖与泵体间漏出体

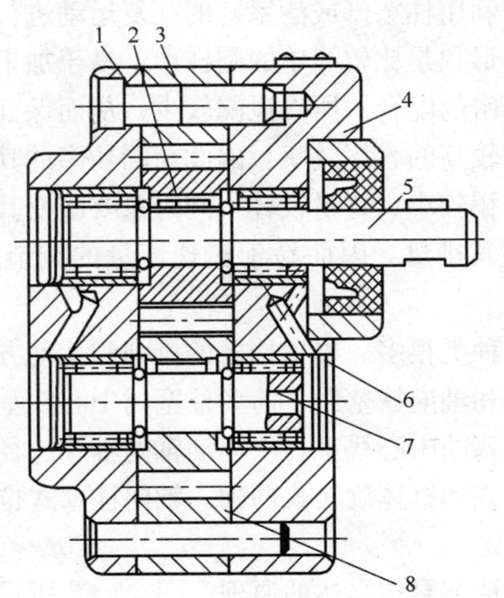

图 3—61　CB-B 型外啮合齿轮泵结构

1—后盖　2—平键　3—泵体　4—前盖　5—长轴
6—泄油孔　7—短轴中心通孔　8—泻油槽

外，在前后盖上均开有泄油孔，并通过短轴中心孔引回进油腔，而泵体端面上也开有泄油槽引回进油腔。

2. 叶片泵与马达

叶片泵分为两大类：一种是主轴每转一周完成一次进排油工作的单作用式，由于转子承受压油腔的单向压力，故又称为非平衡式。另一种是主轴每转一周完成两次进排油工作的双作用式。由于进油口和排油口相对于旋转轴对称，压力油作用在轴承上的径向力自相平衡，故又称为平衡式。单作用式用于变量泵，双作用式用于定量泵，叶片泵由于其具有结构紧凑、压力较高、流量较均匀、运转平稳、噪声较小等特点，所以应用极为广泛，在游乐设施中也较常见。其结构原理可参见气压传动中的动力与执行元件的相关内容。

3. 柱塞泵与马达的结构原理

柱塞泵是利用柱塞（或活塞）的往复运动进行工作的，由于它们密封面的形状是比较简单的圆柱形，易于加工以达到严格的间隙要求及精密的配合，所以泄漏较少，从而保证了柱塞泵在高压条件下仍有较高的容积效率，因此与同功率的其他泵相比，其结构紧凑、体积较小、重量较轻，同时只要改变其柱塞的工作行程，就能改变其排量，因而易于实现流量的调节和液流方向的改变。

柱塞泵的种类很多。根据柱塞的排列和运动方向的不同可分为径向柱塞泵和轴向柱塞泵，前者柱塞的中心线垂直于驱动轴的轴线，后者柱塞的中心线平行于驱动轴的轴线。径向柱塞泵又可分为缸体固定式和缸体旋转式两种。轴向柱塞式也可分为斜盘式和斜轴式两种。

（1）径向柱塞泵与马达的原理。图 3—62 所示为径向柱塞泵的工作原理。转子上有沿径向均匀布置的柱塞，转子中心和定子中心的偏心距为 e，当转子在外力作用下绕中心按图示顺时针方向回转时，由于离心力的作用，柱塞会紧贴在定子内壁上滑动，

由于偏心距 e 的作用，柱塞则会在柱塞缸内作往复运动，因图示左边距离最短，右边距离最长，当柱塞过左侧死点向上运动时，柱塞伸出，柱塞缸内密封容积不断增大，产生负压，油箱内的油液便在大气压作用下经配油轴（同定子一样固定不转动）的 a 孔（图示左剖视放大图）进入，当柱塞过右侧死点向下运动时，柱塞缩回，柱塞缸内容积减小，由于液体是不可压缩的，故高压油液便经配流轴的 b 孔流出泵外，周而复始，循环往复，油流便不断地经泵进出。改变偏心距 e 即可改变柱塞行程，也就改变了泵的排量，故称其为变量泵。如可改变 e 的方向，即使偏心距 e 过中心移向右侧，即左侧距离变长，右侧距离变短，当转子回转方向不变时，过右侧死点向下转动时，柱塞不断伸长，油液便从配油轴的 b 孔进入，过左侧死点向上转动时，柱塞不断缩回，高压油液便从配油轴的 a 孔排出，此种泵为双向柱塞变量泵。

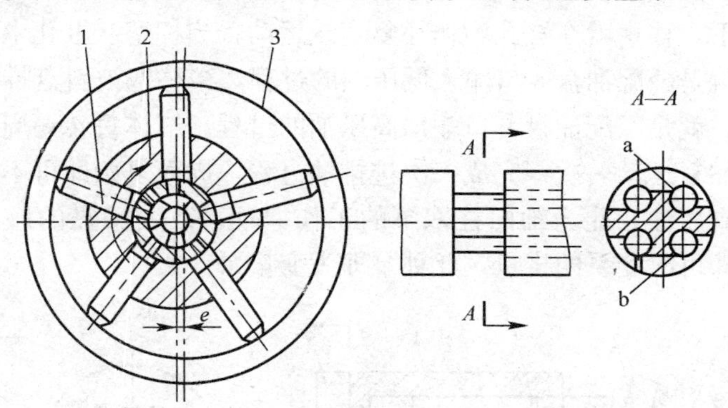

图 3—62　径向柱塞泵的工作原理

1—柱塞　2—转子　3—定子

径向柱塞泵和齿轮泵一样具有可逆性，由图示 a 孔即上半区通入高压油，b 孔即下半区通回油时，因配油轴与转子轴同心并对定子轴心左偏 e 的距离，处于左右两侧死点的转子柱塞缸均不与配流轴 a、b 孔相通，故无油液进出。处于上半区的柱塞缸在高压油的作用下，各柱塞在伸出时作用在定子内壁上的力分为两个：一个是对定子的法向力，即使柱塞紧抵在其内壁上的力；另一个是作用在定子内壁垂直于柱塞轴线的切线方向的力，是使柱塞在定子内壁上滑移并对转子产生转矩的力。这样，各柱塞便按顺时针方向带动转子回转，过右端死点后，充满油液的各柱塞缸与回油孔 b 相通，在其柱塞不断收缩的过程中，将油液通过 b 孔流回油箱，为其进入上半区充油做好准备。这样周而复始，便可带动负载完成预定的回转职能。

（2）轴向柱塞泵与马达的原理。图 3—63 所示为轴向柱塞泵的工作原理，柱塞装在缸体中心圆上均匀分布的缸孔中，缸体由传动轴带动旋转，由低压泵供给的油液经配油盘上的进油窗口 a 进入缸孔时，使柱塞伸出缸孔的一端，紧抵在斜盘上，配油盘与斜盘均固定不动。当传动轴带动缸体回转时，在低压油及斜盘的作用下，柱塞就在缸孔中作往复直线运动，当柱塞从缸孔中伸出时，就是经配油盘 a 口输入低压油的过程，当柱塞被斜盘推动缩回时，就是经配油盘 b 口输出高压油的过程，缸体每转一周，各柱塞往复运动一次，完成一次进排油过程，周而复始即可不断地输出高压油，此为轴向柱塞泵的工作原理。改变斜盘的倾斜角度，即可改变泵的排量，此种泵即为变量泵。

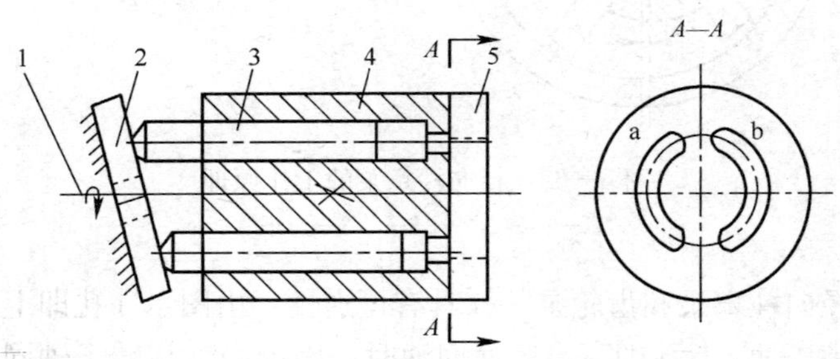

图 3—63　轴向柱塞泵工作原理

1—传动轴　2—斜盘　3—柱塞　4—缸体　5—配油盘

同齿轮泵和径向柱塞泵一样，轴向柱塞泵也可当马达使用。当窗口 a 有高压油输入时，窗口 b 通入回油，上死点与下死点位置过渡的柱塞缸内由于均不与窗口 a、b 相通，故不工作，而处在高压窗口 a 的同心圆上的各柱塞缸在高压油的作用下，推动柱塞伸出并紧抵在斜盘上。各柱塞对斜盘的作用力均产生两个分力：一个是与斜盘相垂直的反作用力，该力使柱塞紧紧地抵在斜盘上；另一个是在斜盘上与转子柱塞缸同心圆相对应的同心椭圆上的切向力，该力则是使转子产生转矩，并按顺时针方向转动（*A*—*A*）。而处在 b 口区域的各柱塞缸，当转子顺时针转过上死点后，柱塞在斜盘的作用下均处在缩回状态，柱塞推动油液经 b 口流回油箱，循环往复，即可通过转子轴输出机械动力，此为轴向柱塞马达的工作原理。

（3）柱塞泵的结构。如图 3—64 所示，CCY14－1 型轴向柱塞泵是配油盘配油缸体旋转的变量轴向柱塞泵。由于该泵在柱塞头部和斜盘之间采用了静压轴承的结构以及柱塞用集中弹簧回程，因而具有结构紧凑、效率高、寿命长等特点，同时该泵可作为液压马达使用。

该泵的主要结构是由主体部分和变量机构两大部分组成的。传动轴与缸体用花键连接，缸体由传动轴带动旋转，均匀分布在缸体上的七个柱塞则随缸体绕传动轴公转，每个柱塞端部装一滑靴，定心弹簧通过内套、钢球和回程盘将滑靴紧紧地压在倾斜盘上，由于倾斜盘对传动轴线倾斜了一个 γ 角，当缸体旋转时，柱塞同时作往复运动，完成进油和压油作用，油液便经过通道 g 被柱塞吸入或压出。另外定心弹簧通过外套将缸体压在配油盘上，起初始密封作用。滑靴和配油盘均采用了流体静力平衡结构，平衡了轴向推力的绝大部分。因此，泵具有很高的机械效率。

伺服变量机构的原理是：高压油由通道 g 经过通道 f、e 并经过单向阀进入端盖的下腔 d，当拉杆推动伺服活塞向下运动

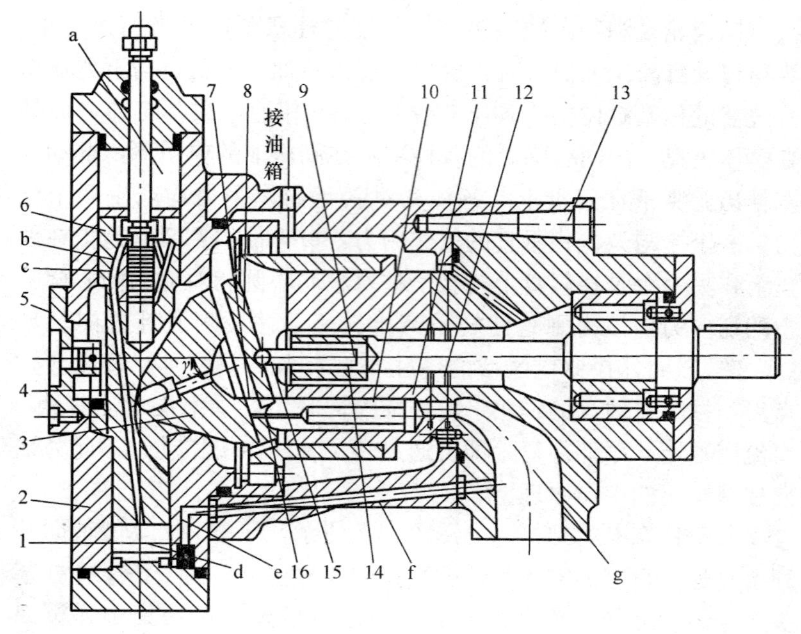

图 3—64 CCY14-1型轴向柱塞泵

1—单向阀 2—端盖 3—倾斜盘 4—销 5—刻度盘 6—变量活塞 7—滑靴 8—回程盘 9—弹簧 10—柱塞 11—缸体 12—配油盘 13—传动轴 14—外套 15—内套 16—钢球

时，则d腔的高压油经通道c进入上腔a，由于a腔孔径大于d腔孔径，则变量活塞被推向下运动，带动销并由此带动倾斜盘绕钢球摆动而改变γ角实现变量，当拉杆向上拉动时，通道c被堵塞，上腔a的高压油经过通道b卸压，d腔的高压油推动变量活塞向上运动实现变量，流量的大小及油流方向是依靠改变倾斜盘的倾斜角度γ的大小与方向来实现的，泵的实际流量占其公称流量的百分比可从刻度盘上读出。

（4）摆动液压马达的结构原理。参见气压传动的相关内容。

（5）液压缸的结构与工作原理。液压缸是液压系统的执行元件，是用来将液体的压力能转换成机械能的能量转换装置。其结构与工作原理与气缸大体一致。

五、控制元件的结构和原理

在液压系统中，用于控制系统液流的压力、流量和流向的元件总称为液压控制阀，经过不同方式的组合可以满足各种液压设备的性能要求。根据用途和特点液压控制阀可分为三大类：第一类为压力控制阀，如溢流阀、减压阀、顺序阀等；第二类为流量控制阀，如节流阀、调速阀等；第三类为方向控制阀，如单向阀、换向阀等。

1. 压力控制阀

压力控制阀的作用是控制液压系统的压力，以实现执行元件所要求的力或力矩。

(1) 溢流阀的功用、原理和结构。其功用是在变量泵供油系统中作安全阀用。溢流阀的调整压力一般比系统最大工作压力高5%～10%，因此它在系统正常工作时是关闭的，泵输出的流量全部进入系统，泵的工作压力随负载的变化而变化，在压力达到其调定压力时，阀口才打开，油液排至油箱。这时泵的工作压力等于溢流阀的调定压力，并且不会继续升高，以防系统过载，确保系统安全。故称其为安全阀。在节流调速系统中压力控制阀作溢流阀用，即在定量泵系统中用节流阀调节进入液压执行元件的油量，由于泵所输出的油量大于执行元件所需的油量，液压升高将溢流阀打开，泵输出的多余油液经溢流阀回油箱，因此，它是常开的，并且随节流阀的调节，其开口也相应地发生变化，使系统压力与溢流阀的调压弹簧的作用力保持平衡，系统压力保持不变，起着定压和溢流的作用。除了安全阀和溢流阀的作用外，还可作卸荷阀用，即溢流阀的远程控制口通过二位二通电磁阀与油箱连通，当电磁阀通电时，先导溢流阀阀芯上部弹簧腔的油液通过二位二通电磁阀流回油箱，因此，溢流阀全开，主油路卸荷以减少系统功率损耗和带载启动给电动机造成的危害。

溢流阀有直动式和先导式两种，排量小压力低时采用直动式，排量大压力高时采用先导式，既经济又轻便。

直动式溢流阀的工作原理如图 3—65 所示，压力油经滑阀的阻尼孔至底腔，作用于滑阀底面的端面上，当进口压力升高作用于底面上的力足以克服弹簧的作用力 F_s 和摩擦阻力 S 后，滑阀就上升，阀口开启一段距离，油就从出口溢回油箱，弹簧力 F_s 可由调节螺钉调节，顺时针拧动螺钉增大弹簧力，故也增加了系统压力，逆时针拧动螺钉，弹簧力减弱，可降低系统压力，此为直动式溢流阀的工作原理。

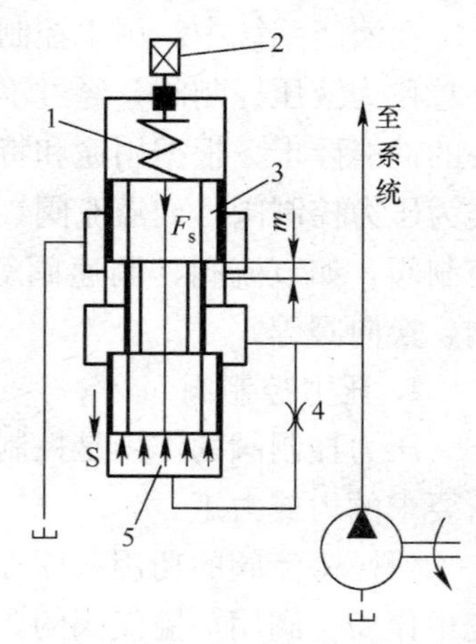

图 3—65　直动式溢流阀的工作原理

1—弹簧　2—调节螺钉　3—滑阀　4—阻尼孔　5—底腔

图 3—66 所示为 P-B 型溢流阀的结构图，即压力油作用在滑阀左端面上的推力直接与弹簧力平衡，当压力油通过阻尼孔后，作用在滑阀左端面的推力大于弹簧力时，使推动滑阀右移，连通进回油口使系统泄压。这种低压溢流阀没有卸荷口，故不能作卸荷阀用。

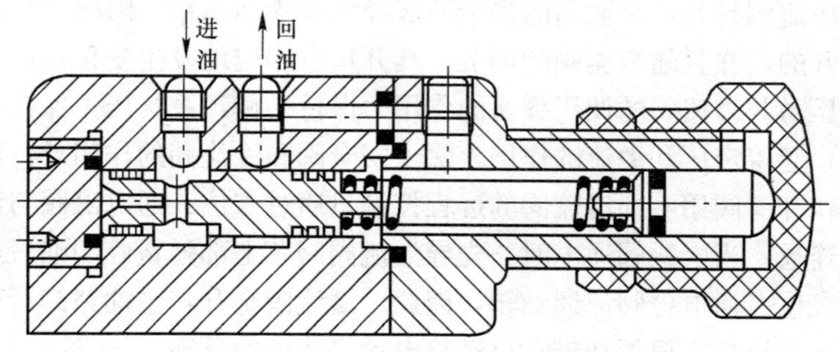

图 3—66　P-B 型溢流阀的结构

先导式溢流阀的工作原理如图 3—67 所示。先导式溢流阀由一个主阀和一个球阀或锥阀（先导阀）所组成。主阀的弹簧是一个软弹簧，仅用于克服滑阀的摩擦力，称为平衡弹簧，而导阀的弹簧则是一个硬弹簧，称为压力弹簧，压力油 p_1 进入 A 腔，通过阻尼孔 L 进入 B 腔，当进油压力 p_1 小于压力弹簧的调整力时，钢球不被顶开，Ⅰ腔、A 腔和 B 腔的压力相等，作用在主阀上的推力互相平衡，主阀在平衡弹簧的作用下切断Ⅰ腔和Ⅱ腔的通道，当 p_1 上升到克服先导阀（钢球 3）上的压力弹簧所调定的弹簧力时，B 腔的油液将钢球顶开，直接流回油箱，由于阻尼孔 L 的作用，使 B 腔油压迅速降低，于是在 A 腔的油压作用下，滑阀上升压缩平衡弹簧，并打开Ⅰ腔与Ⅱ腔通道，使 p_1 系统压力直接通油箱溢流而下降，如果进油压力 p_1 低于弹簧的调定压力时，钢球又紧压在阀座上，切断 B 腔回油通路，B 腔在阻尼孔 L 的作用下逐渐恢复与 A 腔的压力平衡，由于 B 腔比 A 腔多一个平衡弹簧的力，滑阀下行封闭Ⅰ腔与Ⅱ腔通道，系统压力恢复正常，此为先导式溢流阀的工作原理。

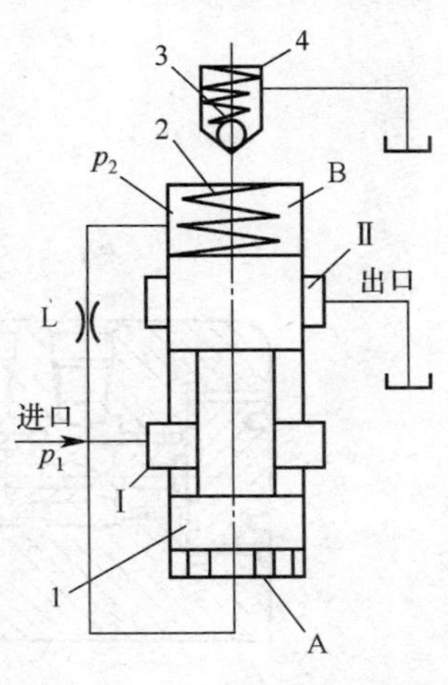

图 3—67 先导式溢流阀的工作原理

1—主阀 2，4—弹簧 3—钢球

图 3—68 所示为先导溢流阀的结构图，Y 型溢流阀除有进出油口外，还有一个远程控制口 K 用于远程控制，如果使控制口与油箱接通，则作用于滑阀左端的推力将滑阀推至右边位置，泵输出的油液将以很低的压力流回油箱，系统卸荷。

（2）减压阀的功用、结构与工作原理。减压阀是将出口压力调节到低于进口压力的压力控制阀。对于只有一个液压泵供油的

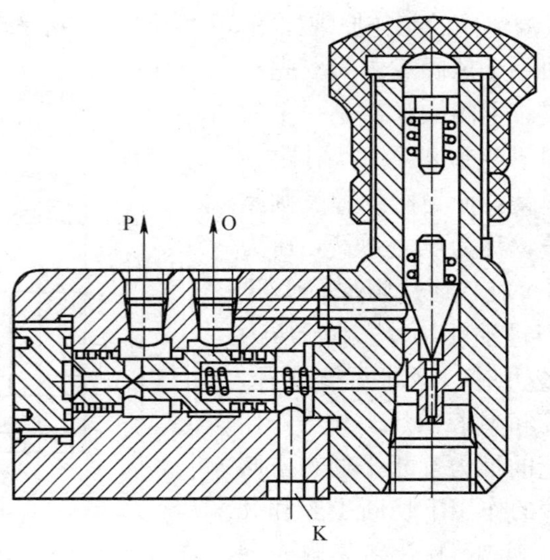

图 3—68　先导溢流阀结构图

液压系统，若某个工作机构或某一回路所需要的工作压力比溢流阀所调定的压力低而且要求稳定时，就可采用减压阀。减压阀分为直动式和先导式。

直动式减压阀的结构和工作原理与气动减压阀近似，可参见气压传动的相关内容。

先导式减压阀的工作原理如图 3—69 所示。滑阀底腔与上腔的作用面积相等，并且均与出口压力 p_2 相通，不同的是上腔装有平衡弹簧，并且经过阻尼孔后与 p_2 相通。初始状态时，滑阀上下两腔油压相等，在上腔平衡弹簧的作用下，推

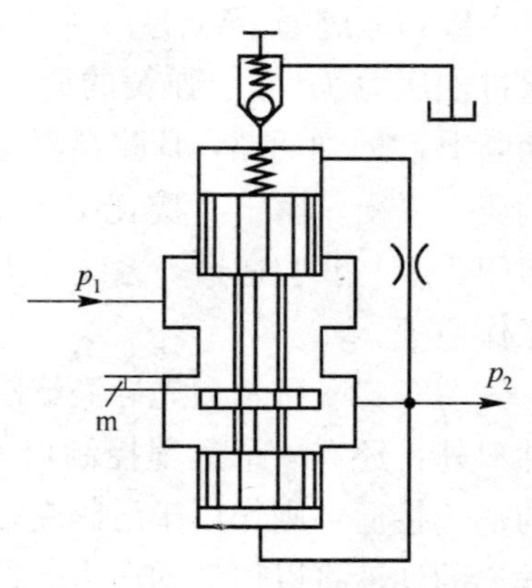

图 3—69　先导式减压阀的工作原理

动滑阀在下方位置，使缝隙 m 达到最大值，当进口压力 p_1 过缝隙 m 时，压降最小，滑阀大体不动，很快使 p_2 上升至设定值，推动先导球阀打开，使滑阀上腔与油箱相通，由于阻尼孔的作用，使上腔压力迅速降低，先导阀关闭，平衡弹簧受到压缩，滑阀上行，缝隙 m 减小，压降增加，使 p_2 降低，此时 p_1 作用于滑阀上圆柱下的环形面积和缝隙 m 处，圆盘上的环形面积虽然相等，但由于缝隙 m 的液流速度快且压力低，故有使滑阀上升压缩平衡弹簧的趋势，使缝隙 m 减小，直至关闭，使 p_2 降低，一旦缝隙 m 关闭，p_1 对滑阀的作用力平衡，滑阀在平衡弹簧的作用下下行，再打开缝隙 m，使 p_2 升高，也正是由于缝隙 m 的出现，p_1 对滑阀的差压作用力再次产生，使缝隙 m 关闭，缝隙 m 的不断开合即是保障 p_2 在一定范围内稳定工作的关键。当某种原因使 p_2 降低许多时，由于阻尼孔的作用，上腔压力的降低总是滞后于下腔，使滑阀快速下降，增大缝隙 m，减小液阻，使 p_2 迅速上升，当某种原因使 p_2 升高超过先导阀调压弹簧的压力时，重复上述过程，此为先导式减压阀的工作原理。

图 3—70 所示为单向先导式减压阀的结构图，其结构与 Y 型溢流阀类似，所不同的是进出口与 Y 型溢流阀相反，阀芯的形状不同。因为减压阀的进出口都有压力，所以它的泄油口 L 泄油时需要从阀的外部将油液单独引回油箱，而溢流阀的泄油口是在阀体内部与回油通道连通。溢流阀是保持进油口压力基本不变，而减压阀是保持出口压力基本不变。溢流阀的滑阀由进口压力控制，而减压阀的滑阀受进出油口双重控制。该阀的主阀芯并联了一个单向阀，当压力油从进油口至出油口时，单向阀关闭，减压阀正常工作，当油液反向流动时，油液通过单向阀，而减压阀不起作用。

2. 流量控制阀

流量控制阀是靠改变节流口的通流截面积来调节流体流经阀口的流量，以控制执行元件的运动速度、信号传递的快慢或时间

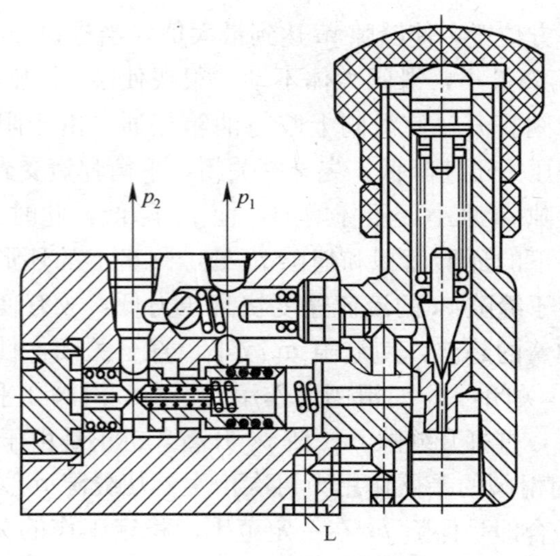

图 3—70　单向先导式减压阀结构图

的长短等。

（1）节流阀

1）节流口的形式多样，常见的几种形式如图 3—71 所示，可分为针阀式、偏心槽式、轴向三角槽式和轴向缝隙式等，这些节流口利用阀芯做轴向移动或绕轴线转动来改变阀通流截面积的大小，以调节压力流体的流量。

针阀式节流口如图 3—71a 所示，针阀做轴向左右移动，调节环形通道的大小，即可调节流量。因节流长度较长，并且水力半径（节流口的通流面积与周长之比）小，容易堵塞，流量受油温影响大，故目前较少采用。偏心槽式节流口如图 3—71b 所示。当转动阀芯时，就可以调节通道的大小以调节流量。图 3—71c 为轴向三角槽式节流，在轴向移动阀芯时，就可改变三角槽通流量大小。这种形式的节流口形状简单，制造方便，使用可靠，因此应用较多。

流量控制阀是靠改变节流口的大小来调节通过阀口的流量

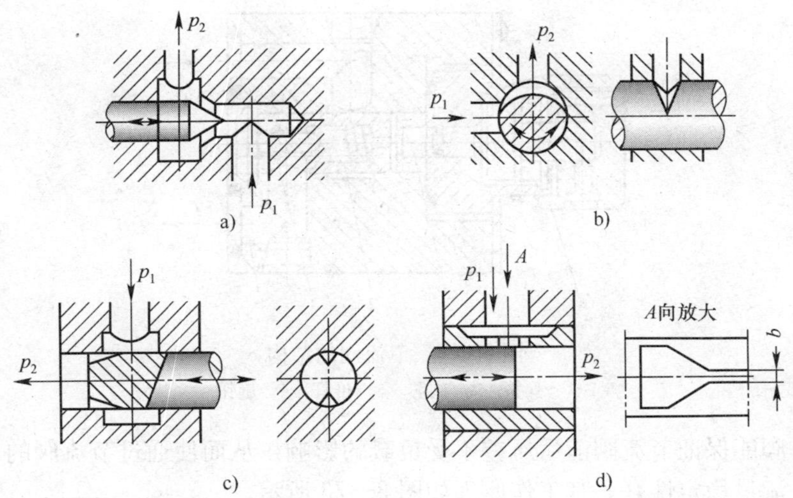

图 3—71　节流口形式

a）针阀式　b）偏心槽式　c）轴向三角槽式　d）轴向缝隙式

的，从而调节液压缸的速度和液压马达的转速，油液流经小孔或缝隙时，产生液压阻力，阀口的流通面积越小，油液通过时的阻力就越大，通过的流量就越小，执行元件的速度也就越低。

2）节流阀的结构如图 3—72 所示，节流口的形式采用轴向三角槽模式，油从进口以压力 p_1 进入经孔道 a 和阀芯右端节流槽进入孔 b，再从出油口以压力 p_2 流出，旋转手柄可使推杆做轴向移动，左移时节流口开大，右移时节流口关小，从而调节了通过阀的流量。这种节流阀流量稳定性差，只适用于油温、负载变化不大的液压系统。

（2）调速阀。由于节流阀前后的压差 Δp 随负载而变化，根据流量公式 $Q=KA\Delta p^m$，则其流量将受 Δp 变化的影响，所以在速度稳定性要求高的场合，一般节流阀是不能满足工作要求的。只有使节流阀两端的压差不随负载变化，才能使通过节流阀的流量保持稳定。调速阀由减压阀和节流阀串联组合而成，减压

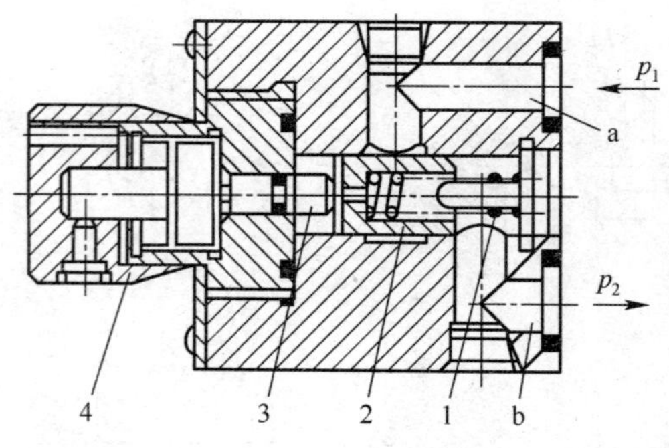

图 3—72　节流阀的结构

1—弹簧　2—阀芯　3—推杆　4—旋钮

阀能保证节流阀前后压差不受负载的影响，从而使通过节流阀的流量稳定性好。其工作原理如图 3—73 所示。

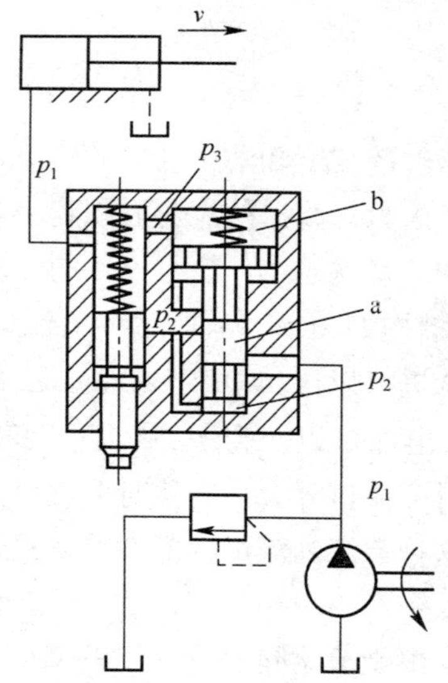

图 3—73　调速阀的工作原理

调速阀开口量一定时，工作机构相应有一运动速度，因系统压力 p_1 基本不变，当工作机构的负载变化时，压力 p_3 随之增减，调速阀前的压力 p_2 也随之增减，由于 p_2 与 p_3 分别作用在阀芯上下两端，当阀芯平衡时，压差 $\Delta p = p_2 - p_3$ 为定值，因而通过调速阀的流量也基本不变，其工作机构的运动速度基本稳定。

图 3—74 所示为调速阀的结构，压力油从进油口进入环槽 f，再经孔 g、节流阀的轴向三角节流槽、油腔 b、孔 a 至出口，节流阀前的压力油经孔 d（4 个）进入减压阀阀芯大台肩的右端环形油腔，并经阀芯的中心孔流入阀芯小端右腔，节流阀后的压力油则经孔 a、孔 c 通至减压阀芯左端的弹簧腔。转动旋钮，使节流阀芯轴向移动，即可调节至所需的流量。

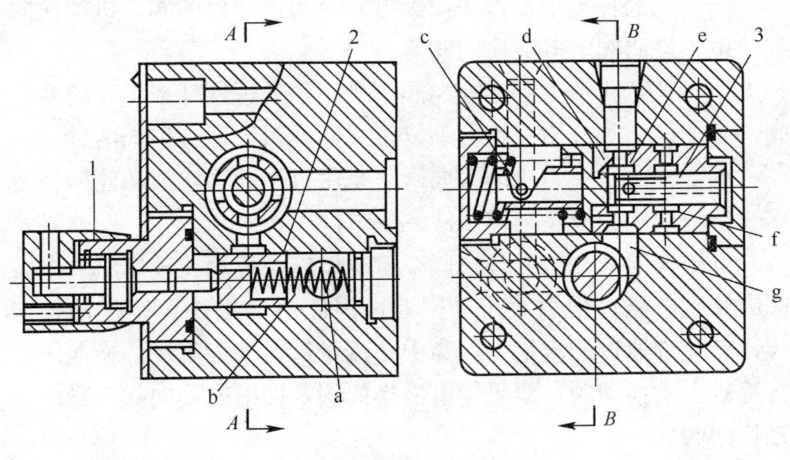

图 3—74 调速阀的结构

1—旋钮 2—节流阀 3—减压阀阀芯

3. 方向控制阀

方向控制阀用以控制液压系统的液流方向，常用的有单向阀和换向阀。

（1）单向阀。其作用是使油液只能向一个方向流动，而不能反向流动，故要求当油液从一个方向流动时，动作灵敏无撞击和噪声，阻力小（即弹簧能克服摩擦力使阀芯复位即可）。反向流动时密封性好而无泄漏，图 3—75 所示为管式单向阀，图 3—76 所示为锥阀式单向阀。

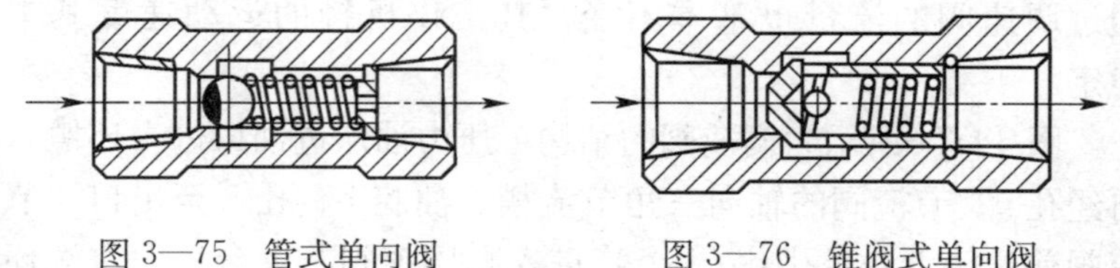

图 3—75　管式单向阀　　图 3—76　锥阀式单向阀

（2）换向阀。其作用是利用阀芯和阀体的相对运动，以变换油液流动的方向接通或关闭油路。

换向阀的种类很多，按操纵方式分为手动换向阀、机动换向阀、电磁换向阀、电液换向阀等。

图 3—77 所示为手动换向阀，是用手通过杠杆来操作的换向阀。手动换向阀分为弹簧自动复位式和弹簧钢球定位式两种。

图 3—78 所示为机动换向阀，是用机械的撞块或凸轮压住或离开行程滑阀的滚轮来控制液流的方向。

电磁换向阀和电液换向阀在游乐设施中应用比较广泛。电磁阀因受到电磁铁推力大小的限制，因此用电磁铁直接推动换向阀，其允许通过的流量一般为中小流量，对于大流量的换向阀或行程较大的换向阀，要采用电液换向阀，即电磁换向阀先导的液动换向阀。

电磁换向阀按其滑阀在体内的工作位置和通道数有二位、三位和多位式，以及二通、三通和多通式之分。

图 3—79 所示为三位四通电磁换向阀的结构。当两端电磁铁均不通电时，滑阀在两端弹簧力的作用下处于中间位置，P 与 A、B 均不通。左面电磁铁通电（吸合）时，滑阀在电磁铁的作用下克服右端弹簧力处于右端位置，此时，P 通 A、B 通 O，反之亦然。

图 3—80 所示为三位四通电液换向阀的结构。它是由电磁换向

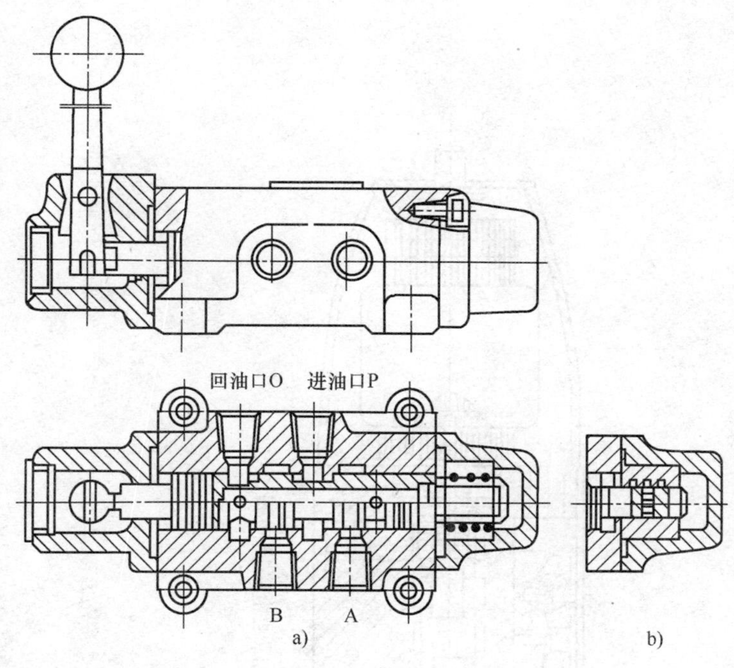

图 3—77　手动换向阀

a）弹簧自动复位式　b）弹簧钢球定位式

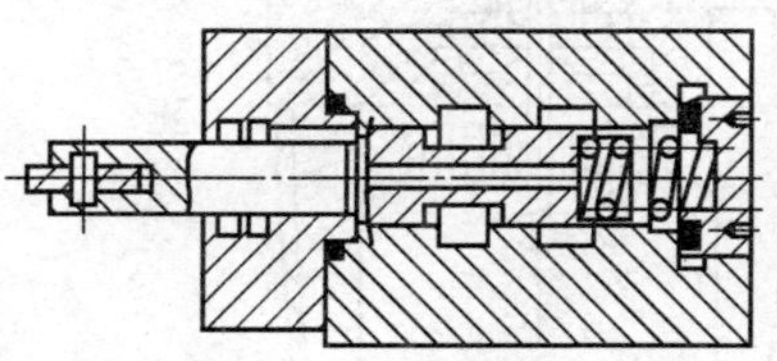
图 3—78　机动换向阀

阀和液动换向阀组成的组合阀。其中，电磁换向阀起先导作用，通过它的控制而改变液动换向阀的位置，液动换向阀的换向快慢可用控制油路中的单向节流阀来调节，既能实现换向时的缓冲，又能用较小的电磁铁控制较大的液流，所以常用在大流量的系统中。

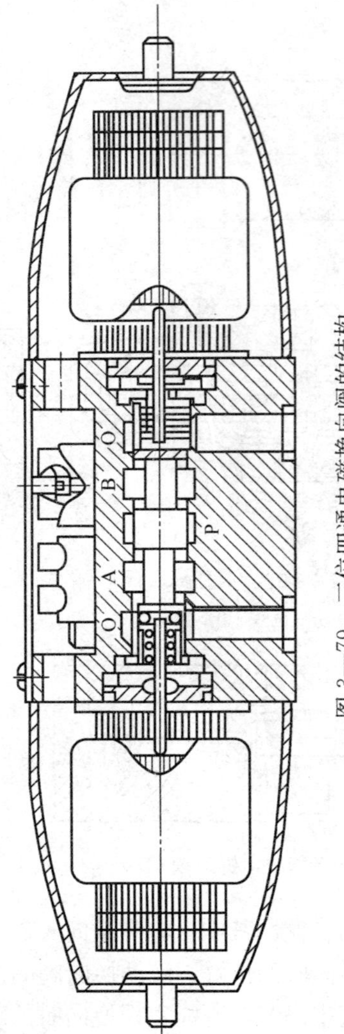

图 3—79 三位四通电磁换向阀的结构

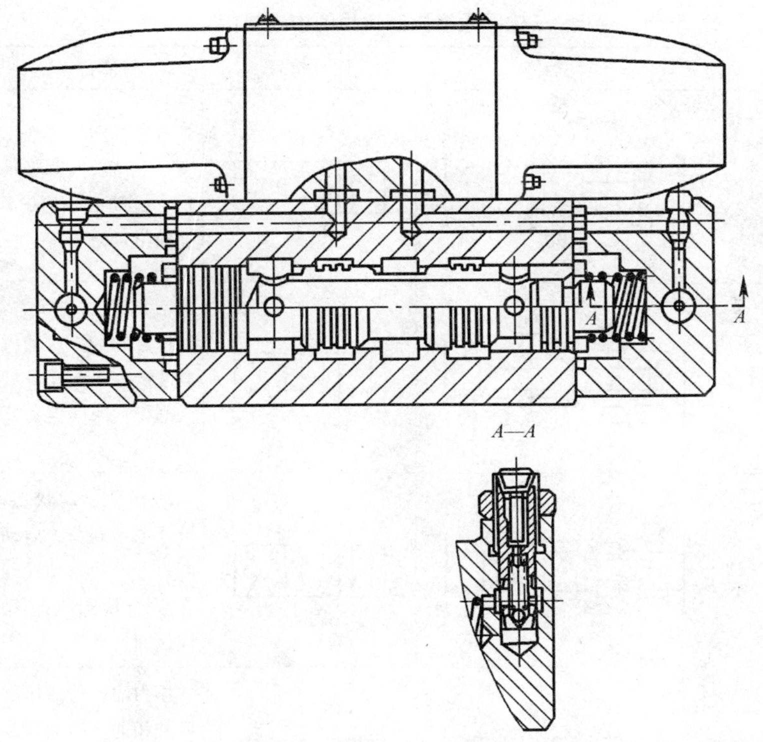

图 3—80　三位四通电液换向阀的结构

当左右电磁铁均断电，电磁滑阀在中间位置，在弹簧力作用下，液动滑阀亦处于中间位置，P、A、B、O 四腔均不通（O 型机能），当左电磁铁通电，电磁滑阀移到右端控制油压推开主阀左边单向阀，使液动滑阀移动到右端，主阀的 P 与 A、B 与 O 相通，主阀右端控制油经右边的节流阀通过电磁阀回油箱，反之亦然。

三位换向阀的滑阀机能是指滑阀在中间位置时的通路形式。常用的滑阀机能见表 3—9。

表 3—9　　三位四通换向阀常用的中位机能

类型	结构简图	图形符号	机能特点
O 型	A B P T	A B P T	液压缸闭锁，液压泵不卸荷。启动平稳，制动时有冲击，换向位置精度高
H 型	A B P T	A B P T	活塞呈浮动状态，液压泵卸荷。启动时有冲击，制动较 O 型阀平稳，换向位置变动大
Y 型	A B P T	A B P T	活塞呈浮动状态，液压泵不卸荷。启动时有冲击，制动性能介于 O 型阀与 H 型阀之间
P 型	A B P T	A B P T	压力油口与液压缸两腔相通，回油口封闭，液压泵不卸荷。启动、制动和换向平稳性较好
M 型	A B P T	A B P T	液压缸闭锁，液压泵卸荷。启动平稳，制动时有冲击，换向位置精度高

六、液压辅件

液压辅件是液压系统中必不可少的组成部分，它对液压系统的动态特性、工作可靠性与工作寿命等均有直接的影响。系统中辅件种类甚多，下面列举常用的几种典型辅件，说明其功用及维护保养的方法。

1. 油箱

油箱是用来储存油液的，起散热和分离油中所含的气泡与杂质等作用。箱内焊有隔板，便于区分进油与回油，以便沉淀杂质，分离气泡，散热冷却后重新进入液压泵。油箱侧面设有油标，以指示油位，底部设有放油螺塞，便于清洗，盖板上有加油口，入口处有滤油装置。油箱应密封，以防灰尘、铁末等进入。为了保持油箱内油面与大气相通，盖上应有通气孔，通气孔上有防尘网或空气过滤器。油泵进油口一般安装过滤器，以防脏物进入油泵。油箱内壁涂有耐油防锈漆。油箱常与液压泵、电动机、控制阀类、指示仪表等组成一个独立的部件，称为泵站或液压站。

2. 散热器

为了防止液压系统温升过高或使油温控制在某一范围内，使油液保持一定的黏度，防止温度过高引起黏度过低而造成系统内泄，而设置散热器。

3. 加热器

为了防止液压系统因环境温度过低，引起油液黏度过高，造成油泵吸油困难，减少系统阻力，设置加热器。一般在寒冷的冬季，设备运行之前，加热器对油液进行预温。

4. 过滤器

为了使油液保持清洁，让系统正常工作，提高元件使用寿命，根据液压系统的不同要求，选用适当的过滤器是非常重要的。油液中的杂质有两大类：一类是机械杂质，如元件加工后留下的铁屑、涂料和灰尘，元件工作时因磨损而产生的粉末，从液压系统外部进入的灰尘污物等；另一类是油液氧化变质而产生的杂质，如胶质沥青与炭渣等，这些杂质会随着油液的运动而导致滑阀卡死，阻尼小孔、缝隙堵塞，影响系统正常工作。故设过滤器。

（1）网式过滤器。网式过滤器是由一层或两层钢丝网作为过滤材料，包在金属或塑料骨架上而成，多用于油泵进口以防杂质被油泵吸入，当油泵噪声较大时，往往是滤网堵塞、油泵吸空所致，所以要视情况进行定期或不定期的清洗。

（2）缝隙式过滤器。也称高压过滤器，一般安装在高压管道之间。该种过滤器的过滤精度为 0.05～0.2 mm，结构简单，过滤效果好，主要保护其后的阀类和执行元件，应用广泛。

（3）纸质过滤器。它和缝隙式过滤器的区别在于过滤材质，其他结构完全相同。纸质过滤芯是把平纹或波纹的酚醛树脂或木浆微孔滤纸绕在带孔的镀锡铁皮骨架上。该种过滤器的过滤精度可高达 0.001 mm，但清洗不易，一般需要更换滤芯，用于油液需要精密过滤的场合。

（4）烧结式过滤器。金属烧结式过滤器的结构形状较多，由端盖、壳体、滤芯、密封垫等零件组成。该种过滤器强度大，性能稳定，防腐性好，制造简单，过滤精度较高，但颗粒容易脱落，易影响滤油精度，不易清洁。

（5）空气过滤器。空气过滤器装在油箱盖上，在系统工作时，箱内油液时而增加，时而减少，上升时由里向外排气，下降时由外向里进气，为了净化箱内油液，必设空气过滤器，同时空气过滤器又是注油口，加注油液时油液必经过滤后再进油箱，滤除油液内脏物，保持其清洁是保障系统正常运行的重要一环。

5. 蓄能器

蓄能器是储存和释放液体压力能的装置，其主要功用有三种：一是短期大量供油，用于系统短时内需要大量压力油的场合；二是维持系统压力，并可作为应急油源使用，如在设备运行中，一旦停电，蓄能器内储备的高压油源可使动臂平安降落至地面；三是吸收冲击或脉动压力，用于消除压力波动。蓄能器有三种类型：一是弹簧式，二是活塞式，三是皮囊式。

6. 密封件

密封件的功用主要是防止液压装置的内泄和外漏。内泄使系统效率降低，外漏造成浪费和污染环境。其常用的种类有三类：

第一类为O形密封圈，一般用耐油橡胶制成，既可作动密封也可作静密封；第二类为Y形密封圈，有孔用和轴用之分，工作时受液压作用，两唇张开，分别贴紧在轴面和孔壁上起到密封作用，因此装配时唇边要对准压油腔，有自动补偿磨损的能力；第三类为V形密封圈，由多层涂胶织物压制而成，由三种不同截面的支撑环、密封环和压环组成。压力较小时，使用三件一套即可。当压力较高时，可增加中间的密封环，其安装方式同Y形密封圈。

7. 管件

（1）油管是用来连接液压元件和输送液压油的，选用时应尽可能避免急转弯和截面突变，应有足够的通油截面、最短的路程和光滑的管壁。其种类有钢管、铜管、尼龙管、塑料管、橡胶软管等。钢管能承受高压，价格低廉，刚性好，但配管不便。铜管易弯曲成各种形状。尼龙管一般用在低压润滑系统。橡胶软管用在两个相对运动件之间。如执行元件两端一般用橡胶软管，有时为减少系统振动，在两钢管折弯处也用橡胶软管连接。

（2）管接头是油管与油管、油管与液压元件间的可拆式连接件。其种类很多，有直通、直角、三角等形式。根据连接方式分，管接头有焊接式、卡套式、薄壁扩口式。按接头与机体的连接方式分，管接头有螺纹式和法兰式等。

第七节　气压传动原理

一、气压传动的应用

气压传动是靠密封容器内的气体压力能进行能量转换、传递与控制的一种传动方式。游乐设施应用气压传动设备的场合较多，如滑行类设备的制动系统、自控飞机类设备的动臂升降系统、转马类设备的垂臂摆动系统、陀螺类设备的压杠锁紧系统、大型飞行塔类的提升发射系统和大型室内激光打靶类卡通群动作系统以及供儿童模拟射击用气炮群的工作系统。

图 3—81 是座椅压杠锁紧保险装置的结构。从图上可以看出，压杠与锁紧装置的开合均采用的是气压传动方式，不同的是压杠使用的是双作用气缸，锁紧使用的是单作用气缸。图 3—82 所示是气动系统原理。自由空气经气泵压缩到储气罐内，罐内气压由气压表显示，由安全阀调定，即罐内气压超过该阀设定压力时，气阀打开放气以确保系统安全，高压空气经单向阀流出，经分水滤气器滤除水分后至减压阀，减压阀之后的系统压力均由减压阀调定，由气压表显示，油雾器的作用是确保此后的气动执行元件摩擦副得到良好的润滑，中央回转接头的作用是把固定在地面上的气泵产生的气压传送到转动的动臂、转臂和座舱中去。分储气罐在每个转臂上有 1 个，由该罐输出的气压经控制元件通向各座椅的气动执行元件。

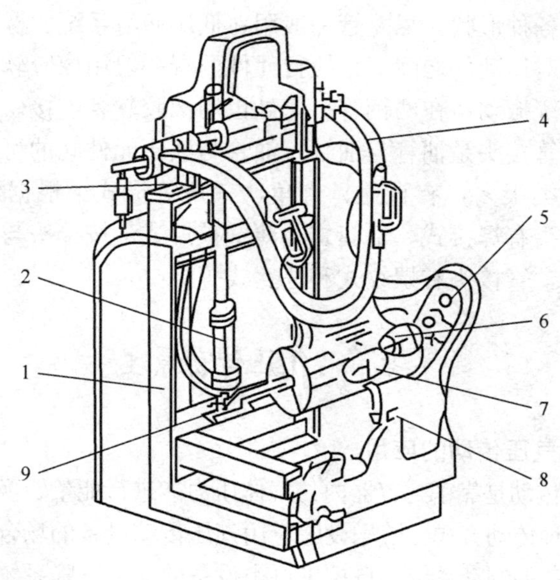

图 3—81　座椅压杠锁紧保险装置的结构

1—座椅骨架　2—升降气缸　3—压杠轴支撑架　4—压杠组件　5—弧形插板　6—锁紧气缸　7—手孔盖板　8—保险扣　9—锁紧销轴

图 3—82 只画出了单座椅气压的传动原理。从图上可以看出，由分储气罐 16 输出的气压流分为两路，一路经三位五通换向阀 18 过单向节流阀 19、20 至双作用气缸 21 的有杆与无杆腔。17 是两位三通电磁阀，用于控制三位五通电磁阀 18 的工作状态。两位三通电磁阀 17 失电时为常态，在回位弹簧的作用下，处于右位工作状态，无控制气压输出，使三位五通电磁阀 18 右端差压大腔处于排气状态，左端在回位弹簧和差压小腔的控制气压作用下，将阀芯推向右使其处于左位工作状态，此时双作用气

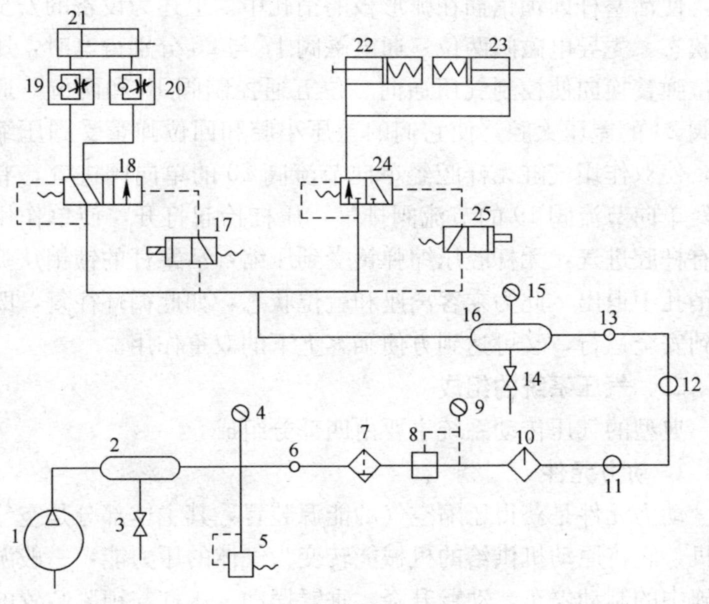

图 3—82　气动系统原理

1—气泵　2—储气罐　3，14—放水阀　4，9，15—气压表　5—安全阀　6，13—单向阀　7—分水滤气器　8—减压阀　10—油雾器　11，12—中央回转接头　16—分储气罐　17，25—两位三通电磁阀　18—三位五通电磁阀　19，20—单向节流阀　21—双作用气缸　22，23—单作用弹簧复位缸　24—两位三通换向阀

缸无杆腔经单向节流阀 19 的单向阀快速进气，有杆腔经单向节流阀 20 的节流阀排气，压杠处于闭合状态。另一路径两位三通换向阀 24 至单作用气缸 22、23 的有杆腔。25 是两位三通电磁阀，用于控制换向阀 24 的工作状态。25 失电时为常态，在回位弹簧的作用下处于左位工作状态，无气压输出。使两位三通换向阀 24 右端差压大腔排气，在左端回位弹簧和差压小腔的控制气压作用下将阀芯推向右，处于左位工作状态。使锁紧气缸有杆腔处于排气状态，无杆腔在压缩弹簧的张力下将活塞推向有杆腔一侧，使活塞杆即锁销插在弧形板的销孔中。上述为设备的安全运行状态。先导电磁阀两位三通电磁阀 17 与 25 分别得电时，压缩回位弹簧换向使控制气压通向三位五通控制阀 18 和两位三通控制阀 24 的差压大腔，使它们的差压小腔和回位弹簧受到压缩换向，使双作用气缸无杆腔经单向节流阀 20 的单向阀进气，有杆腔经单向节流阀 19 的节流阀排气，压杠抬起打开，使单作用气缸有杆腔进气，无杆腔压缩弹簧受到压缩，活塞杆的锁销从弧形板销孔中退出。此为乘客离座和就位状态，如此循环往复，既可达到安全运行，又可达到方便乘客上下的双重作用。

二、气压系统的组成

典型的气压传动系统主要由四部分组成。

1. 动力元件

动力元件是获得压缩空气的能源装置，其主体部分是空气压缩机，它将原动机供给的机械能转变为气体的压力能，一般游乐设施中的制动停车、动臂升降、垂臂摆动、压杠与锁紧装置的开合均采用往复式压缩机，用气量大的大型发射装置、多位大口径气炮和卡通群的气动系统多采用转子式空气压缩机。

2. 执行元件

执行元件是以压缩空气为工作介质，产生机械运动并将气体的压力能转变为机械能的转换装置，如作直线运动的气缸、作回转运动的气马达等，由于气压传动的安全使用压力一般不超过

0.8 MPa，故根据游乐设施不同的载荷和使用场合，其气缸的大小和安装形式是多种多样的，差别较大。

3. 控制元件

控制元件是用来控制压缩空气的压力、流量和流动方向的，以便使执行机构完成预定的运动形式与规律的元件。如安全阀、减压阀、减荷阀、流量阀、方向阀、行程阀、传感器等。

4. 辅助元件

辅助元件是使压缩空气净化、润滑、消声、指示及便于元件连接密封等所需要的一些装置和元件。如空气滤清器、分水滤气器、油雾器、消声器、压力表及管件、接头、密封圈等。

三、气压传动的优缺点

1. 气压传动的主要优点

（1）空气是取之不尽、用之不竭的天然能源。

（2）气压传动快捷、灵敏。

（3）布局方便。

（4）易于实现标准化、系列化。

2. 气压传动的主要缺点

（1）由于空气的可压缩性大，不易实现速度与位置的精确控制。

（2）噪声较明显。

（3）安全性较差，因此要定期对压力容器、安全阀、压力表等进行安全检测，非专业人员不可乱拆乱调。

四、动力元件的主要结构和工作原理

目前压缩机按结构主要分为往复式和回转式两大类。往复式是通过压缩封闭空间即气缸内的空气来提高空气压力。回转式是通过叶轮转动，把空气动量转换成压力。

1. 往复式压缩机

往复式压缩机结构简单，活塞的密封性好，能得到大范围的压力和排气量，加上维修容易，故用得最多。在游乐设施中，生产厂方为降低造价，很少使用排气量较大的压缩机，一般多采用多台小排量的压缩机并联使用。

如图 3—83 所示，活塞在气缸内往复运动是借助曲柄连杆机构实现的，图示状态为进气状态，曲柄沿顺时针方向回转，通过连杆带动活塞在气缸内右行，缸内容积不断扩大形成负压，排气门在排气门弹簧和缸内负压作用下关闭，进气门在大气压力和缸内负压的作用下，进气门弹簧被压缩，打开进气门开始进气，当曲柄转至右死点，活塞停止运动，缸内容积不再变化，缸内压力与大气压平衡，此时，进气门在其弹簧的作用下关闭，曲柄继续回转，通过连杆推动活塞左行，缸内容积逐渐减小，气压不断上升，进气门在缸内压力和弹簧作用下关闭得更加严密，当缸内压力超过弹簧力和出口气压时，排气门打开，缸内压缩空气向储气罐充气。当曲柄回转到左死点，缸内容积不再变化，内压与出口压力平衡时，排气门在其回位弹簧的作用下关闭。当曲柄越过左死点继续回转时，缸内容积又不断扩大，形成负压，进气门再次压缩其弹簧，将进气门打开再次开始进气，循环往复就会连续不断地产生压缩空气。此为往复式压缩机的工作原理。

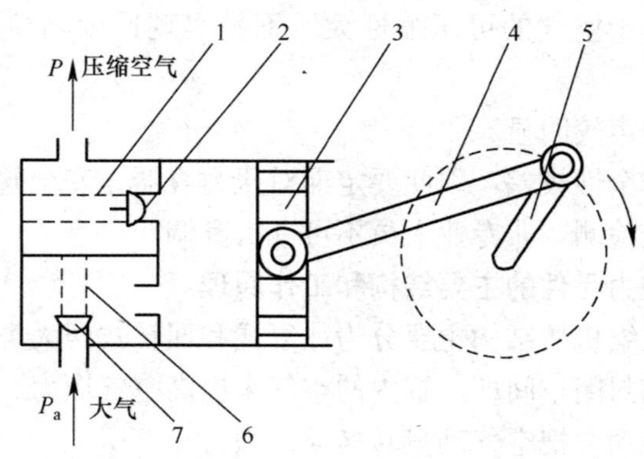

图 3—83　往复式压缩机工作原理

1—排气门弹簧　2—排气门　3—活塞　4—连杆　5—曲柄
6—进气门弹簧　7—进气门

2. 回转式压缩机

回转式压缩机有叶片式和螺杆式两种。这种压缩机没有惯性机械振动，故地基工作量小，又因压缩行程是连续变化的，所以扭矩变化也不大，再加上吸气和排气是靠回转机构实现，而不使用进气阀和排气阀，消除了阀的噪声和振动，因而从环保角度考虑，使用回转式压缩机的逐渐增多，但由于制造精密、价格偏高、维修较难，所以在选用方面游乐设施生产厂方使用往复式的较多。

（1）图 3—84a 所示为叶片式空气压缩机原理图，定子和转子偏心放置，转子上开有若干个切槽，其内放置滑片。转子回转时，滑片在离心力作用下紧贴在定子即气缸筒内壁上滑动，缸、转子和叶片三者形成一周期变化的容积，各小容积在一转中实现一次吸气、压气工作循环，当转子逆时针方向回转时，上半区叶片和缸筒形成的密闭空间容积不断扩大，产生负压。大气压通过进气道进入各不断扩大的容积空间；当叶片转至下半区时，各密闭容积空间不断缩小，气压不断上升，当叶片转至下半区终了前，各密封容积空间的高压空气与排气道相通进入压缩空气区域。如此循环往复，即有源源不断的压缩空气产生。此为叶片式压缩机的工作原理。

（2）图 3—84b 所示为螺杆式压缩机原理图，当多头右旋阳螺杆（右视）沿顺时针方向回转时，由同步相互啮合的齿轮带动与其相互啮合的数头左旋阴螺杆向相反的逆时针方向转动，右端与右缸盖上的进气口相通，进出气口取决于螺旋叶片锐角边的迎、背风方向，因右端锐角边迎风回转，左端锐角边背风回转，所以右端锐角边在螺旋转子高速回转时，不断地切割右风口的空气经螺旋突起与缸筒内壁贴滑形成的若干个封闭空间通道流向左端的排气口，再加上离心力的作用，使转子右端不断地产生负压，大气便源源不断地进入螺杆压缩机，在转子左端便产生连续不断的压缩空气。此为螺杆式压缩机的工作原理。

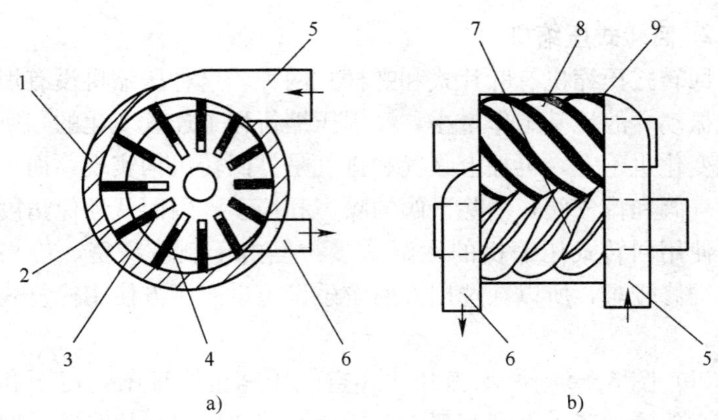

图 3—84　叶片式空气压缩机、螺杆式压缩机原理

a）叶片式　b）螺杆式

1—定子　2—转子　3—叶片槽　4—叶片　5—进气口

6—出气口　7—阳转子　8—阴转子　9—壳体

五、执行元件的主要结构与工作原理

气动执行元件是将压缩空气的压力能转变成机械能，实现往复直线运动或旋转、摆动运动的装置，包括气缸、回转式和摆动式气马达等。

1. 气缸的主要结构与工作原理

如图 3—85 所示，气缸由缸筒、活塞、活塞杆、端盖、活塞杆密封件等主要部件组成。活塞在由缸筒和缸底端盖与活塞杆导向端盖形成的密闭空间内可左右滑动，活塞与缸筒间、活塞杆与其导向端盖间、活塞杆与活塞间用动、静密封圈密封，当缸底端盖进气口有压缩空气进入时，无杆腔气压推动活塞克服负载压力向有杆腔运动，有杆腔排气。反之亦然。此为气缸工作原理。两个开口的气缸称为双作用气缸。只有一个开口的气缸称为单作用气缸。其他类型的活塞式气缸的主要零件与图 3—85 所示结构类似。

（1）图 3—86 所示为单作用气缸结构，主要由缸体、活塞、

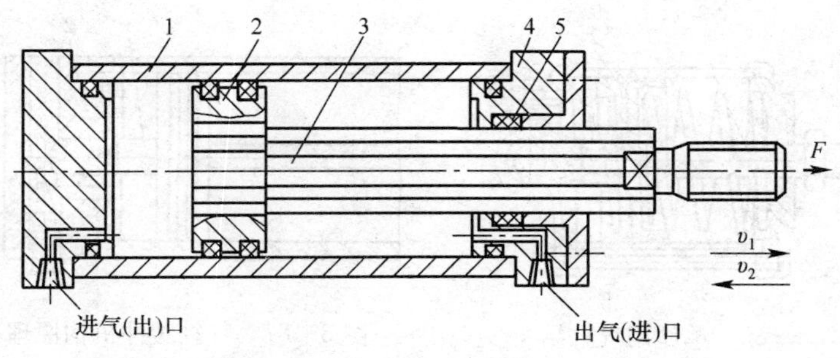

图 3—85 单活塞杆气缸结构原理

1—缸筒 2—活塞 3—活塞杆 4—端盖 5—活塞杆密封件

弹簧、活塞杆和气口等组成。当气口接通压缩空气时，无杆腔气压升高，推动活塞克服弹簧弹力和负载力，向有杆腔移动。当气口排空时，活塞在负载力和弹簧弹力共同作用下恢复到起始位置。

(2) 图 3—87 所示为气缸缓冲机构原理图。活塞杆无杆腔一侧制成缓冲柱塞，缸底端盖上的通气口制作成图示的结构，由单向阀、柱塞孔与节流阀组成。当活塞运动接近行程末端时，由于具有较高的运动速度，如不采取措施，活塞就会以很大的力量撞击端盖，引起振动或损坏机件，为此在气缸内常加入缓冲装置，小气缸可用橡胶垫减振来吸收冲击，大气缸常用气垫缓冲来减振，即图示结构形式。缓冲柱塞进入端盖上的柱塞孔时，在排气腔内的剩余气体只能经节流阀排出形成背压，成为气垫，使活塞的运动速度减慢以缓解活塞对端盖的冲击，调整节流阀的开度可控制活塞的缓冲程度，当活塞反向运动时，进气流只能小量地通过单向阀和节流阀进入活塞无杆腔，以减缓起始惯性，当缓冲柱塞脱离缓冲孔后，正常进气流经缓冲孔进入无杆腔，活塞才以正常的速度移动，减少了初始时的冲击振动。此装置加设在有杆腔端时，两端均可起到缓冲减振的作用。

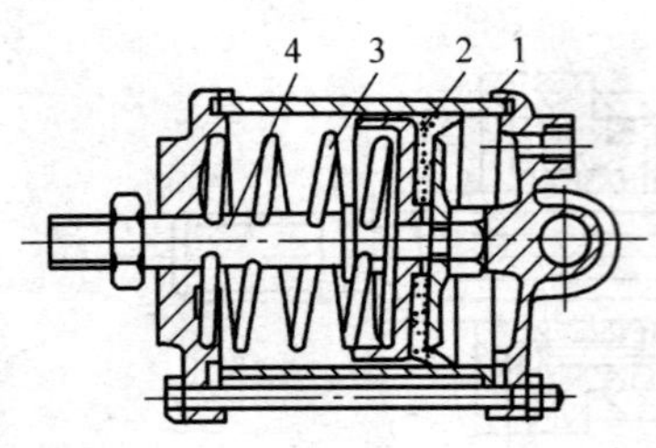

图 3—86　单作用气缸结构

1—缸体　2—活塞

3—弹簧　4—活塞杆

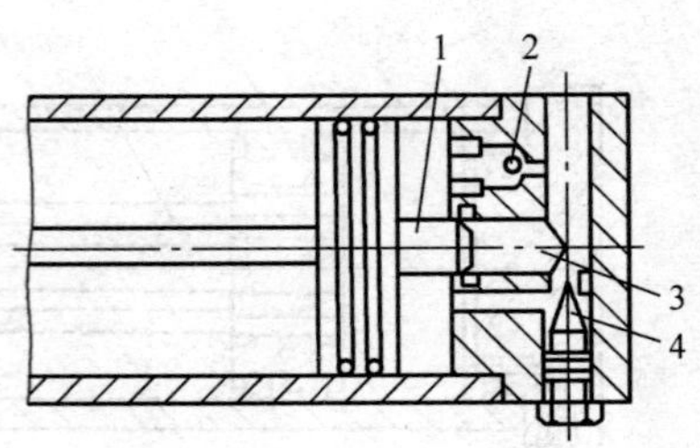

图 3—87　气缸缓冲机构原理

1—缓冲柱塞　2—单向阀

3—柱塞孔　4—节流阀

（3）气缸的安装方式见表 3—10。根据工作场合的需要，气缸的安装方式分为两种：一种是固定式气缸，指气缸本体固定活塞杆只在本体轴心线上移动，有底座式和法兰式。在惯性滑车类设备的制动系统较为常见，激光打靶类设备卡通群中也多有应用。另一种是轴销式气缸，指气缸本体以轴销为支点随负载的动作要求而摆动，在自控飞机和转马类设备中得到广泛的应用。

表 3—10　　　　气缸的安装方式

分类			简图	说明
固定式气缸	底座式	轴向底座式	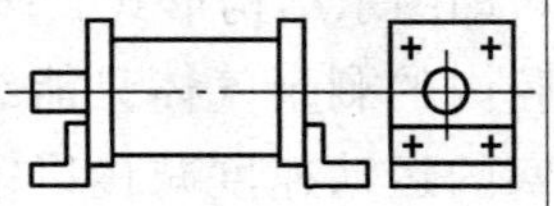	轴向底座，底座上承受力矩，气缸直径越大，力矩越大
		切向底座式	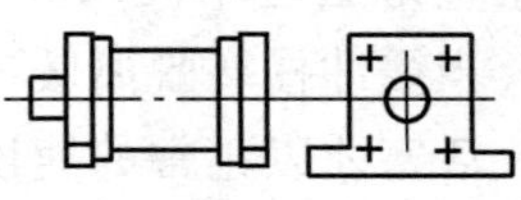	

续表

分类			简图	说明
固定式气缸	法兰式	前法兰式		前法兰紧固，安装螺钉受拉力较大
		后法兰式		后法兰紧固，安装螺钉受拉力较大
轴销式气缸	尾部轴销式	单耳轴销式		气缸可绕尾部轴销摆动
		双耳轴销式		
	头部轴销式			气缸可绕头部轴销摆动
	中部轴销式			气缸可绕中间轴销摆动

2. 气马达的主要结构与工作原理

气马达的功能相当于电动机或液压马达，能将压缩空气的压力能转换为机械能，实现旋转运动。

(1) 图 3—88 所示为叶片式气马达的结构。转子与定子偏心放置，转子上开有若干个长槽，槽内放置叶片，定子两端有密封盖，密封盖上与月牙形空间两端对应开有弧形槽与气口 A 和 B，并与叶片底部相通，与月牙形空间中部对应开有排气口 C。这样转子的外表面、叶片间距、定子的内表面和两端盖间就形成了若干个密封工作容积。当压缩空气由 A 口输入、B 口排空时，气流分为两路：一路进入叶片底部，将叶片推出，使叶片紧密地抵在定子内壁上；另一路经 A 口进入相应的工作容积，由于各容积两叶片伸出的高度不等，较高的叶片对转子产生的力矩大于较低的叶片对转子产生的力矩，转子自然向较高的叶片方向即逆时针方向转动，待某叶片转过最高处时，其后的空间容积与排气口 C 相通排气。看起来该叶片由动力转变成了阻力（右侧容积不断减小），事实上为其后的叶片减少了背压增加了转矩。当压缩空气由 B 口进入、A 口排空时，其转动方向相反，此为叶片式气马达的工作原理，当前在游乐设施方面尚未看到应用的场合。

（2）图 3—89 所示为摆动式叶片气马达的主要结构与工作原理。与回转式叶片气马达的主要区别是转子与定子同心放置，叶片固定在转子上，定子上固装有挡块，挡块两侧开有气口，图示挡块左侧气口通压缩空气，推动叶片带动转子顺时针方向转动，叶片右侧空气从右侧排气口排空，当叶片转动至挡块右侧时，被挡块挡住停止转动。反之亦然。此为摆动式叶片气马达的工作原理。激流勇进项目中，分水道板栅的驱动装置采用的是该种形式的气马达。

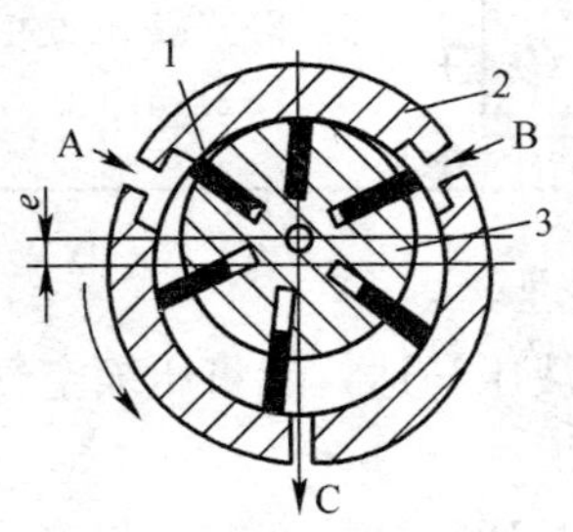

图 3—88 叶片式气马达的结构

1—叶片 2—定子 3—转子

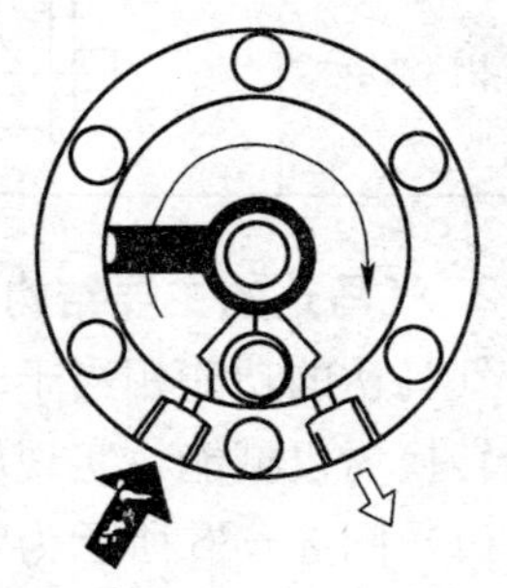

图 3—89 摆动式叶片气马达的主要结构与工作原理

六、气动控制元件

在气压传动及控制系统中，为保证气动执行元件按规定的输出力、运动速度和运动方向工作，必须用控制元件即控制阀来进行控制。按其作用可分为压力控制阀、流量控制阀和方向控制阀。下面分别进行介绍。

1. 压力控制阀

在气动系统中，一台空气压缩机可带动多台气缸或气马达工作，由气泵储气罐输出的空气压力一般高于每台气缸或气马达使用压力，而且其压力波动较大，因此需要用减压阀将高压降低并调整到每台执行元件实际所需的工作压力且保持稳定；当高压系统超过许用压力时，为保障系统工作安全，必须设置能自动向外放气的安全阀。

（1）减压阀有直动式和先导式之分，目前在游乐设施中常用的是直动式。先导式减压阀的结构原理参见液压传动，这里只介绍直动式减压阀的结构和原理。

如图 3—90 所示，直动式减压阀主要由手柄、调压弹簧、溢流口、膜片、阀杆、进气阀芯和复位弹簧等组成。图示状态为输出气压 p_2 在调定状态，此时即 p_2 对膜片下腔的压力和膜片上腔即调压弹簧压力平衡，膜片在平展状态，进气阀芯在复位弹簧的作用下抬起，关闭 p_1 至 p_2 的通道，同时阀杆也封闭溢流口，无气流溢出，当执行元件工作使 p_2 降低时，即膜片下腔压力低于调压弹簧的调定压力时，膜片凹下，推动阀杆带动进气阀芯压缩复位弹簧下行，打开 p_1 至 p_2 的通道，使输出气压上升，当输出压力和调压弹簧平衡时，膜

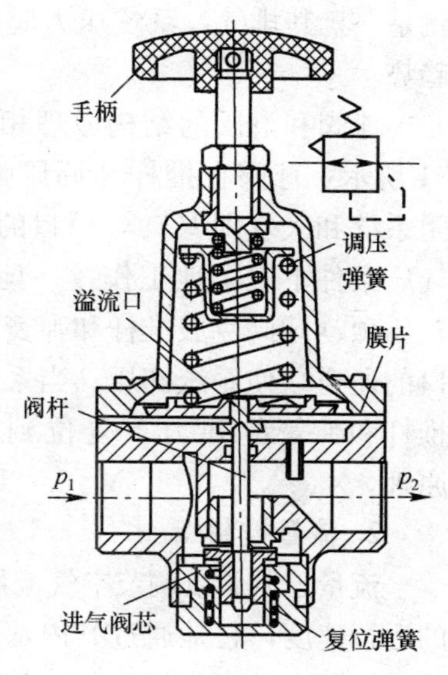

图 3—90　直动式减压阀

片展平，进气阀芯再一次封闭 p_1 至 p_2 的通道，使 p_2 维持在调压弹簧的调定状态。当工作需要降低 p_2 压力时，逆时针转动手柄，降低调压弹簧的调定压力，膜片凸起，使溢流口离开阀杆排气溢流，待 p_2 下降至调定后的弹簧压力时，膜片展平，阀杆封闭溢流口，溢流停止。当需要提高 p_2 时，顺时针转动手柄，提高调压弹簧的调定压力，使膜片凹下，推动阀杆带动进气阀芯，压缩复位弹簧打开 p_1 至 p_2 的通道，使输出气压上升至新的调定气压时，膜片再一次展平到图示状态。此为减压阀的工作原理。

（2）安全阀有球阀和滑阀之分。其作用是确保系统元件尤其是压力容器即储气罐的安全使用。任何元件损坏都会导致漏气卸压，使系统不能正常工作。储气罐损坏还会发生爆炸，造成人身伤亡事故。对安全阀的要求是动作可靠，有足够的排气能力，也就是一旦其排气，系统压力应不再升高并且有逐渐降低关闭的趋势。

球阀和滑阀的结构原理相似，这里只介绍球阀，如图 3—91 所示，球阀在推杆和调压弹簧的作用下紧抵在阀座上，封闭系统和大气即 P 口与 O 口的通道，使系统在调压弹簧设定的气压条件下安全地工作，一旦系统压力超过弹簧的设定压力，气压顶动球阀克服推杆和弹簧的弹力抬离阀座，打开 P 口与 O 口的通道，使系统卸压。当系统气压低于调定压力时，球阀在推杆和弹簧的弹力下复位到图示状态。此为安全阀的工作原理。

2. 流量控制阀

流量控制阀以调节空气流量的大小来控制阀后气缸或气马达的运行速度，它是通过其内部通路面积的变化来改变空气流量的，按用途机能分可分为节流阀、单向节流阀、排气节流阀、快速排气阀等。这里只介绍节流阀。

如图 3—92 所示，阀芯是在圆柱体上开有若干个三角沟槽的开口，通过调节其与阀座的配合位置来改变通流面积，顺时针拧动阀芯上部的方块，阀芯伸进阀座的长度增加，三角槽沟与阀座孔的配合间隙减小，P 口至 A 口通流面积变小，气流减少，执行元件速度降低，反之亦然。此为节流阀的工作原理。

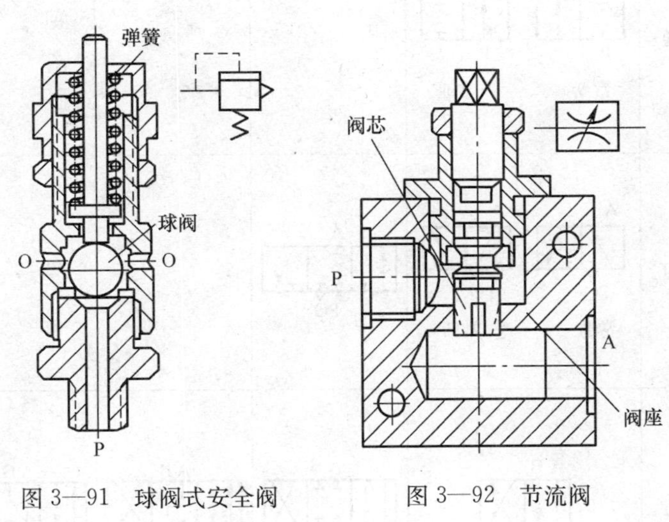

图 3—91　球阀式安全阀　　　图 3—92　节流阀

3. 方向控制阀

方向控制阀是通过改变阀芯与阀座的配合位置来控制压缩空气的流动方向和通断，实现对执行元件往复或正反转运动控制的一种控制阀。

按阀内气流作用方向分为两大类：一类是可以改变气流流动方向的方向控制阀，称为换向阀；另一类是只允许气流沿着一个方向流动的方向阀，称为单向阀。

按气口数切换位置数分，常用 5/2、3/2、2/2 等表示，第一个数字是指通口数，第二个数字是指位置数，如 5/2 表示二位五通阀。各种通口数和切换位置换向阀的机能可用图形符号表示，见表 3—11。

表 3—11　　　　　　换向阀的图形符号

位置数 / 通口数	二位	三位		
		中间封闭式	中间卸压式	中间加压式
二通	A P 常断 A P 常通			
三通	A PO 常通 A PO 常断	A PO		
四通	AB PO	AB P O	AB PO	AB PO
五通	AB O_1PO_2	AB O_1PO_2	AB O_1PO_2	B O_1PO_2

按改变阀芯切换位置的控制方法分，可分为压气控制、电磁控制、人力控制和机械控制，其图形符号示例见表 3—12。单向阀的结构原理参见液压传动，这里不再叙述。

表 3—12　　控制方式符号

控制方式		符号	控制方式		符号
人工控制	手柄控制		电磁控制	直动式控制	
	按钮控制			先导式控制	
机械控制	弹簧控制		气压控制	直接控制	
	滚轮控制			先导控制	

图 3—93 所示为二位五通气控滑阀的结构原理图。这种阀是利用带有环形槽的圆柱阀在阀套内做轴向移动来改变气流通路的，图 3—93a 的图示状态为常态，即阀芯在左端弹簧的作用下移向右端，使阀体的 P 口与 B 口相通，A 口与 O_1 相通。A 口通气缸的无杆腔，B 口通气缸的有杆腔，P 口通压缩空气，O_1 口与 O_2 口接消声器通大气。此状态为气缸活塞杆收缩状态。图 3—93b 的图示状态为控制气压接通换向阀右端，气控腔气压推动阀芯克服弹簧张力左移，使阀体的 P 口与 A 口相通，B 口与 O_2 口相通，此状态为气缸活塞杆伸出状态，右端控制气压消失，阀芯在弹簧的张力下恢复到右端，即图 3—93a 的状态。此为换向阀的工作原理。

七、气动辅助元件

一个完整的气压传动系统除以上重要的动力元件、执行元件、控制元件外，还需要有辅助元件共同作用，才能使系统正常的工作，缺一不可。下面将逐一进行介绍。

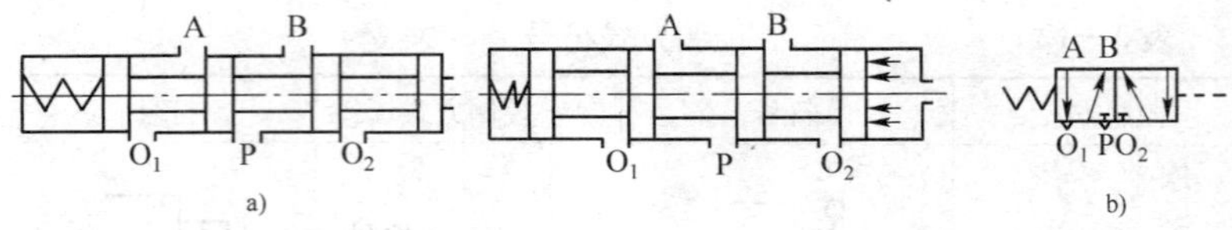

图 3—93　二位五通气控滑阀结构原理图

1. 储气罐

储气罐的作用是储备一定量的压缩空气，保障工作系统有充裕的气量供应，降低因气源变化所导致的压力脉动，有主罐与分罐之分，主罐接近压缩机安装，分罐接近其后的执行元件安装。储气罐是重点维护元件之一，一要对其压力表进行定期检测，二要防止碰撞或挤压引起永久变形，三要使用完毕进行排水，防止意外事故的发生。

2. 分水过滤器

来自气压发生装置的空气中含有水分、灰尘等，为了防止其进入气动控制回路，在入口处要设置分水滤气器，典型的分水滤气器如图 3—94 所示。由入口进入的压缩空气通过旋风叶片，使气流产生旋转运动，旋风效应使较大的游离水滴和灰尘等杂质撞击到存水杯内壁上并沿壁面落到水杯底部，这样大部分杂质都被除去，压缩空气再经过由烧结金属（或合成树脂）制成的无数微孔的滤芯进一步除去细微的灰尘颗粒后由出口流出，净化后的空气再经油雾器化油之后，进入控制和执行元件，以减少摩擦副的磨损，延长其使用寿命，经分离后的污水储存在存水杯底部，在底端装有手动排水阀或自动排水阀，可将污水排到大气中去。

3. 油雾器

气动元件中，气缸、气马达和气阀等内部常有滑动部分，也称摩擦副。为使滑动部分动作圆滑、减少磨损、延长寿命，一般需加入润滑油。油雾器是利用流动的压缩空气将润滑油喷成雾状后送到其后的气动元件的。其结构原理如图 3—95 所示，流入油雾器主体的空气流压力，通过中央的文丘里管部分时降低，文丘里管前较高压力的压缩空气通过单向阀导入油杯内，对杯内润滑油面加压；滴下窗部分通过小孔和文丘里管中央连接，此处气压比输入侧低。因此，润滑油在压差的作用下通过导管被压上，经过针阀调节后可通过视油器看到滴油量，然后再通过小孔成雾状混入到气流中输出。此为油雾器的工作原理。

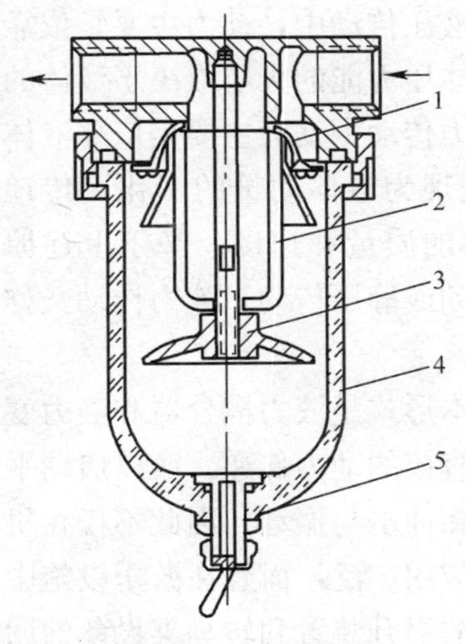

图 3—94　分水滤气器

1—旋风叶片　2—滤芯　3—挡水板　4—存水杯　5—手动放水阀

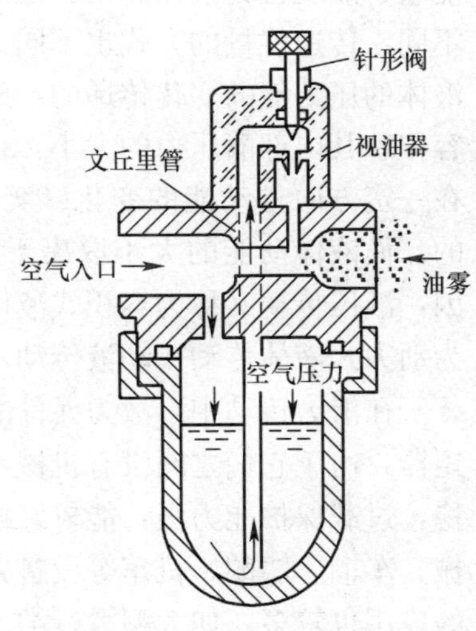

图 3—95　油雾器结构原理图

4. 其他元件

（1）气压表用以指示系统气压，要保持清洁并定期进行检测。

（2）消声器用于调节执行元件的排气速度，减少排气噪声。

（3）系统各元件需要用管件、（金属管、软管）接头和密封圈可靠地连接装配在一起，无松动、无泄漏。

（4）销轴、垫圈、螺母、螺栓、平垫、弹簧垫、开口销、支架、减振器等是动力元件和负载的连接紧固、管件的固定时必不可少的元件。

第八节　液力传动原理

液力传动与液压传动的共同特点是以液体为工作介质来传递能量，故统称为液体传动。但液体在两种传动系统中的运动状态不同，传递能量的方式也不同。在液压传动中，动力主要是依靠液体的压力能的变化传递的，而液体压力能的大小取决于液体的容积和其内部静压力的大小。在液力传动中动力主要是依靠液体在一定方向上动能的变化（实际表现为液体动量的变化）传递的，而液体动能的大小取决于液体的质量和速度。基于上述原因，液压传动又称为容积式液体传动或静压传动，液力传动又称为动力式液体传动或动液传动。

在液力传动中，液力元件的基本形式是液力耦合器和液力变矩器，由于它们之间没有机械零件直接的动力传递，所以启动平稳，过载保护能力强，能较好地缓和冲击与振动，因此不仅在机械、车辆、船舶、机车等设备方面应用广泛，而且在游乐设施中的应用也较多。如大型滑行类设备的提升装置和转马类设备的回转驱动装置中多有采用。鉴于当前游乐设施中多采用液力耦合器，尚未见到液力变矩器的应用场合，故这里只对液力耦合器的传动原理、结构、性能与使用维护做一介绍。

液力传动实际上是由一组离心泵—涡轮机系统组成的，如图3—96所示，动力机带动离心泵旋转，离心泵从液槽中吸入液体并带动液体旋转，旋转的液体在离心力的作用下以一定的速度进入导管，这样离心泵便把动力机的机械能变成了液体的动能，从泵排出的高速流动着的液体经导管喷射到涡轮机的叶片上，使涡轮转动，涡轮轴也就可以带动负载做功，流过涡轮的液体速度减小并改变了方向而落入液槽，这样液体的动能减小了，同时从涡轮机轴上输出了机械能，即涡轮机把液体的动能变成了机械能。这种主要依靠液体动能来传递动力的传动称为液力传动。

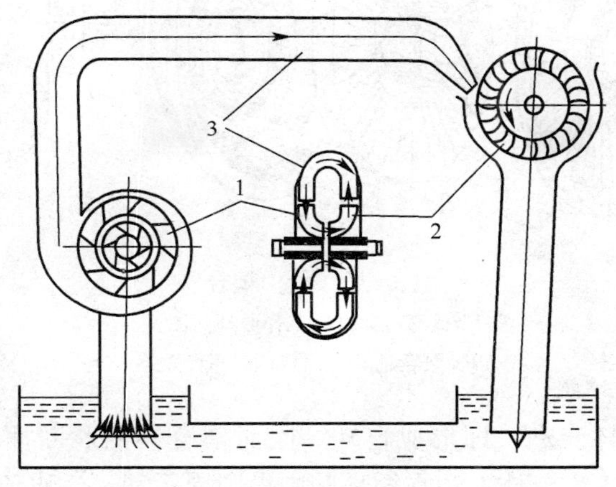

图 3—96 液力传动原理图

1—离心泵 2—涡轮机 3—导管

一、液力耦合器的结构原理

图 3—97a 所示为液力耦合器零件外形，图 3—97b 为其工作原理简图。液力耦合器主要由泵轮 B 和涡轮 T 组成，两轮的环状壳体内径向均匀分布着许多叶片，泵轮轴与动力机相连，涡轮轴通过其他传动件与工作装置相连，泵轮 B 与盆形壳体固定连接组成耦合器的外壳，壳内充满着工作液体，泵轮和涡轮以其端面相对，两端面有一定的间隙。

当动力机带动泵轮旋转时，泵轮叶片间的工作液体一方面随叶片绕轴转动即公转；另一方面在离心力的作用下冲向泵轮外缘并沿液力耦合器内壁冲向涡轮。高速流动着的液体冲击涡轮叶片，使涡轮承受一个扭矩，若此扭矩大于外负荷，则涡轮转动动力从涡轮轴输出，工作液体冲击涡轮叶片的同时又沿涡轮壳体内壁流向泵轮，这样在耦合器的断面上，液体不断沿两工作轮壳体

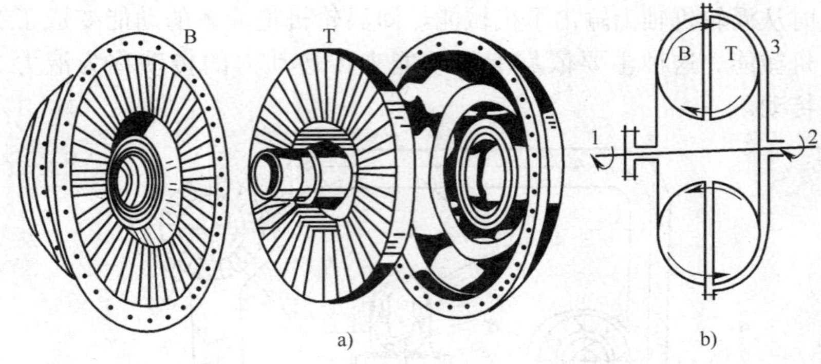

图 3—97 液力耦合器

a）外形 b）工作原理简图

1—泵轮轴 2—涡轮轴 3—壳体

的内壁循环流动，即形成自转，因而耦合器的此断面称为循环圆。因为工作液体一边在循环圆中做圆周运动，一边随两工作轮绕其轴线转动，因而液体实际上是做圆周螺旋运动，如图 3—98 所示。

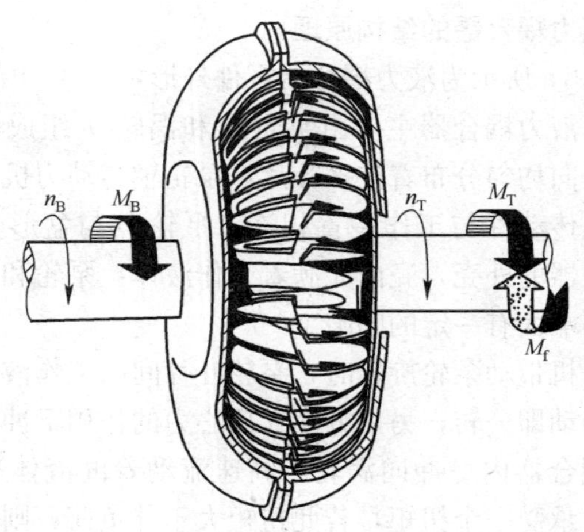

图 3—98 液体质点在液力耦合器中的运动轨迹

二、液力耦合器的特性

设动力机对泵轮的作用扭矩为 M_B，涡轮输出扭矩为 M_T（外负荷扭矩 $M_f=M_T$），在液力耦合器两工作轮均作匀速转动的情况下，若忽略各轴承的摩擦力则可写出液力耦合器的力矩平衡方程式为：

$$M_B-M_f=0$$

故
$$M_B=M_f$$

又
$$M_f=M_T$$

从而便得出 $M_B=M_T$，即无论两工作轮转速多快，只要均作匀速转动，则液力耦合器的输入力矩就等于输出力矩，所以液力耦合器又称为液力联轴器。

从液力耦合器的工作原理可知，只有工作液体在液力耦合器循环圆中循环流动形成旋转环流时，液力耦合器才能工作，而形成旋转环流的必要条件是泵轮与涡轮的转速不等。设泵轮转速为 n_B，涡轮转速为 n_T 涡轮与泵轮的速比 $i=n_T/n_B$，液力耦合器正常工作时始终有 $n_T<n_B$，即 $i<1$。

因为耦合器两工作轮的几何形状一般具有对称性，泵轮转速 n_B 升高使泵轮中的液体所受的离心力大，有助于循环圆中液体流量的增加；而涡轮转速增高对循环液流来讲是使离心阻力加大，循环流量减少，因而当涡轮不转（即 $n_T=0$）时循环流量最大，随着涡轮转速的增高，循环流量减少，当涡轮转速等于泵轮转速时，循环流量为零，此时液体不流动，不冲击涡轮叶片，因而无力矩输出。

在不采取其他结构措施的情况下，液力耦合器内的循环流量 Q 具有如图 3—99 所示的变化规律。

液力耦合器的输入功率为：$N_B=M_B\times n_B$

输出功率为：$N_T=M_T\times n_T$

则耦合器的效率为：

$$\eta=N_T/N_B=(M_T\times n_T)/(M_B\times n_B)=n_T/n_B=i$$

从实验和理论推导均可得出液力耦合器的特性曲线，如图3—100所示。

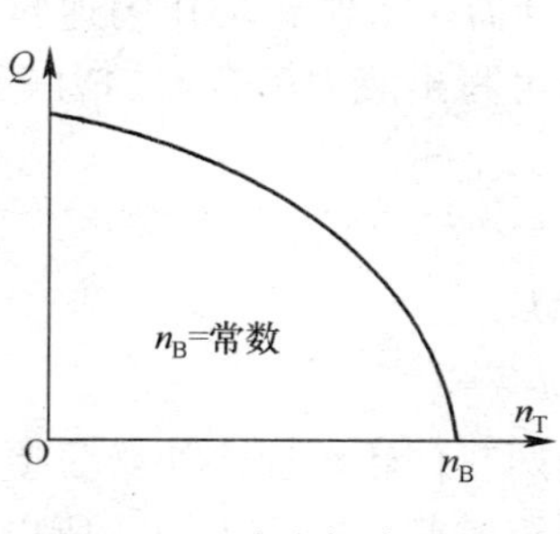

图 3—99　液力耦合器循环流量变化规律

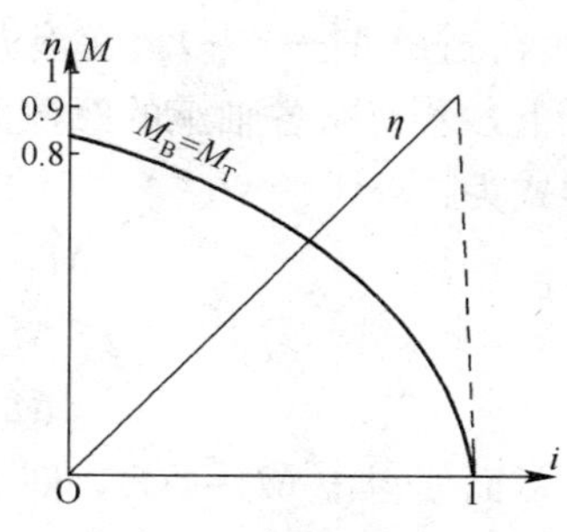

图 3—100　液力耦合器特性曲线变化规律

由液力耦合器的特性曲线看出液力耦合器的输入力矩（即泵轮力矩）始终与输出力矩（涡轮扭矩）相等，它们随着涡轮与泵轮速比 i 的增大而减小。i 越小即涡轮与泵轮的转速之差越大，扭矩就越大；两工作轮转速趋于相等（$i=1$）时，液力耦合器传递的扭矩为零。比较图 3—99 与图 3—100 可知，液力耦合器循环圆中的流量 Q 与其所传递的扭矩的变化规律完全相同，流量增大，传递扭矩增大；流量减小，传递扭矩减小；流量为零，传递扭矩为零。

液力耦合器的传动效率与速比相等，因而速比增大时，效率值增高，但当速比接近于 1 时，传递的扭矩趋近于零，由于此时摩擦力产生的功率损耗在传递功率中所占比重很大，因而使效率 η 急剧降低。实际上由于摩擦力的存在，涡轮的转速不可能增大到与泵轮转速相等，即速比永远小于 1。一般情况下，液力耦合器的传动效率的最大值为 0.98～0.985。

三、液力耦合器的分类及应用

按特性分，液力耦合器有三种基本类型：标准型、安全型和调速型。

从目前游乐设施中的应用情况看，标准型最为常见，尚未看到应用后两种形式的场合，故这里只对标准型液力耦合器的特性及结构阐述如下。

图 3—97 所示为标准型液力耦合器的结构简图。其结构最简单。其特性曲线如图 3—101 所示。因为液力耦合器正常工作时，总希望传动效率尽量高，因而设计液力耦合器时按$\eta = iH = 0.96 \sim 0.98$确定其额定扭矩 M_H，所以这种液力耦合器处于制动工况时（泵轮转速不变，涡轮转速为零），制动扭矩可达额定扭矩的 6～20 倍。

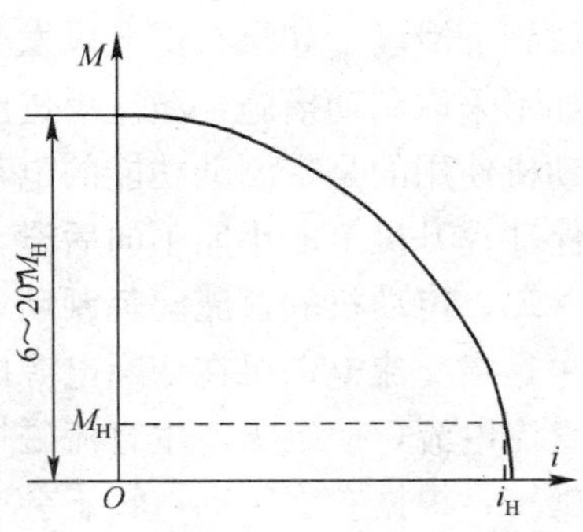

图 3—101　标准型液力耦合器的特性

四、液力耦合器使用中的注意事项

1. 防护

（1）不要与其他物体发生碰撞，以免造成损坏。

（2）转动时防止意外触及造成人身伤害。

2. 定期检查加满油液，防止渗漏，保持清洁。

3. 储备一定量的易熔合金或易熔塞，待其过载喷油后填充或更换。

第九节　游乐设施的电制动

电制动可以理解为电动机制动。电动机传动可以认为是一种刚性传动。如果电动机做减速运动或是制动，被动体也会做相应的减速运动或是制动。

一、带制动功能的电动机

实际上这是一种电动机上的机械制动，既有直流的也有交流的。在电动机内部的一端安装一套抱闸式制动器。制动器得电时抱闸打开，电动机正常旋转，失电时抱闸锁紧，电动机制动。激流勇进游艺机是由提升机系统将船提升到最高位置，然后将船顺势放到下滑段。如果在提升段发生意外，必须使用急停手段。这时如不采取制动措施，激流勇进船会沿提升带倒退行进。该设备电动机使用的是带制动功能的电动机。其设计意图是在发生意外时保证提升机上的小船不向后滑。

二、电动机的直流能耗制动

是指交流电动机在切断电源以后，立即向电动机定子绕组注入直流电流，使定子产生直流磁场。而转子由于惯性仍然按原方向旋转，根据右手定则，转子会产生感应电流，此电流在固定磁场作用下产生一个力矩，力矩的方向与电动机按惯性转动的方向恰好相反，所以起到制动作用。电动机软启动器的制动功能就是按照这个原理制成的。

三、交流电动机反接制动

电动机断电后，由于惯性作用，还有一段惯性时间。电动机的反接制动是在断电的同时，改变输入电源的相序，使转子产生一个逆旋转方向的制动力矩。经过短暂的时刻，在切断电源后电动机会很快停止转动。这种制动方法称为反接制动。反接制动结构较简单，实现较容易，但制动特性差，且制动时定子绕组电流较大，需在定子回路中串入限流电阻（此法为降压反接制动），故在平时使用较少。

四、变频器制动

通过变频器有两种方式可以制动。第一，电阻能耗制动。这种电阻能耗制动广泛用于带变频器的游乐设施上，换句话说游乐设施上只要使用变频器大部分使用电阻能耗制动。其原理是：降低变频器的输出频率，此时由于旋转物的惯量，电动机产生一个高于变频器输出频率的转差率。这个转差率变成转差磁场，继而形成转差电流，此电流经变频器 IGBT 模块送至直流母线上，再经变频器的制动单元向制动电阻放电，从而完成电阻能耗制动这一过程。这一过程还可以解释成由于转差率作用，电动机在制动过程中变成发电机向制动电阻馈电。第二，电网反馈制动。其原理与电阻能耗制动相同，只不过是将电阻能耗制动中的制动单元和制动电阻变为电网反馈单元和电网，即将产生的能量反馈到供电电网上。其优点是节能。如图 3—102所示。

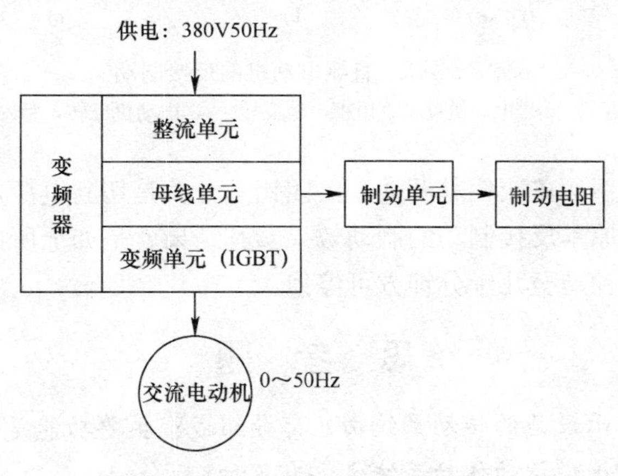

图 3—102　变频器制动

五、直流电动机的反接制动

从图 3—103 中可以看出，无论是改变电枢电压方向还是改变励磁线包的电压方向（两者只能改变其一），都可以改变磁场方向，从而改变转矩方向，使电动机制动。这样的制动是强制性制动，很少采用。一般情况下，在一定时间内将电枢电压或励磁电压逐渐减少至零然后逐渐加大反方向电压，最终停止供电，从而达到电动机的减速到制动的过程。直流调速器是可以完成这个功能的。海盗船（直流电动机为主传动）、大摆锤等复摆运动形式的游乐设施使用此技术可以使设备在几十秒时间内停稳。否则，靠游乐设施自摆运动消耗内部能量往往需要十几分钟乃至几十分钟方可停稳。

在这类游乐设施上往往有一种错误的操作，遇到紧急情况不

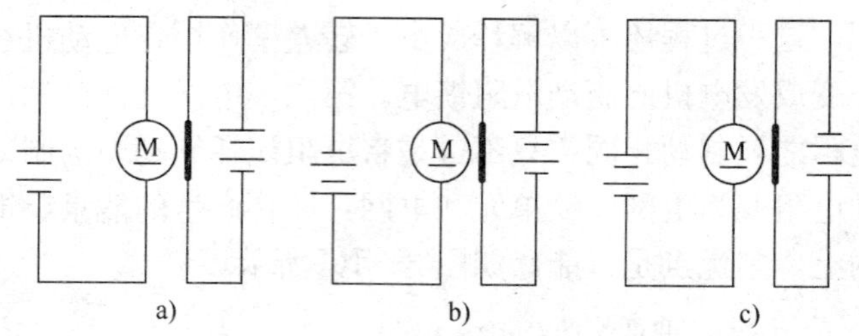

图 3—103 直流电动机的反接制动

a）电动机正转 b）电动机反转，电枢电池反接 c）电动机反转，励磁电池反接

按急停按钮而关闭钥匙开关。关闭钥匙开关是切断电源，也就意味着取消原本反接制动的制动效果。其结果就是如上所述往往需要十几分钟乃至几十分钟方可停稳。

思 考 题

1. 游乐设施的传动系统由几部分组成？主要功能是什么？
2. 游乐设施的传动系统主要有几种？
3. 常见的机械传动有几种？
4. 常见的流体传动有几种？
5. 按齿轮结构分齿轮可分成几种？
6. 按减速装置分齿轮可分成几种？
7. 齿轮、齿条传动的特点是什么？
8. 斜齿圆柱齿轮传动的特点是什么？
9. 锥齿轮传动的特点是什么？
10. 蜗杆蜗轮传动的特点是什么？
11. 蜗轮蜗杆减速器常应用在什么场合？可分成几种？
12. 行星减速器可分成几种？
13. 机械式联轴器可分成几类？
14. 机械式制动器可分成几类？
15. 什么是板式制动器？

16. 制动器的驱动及控制方式有几种?
17. 回转支撑由几部分组成? 可分成几类?
18. 液压系统主要由几种元件构成?
19. 液压系统动力元件的功用是什么? 有哪几种形式?
20. 液压系统执行元件的功用是什么? 有哪几种运动形式?
21. 液压系统控制元件有哪几种? 各起什么作用?
22. 液压系统辅助元件有哪些?
23. 气压系统主要由几种元件构成?
24. 气压系统动力元件的功用是什么? 有哪几种形式?
25. 气压系统执行元件的功用是什么? 有哪几种运动形式?
26. 气压系统控制元件有哪几种? 各起什么作用?
27. 气压系统辅助元件有哪些?
28. 液力耦合器是怎样工作的?
29. 什么是电制动?
30. 什么是电动机的直流能耗制动?
31. 什么是交流电动机的反接制动?

第 四 章

游乐设施的安全装置

本章知识要点

1. 了解游乐设施安全防护知识
2. 掌握大型游乐设施人体保护装置

第一节 座舱中的安全装置

一、安全带（见图 4—1）

高空旋转的敞开式座舱，如自控飞机、金鱼戏水、旋风等，均应采用安全带，其带宽应为 50 mm 左右，应采用尼龙编织带，不要采用棉线带、塑料带、人造革带及皮带。前三种强度较弱，易损坏，皮带经雨淋后易变形断裂。安全带宜分成两段，分别固定在座舱上，固定方法必须可靠。若安全带固定在玻璃钢座舱上，其固定处必须有钢筋板或埋设的金属构件，以保证其强度。

二、安全挡杆

此种形式（见图 4—2）即可做安全挡杆用，也可做扶手用。挡杆的锁紧形式多种多样，既可采用方便的插销式，也可采用像门锁一样的弹簧撞击式。弹簧撞击式的撞头做成楔形，拉动挡杆到位后，撞头可插入孔内。

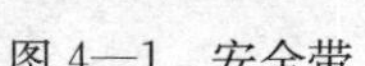
图 4—1　安全带

图 4—2　安全挡杆

三、液压锁紧挡杆

图 4—3 所示为液压锁紧挡杆示意图。液压回路中的二位二通电磁阀为常开式。游乐设施停止运转时，电磁阀不通电形成通路。油缸是上下腔连通的，安全杆可自由摆动。游乐设施启动后，电磁阀通电，油路被截断，则安全杆被锁住，起到安全保护作用。

为防止电磁阀出现故障，发生安全杆锁不住的情况，最好再辅以插销挂钩等装置。电磁阀是否动作，应有信号指示。

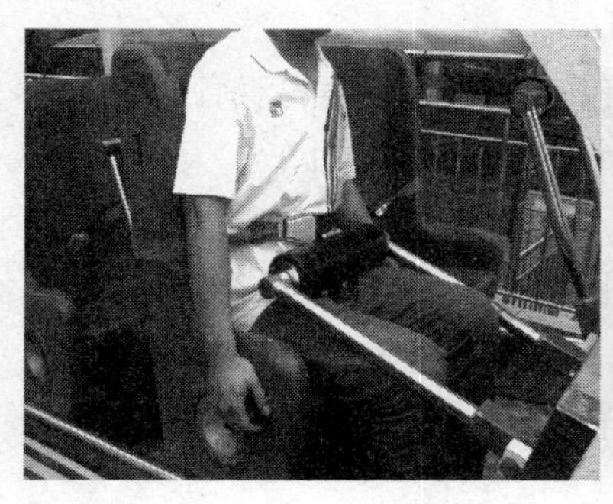

a)

b)

图 4—3　液压锁紧挡杆

四、安全压杠

图 4—4 所示为座舱中常用的安全压杠，一般用无缝钢管或不锈钢管制成，直径为 40～50 mm。主要作用是压住乘客的大腿部并拦住身体，在座舱有倾斜运动或摆动的游乐设施中应用较多。安全压杠必须有不能随意打开的锁紧装置，大都采用弹簧插销式锁紧。

a)

b)

图 4—4　座舱中常用的安全压杠

五、肩式安全压杠

图 4—5 所示为肩式安全压杠。

该压杠用钢管制成，外加软包装，压在乘客的双肩上，大都用在座舱在垂直平面回转的游乐设施上，如过山车、天转地转、流星锤等（失重过大的游乐设施上也有应用）。压杠的锁紧和打开大多采用液压缸来完成。电磁阀通电时，液压缸上下腔连通，压杠可打开，不通电时，液压缸上下腔不连通，压杠处于锁紧还是打开状态均有信号显示，若显示未锁紧，则开机按钮不起作用。

由于此种压杠用在高空高速危险性较大的游乐设施上，故除液压缸锁紧外，还应有两道保险装置，如弹簧插销式、棘轮棘爪式等，以做到万无一失。

六、双保险门

在空中运动的游乐设施，若为封闭式座舱，其进出口的门必须设两道门销，以防在运动过程中，由于冲击振动或锁失效，舱门自动打开，乘客安全受到威胁。常见的游乐设施如观览车、太空船等，其进出口的门均为两道锁紧装置。图 4—6 是观览车的门，锁紧方式是在门把手上有一个撞块，可把门锁住。另外，还设一个插销。此插销必须装在座舱外面，防止乘客在运行过程中自行打开舱门。

图 4—5　肩式安全压杠

图 4—6　两道锁紧装置的门

七、座舱进出口拦挡物

座舱进出口拦挡物一般都设置在儿童乘坐的游乐设施上。尽管小型游乐设施速度慢，且大都在地面上运行，为了保证儿童安全，在进出口处要设拦挡物。图 4—7 所示为栅栏门式，小火车进出口的拦挡物大都采用环形链条。

八、安全把手

在绝大部分游乐设施的座舱中，都设有安全把手（见图 4—7），把手虽小，但在安全方面，却起着非常重要的作用。当游乐设施出现冲击振动时，只要抓住把手，就能使身体保持平稳。在出现事故，甚至座舱翻转 90°时，在没有别的安全设施的情况下，只要牢牢抓住把手，也不会造成人身事故。

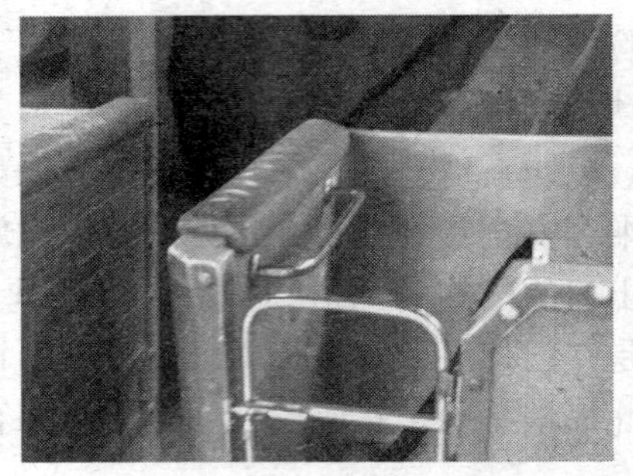

图 4—7　座舱中安全把手与进出口拦挡物

第二节　吊挂乘坐物的保险装置

一、吊挂座椅的保险装置

在游乐设施运转过程中，如果销轴断裂，因有保护绳牵引，坐席不会被甩出，从而也保证了乘客的安全。图 4—8 是一空中转椅游艺机的吊挂座椅安全保护装置，用 4 根环链吊挂完全可以保持座椅的平衡，但为了安全，标准规定必须加设保险绳保护，这样，当一根环链或吊挂该链的销轴断裂时，座椅在高速运行中因还有保险绳牵引，不会因失去平衡而发生事故。

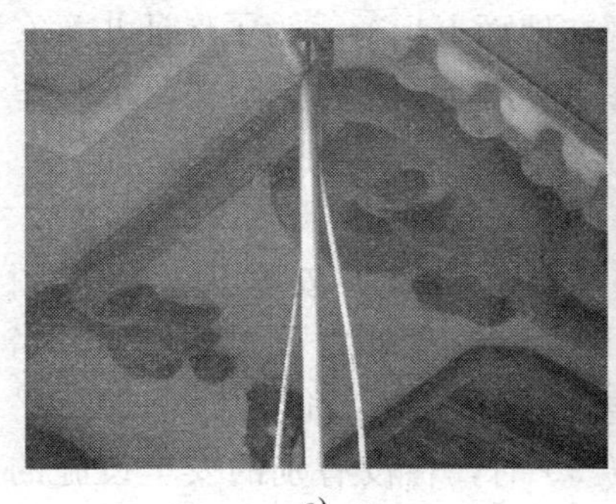

a)

b)

图 4—8　吊挂座椅安全保护装置

图 4—9 是一坐席吊挂在钢性构件销轴上，为了确保安全，加了一条保护绳。常见的海盗游艺机就是采用此种保险方式。

a)　　　　　　　　　　b)

图 4—9　吊挂在钢性构件的坐席保护绳

二、吊挂摆动舱的保险装置（见图 4—10）

摆动舱由钢结构架吊挂（吊挂臂）。在摆动过程中，若吊挂臂或上下销轴断裂，摆动舱就会坠落。加以保险绳后，可防止类似事故发生。保险绳的吊挂点（吊环）必须与吊挂臂的吊挂点（销轴）分开。这样不仅对吊挂臂起到了保险作用，对吊挂销轴也起到了保险作用，常见的勇敢者转盘游艺机就是采用此种保险方式。将保险绳吊挂点与吊挂臂的吊挂点合二为一的方式是不符合要求的。

a)

b)

图 4—10　吊挂摆动舱的保险绳

第三节 撞击缓冲装置

一、疯狂老鼠车辆的缓冲装置

图 4—11 是一个疯狂老鼠游艺机的座舱，座舱前后均设有撞击缓冲装置，前面有缓冲杠和弹簧，当本车撞击其他车时，靠弹簧起到缓冲作用。当其他车撞击本车时，其他车前面有弹簧缓冲装置，本车后面有橡胶管缓冲，所以可大大减轻撞车对乘客造成的伤害。

疯狂老鼠游艺机在运行时，轨道上经常有 2～3 辆车，若车本身出现事故，或轨道上的制动装置失灵，就有可能出现撞车事故，另外，站台上的制动装置若失灵，车辆进站时，也会撞击停在站台上的车。因此，疯狂老鼠游艺机必须设前后缓冲装置，以保证乘客安全。

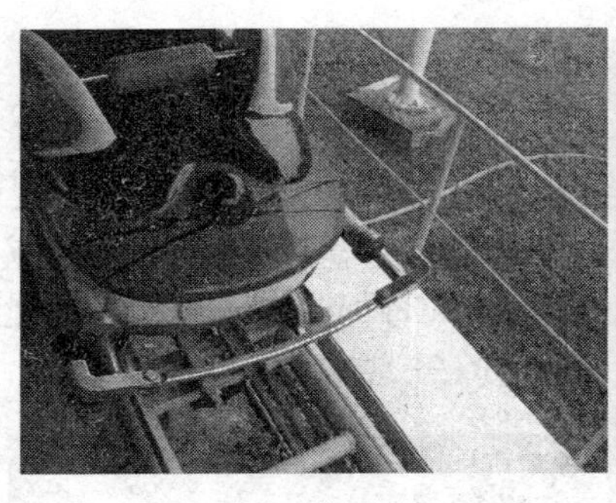
a)

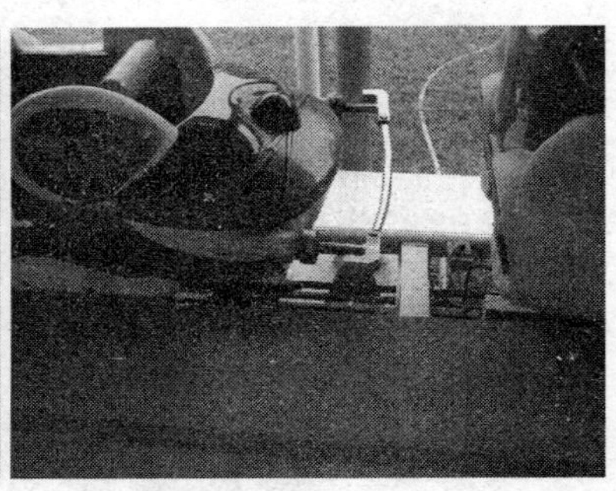
b)

图 4—11 车辆的缓冲装置

二、架空脚踏车的缓冲装置（见图 4—12）

架空脚踏车的轨道上，有时会有多部车同时运行，由于车的运行是靠人力驱动，故各车运行速度快慢不一，易发生撞车事故。另外，在进站时，若制动不及时，也会撞上停止的车辆，故前后都设置了缓冲装置，前面为弹簧缓冲，后面为橡胶板（或方形管）缓冲。

三、滑索的缓冲装置

滑索的滑车进站时，速度较快，冲击力较大，除有制动装置外，还必须设置缓冲装置。现大部分滑索都采用了弹簧缓冲加缓冲垫的方式。当滑车撞到弹簧后，速度会降低或停止，若停不下来，乘客撞到缓冲垫上，冲击力已不大（大部分乘客都用脚触垫），不会对人体造成伤害。但缓冲弹簧要有足够长度，其长度应在 1.5 m 以上，以保证有足够的缓冲力（见图 4—13）。缓冲垫大都用泡沫塑料制成，厚度不小于 400 mm，并有足够的面积（见图 4—14）。

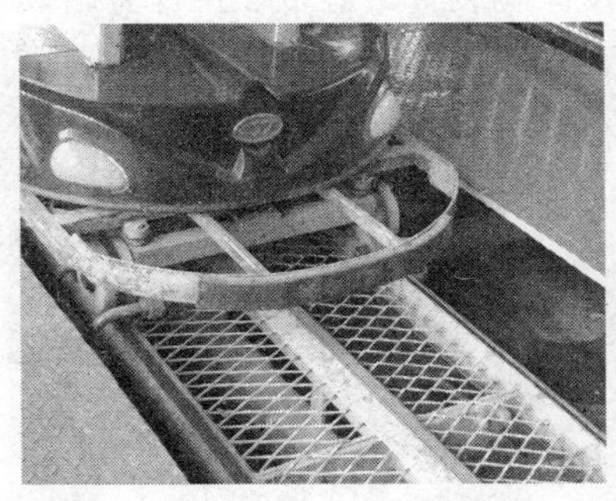

图 4—12　架空脚踏车的缓冲装置

图 4—13　滑索下站台的缓冲垫

四、弯月飞车的终端止挡

图 4—15 所示是弯月飞车终端止挡，防止飞车冲出轨道。

图 4—14　滑索下站台的缓冲弹簧

图 4—15　弯月飞车的终端止挡

第四节　其他形式的保险装置

一、回转臂式游乐设施的安全保险装置

回转臂式游乐设施，其座舱都安装在回转臂的端部，座舱与回转臂用铰链连接。为了使座舱在任何高度都能保持垂直状态，除了回转臂外，还要有牵引拉杆，此杆非常重要，一旦拉杆断开，座舱就会倾翻，所以一定要设保险装置。通常在拉杆旁附设一条钢丝绳，也有采用双拉杆的。双牵引杆如图 4—16 所示，钢丝绳安全保险装置如图 4—17 所示。

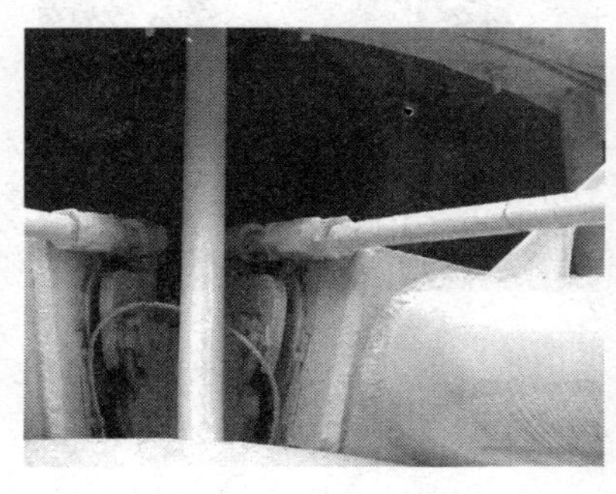

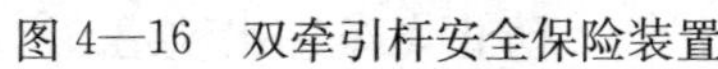

图 4—16　双牵引杆安全保险装置

图 4—17　钢丝绳安全保险装置

二、防倒滑装置

滑行车沿斜坡被牵引，一旦牵引链条断裂，应保证滑行车不下滑。这就要求设置防止自动下滑的挡块。当滑行车沿斜坡向上牵引时，挡块绕铰链点逆时针转动不妨碍上升。当牵引链条断开时，车体由于自重而下滑，迫使挡块顺时针旋转。由于齿条将挡块卡住，不能旋转，故车亦不能下滑。图 4—18 是轨道防倒滑装置，图 4—19 是车体上防倒滑装置。

图 4—18　轨道防倒滑装置

图 4—19　车体上防倒滑装置

三、重要连接件防松措施

大型游乐设施在运行中一般都有一些振动，有的冲击和振动还比较严重。在实际运行中，由于紧固件未采用防松措施，螺栓、挡板、销轴等松动现象时有发生，若未及时发现，极易造成事故。有些游乐设施实践中已经出现了这类问题。因此重要的连接件一定要采取防松措施。下面是几种常用的防松方法：

1. 弹簧垫圈防松，如图 4—20a 所示。
2. 双螺母防松，如图 4—20b、图 4—21 所示。
3. 采用止动垫圈防松，如图 4—20c 所示。
4. 采用槽型螺母与开口销防松，如图 4—20d 所示。
5. 采用轴端挡板固定销轴防松，如图 4—22 所示。

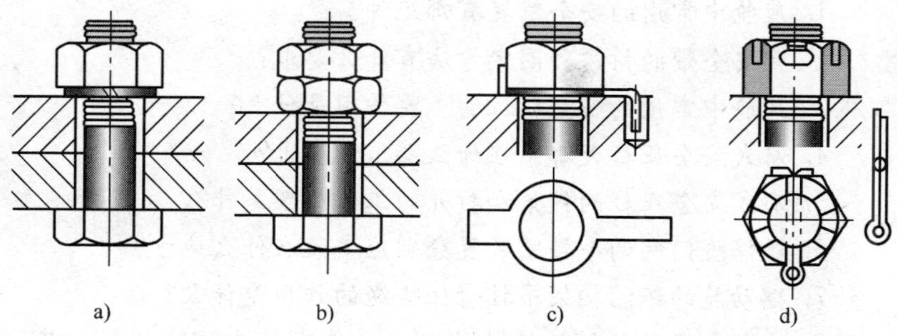

图 4—20　几种常用的防松方法

a）弹簧垫圈防松　b）双螺母防松　c）止动垫圈防松　d）槽形螺母与开口销防松

图 4—21　双螺母防松

图 4—22　轴端挡板固定销轴防松

两个固定螺栓之间一定要放弹簧垫圈。另外，挡板的安放必须考虑销轴的受力方向，不能使挡板承受压力。

四、升降牵引的安全保险装置

无论是游乐设施的整体升降，还是每个座舱的分别升降，无论是液压升降、气动升降，还是机械升降、钢丝绳牵引升降，在达到额定位置时必须有限位装置。否则不仅游乐设施易遭到破坏，而且人身安全也会受到威胁。常用的限位装置是限位开关，必要时可设两道。

思　考　题

1. 座舱中常用的安全装置有哪几种?
2. 对安全带的材质和固定方法有什么要求?
3. 座舱中常用的安全压杠的主要作用是什么?
4. 肩式安全压杠大都用在什么游乐设施上?
5. 肩式安全压杠的锁紧和打开的工作原理是什么?
6. 双保险门的两个锁紧装置分别应安装在什么地方?
7. 摆动舱的钢结构架吊挂臂保险绳的作用是什么?
8. 疯狂老鼠游艺机的座舱什么地方装有撞击缓冲装置，其作用是什么?

9. 如何消除滑索的滑车进站时的冲击力?

10. 回转臂式游乐设施的牵引杆的作用是什么?

11. 滑行车沿斜坡被牵引的防倒滑装置是什么?

12. 重要连接件的防松措施有哪几种?

第　五　章

游乐设施的电气系统

本章知识要点

1. 了解游乐设施的供配电系统

2. 熟悉游乐设施的电气控制系统、游乐设施的照明和灯饰以及电力拖动

3. 掌握游乐设施的电气安全保护

游乐设施的电气系统是游乐设施的指挥控制中心。电气系统的控制直接关系到游乐设施能否安全运行、正常运行、可靠运行。实际上，无论是游乐设施的制造商还是游乐设施管理者都非常重视这个问题。电气系统不仅关系到游乐园的运营收益，更与游乐园的形象息息相关。游乐设施的电气控制系统绝不能有半点马虎。

第一节　游乐设施的供配电系统

游乐设施的供配电系统与工业低压供配电系统相似。

这里，仅对电压、频率、供电制式、保护范围、电缆敷设方式等做一般介绍。

一、游乐设施供电制式

根据我国的实际情况，游乐设施的供配电一般采用三相五线

制或三相四线制，50 Hz 380 V 低压供电系统。

1. 三相五线制

L1、L2、L3、N、PE，即三相线、中性线和保护接地线。

2. 三相四线制

L1、L2、L3、N，即三相线和中性线。

二、供电电压及频率

AC380/220 V，50 Hz。

三、安全电压

《游乐设施安全规范》（GB 8408—2008）中对不同场合使用不同的安全电压做了以下规定：

6.4.4 乘客易接触部位（高度小于 2.5 m 或距离小于 500 mm范围内）的装饰照明电压应采用不大于 50 V 的安全电压。

6.4.5 由乘人操作的电器开关应采用不大于 24 V 的安全电压。

6.4.6 轨道带电在地面行驶的游乐设施，如儿童小火车等，轨道电压应不大于 50 V。

游乐设施使用的安全电压为 24 V 和 50 V 以下的电压。

四、游乐设施的供电方式

一般由游乐园、公园或游乐设施的直接供电单位的配电室（站、所）以点对点供电。供电方对受电方应具有过压、欠压、过流、过热保护功能。由于游乐设施大部分是感性负载，供配电系统中应该有合理的功率因数补偿。

点对点供电，即供电方一台断路器控制一台游乐设施。

五、电缆

馈电电缆一般应该采用地埋敷设，而不采用架空电缆敷设。

架空电缆会影响游乐设施的整体艺术效果，同时也存在一定的安全隐患。根据《游乐设施安全规范》（GB 8408—2008）中 6.6.5 的规定：游乐设施不应设置在高压输配电架空线路通道内。所以一般采用地下电缆敷设。

地下电缆敷设时不得损伤电缆，注意防鼠害。埋设深度一般为 0.7～1.2 m，电缆的周围一般用黄沙、建筑砖由里向外裹覆，裹覆厚度一般为 0.3～0.8 m。

第二节　游乐设施的电气控制系统

在我国，游乐设施生产企业属于特种机械制造行业。改革开放以来，游乐设施生产业以极快的速度发展，逐渐缩小了和国外同类型产品的差距。但是我国毕竟起步较晚，和游乐事业发达的国家相比还有一定差距。根据游乐设施使用的需要，这些游乐设施使用了智能控制管理。智能控制管理的核心部分包括单片机、PC 机、PLC 控制器、现场总线、人机界面等。在变频技术不断普及的今天，游乐设施不但使用了变频器技术，有的还使用了伺服控制技术；需要直流调速的场合使用了数字直流调控技术；有些游乐设施还可以接入因特网。需要的时候将游乐设施与因特网连接，设在异地他乡的总部可以随时通过因特网调用游乐设施里的数据，进行分析处理，还可以随时为游乐设施升级。

游乐设施的电气控制系统包括控制对象和控制方式。控制对象是游乐设施最终要完成的各种动作的载体。这种载体大部分是电动机，有交流电动机和直流电动机。如过山车的动作是将一列滑行车牵引到轨道最高点，然后滑行车沿轨道滑行。牵引过程就是电动机做功。又如旋转木马的旋转部分由电动机做功才能运动。再如疯狂老鼠游艺机在轨道上设有许多制动器，这些制动器的动作是由电磁阀控制汽缸再由汽缸驱动刹车板。控制方式有简有繁，以控制电动机为例，简单的一个开关一条线路一个电动机即能完成电动机的旋转动作。较为复杂的控制方式包括 PLC 技术、变频技术、伺服调控技术、精准定位等技术。用于游乐设备的控制方式大致可分为低压电器控制方式和智能控制方式。

一、低压电器控制方式的游乐设施电路

这种游乐设施的控制方式比较简单，稳定可靠、故障率低、便于维修。控制电器按其工作电压的高低，以交流 1 200 V、直流 1 500 V 为界，可划分为高压控制电器和低压控制电器两大类。低压电器是一种能根据外界的信号和要求，手动或自动地接通、断开电路，以实现对电路或非电对象的切换、控制、保护、检测、变换和调节的元件或设备。

以下的几个线路（见图 5—1 至图 5—4）是采用低压电器控制电动机，分别有不同功能。表 5—1 是对图 5—1 至图 5—4 的功能说明。

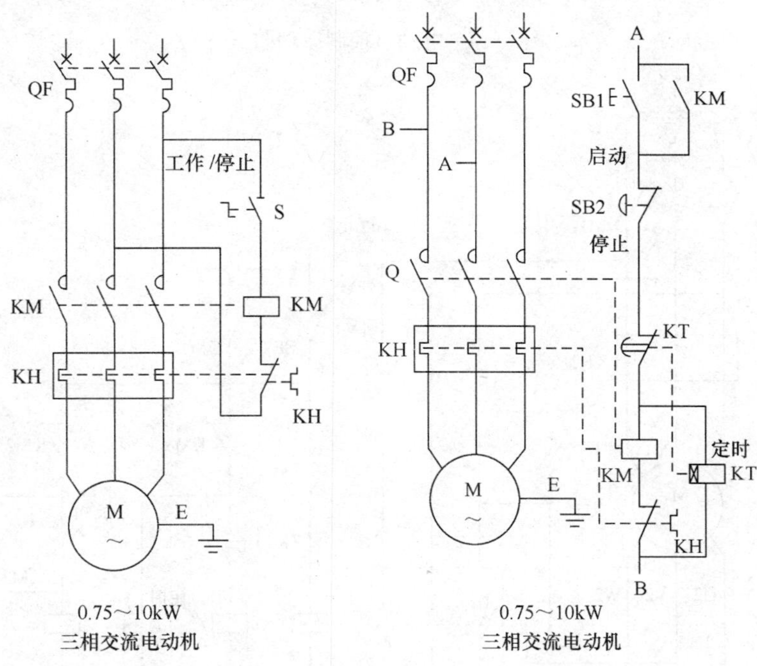

图 5—1　电动机控制原理图（一）　　图 5—2　电动机控制原理图（二）

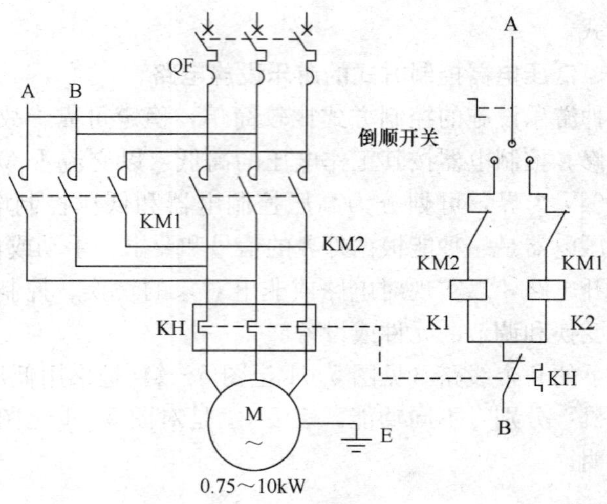

图 5—3　电动机控制原理图（三）

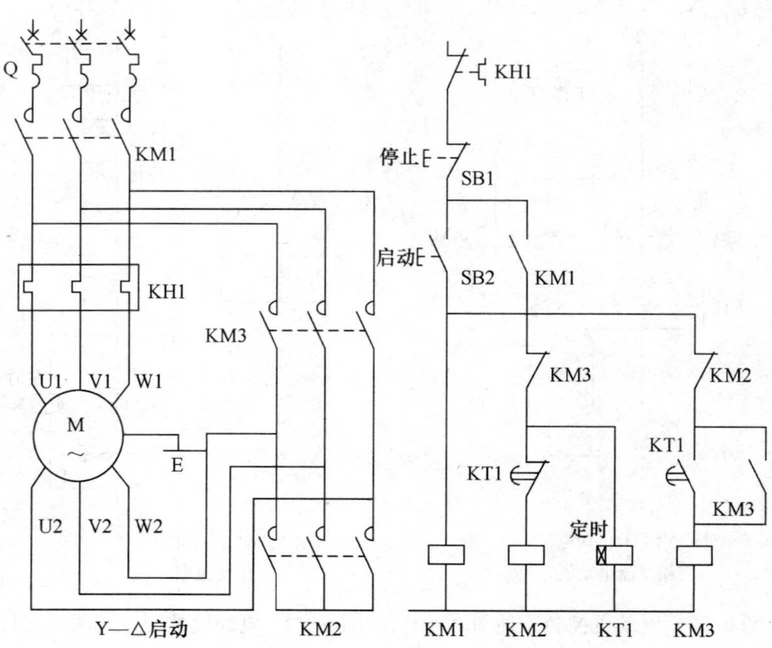

图 5—4　电动机控制原理图（四）

表 5—1 功能说明

图例	降压启动	定时	热保护	倒/顺	断路	启/停	电动机功率
图 5—1			√		√	√	小于 10 kW
图 5—2		√	√		√	√	小于 10 kW
图 5—3			√	√	√	√	小于 10 kW
图 5—4	√		√		√	√	大于 10 kW

二、智能控制方式的游乐设施电路

这类游乐设施控制电路的核心部分含有智能器件，具有一定的分析判断能力，可以改写已有的程序，其特点是小批量、多品种、故障率低、使用简单，可与一些外围电路配合组成完整的智能游乐设施电路。常用智能器件有单片机、PLC（可编程控制器）、工控机（PIC）、人机界面等。

1. 常用智能器件

（1）单片机。单片机又称微控制器，最早应用在工业控制领域。单片机由芯片内仅有 CPU 的专用处理器发展而来。最早的设计理念是通过将大量外围设备和 CPU 集成在一个芯片中，使计算机系统更小，更容易集成进复杂的而对体积要求严格的控制设备当中。

（2）PLC（可编程控制器）。是指以计算机技术为基础的新型工业控制装置。它采用一类可编程的存储器，用于其内部存储程序，执行逻辑运算、顺序控制、定时、计数与算术操作等面向用户的指令，并通过数字或模拟式输入/输出控制各种类型的机械或生产过程。可编程控制器及其有关外部设备易于与工业控制系统组成一个整体。

（3）工控机（PIC）。工控机即工业控制计算机，是一种加固的增强型计算机，它可以作为一个工业控制器在工业环境中可靠运行。通俗地说，就是专门为工业现场而设计的计算机。

（4）人机界面。又称用户界面或使用者界面，是人与计算机之间传递、交换信息的媒介和对话接口，是计算机系统的重要组成部分。它实现信息的内部形式与人类可以接受形式之间的转换。凡参与人机信息交流的领域都存在人机界面。常见的有触摸屏和文本显示器。

2. 具有一定智能功能的 PLC 控制电路

这种电路以 PLC 为核心，再加外围电路组成。PLC 有若干个输入、输出端，输入端用来接收传感器、开关等器件送来的信号，输出端控制继电器、接触器、电磁阀、指示灯等受控元器件。PLC 电路是现代自动化控制理想电路，这种电路把过去烦琐的分立元件电路简单化、编程化，特别适用于计算速度不高但可靠性要求很高的自动化场合。

图 5—5 所示是疯狂老鼠游艺机的平面图，在轨道上面分布着 4 个小车、4 个制动器、4 个停车位（同制动器）、1 个提升机、10 个传感器（接近开关）。

为了保证行车安全，一段轨道上允许一辆小车行驶，小车到达制动器前制动器打开，小车驶过制动器后使制动器自动关闭。前面若有小车，后面的制动器自动关闭。除发车按钮需要人工控制，所有制动器和停车位全部靠 PLC 自动控制。这个电路图仅仅有硬件是不够的还需要有相应的软件支持才可以工作。图5—6所示是 PLC 控制原理图电路。

3. 阀类控制电路

这类控制电路的控制对象一般包括气动电磁阀和液压电磁阀，这些电磁阀在游乐设施里得到广泛应用。如疯狂老鼠的制动器的闭合与放行、超级秋千的座舱摆动、空战机座舱的上下运动、青蛙跳座舱的上下运动、勇敢者转盘的倾斜和旋转、旋风飞椅塔身的升降等。这些电磁阀的电压一般为 AC220 V 或 DC24 V，电功率一般为 6～10 W。电磁阀的控制形式分为两种：开关控制和模拟控制。疯狂老鼠的制动器闭合与放行、超级秋千的座

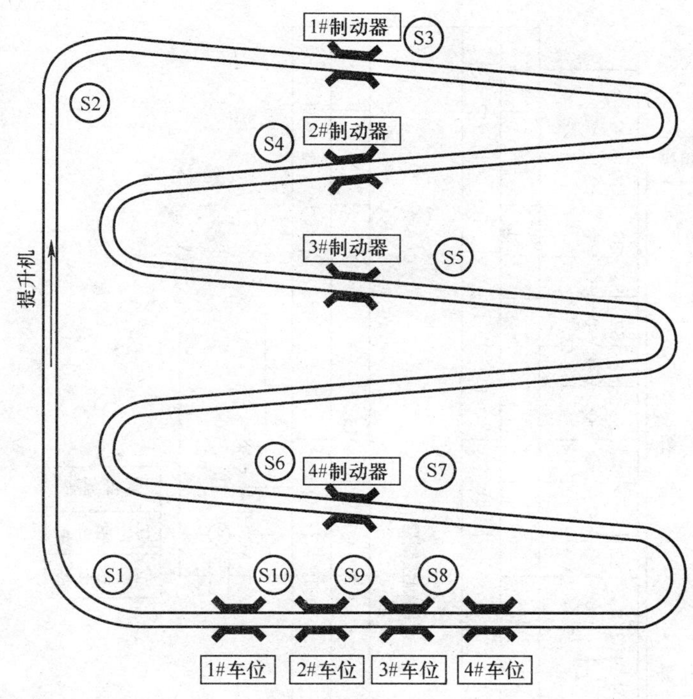

图 5—5　疯狂老鼠游艺机的平面图

舱摆动、空战机座舱的上下运动是开关控制电磁阀，青蛙跳座舱的上下运动、勇敢者转盘的转盘倾斜和旋转、旋风飞椅塔身的升降则是模拟控制电磁阀。前者比较简单，直接控制气路和油路的接通和断开就能完成动作需要。后者就比较复杂。以勇敢者转盘的转盘倾斜和旋转为例，考虑到旋转和升降的动作特点，不能用开关动作控制其启动和停止，只能用变量来控制其启动和停止。这种控制电路由控制信号产生电路、DA 电路（或预斜坡发生电路）和功率输出电路组成。

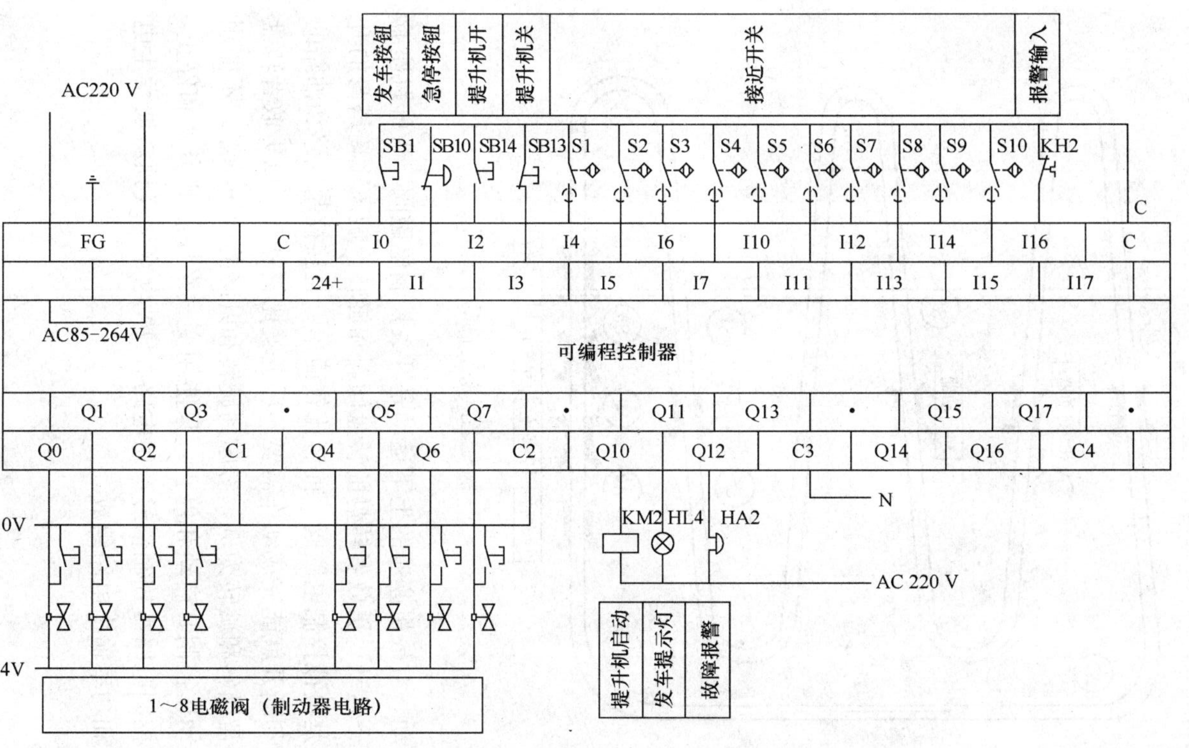

图 5—6　PLC 控制原理图电路

第三节　游乐设施的照明和灯饰

游乐设施的照明和装饰照明广泛被游乐设施制造商采用。无论是照明还是装饰照明在夜间都能起到渲染游乐设施的作用，达到烘托游乐设施整体的效果。

一、效果照明

相关设备包括投光灯、泛光灯、碘钨灯、射灯等。其特点是照射范围大，光照强度能够很好地烘托游乐设施的造型。一般安装在设备的外边，以投光方式照在设备上，光的颜色一般以白色为主，同时还可以使用绿色、蓝色、橘黄色、粉红色加以烘托。这些灯具的单台电功率一般为几十瓦到几千瓦，电压一般为 AC 220 V。安装这些灯具常用定式灯塔、灯杆、灯架、灯座，或者是地埋方式。

效果照明的注意事项如下：

1. 易产生眩光，眼睛不要直盯着光源。
2. 灯具表面温度很高，避免游客触摸灼伤。
3. 保持散热通畅。

二、游乐设施的装饰照明

一般安装在设备本体上，随设备一起运动。根据设备的美工效果，用装饰灯组成图案。这种灯具的体积和功率都不大，主流产品是蘑菇灯和美耐灯。蘑菇灯形状像蘑菇，这种灯广泛应用于游乐设施的装饰。灯的颜色有红、绿、黄、白、紫等，灯芯有白炽灯芯和 LED 灯芯。白炽灯芯式蘑菇灯的电功率为 6～10 W，电压一般为 AC24 V、60 V、120 V、220 V、240 V。灯芯为 LED 式的蘑菇灯电功率为 0.2～1 W，电压为 AC/DC12 V、24 V。美耐灯也称软管灯，有两线、三线、四线、五线之分，颜色有红、绿、黄、白、紫以及变色灯等，电功率为 10～40 W/m，电压为 AC220 V。

图 5—7、图 5—8 分别为投光灯和泛光灯，图 5—9 为碘钨

灯，图 5—10、图 5—11 为蘑菇灯灯板，图 5—12 为大摆锤灯饰，图 5—13 为大摆锤游艺机夜景，图 5—14 为美耐灯。

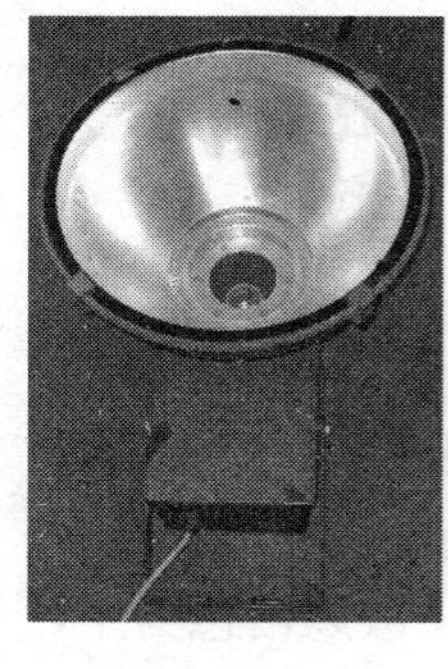

图 5—7 投光灯

图 5—8 泛光灯

图 5—9 碘钨灯

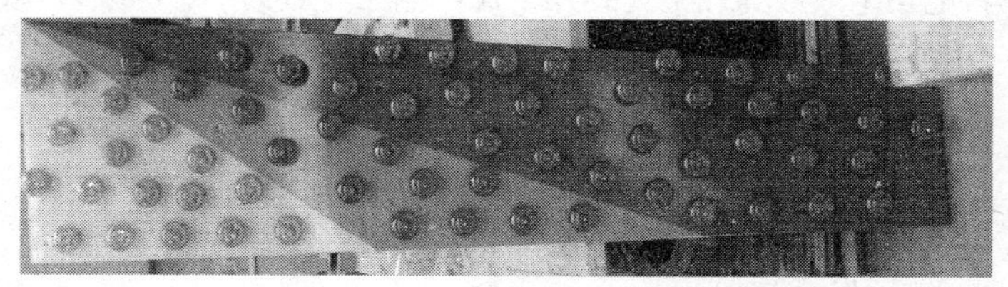

图 5—10 蘑菇灯灯板（一）

图 5—11 蘑菇灯灯板（二）

图 5—12　大摆锤灯饰

图 5—13　大摆锤游艺机夜景

图 5—14　美耐灯

第四节　游乐设施的电力拖动

一、游乐设施电力拖动分类

1. 直接电力（电动机）拖动的游乐设施

（1）普通交流电动机拖动的游乐设施。如过山车、疯狂老鼠、自旋滑车等游艺机的提升机构，旋转木马、摇头飞椅游艺机的旋转机构，自旋滑车的推进器，激流勇进、峡谷漂流游艺机的水循环系统等。这些设备的动力来自交流电动机。其电动机的控制形式又分为调速控制和非调速控制。

（2）直流电动机拖动的游乐设施。如碰碰车游艺机驱动机构，电瓶车游艺机驱动机构，碰碰车的驱动，海盗船游艺机直流电动机驱动机构（有些海盗船的驱动机构是交流电动机驱动或是液压驱动），使用直流电动机的轨道车驱动机构等。这里介绍非调速控制的直流电动机电路。

碰碰车的电路由电压变换、整流、输出、脚踏开关、电动机和相应的控制电路组成。这种电路比较简单，由于不需要调整电动机的转速，输出电压也不需要调整。踩下脚踏开关车就可行进，松开脚踏开关车就停止。碰碰车控制电路如图 5—15 所示。

2. 间接电力（电动机）拖动的游乐设施

这类游乐设施是通过介质传递能量实现某些动作的。

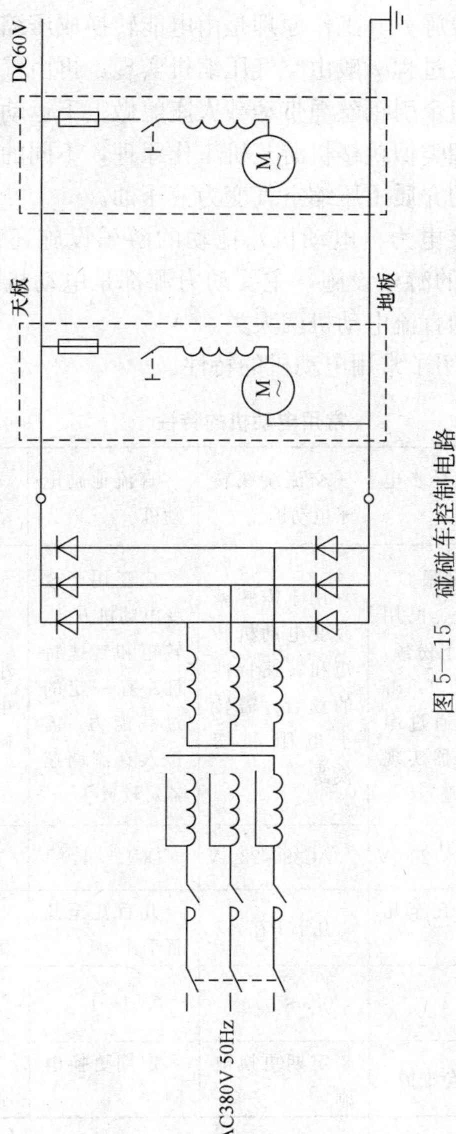

图 5—15 碰碰车控制电路

如跳楼机游艺机的座舱是上下运动的游艺机，也是间接电动机拖动的游乐设施。其工作原理是由电能转换成压缩空气能驱动气缸。这个转换过程一般由空气压缩机实现。再由气缸牵引动滑轮组，动滑轮组牵引钢丝绳带动载人座舱做上下运动。青蛙跳游艺机的工作原理类似跳楼机游艺机工作原理，不同的是介质传递能量实现动作的介质由压缩空气变为液压油。

不论是直接电力（电动机）拖动的游乐设施还是间接电力（电动机）拖动的游乐设施，主要动力源都是电动机，电动机分为交流电动机和直流电动机两大类。

表 5—2 介绍了常用电动机的特性。

表 5—2　　常用电动机的特性

	交流异步电动机	交流绕线转子电动机	直流他励电动机	永磁直流电动机
特点	使用最广，占工业、民用60%以上份额。维护简单，寿命长，通过串联变频器实现转速调整	用于需频繁改变电动机转矩和转速特性的场合。需转子电阻和切换器	广泛用于改变电动机方向、转矩和转速特性。有一定的过载能力，需接入直流调速器。较贵	用于力矩较小的场合，如电瓶车、碰碰车
电压范围	AC380/220 V	AC380/220 V	DC12～440 V	DC12～100 V
功率范围	几百瓦至几百千瓦	几十千瓦	几百瓦至几百千瓦	几瓦至几百瓦
调速常用范围	0.1～1	0.3～1	0.01～1	一般不调速
维护	一般免维护	定期更换电刷	定期更换电刷	定期更换电刷

表 5—3 介绍了电动机的主要技术参数。

表 5—3　　电动机的主要技术参数

交流电动机		直流电动机	
参数名称	参数单位	参数名称	参数单位
功率	kW 或 W	功率	kW 或 W
电压	V	电枢电压	V
电流	A	电枢电流	A
转速	r/min	额定/弱磁转速	r/min
连接方式	△/Y	励磁电流	A
绝缘等级	B/E/F	绝缘等级	B/E/F

二、需要调速的游乐设施电路

这类游乐设施的特点是根据游乐设施运动过程需要对运转速度进行调速，既有交流的也有直流的。

1. 需要交流调速的游乐设施

如幸福快车的座舱旋转部分、跳伞观览塔座舱的升降部分和观光舱的旋转部分。由于这些设备的自身特点，不能用传统方式直接启动或控制设备，需要用变频调速器对运转过程进行调速。交流电动机的同步转速 n 的计算公式如下：

$$n=60f/p \tag{5—1}$$

式中　n——电动机同步转速，r/min；

f——供电电源频率，Hz；

p——电动机定子绕组级对数。

一般的四极电动机定子绕组级对数有两个。根据式（5—1）计算，其转速应该是 1 500 r/min。从公式中不难看出，改变电动机的转速只有两个渠道。要么改变供电电源频率，要么改变电动机定子绕组级对数。电动机选定以后，电动机的定子绕组的级对数也就确定了，不能改变。只能改变供电电源的频率。我国工频电流的频率是 50 Hz，不能改变，这样只能在电网和电动机之间增加一个频率转换装置——变频调速器。变频调速器是智能化控制的半导体高科技产品，能按人们事先设定的方式、参数和程序控制电动机的启动、运转和停止。图 5—16 所示是台达VFD-B系列交流变频器外观照片。图上右上部分是变频器的控制器，用于输入和修改变频器参数。图 5—17 所示是变频器的控制图，主要由变频器及外围电路组成。

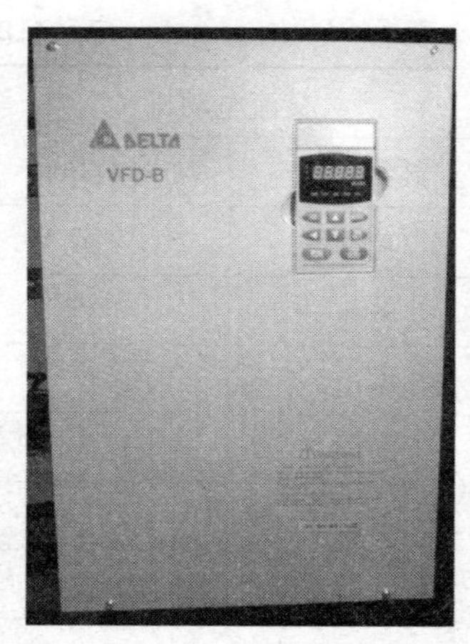

图 5—16　台达 VFD-B系列交流变频器

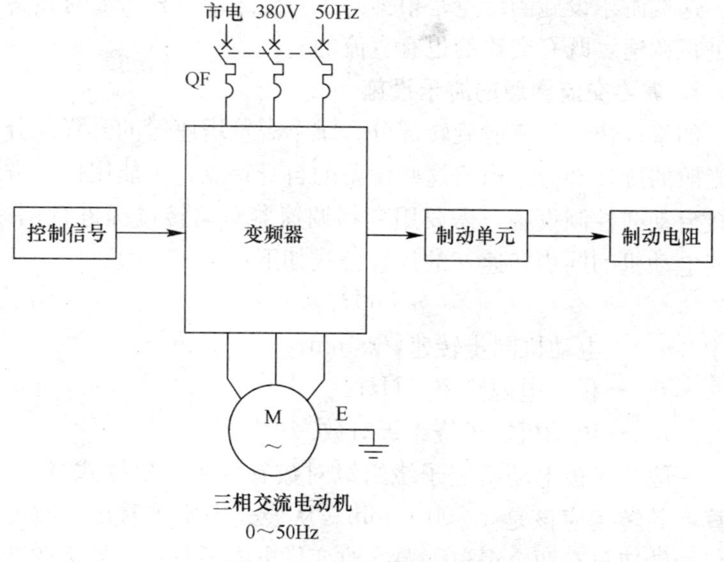

图 5—17　变频器的控制图

2. 需要直流调速的游乐设施

这类游乐设施包括轨道车、大摆锤以及其他带有直流电动机驱动的游乐设施，这些游乐设施的输入电压一般是 AC380 V 50 Hz，而输出到直流电机上的电压范围一般从几十到几百伏，功率范围一般为几百瓦到几十千瓦乃至上百千瓦。

由于许多工况下直接驱动直流电动机是达不到游乐设施运转要求的，必须对电动机的转速进行调整。直流电动机的转速即机械特性方程如下：

$$n=\frac{U}{C_e\Phi}-\frac{R}{C_eC_T\Phi^2}T \tag{5—2}$$

式中 n——直流电动机的转速，r/min；

U——加在电枢回路的电压，V；

R——电动机电枢电路总电阻，Ω；

C_e——电动势常数；

Φ——电动机磁通，Wb；

C_T——转矩常数；

T——电磁转矩。

从式（5—2）中不难看出，改变电动机电枢回路的电阻、外加电压磁通中的任何一个就可以改变电动机的机械参数，从而对电动机进行调速。下面介绍几种调速电路（见图 5—18 和表 5—4）。

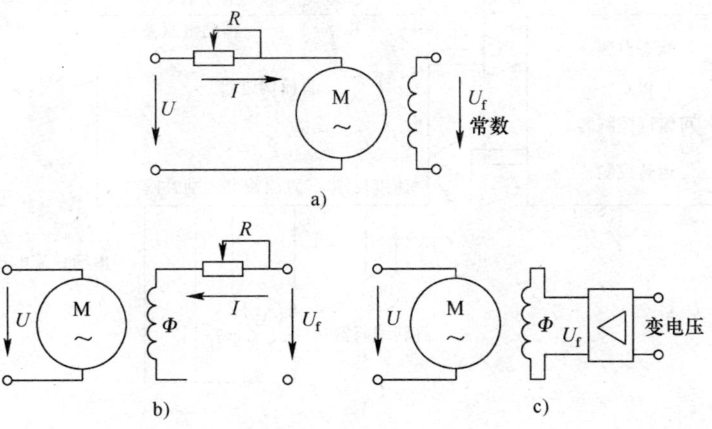

可调式
动力源
发电机
M
~
U_f
常数
d)

M
~
U_f
常数
e)

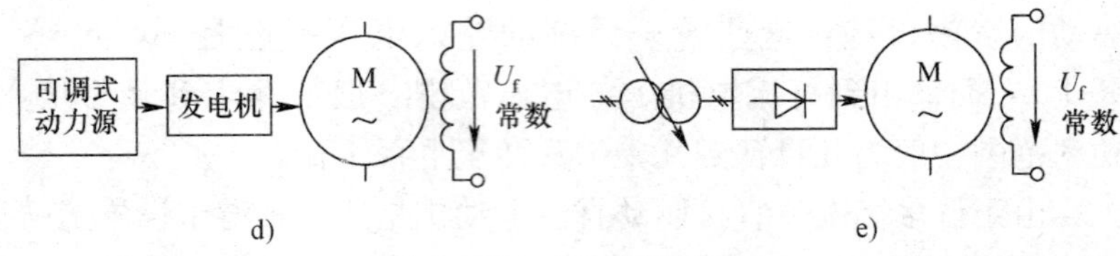

图 5—18　几种调速电路

a）改变电枢回路电阻调速　b）改变励磁回路电阻调速　c）改变磁放大器电压调速

d）可调式动力源调速　e）调压调速

应该说现代的直流调速器比起早期的直流调速器有了很大进步，集多种调速方案于一身，是一种带 PC 功能的复合调速器。图 5—19 所示为直流调速器控制图。

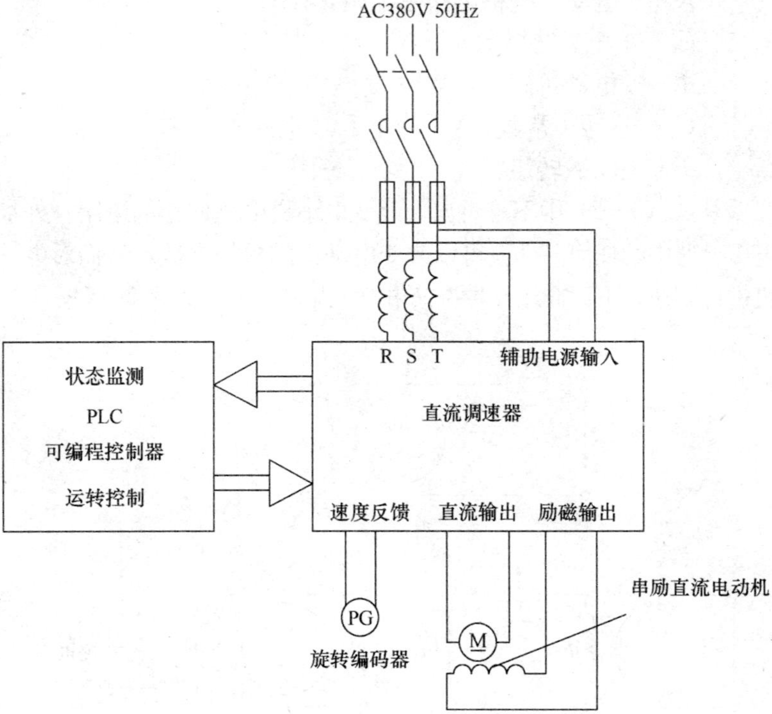

AC380V 50Hz
R S T
辅助电源输入
状态监测
PLC
可编程控制器
运转控制
直流调速器
速度反馈
直流输出
励磁输出
串励直流电动机
PG
旋转编码器
M

图 5—19　直流调速器控制图

表 5—4 调速电路的调速方法

调速方式和方法		控制装置	调速范围	转速变化率	平滑性	动态性能	恒转矩/恒功率	效率
改变电枢电阻	串联电枢电阻	变阻器、接触器、电阻器	2∶1	低速时大	用变阻器较好，用接触器较差	无自动调节能力	恒转矩	低
改变电枢电压	电动机—发电机	发电机组电动机扩大机(磁放大器)	1∶(10～20)	小	好	较好	恒转矩	60%～70%
	静止变流器	晶闸管变流器	1∶(50～100)	小	好	好	恒转矩	80%～90%
	直流脉冲调宽	晶体管、晶闸管直流开关电路	1∶(50～100)	小	好	好	恒转矩	80%～90%
改变磁通	串联电阻或改变直流电源	直流电源变阻器	1∶(3～5)	较大	差	差	恒功率	80%～90%
		电动机扩大机或磁放大器			好	较好		
		晶闸管变流器				好		

第五节　游乐设施的电气安全保护装置

游乐设施的电气安全保护系统应该具有全方位地保护游客、操作人员、维修人员和设备本身的能力。游乐设施电气安全保护包括电源防雷电波、接地制式、接地要求、接地电阻、避雷装置、绝缘电阻、漏电电流、乘客操作的电器电压、轨道电压、系统电压降、击穿电压和密集区不设架空线等措施。

一、接地系统和接地电阻

根据《游乐设施安全规范》（GB 8408—2008）中 6.6.1 的规定：低压配电系统的接地型式应采用 TN－S 系统或 TN－C－S 系统。

1. TN－S 系统

三相五线制的中性线与保护线在系统中用分开的接线方式。由三根相线、一根中性线和一根保护接地线组成。正常运转时，接地线没有电流，保护性能较好（见图 5—20）。

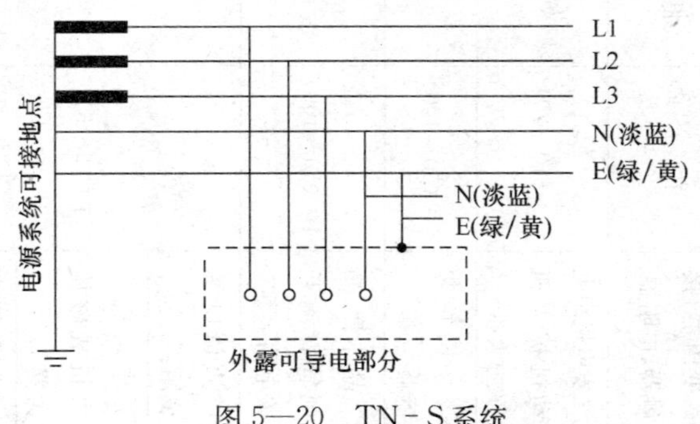

图 5—20　TN－S 系统

2. TN－C－S 系统

中性线和保护线在系统的一部分是合一的。由于我国大部分地区是 TN－C 系统，单独两台设备另加一条接地线比较困难时，可以采取折中办法。TN－C 进入游乐设施的入口处，将 PEN 线分成N线和接地线，形成TN-C-S系统（见图5—21）。

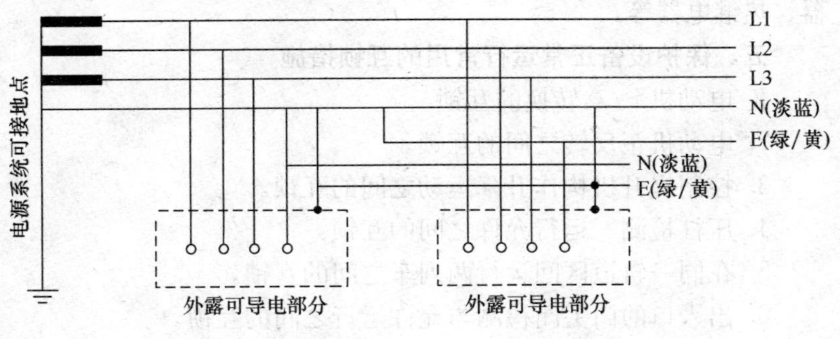

图5—21　TN-C-S系统

根据《游乐设施安全规范》（GB 8408—2008）中6.6.2的规定：电气设备中正常情况下不带电的金属外壳、金属管槽、电缆金属保护层、互感器二次回路等必须与电源线的地线可靠连接，低压配电系统保护重复接地电阻不应大于10 Ω。

二、防雷击措施

根据《游乐设施安全规范》（GB 8408—2008）中6.6.3的规定：高度大于15 m的游乐设施和滑索上、下站及钢丝绳等应装设避雷装置，高度超过60 m时还应增加防侧向雷击的避雷装置。

注意：有明显雷雨天气时不开设备。雷雨来临时及时疏散乘客。不应在避雷装置附近尤其是装置的接地引线附近避雨。

三、安全限位装置

这里所介绍的安全限位装置是电控系统中的安全限位装置，不同于机械系统中使用的安全限位装置。在游乐设施不同部位安装了一些传感器，如行程开关、接近开关、光电开关等。这些传感器在设备运行中起着眼鼻耳的作用，保证设备安全可靠地运行。设备部件在运行中容易引发事故需要限位的，限位措施不得少于2个。

四、过电流、过载的保护

必须采取保护装置，使过电流对电气设备或带电导体造成损坏前切断过电路。过电流、过载的保护装置包括断路器、熔断器、热继电器等。

五、保护设备正常运行常用的互锁措施

1. 电动机Y/△转换的互锁。
2. 电动机正反转之间的互锁。
3. 控制提升机构作升降运动之间的互锁。
4. 压杠检测、运行允许之间的互锁。
5. 在同一轨道区间运行两列车之间的互锁。
6. 出入口的门关闭检测与允许运行之间的互锁。
7. 维修与运行之间的互锁。
8. 舱门打开与平台升起之间的互锁。
9. 平台降落与运行允许之间的互锁。
10. 液压温度或电动机温度超限与允许运行之间的互锁。
11. 压杠气阀关闭与允许运行之间的互锁。
12. 运行角度与加速度之间的互锁。
13. 运行高度与上升电磁阀之间的互锁。

以上各互锁条件可以由硬件电路组成也可以由软件实施。

六、必要的保护系统

1. 用于电网的欠压、过压、缺相保护（断路器）。
2. 用于对电动机的过载、过流保护。
3. 用于对线路过流的保护。
4. 用于对发热元件的保护。
5. 用于对线路漏电的保护。
6. 对物理参数进行检测并加以控制的电路。如检测电压、电流、相序、频率、转速、速度、加速度、水流量、水流速、水位、油压、气压、时间、位置、角度、重量、张紧度等，通过分析判断并加以控制（或保护）的电路。

所检测出的不正常物理量反映出该支路工作状态是不正常的，原则上应该控制该分支电路停止工作，并向系统发出报警信号。出于安全考虑，保护装置因具有选择性，即某一支路出现故障，应仅切断该支路，尽可能少地切断电力系统的供电回路。

第六节 控制电路常用电气图形符号和代号及电气元件

一、控制电路常用电气图形符号和代号（见表 5—5）

二、控制电路常用电气元件

1. 断路器

断路器按其使用范围分为高压断路器和低压断路器。高低压界线划分比较模糊，一般将 3 kV 以上的称为高压断路器。

低压断路器又称自动开关，是一种既有手动开关作用，又能自动进行失压、欠压、过载和短路保护的电器。它可用来分配电能，不频繁地启动异步电动机，对电源线路及电动机等实行保护，当它们发生严重的过载或者短路及欠压等故障时能自动切断电路。其功能相当于熔断器式开关与热继电器等的组合。而且在分断故障电路后一般不需要变更零部件，已获得了广泛的应用。

常用断路器的相数为单相至四相。单相断路器用于通断单相电路。双相断路器用于通断双相或是单相电路，控制单相电路往往是 L＋N（火线加零线）。三相断路器用于通断三相电路。四相断路器用于通断三相加零线电路 3L＋N。在潮湿场合（如造波池、水滑梯等游乐设施）或是游客易触及用电设施（装饰灯）的场合使用漏电断路器防止漏电和触电。一旦有漏电发生，器件动作。图 5—22 为三相断路器，图 5—23 为单相断路器。

2. 主令开关

主令开关是操作台面板上用于人机对话的器件。常用的有按钮开关、旋转开关。主要功能是通过操作这些器件使得游乐设施运行或动作。图 5—24 为按钮开关和旋转开关。

表 5—5　　控制电路常用电气图形符号和代号

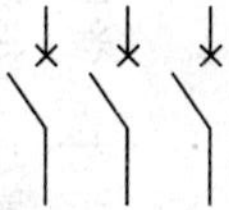 名称:三相断路器 文字符号:QF	 名称:单相断路器 文字符号:QF	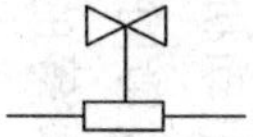 名称:电磁阀 文字符号:YV	 名称:指示灯 文字符号:HL	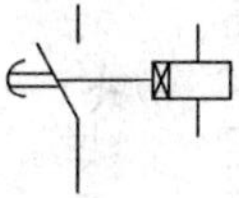 名称:定时器 文字符号:KT
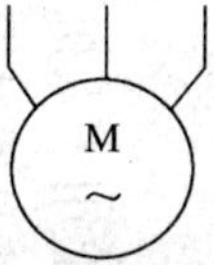 M ~ 名称:交流异步电机 文字符号:M	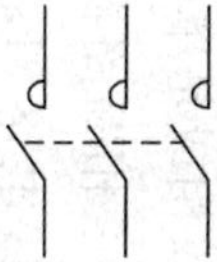 名称:交流接触器 文字符号:KM	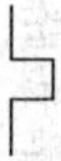 名称:热断电器 文字符号:KH	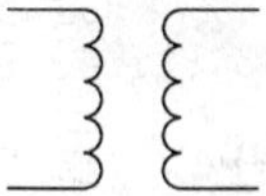 名称:单相变压器 文字符号:TA	 A 名称:电流表 文字符号:PA
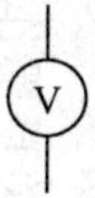 V 名称:电压表 文字符号:PV	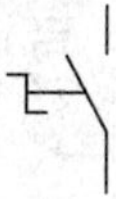 名称:开关 文字符号:S	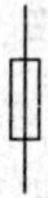 名称:熔断器 文字符号:FU	 名称:行程开关 文字符号:S	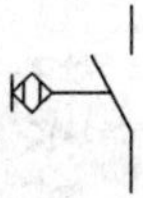 名称:接近开关 文字符号:S

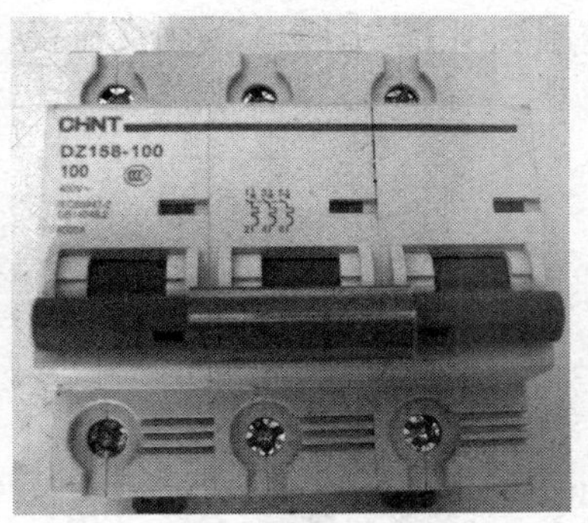

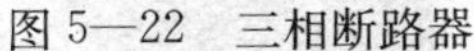
图 5—22　三相断路器

图 5—23　单相断路器

a)　　　b)

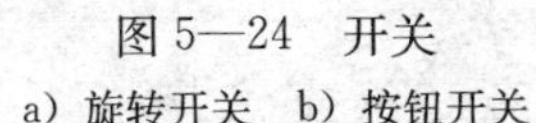
图 5—24　开关

a）旋转开关　b）按钮开关

3. 接触器

接触器是指利用线圈流过电流产生电磁力，使触头闭合，以达到控制负载的电器。接触器由电磁系统（动铁心、静铁心、电磁线圈）、触头系统（常开触头和常闭触头）和灭弧装置组成。其原理是当接触器的电磁线圈通电后，产生很强的磁场，使静铁心产生电磁吸力吸引衔铁，并带动触头动作：常闭触头断开，常开触头闭合，两者是联动的。当线圈断电时，电磁吸力消失，衔铁在释放弹簧的作用下释放，使触头复原：常闭触头闭合，常开触头断开。

交流接触器用于接通或断开电动机与供电电源之间的器件，一般为三相。由接触器可以完成或组成电动机的启动和停止电路、正反转电路、Y/△转换电路。和交流接触器对应的是直流接触器。两种接触器的差别仅在控制线圈上。图 5—25 为交流接触器。

4. 继电器（见图 5—26）

继电器是当输入量（如电压、电流、温度等）达到规定值时，使被控制的输出电路导通或断开的电器，可分为电气量（如电流、电压、频率、功率等）继电器及非电气量（如温度、压力、速度等）继电器两大类。继电器具有动作快、工作稳定、使用寿命长、体积小等优点，广泛用于电力保护、自动化、运动、遥控、测量和通信等装置中。

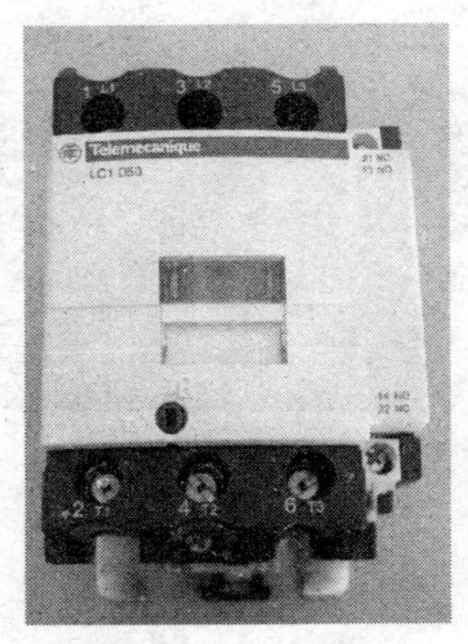

图 5—25　交流接触器

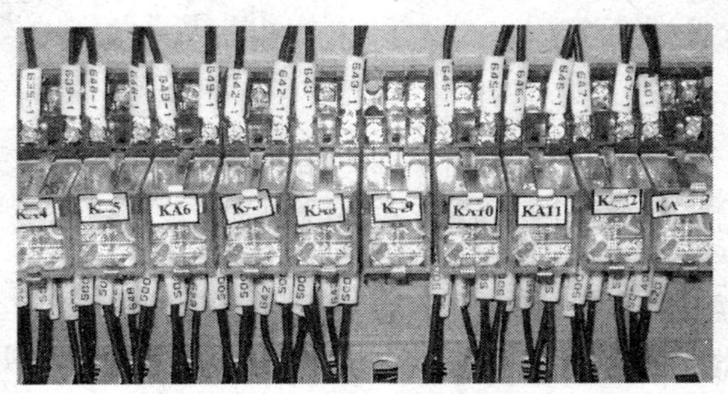

图 5—26　继电器

5. 表头

表头用于指示游乐设施电路工作的物理量，常安装在操作台面板上或控制柜、配电柜门板上。常用的有交流电流表、交流电压表、直流电流表、直流电流表、电功率表（电度表）、不安装在面板或门板上的电阻表等。

在表头上往往会印有“A”“V”“Ω”“P”，分别代表电流、电压、电阻、功率。

在表头某一个地方印有“—”“～”分别代表直流、交流。

在表头某一个位置印有“1”“1.5”“2.5”“5”分别代表“1级”“1.5级”“2.5级”“5级”表。表示表头本身的误差等级，数字越小等级越高。以上几个数字分别表示误差“1%”“1.5%”“2.5%”“5%”。

图5—27为量程为450 V 1.5级交流电压表。表头显著位置标有“V”，下方标有“～”和“1.5”，终端指示线为450。

图5—28为量程为±150 V 1.5级直流电流表。表头显著位置标有“A”，下方标有“—”和“1.5”，终端指示线为150和—150，表针不测量时停留在中间位置。

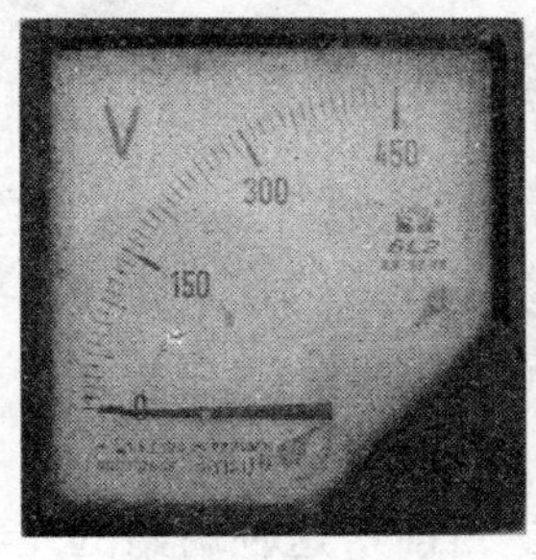

图5—27　交流电压表

图5—28　直流电流表

6. 限位开关

限位开关又称行程开关，主要安装在游乐设施一些动作过程路线的终端位置，有时安装在动作过程路线的中间位置上，在控制线路上传递“动作”的信息。

7. 集电环

集电环又称导电滑环、旋转关节、旋转电气接口、工业滑环、集流环、回流环、线圈、换向器、转接器、导电环，是实现两个相对转动机构的信号及电流传递的精密输电装置，特别适于应用在需要无限制的连续或断续旋转，同时又需要从固定位置到旋转位置传送功率或数据的场所。电刷是用石墨制作的，是电的良导体，它与集电环是滑动摩擦，由于接触面很大，虽在转动，仍不影响导电。在转动过程中有摩擦，还有电火化的烧蚀，电刷会损耗。外有弹簧，弹簧负责压紧和导电，电流从集电环—电刷—弹簧—接线柱—导线完成在旋转过程中导电。图 5—29 是一款可以通过不同电流的集电环，一共有 19 个环，其中 200 A 7 个，20 A 12 个。

图 5—29 集电环

8. 光电开关

光电开关是传感器中的一种，它把发射端和接收端之间光的强弱变化转化为电流的变化以达到探测的目的。由于光电开关输出回路和输入回路是电隔离的（即电缘绝），所以它可以在许多场合得到应用。对射式、反射式、镜面反射式光电开关都有防止相互干扰的功能，安装方便，响应速度快，高速光电开关的响应速度可达到 0.1 ms，每分钟可进行 30 万次检测操作，能检出高速移动的微小物体。目前，这种新型的光电开关已被用做物位检测、液位控制、产品计数、宽度判别、速度检测、定长剪切、孔洞识别、信号延时、自动门传感、色标检出、冲床和剪切机以及安全防护等诸多领域。此外，利用红外线的隐蔽性，还可在银行、仓库、商店、办公室以及其他需要的场合作为防盗警戒之用。图 5—30 展示了各种光电开关。

9. 接近开关

接近开关又称无触点行程开关，它除可以完成行程控制和限位保护外，还是一种非接触型的检测装置，用做检测零件尺寸和测速等，也可用于变频计数器、变频脉冲发生器、液面控制和加工程序的自动衔接等。接近开关的特点有工作可靠、寿命长、功耗低、复定位精度高、操作频率高以及能适应恶劣的工作环境等。图 5—31 展示了各种接近开关。

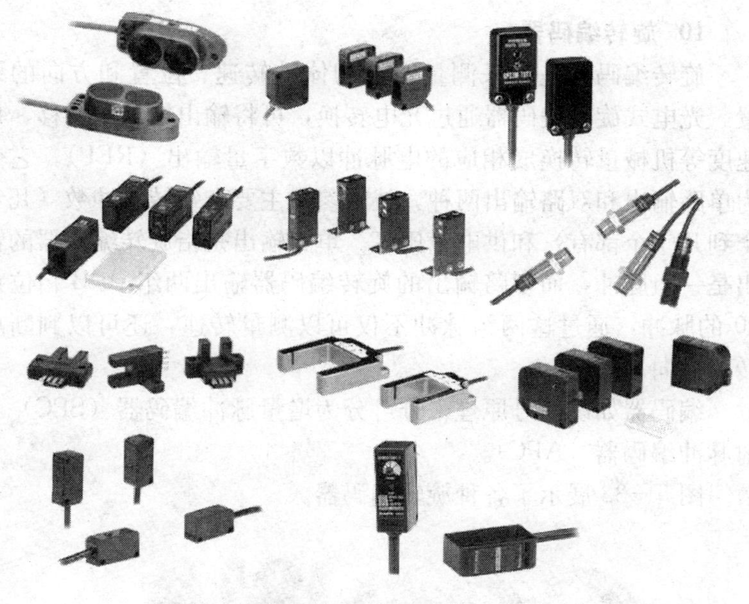

图 5—30　光电开关

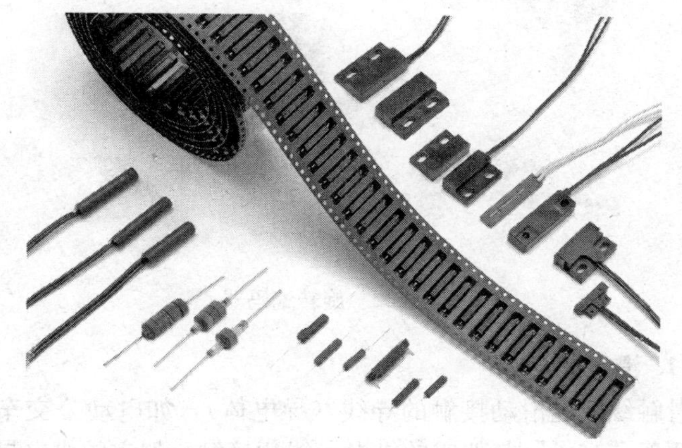

图 5—31　接近开关

10. 旋转编码器

旋转编码器是用来测量被测物体的转速、位置和方向的装置。光电式旋转编码器通过光电转换，可将输出轴的角位移、角速度等机械量转换成相应的电脉冲以数字量输出（REP）。它分为单路输出和双路输出两种。技术参数主要有每转脉冲数（几十个到几千个都有）和供电电压等。单路输出是指旋转编码器的输出是一组脉冲，而双路输出的旋转编码器输出两组 A/B 相位差 90°的脉冲，通过这两组脉冲不仅可以测量转速，还可以判断旋转的方向。

编码器如以信号原理来分可分为增量脉冲编码器（SPC）和对脉冲编码器（APC）。

图 5—32 展示了各种旋转编码器。

图 5—32　旋转编码器

11. 滑触线

滑触线就是滑动接触的导线（导电体），如电动公交车顶上拖着两条“辫子”与架空的供电导线相接触，架空的供电导线就是滑触线。根据用电设备的不同，滑触线有多种形式。图 5—33、图 5—34 是深圳世界之窗环园列车和其他环园列车使用的滑触线。

图 5—33　深圳世界之窗环园列车使用的滑触线

图 5—34　其他环园列车使用的滑触线

思　考　题

1. GB 8408—2008 对接地保护有哪些规定？

2. 遇有雷雨天气时应如何工作？

3. 保护设备正常运行的常用互锁措施有哪些？

4. 在表头上印有“—”“～”“A”“V”“Ω”“P”符号代表什么意义？

5. 什么是限位开关？什么是接近开关？什么是 PLC？

6. 什么是 TN－S 系统？

第 六 章

游乐设施的安全管理、操作与服务

本章知识要点

1. 了解游乐设施的安全管理知识
2. 掌握游乐设施的操作与服务

第一节　游乐设施的管理总要求

一、安全管理要求

安全是人类关注的热点，随着经济社会的发展，特种设备的使用越来越广泛，其安全问题直接关系到人身、生命财产安全和游乐设施的安全，因此，对特种设备使用单位应按《特种设备安全监察条例》规定，对各游乐园（场）操作、服务、维修人员进行安全管理、操作与服务的培训，并经特种设备安全监督管理部门考核合格，取得国家统一格式的特种作业人员证书，方可从事相应的作业或者管理工作。

《游乐设施安全规范》（GB 8408—2008）是国家强制性标准。标准针对游乐设施提出了（设计、制造、安装、改造、维修）五个环节以及安全管理与维护的安全技术规范和要求。为使培训内容具有实用性、可操作性，现将游乐设施安全管理、操作与服务、设备维护作为培训的基本要求。

游乐园（场）应特别重视游乐设施安全管理，把安全工作摆上重要议事日程，做好全园的安全培训，提高员工安全意识。

游乐园（场）应建立健全各项安全管理制度，包括全天候值班制度，安全检查制度和检查内容的要求，游乐项目安全操作规程、应急预案、安全事故登记和上报制度。

使用单位应建立安全管理机构，明确各级各岗位安全职责，贯彻“安全第一，预防为主”的安全政策方针，确保经营活动安全。

游乐园（场）在重大活动及节日前要进行安全检查，必要时与职工签订安全协议，责任到人。

建立设备档案，包括年、月、周、日设备安全检查工作档案，每次检查按要求认真如实填写，不得漏项，检查后由各级负责人签字存档备查。

二、游客安全

1. 在游乐活动未开始前，服务员应对游客进行游乐设施乘客须知要求的宣讲。

2. 注意观察游客的身体状态，如遇游客身体不适或不符合乘坐要求，服务员要耐心劝解，说服游客不乘坐游乐设施。

3. 当游客进入乘坐物（舱）时，服务员应向乘坐游乐设施的游客进行安全知识讲解和安全注意事项说明，并检查安全装置是否扣紧、牢固。

4. 游乐设施在运行中，操作员不得擅自离岗，应集中精力密切注视乘客是否有不符合安全要求的行为举止，如发现应及时制止。

5. 设备运转时有乘客大声惊呼时，操作员应按操作程序，立即按下急停按钮，等设备停稳后，将惊恐的乘客安全地接到站台进行安抚。

三、员工安全

1. 特种作业人员应持证上岗、按章操作，无证人员不得操作游乐设施，未持有维修操作证件的人员不准维修游乐设施。

2. 员工在高处作业时，需佩戴安全帽、安全绳等安全劳动保护设备，并穿着符合安全要求的工作服。

3. 电工维修作业（包括高压、低压电气运行维修）、电气焊、切割作业时，须穿戴好劳动保护用品，劳动保护用品损坏失效时要及时更换。

4. 工作区域内保持清洁，不得有妨碍安全的物品及杂物存留在现场，应确保安全作业。

5. 员工要高度重视安全，严格按操作规程作业，克服麻痹思想。

四、设施安全

1. 安全设施的含义

安全设施是指在生产经营活动中将危险因素控制在安全范围内以及预防、减少、消除危害，所配备的装置和采取的措施。

2. 设备安全防护设施

设备安全防护设施包括防护罩，防护屏，负荷限制器，行程限制器，制动器，限速器，防雷，防潮，防晒，防冻，防腐，防渗漏等设施，静电接地设施，传动设备，锁闭设施，电气过载保护。

3. 安全设施

（1）火灾自动报警及消防联动控制系统。

（2）消防通信设备及火灾应急广播系统。

（3）防火门和活动式防火分隔设施及消防电梯。

（4）火灾应急照明和疏散指示标志系统。

（5）疏散楼梯、疏散通道、疏散门。

4. 安全设施状态

（1）各游乐园场所、公共区域均应设置安全通道，时刻保持畅通。

（2）游乐区域的安全栅栏应符合《游乐设施安全规范》（GB 8408—2008）中规定的安全标准。

(3）室内游艺厅的安全设施、走道要保持畅通，疏散标志应设在明显且易看到的位置。应急照明要起作用，疏散门要易开，各消防安全设施应保持完好、正常状态。

(4）残疾人安全通道内不得有杂物，应保持畅通，残疾人使用的设施要完好无损。

第二节　游乐设施的操作与服务

一、游乐设施操作人员的基本素质

1. 职业道德

职业道德是从业人员的基本素质，也是企业员工道德准则和行为的一条重要规范。如企业员工不讲道德，不忠于职守，又缺乏质量服务意识与协作精神，就会造成企业中紧张的人际关系，导致企业的瓦解，工作效率提不高，任务完不成，因而讲职业道德无论从何种角度看，都是发展市场经济的必然要求。作为游乐行业同样如此，从业人员要具备良好的道德品质，在这个基础上，企业员工应时刻严格要求自己，才能为游客提供优质服务，工作认真才能确保安全运营，不发生事故。

2. 爱岗敬业

爱岗敬业是从业人员做好本职工作应具备的基本思想道德品格，也是“乐业”的思想动力。敬业和爱岗是相互联系的，人只有对自己的工作注入无限的热爱，才能做好本职工作，敬业才有了心理基础和依托。因此，爱岗敬业是每一个从业人员做好本职工作的要求。

3. 诚实守信

诚，就是真实不欺；信，就是真心实意地遵守和履行诺言。诚实是守信的心理品格基础，也是守信表现的品质，守信是诚实品格必然产生的行为。总之，作为一种职业道德规范，诚实守信就是指真实无欺、遵守承诺和契约的品德及行为。诚实守信也是游乐行业操作服务人员不可缺少的职业道德。

4. 岗位职责

每个职业都有各自的职业规范，每个从业人员都要根据职业角色的具体规定，严格按照职业规范调整自己的行为，以保证生产秩序正常进行。游乐设施职业规范包括岗位责任、操作规程、规章制度、岗位责任规定及该岗位的工作范围，为安全作业提供了可靠的保证。

二、游乐设施操作人员的操作规程

游乐设施的操作是一项非常重要的工作。操作是否得当，在紧急情况下应如何操作，直接关系到人身和设备的安全问题。有些游乐设施的用户由于操作不合理或误操作而发生事故；有些使用单位根本没有操作规程；有些单位虽然制定了操作规程，但比较简单，难以保证游乐设施的安全操作。游乐设施的操作不只是按按钮，必须与整台游乐设施及乘客联系在一起。操作人员要随时观察游乐设施及乘客情况，与服务人员密切合作，按照规程合理、规范地操作。为避免游乐设施在运行中由于操作不当或操作程序不规范，造成安全事故，特制定游乐设施操作规程如下：

1. 游乐设施在运营前按规程做好安全检查，检查内容包括：

（1）安全带、安全杠、安全把手是否牢固可靠，有无损坏情况。

（2）座舱门开关是否灵活、关牢，保险装置是否起作用。

（3）关键位置的销轴、焊缝有无明显变形、开裂或其他异常情况。

（4）螺栓、卡盘等紧固件有无松动及脱落现象。

（5）限位开关有无失灵情况。

（6）各润滑点是否润滑良好。

（7）电线有无断头、裸露现象。

（8）接地线的连接是否良好。

（9）制动装置是否起作用。

2. 按实际情况空转两次以上确认运转正常，方可正式运营。

3. 运转前先鸣铃，确认乘客都已坐好并符合安全要求，场内无闲杂人员再开机。

4. 游乐设施运转时，严禁操作人员离开岗位。要随时注意观察乘客及设备情况，遇有紧急情况时，要及时停机并采取相应的措施。

5. 营业结束时，关掉总电源，并对设备设施进行安全检查。

6. 填写游乐设施安全运行日志记录。

三、水上游乐项目的安全措施

1. 遇四级以上（含四级）大风、能见度小于 100 m 的大雾，降雨为大雨以上的恶劣天气，游船单位应停止发船，暂停出租船舶和承运游客。

2. 正在航行的游船突遇以上紧急情况，驾驶游船的游客应将船舶就近靠岸，积极采取措施自救，并将停靠地点、乘客人数、船舶情况向游船单位报告。

3. 游船单位接到报告后，应立即组织救生（护）人员和救护船（艇）赶赴现场进行救助。

4. 在黄金周高峰期时，游船单位根据游船核定载客数售票，必要时应停止售票。

5. 当游船发生停靠码头拥堵时，游船单位应使用通信工具通知船员停靠码头时间，同时要增派救生船（艇）或工作船在码头附近水面进行疏堵，确保游船按顺序平稳停靠，让游客安全上下船。

6. 救生员发现有人溺水或听到有游客呼救，应立即实施救助，将溺水者拖带上岸，将其呈仰卧位放置在平坦处。判断溺水者有无意识，如无反应，立即抢救。

7. 迅速让溺水者气道开放，并在实施抢救中始终保持呼吸道畅通。

8. 判断溺水者有无呼吸，如有呼吸则不用吹气，如无呼吸应立即进行口对口吹气两次。如不成功应调整头部体位或清除阻塞气道的异物。

9. 在保持气道畅通的同时判断有无心跳，如有脉搏则 5 s 吹气一次，同时监测脉搏。

10. 如无脉搏应立即进行胸外心脏按压，同时通知医疗急救中心。以每分钟 60～80 次的频率做 15 次按压。

11. 每做 15 次按压，需做人工呼吸两次（单人），然后在胸部重新定位，重复做胸外心脏按压。双人同时操作时即为每做 5 次胸外心脏按压进行一次人工呼吸。

四、运营中操作、服务人员应特别注意的事项

1. 操作人员应特别注意的事项

（1）游乐设施正式运营前，操作人员应将空车按实际工况运行两次以上，确认一切正常再开机营业。

（2）开机前，先鸣铃以示警告，让等待上机的乘客及服务人员远离游乐设施，以防开机后碰伤。在确认周围环境无安全隐患时再开机。

（3）设备运行中，在乘客产生恐惧、大声叫喊时，操作人员应立即停机，让感到恐惧的乘客下来。

（4）设备运行中，操作人员绝对不能离开岗位。一旦出现事故征兆，操作人员应立即采取紧急措施。

（5）紧急停止按钮的位置必须让本机台所有取得证件的操作人员都知道，以便需要紧急停车时，每个操作人员都能操作。

2. 服务人员应特别注意的事项

（1）开机前，安全栅栏内不准站人，服务人员要维持好秩序，让等待上机的游客站到栅栏外面，避免开机时刮伤。

（2）开机前，服务人员必须逐个检查乘客的安全带是否系好（安全压杠是否压好），以避免设备运行时发生安全事故。

（3）对座舱在高空中旋转的游乐设施，服务人员应负责疏导乘客，尽量使其均匀乘坐，不要造成偏载。

(4) 节假日乘客过多时，要适当增加监护和服务人员，以防因服务疏漏而发生事故。

(5) 要准备好常用的急救工具及药品。

3. 服务人员应特别注意劝阻的事项

(1) 劝阻游客不要抢上，游乐设施未停稳前不要抢下，抢上抢下都容易跌倒摔伤。

(2) 有人翻越安全栅栏时要进行劝阻。翻越栅栏容易摔伤，易发生安全事故。

(3) 不准超员乘坐。遇到此种情况时，服务人员要进行说服劝阻，超员时操作人员不要开机。

(4) 不准幼儿乘坐的游乐设施，要劝阻家长不要抱幼儿乘坐。

(5) 劝阻乘客不要围长围巾乘坐游乐设施。留长辫子的女乘客要戴上帽子或用手绢将辫子包好，以防围巾或辫子与运行的游乐设施绞在一起发生安全事故。

(6) 服务人员要劝阻醉酒者不要乘坐游乐设施。醉酒者因喝酒过多，头重脚轻，乘坐游乐设施很容易出事故。

(7) 劝阻乘客不要将头、胳膊伸到座舱外面，以免碰到周围物体而致伤。

(8) 禁止乘客在安全栅栏内拍照，以防被运转的游乐设施撞伤。

五、安全运营及救援措施

游乐设施在运营过程中，有时会出现突发性的设备和人身事故，当事故发生或将要发生时，操作人员和服务人员必须沉着镇静，采取紧急措施进行处理，以减轻事故造成的损失。下面举例说明游乐设施在运行中出现紧急情况时，按应急预案步骤应采取的措施。

1. 滑行类游艺机

翻滚过山车游艺机在出现紧急情况时应采取的应急措施

如下：

（1）正在向上拖动的滑行车辆，若设备或乘客出现异常情况，操作人员应立即按下紧急停车按钮，停止运行，然后将乘客从安全走台疏散到安全地面上来。

（2）如果滑行车因故障停在提升段最高点上，应将乘客从车头开始，依次向后疏散。注意不要从车尾开始疏散，否则滑行车重心前移，有可能自动滑下，造成重大事故。

（3）如果滑行车已过最高点开始向前自由滑行时停电，应让车自行滑回。滑行车停在检修段后，操作手动调节制动器，让车滑到站台，打开安全带及压臂，组织乘客下车。

（4）运行中滑行车被卡住，乘客处于正常坐姿时，由操作人员按停电措施处理。乘客在高处，处在非正常坐姿时，打 119 请求消防队支援，安排云梯搭救乘客。必要时打 120，请求急救中心支援，积极抢救受伤游客。

2. 自动飞机类游艺机

自控空战机游艺机在出现紧急情况时，应采取的应急措施如下：

（1）当座舱的平衡拉杆出现异常，座舱倾斜或座舱某处出现断裂情况时，应立即按下急停按钮使座舱下降，同时通过广播告诉乘客不要慌张，手要抓牢安全扶手。

（2）游艺机在运行中突然停电时，座舱不能下降，服务人员应迅速打开手动阀门泄油，将高空的乘客降到地面。如未停电，换向阀因故不能换向时，亦采用此办法将乘客带到地面。

（3）当游艺机在运行中出现异常振动冲击和声响时，要立即按下急停按钮，切断主回路使电源断开，将乘客疏散，经过检查排除故障后，再开机。

3. 转马类游艺机

豪华转马类游艺机出现紧急情况时，应采取的应急措施如下：

（1）当乘客不慎从马上掉下来时，服务人员要立即提醒乘客不要下转盘，否则会发生危险。

（2）当有人将脚卡入转盘与站台之间的间隙时，操作人员要立即按下急停按钮，停车进行救助。

4. 陀螺类游艺机

双人飞天游艺机出现紧急情况时，应采取的应急措施如下：

（1）当升降大臂下降时，先停机然后打开手动阀门泄油，使大臂徐徐下降。

（2）当吊椅悬挂轴断裂时，因有钢丝绳二次保护设施，椅子不会掉下来，但要立即用广播提示乘客抓牢安全扶手，同时立即按下急停按钮，将吊椅放下。

5. 赛车类游艺机

豪华型赛车游艺机在出现紧急情况时，应采取的应急措施如下：

（1）当赛车冲撞抵挡物翻车时，服务人员应立即赶到出事现场，并采取救护措施。

（2）赛车进站不能停车时，服务人员应立即上前，搬动制动器的拉杆，协助停车，以免冲撞其他车辆。

（3）车辆出现故障，服务人员在跑道内排除故障时，绝对不能再发车，避免冲撞。故障不能马上排除时，要及时将车辆移到跑道外。

6. 碰碰车类游艺机

豪华碰碰车游艺机出现紧急情况时，应采取的应急措施如下：

（1）碰碰车在运行中由于激烈碰撞，使乘客胸部或头部碰到转向盘而受伤时，操作人员要立即按下急停按钮，切断总电流采取救护措施。

（2）车辆在运行中，遇到突然停电时，操作人员应立即按下急停按钮，切断总电源，并将乘客疏散到场外。

（3）乘客一旦触电，操作人员应按预定程序，按下急停按钮，切断电源，不要惊慌。如触电乘客神志清醒，应小心送往医疗站，请医务人员检查治疗。

7. 飞行塔类游艺机

旋风飞椅游艺机出现紧急情况时，应采取的应急措施如下：

（1）设备在运行中突然发生异响或者乘客感觉不适招呼停车时，操作人员应立即按下急停按钮，切断总电源，使设备自动缓慢停下来。

（2）设备在运行中突然停电，座椅停在空中，操作人员应按下急停按钮，切断总电源，并迅速到机房将液压系统中的下降手动阀压下，座椅会从高空缓慢下降，使乘客安全落到地面。

8. 观览车类游艺机

观览车游艺机出现紧急情况时，应采取的应急措施如下：

（1）当乘客上机产生恐惧时，操作人员要立即停车并反转，将感到恐惧的乘客疏散下来。

（2）当吊箱门未锁好时，操作人员要立即停车并反转，服务人员将两道门锁均锁好再开机。

（3）当运转中突然停电时，服务人员要及时通过广播向乘客说明情况，让乘客放心等待，操作人员采用备用动力源（手动卷扬机或内燃机）将乘客送至安全地点并疏散。

第三节　游乐设施操作服务维修保养人员的培训

一、游乐设施操作知识培训

游乐设施操作维护人员上岗前必须进行严格培训，经考试合格后方可上岗工作。

培训的知识面应尽量宽一些，这样才能保证游乐设施的安全运行，并能妥善处理各种事故。培训应包括下列各项内容：

1. 游乐设施有关标准和基本知识培训

现行游乐设施标准共有14个。在这些标准中，与工作有关的部分一定要掌握。游乐设施操作、维护、管理以及大修后的安装调试等，一定要按标准规定进行。

2. 游乐设施机械和电气方面的知识培训

游乐设施的结构原理、技术性能、操作维护知识一般应由游乐设施制造厂负责培训。

3. 游乐设施安全运行的各项规章制度培训

主要包括下列内容：

（1）游乐设施的操作规程

1）操作维修人员的岗位责任制及守则。

2）游乐设施的检查、保养、维修制度。

3）操作及保养记录的填写项目及填写方法。

4）操作及维修人员的奖惩制度。

5）向乘客介绍的注意事项。

（2）游乐设施发生故障时的应急培训

1）游乐设施发生故障及突然停电时应采取的措施。

2）紧急停车时的操作。

3）疏导乘客的各项措施。

4）与有关方面的联络方法。

5）故障排除后，对游乐设施进行检查的内容。

（3）受自然灾害影响的应急培训

1）遇到下雨、下雪或有大风时，游乐设施应停止运行，并有秩序地疏导乘客。

2）发生地震时，游乐设施应停止运行，并将乘客疏散到安全的地方。

3）发生火灾时，游乐设施应停止运行，并疏散游客。

4）学习灭火器材的使用方法。

(4) 发生人员伤亡事故时所采取的措施及急救等方面的培训

1) 熟悉发生人员伤亡事故时所采取的措施及急救知识。

2) 紧急停车时的操作。

3) 向上级部门及有关方面报告的方法。

4) 负伤人员的抢救方法。

5) 事故现场的保护及人员疏散。

6) 写出事故经过的书面报告。

7) 与负伤人员家属联系。

二、服务质量培训

游乐园（场）是旅游业的重要组成部分，旅游离不开服务，一切在游乐园（场）工作的人员都应该有较强的服务意识，要为游客提供安全、方便、舒适、高效的服务。要使游客在游乐园（场）玩得开心、玩得愉快、玩得尽兴，关键是安全，通过优质的服务保证员工安全、游客安全、设施安全，创造经济效益、社会效益、环保效益。

培训应包括下列各项内容：

1. 基本要求

坚守岗位，站立服务，不离岗，不串岗。

2. 旅游职业道德

应遵守国家有关旅游职业的道德规范，做到文明礼貌，优质服务，保护游客和企业的合法利益。

(1) 旅游职业道德的基本原则。社会主义道德的基本原则是集体主义，也是我国旅游职业道德的基本原则。

(2) 旅游职业道德的基本要求

1) 热爱旅游事业。

2) 全心全意为旅游者服务。

3) 发扬爱国主义精神。

(3) 旅游职业道德规范。热情友好，宾客至上，真诚公道，信誉第一，文明礼貌，优质服务，不卑不亢，一视同仁，团结合作，顾全大局，遵纪守法，提高技能。

3. 旅游服务礼貌、礼节

（1）礼貌。礼貌是人们在交往时，相互表达尊重和友好的行为规范。它体现了时代的风尚与道德水准，体现了人们的文化层次和文化程度。礼貌是一个人在待人接物时的外在表现，主要通过言语和动作表现对人的谦虚恭敬。

1）礼貌的基本要求。礼貌的基本要求是诚恳、谦恭、和善、有分寸。

2）礼貌的分类。礼貌的内容概括起来可以分为三类：在各种公共场所最基本的行为准则，个人交际中最基本的礼节，个人私生活中最基本的行为习惯。

3）礼貌的内容。礼貌的主要内容包括遵守秩序、言必有信、尊老尊贤、待人和气、仪表端庄、讲究卫生等。

4）讲究礼貌的意义。讲究礼貌是建设社会主义精神文明的需要，讲究礼貌是保持社会安定团结、促进人际关系和谐的需要，讲究礼貌是文明公民的行为规范，讲究礼貌是服务行业从业人员的基本素质。

（2）礼节。礼节是人们在日常生活中，特别是在交际场合相互表示尊敬、问候、祝颂、致意、慰问以及给予必要的协助与照料的惯用形式。

（3）服务接待人员施礼时的注意事项。在为宾客服务时或在公共场合遇到宾客时必须施礼，应该注意以下几方面：

1）与宾客保持适当距离，注视宾客，面带笑容，点头致意。

2）施礼时要放慢步伐或暂停走动，文雅地施致意礼，态度恭敬。

3）施鞠躬礼要停步，不可边走边看边鞠躬。鞠身有度，目往下看。

4）施礼要注重规范和标准，讲究施礼顺序。

5）施礼时要致礼貌语言。

6）接待人员在工作中，可以边工作，边施致意礼。若能暂停手中工作施礼，会使宾客感到郑重。

7）对不同国家、不同民族的宾客施何种礼节，应遵循礼貌服务原则。

（4）施礼的原则。在向宾客提供礼貌服务时，施礼有两个基本原则，即“以我为主，尊重他人”的原则和“不卑不亢，讲自尊、尊严，讲人格、国格”的原则。

4. 仪表仪容

（1）仪表。仪表即人的外表，一般包括仪容、仪表、服饰及个人卫生等方面，是一个人精神面貌的外在体现。

（2）仪容。仪容主要指人们的容貌，它是与人的生活情调、思想修养、道德品质和文明程度相关的。

（3）服务接待人员仪容的基本要求

1）强调自然美，精神饱满，容光焕发，具有青春活力。

2）注重清洁卫生。

3）发型朴实大方，符合职业规范。

4）化妆淡雅自然，切忌浓妆艳抹。

5）讲究容貌的修饰，既能表示对宾客的尊重，又有青春活力。

（4）服务接待人员个人卫生的基本要求。头发清洁，面部清洁，手部清洁，口腔卫生。

（5）上岗着工作服，服饰整洁，佩戴服务标牌。

（6）端庄大方，处事稳重，反应敏捷，谙熟礼仪，精神饱满，表情自然，和蔼亲切。

（7）服饰清洁的要求

1）衣裤无污垢、油渍、异味，尤其是领口、袖口要保持干净。

2）员工每天上岗前要检查制服上是否有油渍、污垢。若发现不清洁应立即换洗。

5. 仪态举止

仪态是指人们在行为中的姿态与风度，包括站立的姿势、就坐的姿势、走路的步态、面部的表情、得体的手势、优美的动作、规范的礼节和良好的态度。

风度是指一个人的内在美通过其言谈、举止、服饰、态度和作风等形式的一种自然流露。服务人员的仪态举止要求如下：

（1）举止文明，姿态端庄。

（2）微笑服务。

（3）在接待服务工作中，要严格执行“三轻”（说话轻、走路轻、操作轻）。

6. 服务礼貌语言

（1）语言文明礼貌，简明、通俗、清晰。

（2）讲普通话，能用外语为外宾服务。

（3）应有“称呼”服务，用礼貌的称谓称呼游客。

（4）服务时要有“五声”。宾客到来时有问候声，遇到宾客时有招呼声，得到协助时有致谢声，麻烦宾客时有致歉声，宾客离开游乐设施时有道别声。

（5）服务时杜绝使用“四语”。杜绝使用不尊重宾客的蔑视语，缺乏耐心的烦躁语，自以为是的否定语和刁难他人的斗气语。

（6）十字文明用语。全国推行的十字文明用语为“您好”“请”“谢谢”“对不起”“再见”。

上述内容对接受培训的人员来说是应知应会内容。在进行考核时，既要考核理论内容，又要考核实际操作。两者都达到要求，再实习一段时间，经由市级特种设备监察机构颁发特种设备作业人员上岗证后，才能正式上岗操作。

第四节　游乐设施的安全运行实例

对于游乐设施操作人员来说，既要会操作游乐设施，还必须在游乐园整个营业过程中保证游乐设施不出事故。这就要求操作人员具有熟练的操作技术，有丰富的现场经验，要做一些深入细致的工作。实践证明，操作人员对自己操作的游乐设施要做到开机前检查、开机后检查、运转中多观察，这样才能保证游乐设施的安全运行。

下面仅介绍几种有代表性的大型游乐设施操作过程中，操作人员应检查的内容及运转中的注意事项。

一、观览车游乐设施

1. 开机前检查

开机前应检查的事项如下：

(1) 各润滑点是否润滑良好，销轴、轴承、链条、销齿、钢丝绳等是否要加润滑剂。

(2) 立柱的地脚螺栓、传动装置的地脚螺栓是否松动。

(3) 固定吊厢轴的螺栓、吊厢轴与吊厢的连接螺栓是否松动。

(4) 吊厢玻璃是否完好，窗户上的金属栏杆是否完好，有无脱落现象。

(5) 每个吊厢上的两道锁是否灵活可靠。

(6) 观览车接地线及避雷针接地线有无断裂现象。

(7) 支撑吊厢轴的耳板焊缝是否有开裂现象。

(8) 雨雪天气后，开始营业时要检查绝缘电阻是否符合规定。

(9) 风速是否大于 15 m/s，大于此值时应停止运转。

(10) 采用钢丝绳传动的观览车，要检查钢丝绳接头是否松动、拉长，有无破损、断丝情况。

2. 开机后检查

开机后应检查的事项如下：

(1) 电动机、减速机、油泵、油马达等有无异常声响。

(2) 齿轮、链轮与链条啮合是否正常。

（3）启动有无异常振动冲击。

（4）液压系统渗漏情况。

（5）转盘转动是否有异常声响（摩擦声、轴承响声等）。

（6）吊厢有无不正常摆动。

（7）大立柱有无不正常晃动。

（8）轮胎传动中，充气轮胎压紧力是否适当。

上述检查完成后，方可载人运营。

3. 运营中的注意事项

（1）大部分观览车均为连续运行，上人下人均不停车。对于这种运动方式的观览车，在上人、下人处应分别设服务人员，一人负责开门，并照顾下来的乘客；一人照顾上车的乘客，并负责把两道锁锁好。

（2）开始营业时，要隔 2～3 个吊厢再上人，以免造成过分偏载。

（3）学龄前儿童要与家长同时乘坐，以免吊厢升高时，儿童因恐惧而出现意外。

（4）观览车在运转过程中，操作人员不能离开操作室。同时要注意观察运转状况，当出现异常情况时，要立即停车。

（5）观览车吊厢底面距站台面的尺寸以 200 mm 为宜，这样上下方便。若距离太大，因为吊厢在运动中上下人，容易出现事故。

（6）雷雨天气时应停止运行。

（7）营业结束时，应逐个检查吊厢，确认无人后，再切断总电源下班。

二、自控飞机游乐设施

1. 开机前检查

开机前应检查的事项如下：

（1）各润滑点是否润滑良好，销轴、轴承、齿轮、链条等是否要加润滑剂。

（2）底座及传动装置的地脚螺栓是否松动。

（3）各支撑臂的连接螺栓、销轴卡板是否松动。

（4）座舱平衡拉杆调整是否适当，拉杆两端销轴上的开口销有无裂纹、脱落现象。

（5）各座舱上的安全带是否固定牢固，完好无损。

（6）座舱与支撑臂连接的各支撑板焊缝有无裂纹。

（7）升降用的油缸（汽缸）两端的销轴是否固定牢固。

（8）自控飞机接地线有无断裂现象。

（9）雨雪天气后，运行前要检查绝缘电阻是否符合规定。

2. 开机后检查

开机后应检查的事项如下：

（1）电动机、减速机、油泵、油马达等有无异常声响。

（2）齿轮、链轮与链条啮合是否正常。

（3）启动有无异常振动冲击。

（4）液压系统渗漏油情况。

（5）座舱升降时，有无不正常声响。

（6）底座上方大交叉滚子轴承是否有异常声响。

上述检查完成后，方可载人运转。

3. 运营中的注意事项

（1）大型自控飞机游乐设施应设两个以上的服务人员，维护场内秩序，劝阻乘客不要抢上抢下。

（2）座舱中应有两个以上座位，而只有一人能操纵升降的游乐设施，最好在售票价格上有所区别，避免发生抢座现象。

（3）检查每个乘客是否系好安全带。

（4）运转中要注意观察，不允许乘客坐在座舱边缘上，不允许发出喊叫。

（5）遇到飞机不能下降的情况时，先告诉乘客不要着急，等停机后，服务人员要及时打开手动阀门泄油，使飞机徐徐下降。

（6）乘客在飞机运行过程中，应告知其不准站立或半蹲进行拍照。

（7）若高压油管接头突然脱落或油管破裂，有高压油喷出，应立即停机。服务人员应用物体挡住油液，尽量不要让油液喷在乘客身上。

（8）遇到设备运转不正常情况时，要及时停机。

（9）营业结束时，要切断总开关，锁好操作室和安全栅栏门。

三、疯狂老鼠游乐设施

1. 开机前检查

开机前应检查的事项如下：

（1）车上的安全带是否固定牢固，有无损坏情况。

（2）车上的缓冲装置有无损坏。

（3）车体有无破损。

（4）车轴有无松动及变形，逆止挡块是否起作用。

（5）车轮磨损情况，与轨道间隙是否正常。

（6）紧固螺栓有无松动。

（7）润滑情况。

（8）轨道有无变形开焊情况，必要时应测量轨距，试其数值是否在标准规定的范围内。

（9）刹车片的磨损情况。

（10）行程开关是否起作用，是否固定牢固。

（11）接地线有无开裂现象。

（12）雨雪天气后，运行前要检查绝缘电阻是否符合规定。

2. 开机后检查

开机后应检查的事项如下：

（1）车辆牵引是否正常。

（2）车辆运行有无异常振动冲击。

（3）轨道立柱有无不正常晃动。

（4）空压机压力是否正常，刹车片动作是否灵活可靠。

（5）牵引装置的电动机、减速器、链条运转是否正常。

（6）事故停止按钮是否起作用。

（7）电器是否按程序动作。

上述检查完成后方可开机营业。

3. 运营中应注意的事项

（1）要认真检查乘客是否系好安全带。

（2）学龄前儿童不宜乘坐。

（3）车辆运行中不允许乘客离开座位。

（4）前面车辆未进入滑行轨道以前，不允许放行后面的车，以免发生碰撞。

（5）当车辆停位不准时，要及时调整制动装置，待停位准确后，方可继续载人运行。

（6）当空压机发生故障或气压太低制动无保证时，车辆应停止运行。

（7）当车辆处于牵引状态，突然停电时，服务人员应迅速登上走台，将乘客顺利地疏导下来。

（8）营业过程中，若突然遇雨应停止运行。雨后待轨道稍干后方可运行。

（9）营业结束时，要切断总开关，锁好操作室门及安全栅栏门。

四、旋风游乐设施

1. 开机前检查

开机前应检查的事项如下：

（1）各润滑点如销轴、轴承、齿轮等是否润滑良好。

（2）机座及传动装置的地脚螺栓、各处紧固螺栓有无松动现象。

（3）周边传动摩擦轮与轨道接触是否良好。

（4）车轮磨损情况。

(5) 旋风座舱自转传动系统锥齿轮的啮合及磨损情况。

(6) 液力耦合器的充油情况。

(7) 座舱立轴有无变形。

(8) 座舱安全带(杆)是否牢固可靠。

(9) 座舱有无破损现象。

(10) 转盘与周围站台的间隙有无变化,若有变化要找出原因。

(11) 周围站台有无破损和严重的凹凸不平现象。

(12) 接地线是否断开。

(13) 雨雪天气后要检查绝缘电阻是否符合规定。

2. 开机后检查

开机后应检查的事项如下:

(1) 电动机、减速器运转是否正常,有无异常声响。

(2) 启动、停止有无振动冲击。

(3) 座舱自转系统锥齿轮啮合是否正常。

(4) 座舱转动是否灵活。

(5) 大盘回转时有无摆动现象,有无不正常的声音。

(6) 周边传动装置的运转情况。

(7) 液力耦合器是否渗漏。

上述检查完成后,方可载人运转。

3. 运营中应注意的事项

(1) 旋风游乐设施应设两个以上的服务人员,乘机时应劝阻游客不要抢上抢下。

(2) 学龄前儿童不宜乘坐。

(3) 开机前检查每个乘客是否系好安全带(杆)。

(4) 发现乘客有恐惧或不适应现象时应立即停机。

(5) 雨雪天气应停止运转。

(6) 营业结束时,要切断总开关,锁好操作室门及安全栅栏。

五、双人飞天游乐设施

1. 开机前检查

（1）升降大臂及升降用油缸的地脚螺栓是否松动。

（2）吊椅的轴销有无松动现象，保险装置是否可靠。

（3）吊椅的安全挡杆是否灵活可靠。

（4）吊挂销轴有无变形及损坏。

（5）吊椅与吊杆的连接螺栓是否松动。

（6）吊挂上部焊接板的焊缝有无开焊现象。

（7）吊椅是否有破损。

（8）润滑情况。

2. 开机后检查

（1）油泵、油马达、油缸的工作是否正常，有无异常声响。

（2）泵、阀、管路的渗漏情况。

（3）压力表指示是否准确，溢流阀压力调整得是否适当。

（4）大臂升降是否到位，有无振动冲击。

（5）大臂升降及转盘回转是否有异常声响。

（6）转盘回转有无摆动现象。

3. 运营中应注意的事项

（1）开机前检查每个乘客是否固定好安全杆。

（2）乘客较少时，应引导乘客分散乘坐，不要形成过分偏载。

（3）遇到紧急情况时，要及时停机并降下大臂。

（4）升降油缸出现故障（不能下降）时，要及时进行手动泄油，并将乘客疏导下来。

（5）遇雨时要停止运转。

（6）营业结束时，要切断总开关，锁好操作室门及安全栅栏。

六、水上游乐设施

1. 营业前，服务人员要认真做好检查清理工作。检查船体是否完好，有无渗漏，船上救生、消防设备是否齐全。

2. 码头设施、场地的检查和清理包括：乘租须知、身高测量标记是否完好、清晰，码头地面是否平整清洁，钩船专用工具是否完好无损。

3. 检查码头停靠船的台阶距水面高度是否在规定范围内。

4. 乘客进入游船码头，服务人员应维持好上下船秩序，乘客上下船前，应对其讲明注意事项。

5. 在夏季和高温天气加油时，须在上午十点前、下午四点后完成。

6. 救护艇添加汽油时，必须在指定的安全地点，远离各种火源及游客集中的地方。

7. 营业后，填写运行记录，并做好码头场地的清扫、整理，并将船舶停靠就位，清点数量。

8. 水上游乐设施范围内的地面应确保无积水、无碎玻璃及其他尖锐物品。

9. 按规定配备足够的救生员。救生员须符合有关部门的规定，经专门培训考试合格，掌握救生知识技能，方能持证上岗。

10. 各水上游乐项目均应设立监视台，有专人执勤，监视台的数量和位置应能看清全池的范围。

11. 随时向游客报告天气变化情况，为游客设置避风、避雨的安全场所。

12. 每日对水面、水池底除尘一次，并安全地使用化学药品。

13. 配备具有医士职称以上的医生和经过训练的医护人员及急救设施。

思 考 题

1. 运营中，操作人员应特别注意哪些事项？

2. 观览车游艺机出现紧急情况时，应采取哪些措施?
3. 旅游职业的道德规范是什么?
4. 设备安全防护设施有哪些?
5. 双人飞天游乐设施开机前应检查哪些事项?

第 七 章

游乐设施事故案例分析

本章知识要点

1. 了解典型事故案例和事故预防的基本原理
2. 熟悉应急预案的主要内容
3. 掌握紧急事故状态应采取的措施

游乐园为了满足人们在娱乐中寻求冒险、刺激的心理，越来越多的新增游乐设施向更高、更快、更刺激的方向发展，高新技术越来越多地应用到游乐设施中。例如国外的过山车从主体材质上看，既有钢结构的，也有木质结构的；从乘坐形式上看，早已不限于座椅式固定车厢，而是向站立式、悬挂式、旋转式等方向发展。过山车的最高时速已经达到 128 km/h，单台过山车的环数可达 10 环之多。直插云霄的摩天轮、风驰电掣的过山车、酣畅淋漓的丛林鼠考验着人们的心理承受极限，也在考验着设施本身的安全指标。惊险刺激的游乐设施哪怕是小小一颗螺钉的松动、一个轴承的断裂、一个安全装置的失效，都可能在高速运转的瞬间酿成惨剧。

第一节 国内发生的事故案例

一、1994 年发生的事故

早在 1994 年初，浙江温州曾发生过一起类似的缆车坠毁事件，当时便有5人死亡。同年10月2日，广州从化市天湖上的铁索桥扶手铁链突然断裂，160多名游客落水，38人遇难。1994年11月6日，重庆市青少年科普文化中心“阿拉伯飞毯”反转第二圈时突然失控，将乘客甩下，导致两人当场死亡。

二、1995年发生的事故

1995年是游乐项目兴起的一年，也是游乐设施事故最多的一年。5月1日上午10时左右，南京长青股份有限公司副总经理孙某某陪5岁的儿子孙某来到南京市玄武湖公园，一起坐上了儿童乐园内一种名叫“惯性火车”的游艺车。在一个急拐弯时，他们所乘坐的这节车厢突然倾覆，孙某某只觉得眼前一黑，便和儿子一起摔倒在地上。孙某头部着地受重伤，送到医院后死亡。孙某某左锁骨骨折，脾脏、肾脏严重挫伤。据警方调查，此次事故是因为出事车厢的玻璃钢底座的固定螺钉松落，在右转弯时向左前方摔了出去，从而酿成惨祸。这是当年江苏境内发生的第二起游乐设施事故。4月25日上午，常州市安阳里幼儿园的小朋友小孙在该市红梅公园玩螺旋筒状滑梯时，被挂在筒中，抢救无效而夭折。5月4日，由于监管护理人员不在岗，新疆库尔勒市铁门关水电站一游客乘坐“碰碰船”时溺水身亡。5月11日，北京香山八大处公园由德国引进的滑道项目一滑车未减速撞上前方车辆，该车再撞上另一车辆，共三辆车相撞。撞车人前额撞在前方乘车人颈椎部，致使其中枢神经严重损伤，入院后于13日早5时身亡，造成一死、一重伤、一轻伤的恶性伤亡事故。以该滑道为例，滑道长达1 700多米，车上有离心式限速器，限定速度为33 km/h。发车时，间距为20 m（据说原设计为15 m），较设计规定更安全。如果滑道上所有滑车均以相等速度前进是可以保持这一间距的，但实际上根本做不到保持等速下滑，以致经常发生碰撞。进口车辆无任何碰撞缓冲措施，在发生事故时，双人滑车已全部损坏。而滑道公司却认为是“游客一味追求速度，追求刺激，不遵守乘滑规定造成的”。在发生事故后，滑道公司也承认“既是娱乐也是一种体育健身项目，因此滑行具有一定的技巧，在众多游客中，能够熟练操作的还不多见”。在此之后的11月4日，又有一游客因相撞造成鼻骨骨折，清华大学一名女教师被撞后造成脑部损伤。7月，河南新乡康乐中心管状水滑梯中，一游客被后面滑下的人追踏，造成腰脊椎骨骨折。8月6日晚上，北京某游乐园水上世界用于水消毒的氯气瓶泄漏，造成36人轻微中毒。事故原因是氯气瓶减压阀的密封圈损坏。

三、1996年发生的事故

1. 1996年，某公园的大观览车由于操作人员失职，当日结束营业前未认真检查，一名乘客滞留在轿厢中直至深夜，由于乘客不断呼喊求救，才得到解救，使乘客精神上受到严重伤害。

2. 1996年，一名检修人员在检修某游乐园的大观览车转盘时，操作人员未发出开车信号便开动了观览车，检修人员险些从转盘上摔下，造成未遂的安全事故。操作人员违反操作规程，险些酿成大祸。

3. 1996年3月20日，广州番禺飞图梦幻影城“太空漫游”项目的一个升空气球因失控飘至3 000 m高空后爆炸，香港女游客陈某堕地身亡。

四、1997年发生的事故

1. 1997年3月9日，南昌八一公园，一名7岁女孩在“飞毯”游戏中从压杆（保护装置）下面摔出死亡。

2. 1997年5月10日，大连某公园，一名两岁半女童因同行的母亲、外祖母没有陪同乘坐，从运转中的豪华木马上跌落至转台上，她在寻找亲人时在转动的转台上爬行至转台边缘，左臂进入转台与固定水泥站台缝隙中，造成左上肢粉碎性骨折，右臂、左腿亦骨折。对左臂进行残端修整手术后，造成终生残肢。

3. 1997年7月26日，昆明西山索道因熔断器烧坏，110位外地游客被困在空中缆车上达1小时40分钟。

4. 1997年8月31日，北京密云司马台长城缆车发生故障，

5名乘客在缆车中经历狂风暴雨、电闪雷鸣达85分钟。

5. 1997年9月14日，27岁的女模特索某在北京安迪卡丁车俱乐部玩卡丁车时，因露在头盔外的长发卷入卡丁车后轮车轴中，造成头皮撕脱并伤及脊椎，至今瘫痪在床。

五、1998年发生的事故

1. 1998年1月6日，重庆长江索道上两辆索道车运行时突然停下，缆车悬空40分钟后才拖入站内。

2. 1998年5月21日，成都某森林公园的大观览车上，年仅21岁的一名男学生在轿厢将要升到最高点时，将头伸出窗外（公园考虑通风，将轿厢门对面窗户玻璃卸下）观赏风景，当轿厢升至最高点时，头部被侧面的轿厢吊臂与轿厢窗户夹住（两者间隙仅有160 mm），而观览车继续移动，导致其颈部中枢神经断裂死亡。这起事故是由于乘客违反乘坐规定所致。轿厢窗户不仅要求透明还要能通风，还要求乘客各部位均不能伸出窗外，可加设铁丝网等。轿厢吊臂与轿厢的间距应再增大些，也可避免此类事故的发生。

3. 1998年8月30日上午10时，上海闸北公园儿童游乐场内的一台正转动的“旋转飞椅”载上20名游客后缓缓升空，转了没几圈突然坠落，游客有的飞了出来，有的被压在下面，造成1死9伤的重大惨剧，成为近年来国内游乐场所发生的最大的一起事故。

有关部门现场勘察证明，事故原因是“旋转飞椅”存在严重的质量问题，主要部件焊接有裂缝，设计也不尽合理，而生产这套伪劣产品的厂家居然没有生产许可证。

六、1999年发生的事故

1. 1999年8月28日，游客张先生和吕小姐在重庆乘南山旅游吊篮上行，临近终点时，索道突然停下，张、吕二人呼救近两小时，均无人知晓。张先生冒着生命危险拉住吊篮附近的一棵松树，从距地面10多米的高空中，顺着树干滑到地面，跑去南山站求救。管理人员这才启动索道，将吕女士救出。

2. 1999 年 10 月 3 日，广西三家旅行社组织的游客聚集在马岭河峡谷谷底唯一的缆车乘坐点，等待乘坐缆车去山顶吃午饭。11 时 10 分，一阵难以想象的拥挤后，面积仅有五六平方米的缆车车厢内满载了 35 名乘客缓慢上升，10 多分钟后到山顶平台停了下来。工作人员走过来打开了缆车的小门，准备让车厢里的人走出来。就在这一瞬间，缆车不可思议地慢慢往下滑去。有人惊叫起来："缆车失控了！"工作人员见此情形大吃一惊，立即跑进操纵室猛按上行键，但已失灵。他又想用紧急制动，仍然无效。不得已拉下电源开关，以为可以让缆车停下来，但缆车还是无可救药地向下滑去。缆车缓慢滑行了 30 m 后，便箭一般向山下坠去，一声巨响后重重地撞在 110 m 下的水泥地面上，断裂的缆绳在山间四处飞舞。

由有关专家组成的调查组调查认定，此事故是因为该缆车设计上有严重缺陷，不符合国家标准，也没有拿到安全使用许可证，从设计、安装到使用，均未按规定办理手续。

七、2000 年发生的事故

1. 天津水上公园游乐场内于 1999 年 6 月建成该市第一座"蹦极塔"，6 月底开始接纳游人。蹦极塔高 60 m，两侧约 51 m 和 41 m 高处分别各建一个悬壁。悬壁下方各建 1 个 4 m 深，20 m×20 m 的人工湖。

2000 年 4 月，两个蹦极者吕某、陈某系在一起从东边悬壁跳下，下落 40 多米后，向空中弹起，并连续多次反弹时，系在两青年腿上的绳子突然下落，随绳摆动的两个青年的头颅当即撞在距东边池子往南约 1.5 m 处的水泥地面上。几分钟后，120 急救车赶到。"蹦极"项目是由天津水上公园出租场地给某公司经营的。当两名高中学生蹦下时，本应多次反弹，再缓慢放下橡胶绳，乘客落地后再解下绳索。事故是由于蹦下后，操作人员提前放下绳索，使两人头部撞在水池边的水泥地面上，摔裂颅骨，处于昏迷状态（见图 7—1）。这起事故完全是由于操作人员违规操作造成的。

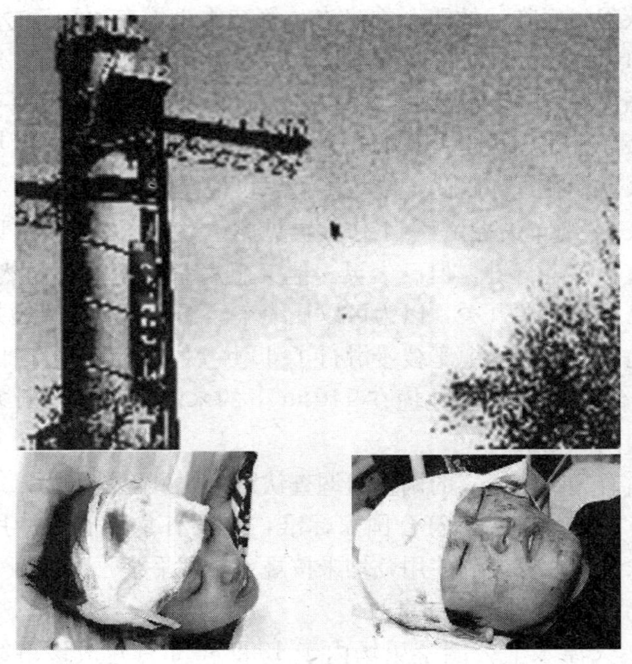

图 7—1　天津水上公园“蹦极塔”事故

2. 2000 年 10 月 22 日，北京中服大厦物业管理中心组织 38 名员工到京东大峡谷景点游玩。10 时 30 分左右游客乘坐索道缆车陆续来到上站，当时正值阴天，管理人员告知有雨不能在滑道上滑行。12 时左右，雨停了，游客就要求乘滑道。公司派员将管子上的水擦干净后，派 1 人领车，游客陆续上车下滑。当第 35 名游客滑出后，天又下起了小雨，所以后 3 人就没有上车。公司工作人员立即追赶放下去的车，这时领车已行至六区（大约走出 2 000 m），下车指挥游客立即停车。这时雨越下越大，当跑出 10 多米时听到大约在上方 50 m 处有撞车声，跑到现场发现数辆车接连冲撞到了一起（出事地点距五区标牌约 20 m）。被调查人（第 21 名游客）讲下雨后，自己的滑车刹车失灵，听到第 22 名游客（死者）喊“刹不住车了，快点，别停住，我没刹车了”，随后撞在前者车上，第 23 名游客再撞到 22 名游客。第 27 名游客撞到前面第 26 名游客时，一下把前者撞飞出去，撞到护网上又反弹回来。当时 6 人伤情较重，其余几个人受轻伤。工作人员将他们护送到下站，及时送往县医院进行抢救治疗。该起事故造成 1 人死亡，5 人重伤。

这次事故的主要原因是中途下雨，刹车失灵，滑车失控，高速冲撞造成的。北京世纪龙滑道娱乐公司在管理上存在严重问题，违反雨雪天禁止运行的规定，违反了领车员与游客按比例配备的规定，没有向游客宣讲雨雪天情况下如何处置的注意事项。所以，这是一起因管理不善造成的重大责任事故。

八、2001 年发生的事故

1. 2001 年 4 月，在贵阳某公园引进的滑道上，乘客在转弯处身体倾斜，头部撞在旁边突出岩石上（与人接触的安全距离不到 500 mm)，撞晕后继续滑行，脑浆崩裂死亡。游乐设施安全距离不符合要求，属失职行为。

2. 2001 年 5 月 6 日，北京某游乐园的“探空飞梭”游艺机，因肩部压杠闭锁油缸的活塞杆断裂，一名游客身体失去保护装置，将游客抛出坠地死亡。该油缸为外购部件，活塞杆材料虽由 35 钢改为 45 钢，但因由粗改细，又未经调质处理，使强度降低，以致酿此惨祸。

3. 2001 年 8 月 7 日某滑道，上午 11 时 40 分左右，在北京平谷京东大峡谷景区世纪龙滑道，游客孟某所操纵滑车因下雨路滑，制动无效与前车相撞，肠部因安全带勒紧造成严重损伤而死亡。这起两辆滑车相撞事故造成游客一死一伤。北京市质量技术监督局初步分析，这起恶性事故与北京世纪龙滑道娱乐有限公司经营的滑车车速过快、安全装置失效、下雨路滑、制动失灵与前车相撞有着直接关系。2001年4月起，平谷县质监局多次对世纪龙公司发出“不得投入使用”和“责令停止使用”通知书并予以行政处罚，平谷县委、县政府也多次批示该企业必须依法经营。直至事故发生前几小时，质监执法人员还下发特种设备监察通知书，责令滑道立刻停止运行。该滑道4 000多米长，由个体户在2000年建成，因设计、制造不规范，操作不当，曾死亡一人。2001年经改造后委托国家游艺机检测中心检测合格后，未按规定到特种设备安全监察机构登记注册便投入运营。

4. 2001年8月16日，长春净月潭森林公园由登山队自建的“飞降”滑索项目，当回收吊具返回到顶部乘人站台时，因吊具钢丝绳从滑轮槽中脱出（未设防绳脱槽保护装置），游客被吊具由18 m高的站台上打下，坠地死亡。检测中，对回收吊具方面的安全隐患没有查出，以致造成这起伤亡事故。

九、2003年发生的事故

1. 2003年3月19日上午，西安一名15岁的少女卢某在兴庆公园内玩蹦极时，系在钢管支架上的保险绳突然发生断裂，少女从10多米的高空摔下落到救护垫上，右胳膊骨折。

2. 2003年10月3日，包头市昆都仑水库旅游区内，一游客在乘坐速降过山车时，过山车突发事故被困在轨道中，该游客事后经抢救无效死亡。

十、2006年发生的事故

1. 2006年1月30日下午4时许，哈彼嘉年华的“空中飞舞”设备突然发生事故，一声爆裂声后大量液体从设备后部喷到4 m多远的岗亭边，设备上的18名乘客被滞留在半空，吓得大叫（见图7—2）。他们在半空滞留约3分钟，后在众多工作人员帮助下，才安全离开座位。“空中飞舞”已停止运行，机器下方一片湿漉。哈彼嘉年华负责人表示：“空中飞舞”设备由液压装置控制，前来游玩的游客太多，有时排队要排出几十米远，因此

“空中飞舞”设备从早到晚运行，怀疑是机器超负荷运转导致压力过大而引起设备故障。液压设备先后两次出现了故障，发生此次事故确实是不可预料。游乐场方面将做进一步完善，培训员工正确处理事故。

图 7—2　哈彼嘉年华的“空中飞舞”设备事故

2. 2006 年 4 月 16 日下午 1 时，贵州河滨公园“穿梭时空”摩天轮游乐设施发生游客坠落事件，一名 60 多岁的女游客当场死亡，一名 30 多岁的男游客被摔伤，死者和伤者系母子俩。出事的“穿梭时空”摩天轮高约 10 m，由两个呈三角形的铁架支撑起一个大的转盘，转盘四周是供游客乘坐的座位，当游客坐上“穿梭时空”摩天轮，系好安全带后，转盘开始转动，带动下面的座椅快速旋转（见图 7—3）。死者的女儿孟女士说，她的母亲和弟弟就是从 10 m 高的机器上被甩下来的。据孟女士介绍，当天中午，他们一家 5 口来到河滨公园玩耍，路过“穿梭时空”摩天轮的时候，一工作人员劝说他们乘坐。于是，孟女士 8 岁的女儿小倩倩、母亲、弟弟和弟弟的朋友 4 人买票进了游乐园，孟女士则在一旁观看。孟女士说，弟弟让他的朋友和女儿坐好后，自己和母亲准备坐在“穿梭时空”摩天轮的另一边，这时，“穿梭时空”摩天轮突然启动，就听见弟弟大喊“还没有拴好安全带”。眼见着弟弟和母亲的头已经朝下，在“穿梭时空”摩天轮转到第二圈的时候，母亲先摔了下来，头部向下直接撞在设施的铁栏杆上，“砰”的一声后，血流了出来。与此同时，弟弟臀部朝下砸了下来，躺在母亲旁边。待他们回过神来，母亲已经没有了气息，而弟弟已经昏迷。

图 7—3　贵州“穿梭时空”摩天轮游客坠落事故

伤者孟先生叙述了当时的情况。他先将外甥女和朋友安置坐稳后，搀着母亲坐到位置上，还没有来得及绑安全带，就发现

“穿梭时空”摩天轮已经转动起来。情急中，他右手抓住护栏，左手紧紧抓住母亲呼救。机器转向高空两次后，他已经没有力气，手一松，母亲一头栽了下去，头碰在地上。孟先生认为，像这种游乐场所应该有专人在旁边检查。但当时只有两人，一人负责卖票，一人在控制机器，根本没有人到“穿梭时空”摩天轮旁边查看乘客是否坐稳，是否系好安全带。

3. 2006 年 4 月 21 日下午 2 时左右，福州××公园内的摩天环车大臂断裂（配重侧），配重铁砸向座舱，幸亏是在正常运行时操作人员发现异常声响后，在乘坐间隙做空车试验时发生的，否则将造成人员伤亡。该设备 2002 年 4 月由原泰州市园林机械厂生产。经现场勘察，发现生产厂粗制滥造，偷工减料，致使大臂强度受到很大削弱（见图 7—4）。

图 7—4　福州××公园摩天环车大臂断裂事故

4. 2006 年 4 月中国特种设备检测研究中心在杭州××园现场安装检验时，发现河北邯郸华峰机械厂在安装一台广州东方乐园使用 20 多年的日产过山车时，轨道焊接粗制滥造，质量低劣，出具的 X 射线探伤报告结论是 100％探伤，均为二级片。经抽查发现 800 多张探伤底片均为伪造，实际抽查 60 个焊口，只有 1 个焊口合格，其余都为三级片或四级片。在不合格的焊缝中，大量填塞螺纹钢、钢条、焊条等。

5. 2006 年 5 月 7 日下午 15 时 40 分，西安兴庆宫的一名游乐设施业主的儿子（初中学生）在其父亲经营的游乐设施“高空揽月”现场帮忙时，在给 4 名乘客系好安全带并压下安全压杠后，自己也坐了上去。由于该座位的安全压杠未固定到位，也未系安全带，当设施启动运转到最高点翻转时，座椅与地面呈 90°并整体转动，该人从距离地面 8 m 处被抛出，掷于距离设备 7 m 远的水泥地面上，致其右上臂前端和右脚面骨骨折，右股骨颈断裂，下唇开裂 3 cm，面部有多处擦伤。经查，该游乐设施 2002 年注册登记，并于 2006 年 4 月 26 日经特种设备检验中心检验合格。事故原因系设备运营中操作人员未严格执行启动前的安全检查程序，经营户擅自使用无操作上岗证的人员进行运行前的安全防护操作与检查。

6. 2006 年 6 月 3 日，山西阳泉南山公园摩天环车定期检验时发现大臂与配重结合处焊缝开裂。这台设备由河北京北游艺机制造有限公司于 2005 年 6 月制造，发生裂纹的原因是现场焊接雇用当地焊工，在阴雨环境下施焊，低氢焊条未采取烘干与保温措施，焊后又未进行探伤。

7. 2006 年 7 月 11 日 14 时 30 分，铜川市玉华宫西宫背滑索游乐场发生一起滑索坠落事故，造成游客段某及其女儿王某两人从高空滑索上（距地面 30～40 m）坠落，身体多处骨折。经初步调查，该滑索长 287 m、落差 59 m，由牛某私自制造安装，个体经营，且无任何资料。2005 年 5 月 1 日开始运营，2005 年 6 月 7 日质监印台分局查处，下发了安全监察责任书，停用整改，后经多次复查，该单位拒不整改，继续运营，2006 年 5 月 1 日查封后，私自解封非法运营。事发当日，操作工将游客段某及其女儿王某送上滑索，两人乘坐在一个吊袋放下去，吊袋到下站平台时，下站的操作人员又不在岗，游客自行解开保险带时，上站的操作工又将一名工作人员送上滑索放下，致使下站的游客段某母女被拉回，造成此次严重事故。

8. 2006 年 10 月 15 日，山西大同公园一台由原承德矿山机械厂制造的阿拉伯飞毯左后部旋转臂中心轴断裂，导致大臂失控，砸向设备左侧护栏。该设备在载人情况下运转时，发现异常声响，操作人员立即停止设备运行，疏导乘客至安全地带，随后空载运行设备，随即发生上述事故，未造成人员伤亡（见图 7—5）。

该设备的使用说明书中注名设备使用期限为 5 年，零部件使用寿命为 3 年。该设备于 1999 年投入使用以来，其主要轴类零部件未作更换，超出使用年限，造成事故。此轴制造时未进行轴肩倒角，且由于装配精度差造成应力集中，在长时间交变应力的作用下，轴肩根部发生疲劳，产生磨损与裂纹。由于此轴在设备内部、不易拆卸，所以业主无法及时检测到裂纹产生，导致裂纹不断扩展，直至中心轴无法承受载荷，发生完全断裂，造成事故。

图 7—5　山西大同公园阿拉伯飞毯事故

9. 2006 年 6 月 24 日下午 2 时，重庆市南坪南桥头重庆游乐园（科普中心）内，“星际飞车”由四根长约 10 m 的巨型支撑柱构成，每根柱子下端是可以乘坐 4 个人的客舱。“星际飞车”运行时，每根支撑柱以柱中心为轴心不停旋转。“星际飞车”在转动过程中，承载客舱的支撑柱突然发生断裂，支撑柱径直砸向游客致其当场死亡，另有 10 岁左右的一男一女受伤。经现场勘察，与配重相连接的支撑臂由方钢主臂和两个槽钢副支撑臂构成。主臂的断裂部位在距旋转轴 100 多毫米的母材上，一个副支撑臂断裂部位在距旋转轴 3 m 左右的母材上。初步观察，这两个断口均有旧的穿透性裂纹，并且有补焊痕迹。重庆市质监、安监等部门工作人员现场对断裂的钢轴进行了分析，发现断裂处有三面是旧伤，一面是新伤，这意味着钢轴曾经断裂过，进行过焊接处理，根据观察，断裂面大都成 45°，属于典型的金属疲劳性断裂（见图 7—6）。

图 7—6　重庆游乐园“星际飞车”事故

经过两个多月的事故调查和分析，调查组认定此次事故的直接原因是“星际飞车”平衡臂槽钢焊接部位锈蚀后形成横向裂纹，并随着设备运行不断扩展，当裂纹延展至平衡臂的承载能力不能承受运行产生的载荷时发生断裂，酿成事故。间接原因主要是经营管理单位安全管理失职：一是“星际飞车”的经营者没有按照特种设备使用的有关规定落实自查和重大隐患报告制度，在发现“星际飞车”平衡臂产生裂纹后，没有及时向主管部门报告，擅自补焊修理后继续运行，没有正确处理安全隐患。二是游乐园对园内合作经营项目“星际飞车”的日常监管不力，疏忽了设备的重大安全隐患。

10. 制造与安装劣质产品

为了生产优质产品、安全运营，给人民群众提供一个安全、舒适、高雅的文化娱乐休闲场所，我国在包括大型游乐设施在内的特种设备的生产（含设计、制造、安装、改造、维修）方面实施了一系列法规和规定，但是，个别制造厂家无视国家的监管，产品粗制滥造，质量存在问题，不从根本上解决，而是采取掩饰手段，企图蒙混过监督检验关。这种加工质量达不到设计要求，焊接施工中存在的缺陷，关键部位的焊缝未达到要求的产品，势必形成事故隐患。图 7—7 所示为陕西某厂生产的劣质产品的事故隐患部位。

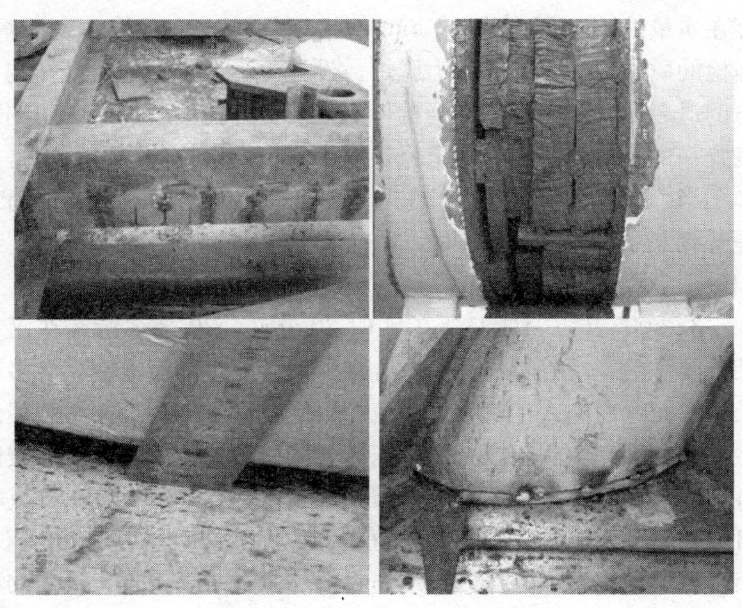

图 7—7　陕西某厂生产的劣质产品的事故隐患部位

十一、2007 年发生的事故

1. 2007 年 2 月 22 日 16 时 30 分，重庆市沙坪坝区沙坪公园发生一起大型游乐设施严重事故，造成 1 人死亡。

事发时，该公园一服务人员在检查设备及乘客情况后，发出开车信号，又发现一名乘客安全带未系好，准备帮助捆绑，此时，探空梭已启动，情急之下该人单手抓住探空梭的压杠，随探空梭上升，此时操作人员紧急停机，造成该人从 5 m 高空坠落死亡。

2. 2007 年 3 月 25 日越秀公园北秀游乐场激流探险项目操作人员将控制开关置于“手动”位置，导致前船尚未提升到最高点向前滑行时，后船已放出，造成 1 号船在提升段顶端突然失控向后倒滑，下落后与站台的另一船相碰，造成 1 号船后座 1 名乘客脊椎粉碎性骨折的严重事故。经质监部门的初步调查，引发事故的主要原因是该游乐设施的船艇在受力构件的设计、焊接工艺上存在质量缺陷，厚度为 12 mm 的钢板焊接时未开坡口、漏焊、漏检的质量缺陷，造成受力脱焊。设计也不尽合理，提升挂钩与防倒退装置安放在同一受力构件上，当提升挂钩脱焊后，防倒退装置一并脱落，起不到安全保护作用。引发事故的次要原因是操作不当，操作人员将控制开关置于“手动”位置，导致前船尚未提升到最高点向前滑行时，后船已放出，造成前后两船直接相碰。

3. 2007 年 5 月 1 日下午 4 时 30 分许，20 余名游客在汉口某公园体验“峡谷漂流”时，分乘 4 艘游船，随激流在 300 多米长狭窄而弯曲的人造峡谷中漂流。由于速度不一，前面两艘船发生碰撞，卡在峡谷较窄处。第三艘、第四艘船相继冲来，四艘船碰在一起，导致第三艘游船倾覆，船上 6 名游客落水。4 人成功自救，另 2 人被扣在船下随激流下漂。漂流终点水深 1 m 左右，出事游船漂来后，工作人员迅速将船体翻过来，发现未逃生的一名中年男子休克，另一名十六七岁的少年呼吸微弱，生命垂危。工作人员当即拨打 120 急救电话将两人送往医院。负责“峡谷漂流”的中山公园项目二部负责人解释说，“峡谷漂流”项目景点共有 8 条漂流筏，每筏出发间隔 30 s，自 2000 年引进以来，从未发生翻沉事故。漂流筏翻沉处正好是电子监控盲区，所以没有及时改变水位，导致发生事故。

落水者龚某叙述了事发过程。下午 3 时许，他和亲朋一行多人来到中山公园的“峡谷漂流”景点。因每条漂流筏核载 6 人，他和妻子、表弟、表妹及侄女共 5 人上了一条黄色漂流筏，另一人是个陌生小男孩。不料，漂流筏行至距终点数十米远的山洞口时，前面的漂流筏停滞不前，后面的漂流筏冲了过来，因水流湍急，他本能地解开了安全带，在拐弯处一个巨浪袭来，黄色漂流筏与前面的两筏相撞，很快倾覆并扣入水中，稍会游泳的他奋力潜入倒扣的漂流筏，解开妻子的安全带，并将妻子推上岸边。而他则被洪流冲走 10 余米远才抓住小溪边的石头，被其他游客救起。龚某 7 岁的侄女小可说，她所乘坐的漂流筏在翻沉前上下剧烈起伏，幸亏她没有系安全带，也未被管理人员发现，落进漂流溪的浅水区中，被游客救上了岸。紧随其后的红色漂流筏，遭撞击后也剧烈颠簸，筏上的福建籍游客陈先生紧急将筏上的客人全部转移上岸。前面遭撞击的蓝色漂流筏中的两名游客被甩入溪中，很快被人救起（见图 7—8）。

就在人们惊魂未定时，突然有人惊呼“快救人”。原来，倒扣在水中的黄色漂流筏上，还有系着安全带的两人被困水下。黄色漂流筏很快漂至提升机处，现场游客和工作人员合力掀开漂流筏的一角，解开两人的安全带，将两人拉至筏外的提升机斜坡上，两人均已不省人事。工作人员紧急对两人实施人工呼吸，随后，将其送往医院急救。

4. 2007 年 5 月 1 日 17 时 30 分，重庆市武隆县江口镇芙蓉洞过江速滑处，重庆汇邦旅业有限公司发生一起大型游乐设施严重事故，造成一人轻伤。事发当日因风力过大，两名乘客从过江速滑上站到西岸，在距终点约 100 m 处发生碰撞，送医院检查

图 7—8 汉口某公园“峡谷漂流”事故

后，一名游客头部受撞击，髋骨处红肿，留院观察。

5. 2007 年 6 月 30 日安徽省合肥市逍遥津游乐园一台世纪滑车在提升过程中突然出现倒滑，车厢以非常快的速度向下滑，造成 5 号车厢和 6 号车厢车轮脱轨，6 号车厢侧翻变形撞到了铁轨上并翻转，当时一名男中学生被重重地甩在地上受了轻伤，而另一位女中学生却不幸被甩在滑车的轨道上，被滑车碾压、碰撞致伤，经抢救无效死亡。记者在事故现场调查时，两名学生都向记者表示游乐滑车内没有安全带，也没有其他安全措施（见图 7—9）。防倒滑装置在这次事故中未能在关键时刻发挥作用。滑车轨道上防止倒滑的一处金属沟槽被滑车巨大的后冲力撞毁。随后，安徽商报记者来到合肥市第一人民医院急诊部。与死者一起玩“世纪滑车”的女同学和小唐向记者回忆了事发时的情景：当时滑车内一共坐了 7 人，死者和小唐坐在最后一排，其他两名同学坐在倒数第四排，另三名游客坐在前面的座位上。滑车在爬坡时，不知为何快爬到顶时突然往下滑。小唐和死者从车里掉出来，小唐摔到旁边的草地上，死者落到轨道上，被滑车压住。这两名学生都向记者表示，该游乐滑车内没有安全带，也没有其他安全措施。

图 7—9　逍遥津游乐园世纪滑车事故

6. 2007 年 12 月 31 日下午 3 点许，安徽芜湖方特欢乐世界内一些等着坐“火流星”过山车项目的游客突然发现，“火流星”过山车在滑行到顶部时，突然停住，一些游客头朝下悬在半空中，游客大喊起来（见图 7—10）。现场工作人员发现后，立即启动应急预案，开启第二套动力系统，将游客逐一放下。大约半小时后，16 名游客均安全落地。其中，有 10 名游客没有感到身体不适，自行离去。有 6 位游客感到心慌头晕，被工作人员送到医院接受治疗。

据方特欢乐世界一位工作人员介绍，当天下午气温较低，后来又刮起大风，而过山车采用的是非电力系统的启动设备，当过山车滑行到月亮状顶部时，遇到大风阻力，停在半空中。过山车由计算机控制，一旦出现故障会马上停止运行，工作人员采取手动模式让车慢慢开下来。因过山车自行启动了保护措施，所以悬空的游客无人受伤，但受了惊吓。

芜湖市安监局、公安局、卫生局、质监局等单位经调查，事故原因为当天 14 时许，方特欢乐世界主题公园“火流星”过山车项目正常运行到一个弯道顶端时，遇到突然性的瞬间强风，过山车保护装置自动启动，将车辆锁定，悬停在弯道顶端，车上的 18 名游客被安全保险装置紧紧固定在车上。事发时，过山车状态正常，当天气候条件总体正常，发车时的风速等条件也符合要求，设备操作符合规范。该事件是一起因突然性天气因素（瞬间强风）导致的偶发事件。

图 7—10　芜湖方特欢乐世界“火流星”过山车事故

十二、2008 年发生的事故

1. 2008 年 4 月 9 日 8 时 58 分，锦州水上公园游乐场“青蛙蹦”游乐设施上两名女孩开始随着“青蛙蹦”上下飞行，可没玩上 1 min，“青蛙蹦”卡在了 11 m 高处。两名小女孩困在了上面，吓得紧紧地攥着护栏，哭喊着“妈妈”。消防队员在安慰两名小女孩的同时，展开云梯车，两名战士随着云梯车的救援台慢慢靠近高空座席左侧的受困女孩。消防战士边升空边安慰两名女孩。小女孩看到消防战士上去后，情绪平稳，很配合，不到

2 min，两个小女孩安全地转移到云梯工作斗上（见图 7—11）。一人换位到“青蛙蹦”座席上，给云梯车留出空间，双方在空中完成换位，成功救下女孩后，云梯再次升起，把另一名留在“青蛙蹦”中的消防员再接回地面。

图 7—11 锦州水上公园游乐场“青蛙蹦”事故

2. 2008 年 4 月 8 日中午 12 时，成都游乐园内一辆可以承载 24 名游客，轨道长 580 m，一个让游客处于完全倒挂的立环的过山车（俗称翻滚列车）突然发生机械故障，刚上完一个长坡，正欲向下冲刺却骤然停止，导致 13 名游客被困，滞留在离地面约 20 m 的空中，前方 80 m 的地方就是站台（见图 7—12）。站台下方，几名工作人员正在架子下进行维修，草地上躺着一根 2 m 多长的断裂链条。游乐园一名工作人员顺着旁边的扶梯走了上去，劝说被困游客走梯子下来，但游客们都很害怕，他只得独自走了下来。几分钟后，四五名工作人员同时走了上去，苦劝了四五分钟后，大家似乎也平静了很多，工作人员开始帮他们解开安全带。被困游客开始小心翼翼地走出座位，摸索着走到旁边的扶梯上，由工作人员搀扶或自己扶着慢慢下去。

事发后 10 min，被困游客才在工作人员带领下，从一旁的楼梯下到地面。

成都游乐园管理处对事故的解释为锁销断裂，导致链条滑落。

图 7—12　成都游乐园翻滚列车事故

第二节　发生事故的原因及其分析

近年来，各地游乐设施不断发生伤亡事故，据业内专家分析认为：个别游乐设施设计不合理，制造厂的产品质量存在问题，游乐设施维护保养不善，控制系统失灵，游艺场所管理不善，乘客不遵守安全规定，操作人员、管理人员不能得到很好的专业培训，个别甚至未经培训无证上岗，操作人员业务操作不熟练或误操作等是发生事故的主要原因。大量的调查、检测资料表明，由于游乐设施设计、制造、运营所产生的人身事故，主要与下面一些因素有关：

一、设计方面的缺陷

1. 设计者虽然做过机械设计，但对游乐设施设计并不熟悉，因此在整体结构上考虑得不够完善。

2. 个别游乐设施设计在安全方面采取的措施不力，如该设保险装置的地方没有设；安全带、安全扶手等安全设施安装位置不当，固定不牢；座舱出入口太小，上下不方便；乘客能触及的可动件与固定件之间的间隙太大；穿过座舱的电线不加覆盖，绝缘不好；液压和气动系统中没有采取缓冲措施等。

3. 结构设计不合理。这种情况在游乐设施的焊接件上表现得尤为突出。

4. 没有贯彻执行《游乐设施安全规范》(GB 8408—2008)。

主要有以下几方面情况：

(1) 游乐设施的设计安全系数小于标准规定值。采用一般机械的设计办法，确定安全系数。有些没有考虑动载系数。

(2) 游乐设施的设计速度大于标准规定的速度，如小赛车标准规定，额定运行速度应小于等于 20 km/h，而有的小赛车的运行速度竟达到 23 km/h 以上。

(3) 安全距离小于标准规定的 500 m。

(4) 站台到座舱出入口的高度大于标准规定的 300 mm。

(5) 安全栅栏的间隙大于标准规定的 120 mm。

(6) 钢丝绳接头的固定方式不符合标准要求。

上述只是经常碰到的一些未贯彻标准的情况，个别情况不再赘述。

二、制造方面的缺陷

1. 加工质量达不到设计要求

(1) 有的配合件间隙太大，运动不平稳；有的装配过紧，转动困难，甚至造成抱轴烧瓦。

(2) 与乘客接触的部位有飞边毛刺。

(3) 轨道弯曲变形，曲线段过渡不圆滑。

(4) 安全压杠不灵活，锁不住等。

2. 安装调试未达到要求

加工质量虽然达到要求，但安装调试不好，同样会出事故或是留下事故隐患。主要表现如下：

（1）传动系统未调整好，电动机、减速机未对中，开式齿轮接触面积不够，有偏啮合。传动链轮未在一个平面上，经常掉链，使运转不平稳。

（2）控制系统未调整好，未完全按设计程序动作，有时尚有误动作。

（3）导电滑线不直，与滑块接触不好，滑块易脱落。

（4）轨道不直不平，车辆侧轮和底轮与轨道间隙未调好，车辆运转起来后摆动、振动较大。

3. 外购件质量差

（1）减速机、油泵噪声大。

（2）液压阀件及油缸动作不灵活且漏油。

（3）尼龙轮、橡胶轮寿命短，有的还容易脱落。

（4）继电器等元件失灵，限位开关不起作用。

（5）玻璃钢质量太差，座舱受力后断裂等。

三、运营方面的缺陷

1. 由于操作不善造成事故的因素

（1）操作人员玩忽职守，擅离岗位，出现异常情况时，无人负责停机。

（2）乘客未坐好、没系好安全带就开机。

（3）操作人员误操作。

（4）操作人员业务不熟，遇到异常情况时不知道应采取何种措施。

（5）游乐设施的经营者和操作者自身素质不高，安全意识弱，技术水平低，大部分没有专业知识，有的操作者甚至是六七十岁的老人。

2. 管理不善造成事故的因素

（1）游乐设施场地内乘坐秩序混乱，抢上抢下。

（2）游乐设施运转过程中，闲人随便进入安全栅栏。

（3）乘客上机后，服务人员没有认真检查是否系好了安全带及安全压杠等安全设施，没有检查高空旋转的座舱门是否锁好。

（4）场地未设乘客须知，也没有宣传注意事项，乘客不会操作违反操作制度。

（5）闲人进入车辆跑道内，无人过问。

（6）游乐设施的操作人员无证上岗。

3. 维护不善造成事故的因素

（1）游乐设施关键焊缝有裂纹，没有及时检查，致使乘客座舱发生坠落。

（2）安全带已老化，不能承受人体负荷又没有及时更换。

（3）玻璃钢座舱已断裂，不维修。

（4）液压油太脏没有及时更换，座舱升到高空后，液压阀卡死不能换向，座舱不能及时下降。

（5）高速运转的车轮轴多年不检查，不维修，不更换，在运转时断裂。

除上述因素外，个别乘客不遵守纪律，不听管理人员劝阻，极易发生事故。

游乐设施是承载游客游乐的载体，其质量和安全关系到游客的生命和健康，也是社会的关注热点。经过20多年的不断努力，我国游乐事业从无到有、从小到大、从进口到出口，已逐步形成了包括设计、制造、使用、维修保养、质量监督检验和安全监察等一整套比较完善的体系。各项工作正朝着科学化、标准化、规范化的方向迈进。根据国家有关规定，游乐设施属国家认定的特种设备。此类设备因其本身和外在因素的影响容易发生事故，并且一旦发生事故就会造成人身伤亡及重大经济损失，必须接受省级以上特种设备监督检验机构的验收检查和定期检验，并获得安全检验合格标志。游乐设施的安全检验合格标志应固定在该设备（设施）的游客进口处易于看到的醒目位置上。每次运行前，操作和服务人员必须向游客讲解安全注意事项，安全注意事项必须张贴在游客易于看到的明显位置上。

游乐业的生命在于安全，游乐设施的发展在于技术创新的特殊性，我国要将监管关口前移，达到不仅要“零事故”，还要力争“零故障”的标准。

游乐设施要用故障率或者事故征候率来量化评价其安全状况。开展故障的监测和预防，将监管关口前移，通过预防故障的发生，最大限度地预防游乐设施事故的发生。要加大现场监察的力度，缩短检验周期，通过加强监管，提高其安全管理水平。

第三节　游乐设施事故预防与应急救援预案

根据特种设备事故的特点，新修订的《特种设备安全监察条例》规定特种设备使用单位应当制定事故应急专项预案、应急演练和事故分析及评估制度，并定期进行事故应急演练。游乐园游乐设施的安全运营是游乐业经营的基础。我国游乐业始终把安全置于首位，并贯穿于全过程。总之，只有安全得到保证，才有人们的和谐欢乐氛围。

游乐设施的事故预防，就是预防死亡、伤害、财产损失或其他损失（包括商业信誉损失）。应急预案是在游乐园所属区域内游乐设施出现设备突发事件时，能够在游乐园统一领导和统筹有序的指挥下，做出快速反应，按正确的程序调配全园的人力物力资源，使各岗位人员能够各司其职、各负其责，采取救援行动，尽量减小事故造成的伤害与损失。参与救援的成员熟练掌握应急措施程序和内容，正确使用救援（护）器材，采取有效的应急处理和救援，把经济损失及社会不良影响减小到最低限度，保障乘客、作业人员的生命健康。

一、事故预防的基本原则

事故预防的基本原理包括事故源头预防与事故控制两方面。

1. 事故源头预防

事故源头预防是要求游乐设施的本质安全，即通过设计和制造手段优先考虑事故预防对策上的要求，设计出具有技术先进、采用优质材料、安全防护装置齐全，操作方便、灵活、实用的游乐设施。除了技术先进、材料优质，本质安全还强调游乐设施必须满足以下条件：

（1）直接安全技术措施。游乐设施应具有本质安全性能，保证不出现任何事故和危害。

（2）间接安全技术措施。若不能或不完全能实现直接安全技术措施时，必须为游乐设施设计出一种或多种安全防护装置，最大限度地预防、控制事故或危害的发生。

（3）指示性安全技术措施。间接安全技术措施也无法实现时，须采用检测报警装置、警示标志等措施，警告、提醒操作人员及游客注意，以便采取相应的对策或紧急撤离危险场所。

（4）若间接、指示性安全技术措施仍然不能避免事故、危害发生，则应通过设计文件中的安全操作规程提出安全教育、培训和个人防护用品来预防、减弱危害程度的要求和方法。

国家对游乐设施实施设计审查鉴定、样机的型式试验，制造厂及产品生产许可证的行政许可等监察手段，从根本上保证了游乐设施的本质安全。

2. 事故控制

游乐设施设计的先进性、材料的优质性、安全防护装置的齐全有效性，都会因运行时间的延长而发生变化，在运行中，有可能减少或失去本质安全。游乐园必须从安全技术、安全教育、安全管理等三方面入手，采取相应措施使事故不发生及事故发生后不造成严重后果或使后果降到最低限度，保持游乐设施的本质安全。

（1）安全技术。安全技术着重解决物的不安全状态问题。由于在游乐设施使用过程中会因各种因素产生机械磨损，安全装置失效，导致游乐设施失去本质安全，形成事故隐患，威胁乘客的安全。为此，游乐设施经营者要时刻监视防护罩、防护屏、负荷限制器、行程限制器、制动器、限速器、防雷、防潮、防晒、防冻、防腐、防渗漏等设施以及静电接地设施、传动设备、闭锁设施、电气过载保护的完整性、可靠性，保持游乐设施的本质安全，实现预防、消除危害，使人们安全地乘坐游乐设施，不致受到伤害。

（2）安全管理。国家实施大型游乐设施安全监察中，要求运营单位负责人全面负责大型游乐设施的安全使用。运营单位负责人要熟悉国家大型游乐设施有关法规、规范及大型游乐设施的安全知识，并督促和定期组织检查大型游乐设施的安全使用工作。下面的规定是安全管理、事故预防的根本保证。

1）游乐园（场）应建立安全管理机构，明确各级各岗位安全职责，确保经营活动的安全。

2）建立健全各项安全管理制度，即游乐园（场）全天候值班制度、制定安全检查制度和检查内容的要求，游乐项目安全操作规程、应急预案、安全事故登记和上报制度及设备档案。

3）保证火灾自动报警、消防联动、疏散通道、通信设备、应急照明和疏散指示标志等安全设施状态一切正常。

（3）安全教育。游乐园（场）大型游乐设施作业（安全管理、操作、维修）人员，必须经特种设备安全监督管理部门考核合格，取得国家统一格式的特种作业人员证，方可从事相应的作业或者管理工作。

运营单位对已经取得特种作业人员证的，还要进行阶段性安全教育和培训，使作业人员获得更多的安全知识，对其所运营的游乐设施性能有更深入的了解，使其熟练掌握设备的技术性能及安全操作规程，各司其职保证游乐设施的安全运行。通过安全教育、培训，游乐设施作业人员能够达到以下要求：

1）大型游乐设施安全管理人员应当熟悉游乐设施相关法规知识，全面负责运营使用的安全工作。每月至少召开一次会议，督促检查安全使用工作，存在问题及时解决，并做好会议记录。运营中游乐设施的注意事项应固定在乘客易于注意的显著位置，内容包括游乐设施的运动特点、禁止事宜等。安全管理人员每日对所管辖的游乐设施进行巡视，应在检查记录上签字确认。安全管理人员应用好国家赋予安全管理人员的权限，紧急情况时，有权停止使用游乐设施，任何人不得予以阻挠。另外，应当结合本单位的实际情况，配备相应数量的营救装备和急救物品，如水上救生艇、救生衣及应急药品等。

2）大型游乐设施安全维修人员应当严格按照使用说明书和有关标准对设备进行日常维护保养。日常维护保养过程中严格执行安全技术规范的要求，保证游乐设施安全技术性能符合相关技术标准的要求。

3）大型游乐设施操作人员应当每日在游乐设施投入使用前，对结构、机构安全装置进行静态安全技术检查，确定一切正常后进行空载试运行，对安全装置及安全部件，如控制装置、限速装置、制动装置、门锁开关、安全带等进行功能检查，确认一切正常并做好详细的检查记录和签字后，才能正式接待乘客。

每次运行前，操作人员必须向乘客告知安全注意事项，指导乘客安置好相应保护装置，如锁好吊舱门、系好安全带等，并对保护乘客的安全装置进行检查确认。运行中要密切注意乘客动态及设备运行状态，及时制止乘客的危险行为。一旦发现设备、人员或运行中的不正常情况，应当立即采取有效措施，消除安全隐患。紧急状态下，应立即采取紧急救援措施，并向现场安全管理人员和单位有关负责人报告。

二、事故应急救援预案

游客在乘坐游乐设施，体验快速滑行、飞快旋转、急速升降及各种复合运动带来的超重、失重、离心力、加速度等欢乐和刺激的同时，也蕴藏着危及人身安全的危险。游乐设施运营过程中，一旦发生重大事故，巨大能量往往会造成惨重的人身伤亡和财产损失事故。特种设备监察条例要求游乐设施的运营单位应当制定事故应急措施、救援预案，每年至少组织一次游乐设施紧急救援演习，演习情况应当记录备查。

1. 事故应急救援的基本任务

根据游乐设施的特点，其危险目标和可能故障主要体现在四方面，即外部环境因素（包括自然灾害、人为破坏）、机械故障、电气故障和管理、操作失误。

上述因素轻则会导致游客刮伤、碰伤、撞伤、摔伤；重则可能发生吊具坠落，造成人员伤亡。事故应急救援的基本任务如下：

（1）抢救受害人员。抢救受害人员是应急救援的首要任务，在应急救援行动中，快速、有序、有效地实施现场急救与安全转送伤员是降低伤亡率、减少事故损失的关键。

（2）控制危险源。及时控制造成事故的危险源是应急救援工作的重要任务，只有及时控制住危险源，防止事故的继续扩展，才能及时有效地进行救援。

（3）指导群众防护，组织群众撤离。由于事故发生突然、扩散迅速、涉及范围广、危害大，应及时指导和组织群众采取各种措施进行自身防护，并迅速撤离出危险区或可能受到危害的区域。在撤离过程中，应积极组织群众开展自救和互救工作。

（4）作好现场保护，防止对人的继续危害。

（5）查清事故原因，估算危害程度

事故发生后应及时调查事故发生的原因和事故性质，估算出事故的原因和事故的危害波及范围以及危险程度，查明人员伤亡情况，做好事故调查。

2. 事故应急救援的基本原则

游乐设施应急救援工作坚持“以人为本、常备不懈”的理念和“安全第一、预防为主”的方针；贯彻争分夺秒，重视抚慰，恢复运转，应急优先，人工救援辅佐的原则；应急救援除了要保障乘客的安全，还要加强作业人员的自身安全防护，防止次生事故的发生，职责明确、规范有序、反应灵敏、科学应对、运转高效。针对发生的不同情况、不同类型的游乐设施，采取不同的应急措施。

3. 应急救援组织机构及职责

（1）应急救援组织机构。成立应急救援指挥部。指挥部由总指挥长指挥，由专职或兼职安全管理员负责应急救援指挥部的日常工作及应急救护工作。指挥部下设应急救援组和后勤组。应急救援组由应急小组、设备抢修组和营救组组成；后勤组由安全保卫组、医疗救援组、后勤保障组组成。应急救援指挥部在总指挥长的领导下进行救援。

（2）组织成员及职责

1）总指挥长由企业法人或法人指定授权人担任。其职责是：全面负责应急救援工作；组织制定和修改预案；负责根据情况决定启动救援预案；负责对外联络、对内协调；必要时请求社会救援力量；根据实际情况及时向上级政府和有关部门汇报事故情况及应急救援的开展情况，组织配合上级相关部门事故调查处理工作。

2）应急救援指挥一般由专职安全管理员担任。主要职责是：检查各救援组成员的在岗情况，若有案例，迅速查明设备安全事件、事故的原因、类别、影响范围及可能造成的后果，确定合理的技术处理方案。现场组织实施应急救援方案（原则上按审定的方案实施），特殊的案例（如要动用社会力量实施的）应报总指挥长批准；负责预案的演练考核及安全培训工作；负责救援设备、器具的管理工作；负责组织事件、事故的内部调查；事故教育，提出改进方案。

如遇火灾，应按有关规定要求实施。

3）应急救援下设两个组，即营救组和设备抢修组。营救组负责常规的救援营救乘客和应急时的设备监测、游客的解危等工作。

设备抢修组根据事故的原因，及时提出应急抢险、救援的对策，及时正确地启动实施预案，为指挥部提供有效的技术支持，对故障设备进行应急处理。

4）后勤组下设三个组，即安全保卫组、医疗救援组、后勤保障组。安全保卫组负责做好现场保卫警戒、维护秩序、疏通道路、组织人员撤离等工作。医疗救援组负责对营救人员和受伤乘客的现场救治或送往就近的医院治疗。后勤保障组负责通信、服务、宣传以及后勤物质供应，负责与保险公司的理赔等事故处理工作，负责应急救援时的广播安抚。

4. 应急救援响应

当游乐设施发生紧急情况或故障、事故停车，经专职安全管理员或现场人员排查分析确认需要应急救援后，应立即启用预案。

（1）启动工作程序。现场作业人员发现游乐设施出现紧急情况或事件、故障后，立即向应急救援指挥部、专职安全管理员汇报情况，应急救援指挥部根据情况，作出方案，实施救援，并报告总指挥长；重大救援工作方案应送总指挥长审定并实施方案（应急方案或救援方案）。

（2）社会救援。应急救援指挥部根据现场情况，当依靠自身应急救援能力无法在短时间内完成应急救援时，应立即报告当地政府，请求启动当地政府应急预案，由当地政府依据有关规定动员、调动、征用有关人员、物资、设备、器材以及占用场地，实施社会救援。

社会救援力量可由公安部门维护现场秩序，保证救援顺畅。

消防人员及武警实施协助救援作业。医院对伤员提供及时的救治和护理。

（3）新闻报道及救援结束。新闻报道及记者的采访应由指挥部统一管理，统一发布消息，严格把关。

当查清受伤人员基本得到救治，事故因素已经消除，紧急疏散人员恢复正常生活时，由应急救援指挥部根据应急救援实际情况宣布救援结束。发生重特大事故时，应在取得相关部门同意后，宣布应急救援结束。

5. 善后处理

（1）做好对被救人员的安抚工作，做好对伤亡人员家属的安抚、抚恤、理赔、社会救助、保险等工作。

（2）全面检查游乐设施，消除所有事故隐患后才能重新投入使用；特殊情况下，还应由相关部门检验合格后方可重新投入使用；对严重损坏、无维修价值的，应当予以报废。

（3）对使用的救援设备进行全面细致的检查和保养，并存放在相应的位置，如有必要，应及时更换。

三、应急预案的演练

应急预案的演练是检验、评价和保持应急能力的一个重要手段。

演练的参与人员包括参演人员、控制人员、模拟人员、评价人员和观摩人员。这五类人员在演练过程中都有重要的作用，并且在演练过程中都应佩戴能表明其身份的识别符。

应急演练的过程可划分为演练准备、演练实施和演练总结 3 个阶段。

应急演练结束后应对演练的效果做出评价，并提交演练报告，详细说明演练过程中发现的问题。按照对应急救援工作及时有效性的影响程度，根据实际情况和演练过程中发现的问题，及时修改、完善、更新原有事故应急救援预案。

四、大型游乐设施常见紧急情况的应急处理与预防

1. 突然断电，导致设备停止运行，乘客被悬挂在空中的应急处理与预防

（1）处置措施

1）关闭设备电源总开关。

2）通过有效手段（如广播等）将发生的情况告知乘客，防止乘客惊慌并对乘客进行安抚。

3）按照每台设备制定的专项应急预案中的操作程序进行操作：

① 将座舱降至下客位置（如采用备用发电机驱动大观览车回转的方法）。

② 严格按照救援顺序疏散乘客，开启安全压杠、舱门等约束乘客的装置或拦挡物（必要时应拆除），尽快疏导乘客离开游乐设施。

4）对乘客进行安抚和必要的检查，对伤者进行治疗。

5）检查设备，在故障未排除前应停止运营。

（2）预防措施

1）有关人员应做好日、月、年检工作，维护好电气系统，及时更换已损坏的元器件。

2）更换的元器件应符合产品说明书的要求，严把产品质量关。

3）操作人员应严格按规程操作，随时注意电气系统运行情况，一旦有异常现象，应立即停机检修。

4）加强对操作人员的安全操作培训，熟练掌握应急操作方法。

5）定期检查、维护备用设备和救护用品，使之处于完好状态。

6）定期组织有关人员进行应急预案的演习。

2. 自动控制系统故障导致设备停止运行，乘客被悬挂在空

中的应急处理与预防

（1）处置措施

1）通过有效手段（如广播等）将发生的情况告知乘客，防止乘客惊慌并对乘客进行安抚。

2）确定疏导乘客方法。如果尚可采用手动模式的，用手动模式下降座舱，打开压杠或舱门，疏导乘客离开；如果不可采用手动模式，应关闭设备电源总开关，采用云梯等其他方法救援乘客。

3）对获解救的乘客进行安抚和必要的检查，对伤者进行治疗。

4）停止运营，对发生故障的系统、部位进行检查。

（2）预防措施。预防措施与供电断电预防措施相同。

3. 发生机械故障导致设备停止运行，乘客被悬挂在空中的应急处理与预防

（1）处置措施

1）关闭设备电源总开关。

2）通过有效手段（如广播等）将发生的情况告知乘客，防止乘客惊慌并对乘客进行安抚。

3）根据专项应急预案，确定最有效、可靠的疏导乘客的方法。

4）在保证作业人员的安全和防止事故扩大的前提下，如果可以通过排除故障方法将座舱降至下客位置疏导乘客，则首选进行；如果故障暂时不能排除或查不清故障原因，但尚可用上述应急预案疏导乘客时，则应按上述方法进行；如果前两种方法均不能采用，则应联系消防等有关部门，用消防云梯等特殊方法进行救援。

5）对被解救的乘客进行安抚和必要的检查，对伤者进行治疗。

6）停止运营，对设备进行检查，查明产生故障的原因和损

坏的程度，进行维修；对经重大修理或改造的设备应约请有资质的检验机构进行检验。检验合格后，恢复运行。

（2）预防措施

1）运营单位的有关持证作业人员应做好日、月、年检工作，做好日常的维护保养，及时更换已损坏的零部件。

2）易损件和重要零部件以及润滑油应符合产品使用说明书的要求，且产品质量应有保证。

3）操作人员应严格执行安全操作规程，不允许违章作业，并随时注意设备运行状况，一旦有异常现象，应停机检修。

4）做好应急预案的培训、演习。

4. 滑行车因故障停在运行的轨道上，乘客被悬挂在空中的应急处理与预防

（1）处置措施

1）关闭设备电源总开关。

2）通过有效手段（如广播等）将发生的情况告知乘客，防止乘客惊慌并对乘客进行安抚。

3）根据工作环境的风速、风向、气温及车辆、轨道、支架状况，确定救援方法。

4）一般情况下，在保证车辆不会滑行后，先将乘客有序地疏导下来，再将空车拉回站台；在特殊情况下，如果实在无法先疏散乘客，在保证车辆、轨道、支架无损坏和乘客安全的前提下，可推动车辆，使车滑回站台。

5）对已经疏散到安全地方的乘客进行安抚和必要的检查，对伤者进行治疗。

6）查明发生故障的原因并进行维修；对经重大修理或改造的设备应约请有资质的检验机构进行检验，取得检验合格证后，恢复运营。

（2）预防措施

1）购置根据国家法规的有关规定，经设计文件鉴定、型式

试验合格，已经取得产品生产许可证的游乐设施。安装验收检验合格和完成登记注册手续的设备。

2）运营单位的有关持证作业人员应做好日、月、年检工作，做好日常的维护保养，及时更换已磨损超标和损坏的车轮等零部件。

3）更换的车轮、轴承、易损件产品质量应符合使用说明书的要求。

4）合理安排乘客的乘坐位置，避免列车产生严重的偏载现象。

5）严格按设备运行条件（风速、温度）的要求进行运行，不宜在超过设计规定的风载、低温下运行。

5. 乘滑索的游客未滑进站台，滞留空中的应急处理与预防

（1）处置措施

1）通过手持扩音机将发生的情况告知乘客，防止乘客惊慌并对乘客进行安抚。

2）按照滑索的应急救援预案进行救援操作，将乘客拖进下站或直接从滑索上解救下来。

3）询问被救乘客的身体状况，进行必要的检查，对伤者进行治疗。

4）检查设备，消除故障。

（2）预防措施

1）逆风滑行时应避免体重较轻者单独滑行。

2）根据运营环境调整滑索的松紧程度。

3）做好日检，保证设备处于最佳状态。

4）定期应急演练，保证救援装备完好。

6. 乘客或设备出现异常情况的应急处理与预防

（1）处置措施

1）操作服务人员发现异常情况后，应立即按下操作台或站台上的紧急停车按钮，使设备迅速停止运行。

2）如果是个别乘客身体不适或感到恐惧等异常情况，待设备停稳后，救援该乘客，对乘客进行安抚和必要的检查。向其余乘客说明情况，重新运营。

3）如果是设备在运行中出现异常现象，按下紧急停车按钮，切断总电源。待设备停稳后向乘客说明情况，疏导全部乘客离开，安抚乘客和检查乘客身体状况。停止运营，检查设备。

（2）预防措施

1）乘客须知中应明确乘坐设备的人员身体限制条件，对于刺激性较大的设备，服务人员应对乘客讲明乘坐人员的身体条件要求，劝阻不适应者，不让其乘坐。

2）运营单位的有关持证作业人员应做好日检、月检、年检工作，做好日常的维护保养，禁止设备带病运行。

7. 因操作不当或设备零部件损坏或控制系统失效等发生意外事故，造成乘客伤亡的应急处理与预防

（1）处置措施

1）当事故发生时，设备仍在运行，应按下紧急停车按钮，切断总电源，解救受伤的乘客。如果设备已被迫停运，应立即切断总电源，解救受伤的乘客。

2）救出受伤者并进行抢救。

3）向其余乘客说明情况，安抚乘客，快速将所有乘客疏导下来。

4）停止运营，保护现场和损坏零部件，进行事故调查、分析、处理。

（2）预防措施

1）操作人员应严格按照操作规程作业，避免发生误操作。

2）操作人员应注意观察设备运行情况，一旦发现有异常现象，应立即按下紧急停车按钮，切断总电源，避免事故发生。

3）运营单位的有关持证作业人员应做好日检、月检、年检工作，做好日常的维护保养，及时更换已损坏的易损件和重要零

部件。

4）更换的易损件和重要零部件应符合产品说明书的要求，且产品质量应有所保证。

8. 滑车在滑道运行中，发生追尾、碰撞或乘客飞出滑车（一般为槽式滑道），导致乘客受伤的应急处理与预防

（1）处置措施

1）巡查人员发现乘客飞出滑车的危险情况，立即用通信设备联络上下站，停止运营，并通知救援人员。

2）对伤者进行救护，严重的应立即送医院抢救。

3）向其他乘客说明情况并进行安抚。

4）事故发生后，应保护现场和伤者乘坐的滑车，进行事故调查、分析、处理。

（2）预防措施

1）严禁雨天或滑道表面有水时运营。

2）服务人员在滑行者出发前应宣传滑车的操作方法和注意事项，危险点的观察人员和巡视人员应时刻提醒路经的滑行者滑行注意事项。

3）必要时，采取服务人员领滑、串车的方法，限制滑行速度。

4）严格按程序作业，控制放车间隔距离，以防滑行碰撞。

5）做好日检、车辆和滑道的维护保养，及时更换磨损超标的制动块。

思 考 题

1. 游乐设施发生伤亡事故的原因是什么？

2. 事故预防的基本原理是什么？

3. 应急预案的主要内容是什么？

4. 突然断电，导致设备停止运行，乘客被悬挂在空中的应急处理与预防方法是什么？

5. 自动控制系统故障，导致设备停止运行，乘客被悬挂在空中的应急处理与预防方法是什么?

6. 发生机械故障，导致设备停止运行，乘客被悬挂在空中的应急处理与预防方法是什么?

7. 滑行车因故障停在运行的轨道上，乘客被悬挂在空中的应急处理与预防方法是什么?

8. 乘滑索的游客未滑进站台，滞留空中的应急处理与预防方法是什么?

9. 乘客或设备出现异常情况的应急处理与预防方法是什么?

10. 因操作不当或设备零部件损坏或控制系统失效等发生意外事故，造成乘客伤亡的应急处理与预防方法是什么?

11. 滑车在滑道运行中，发生追尾、碰撞或乘客飞出滑车(一般为槽式滑道)，导致乘客受伤的应急处理与预防方法是什么?

第八章

游乐设施的润滑

本章知识要点

1. 了解润滑的功用与润滑材料的技术要求和选用
2. 熟悉游乐设施的主要润滑点
3. 掌握正确进行润滑作业的方法

游乐设施使用的润滑油脂包括内燃机油、齿轮油、润滑脂和特种油等，其主要功用是润滑、冷却、密封、清洗和保护。

第一节　润滑油脂的种类、牌号与选用

一、内燃机润滑油

游乐设施使用内燃机的项目，包括水上项目碰碰船使用的舵机、赛车类项目使用的动力机，故了解内燃机润滑油的性质、用途及使用要求十分必要。

1. 对内燃机润滑油品质的要求

内燃机润滑油俗称机油，在内燃机工作时，由于机件相对运动，各摩擦副常处在高速、高温和高压环境中，为了保证内燃机正常运行，对润滑油的黏度、抗氧化性和腐蚀性等都有严格的要求。

(1) 黏度适宜。黏度随温度变化应较小，即黏温性能好，凝点低。

润滑油黏度过大，流动性差，机件运动阻力增大，内燃机冷启动时困难，消耗功率增多；黏度过小，润滑油膜形成不良，会加速各机件的磨损。

（2）抗氧化性好，不易生成油泥沉淀，延长机油使用时间。

（3）无腐蚀性，不含杂质和水分。

2. 内燃机油的种类、牌号和选用

因为游乐设施所用内燃机均为汽油机，尚未有使用柴油机的场合，故这里只介绍汽油机润滑油。

（1）按旧分类法分。旧分类法将我国汽油机油分为普通汽油机润滑油和高级轿车汽油机润滑油两类。

1）普通汽油机润滑油按 100℃运动黏度分为 6 号低凝点、6 号、10 号和 15 号 4 个牌号，按生产工艺不同另有合成 6 号、寒区稠化 8 号、严寒区稠化 8 号和合成严寒区稠化 8 号 4 个牌号，分别适用于不同季节和气温。

6 号低凝点的凝点不高于－30℃，供寒区冬季使用；6 号适用于寒区各季；10 号适用于黄河以南地区各季节；15 号适用于南方夏季磨损较大的汽油机；寒区稠化 8 号具有良好的低温流动性，凝点不高于－35℃，供寒区冬季使用；合成严寒区稠化 8 号的特点和适用范围与 8 号严寒区稠化机油相同。

北京地区的游乐设施冬季可使用 6 号，夏季可使用 10 号。

2）高级轿车机油按 100℃运动黏度分为 11 号和 14 号两个牌号，号数越大黏度越大。气温较低时选 11 号，炎热夏季选用 14 号。

（2）按新分类法分。新分类法将汽油机润滑油按黏度和质量进行分类，确定润滑油的等级。

1）黏度分类法。为便于国际技术交流和对外贸易，我国将国产内燃机润滑油参照美国机动车工程师学会（SAE）的黏度分类方法来划分油的黏度等级。具体分级情况见表 8—1。

表 8—1 内燃机润滑油的黏度分级

SAE 黏度级号	最高低温黏度		最高边界泵送温（℃）	100℃黏度，mm²/s	
	厘泊	温度（℃）		最小	最大
0 W	3 250	−30	−35	3.8	—
5 W	3 500	−25	−30	3.8	—
10 W	3 500	−20	−25	4.1	—
15 W	3 500	−15	−20	5.6	—
20 W	4 500	−10	−15	5.6	—
25 W	6 000	−5	−10	9.3	—
20	—	—	—	5.6	小于 9.3
30	—	—	—	9.3	小于 12.5
40	—	—	—	12.5	小于 16.3
50	—	—	—	16.3	小于 21.9

表中黏度尾缀“W”表示冬季用润滑油，不带尾缀“W”的是指适用于常温和较高环境温度的润滑油。由带尾缀“W”和不带尾缀“W”组成的是多级润滑油（或称稠化机油），如SAE10W/40，它表示在−18℃时符合SAE10W的黏度等级，同时又符合100℃时SAE40的黏度等级。

这种分类方法的优点是可根据气温来选用适当牌号的油品，黏度等级与使用温度的关系见表8—2。

表 8—2 黏度等级与使用温度范围

黏度等级	使用的大致气温范围（℃）	黏度等级	使用的大致气温范围（℃）
0W(极地用油)	−55～−10	15W/40	−15～40
5W/20	−45～−5	20W/40	−5～40
10W	−35～10	30	0～40
10W/30	−35～10	40	20～50
15W/30	−15～20	50	专用高黏度柴油机润滑油

2）质量分类法。这是参照美国石油学会（API）分类方法，将国产汽油机润滑油分为QB、QC、QD、QE和QF级五档。

QB级润滑油有6号、10号、15号3个牌号，由于QB级润滑油不能满足现代汽油机的需要，不再使用。

QC级润滑油有30号、40号、5W/20号、15W/30号和10W/30号5个牌号，北京地区的游乐设施在冬季可使用15W/30号，在夏季可使用30号。

QD级润滑油有30号、40号、10W/30号、15W/40号、20W/40号5个牌号，北京地区的游乐设施可常年使用15W/40号。

QE级润滑油有5W/30号、10W/30号、15W/40号和30号4个牌号，可用于进口汽油机的润滑。

3. 内燃机润滑油的使用注意事项

（1）必须使用质量等级适当的机油。

（2）按季节、气温选用黏度适宜的机油。

（3）保持曲轴箱通风良好，防止机油氧化变质。

（4）每天检查润滑油的数量和质量，视情更换废润滑油。

（5）定期保养机油滤清器或更换一次性滤芯。

（6）换油时应将废油放净，清洗干净，以免污染新油。

（7）使用稠化机油时，在内燃机正常工作温度范围内，压力偏低属于正常现象，不会影响正常润滑。

二、齿轮油

游乐设施用齿轮油的场合较多，除液压与气动设备外，所有类型的游乐设施均用得到。主要使用部位是各种类型的齿轮箱、减速机、差速器甚至链传动部位。

1. 对齿轮油品质的要求

齿轮油主要用于润滑各齿轮传动装置。对齿轮油的品质要求是黏度适当，具有良好的黏温性、极压性和抗泡沫性能。

2. 齿轮油的种类、牌号和选用

齿轮油同内燃机润滑油一样，其分类方法也分为旧分类法和新分类法两种。

（1）按旧分类法分。按旧分类法分，齿轮油分为普通、寒区和双曲线齿轮油。

1）普通齿轮油按 100℃运动黏度分有 20 号、26 号通用和 30 号 3 个牌号。

20 号齿轮油凝点不高于－20℃，适用于黄河以南地区的冬季。

26 号通用齿轮油黏度在冬用和夏用齿轮油之间，凝点不高于－20℃，适用于黄河以南地区各季节。北京地区的游乐设施较适合采用 30 号齿轮油。30 号齿轮油可在全国各地夏季使用。

2）寒区齿轮油按 100℃运动黏度分有 13 号寒区齿轮油和 13 号合成寒区齿轮油两个牌号。

13 号寒区齿轮油在－40～－35℃气温下使用，可冬夏通用。

13 号合成寒区齿轮油在－44℃以上气温下使用良好。

3）双曲线齿轮油按 100℃运动黏度分为渣油型（22 号和 28 号）和馏分型（7 号、10 号、13 号、15 号、18 号、合成 18 号和 26 号），共 9 个牌号，用于双曲线齿轮减速机的润滑。

7 号双曲线齿轮油适用于气温在－43℃的严寒地区。

18 号双曲线齿轮油可在气温－10℃以上地区全年使用，北京地区的游乐设施的双曲线减速机可采用此牌号的齿轮油。

18 号合成双曲线齿轮油可在－35℃以上寒区全年使用。

（2）按新分类法分。按新分类法分，国产齿轮油可分为普通齿轮油、中负荷齿轮油和重负荷齿轮油。

1）普通齿轮油按 SAE 黏度分类法分有 80W/90 号、85W/90 号和 90 号 3 个牌号。

2）中负荷齿轮油按 SAE 黏度法分有 75W 号、80W/90 号、85W/90 号、90 号和 85W/140 号 5 个牌号。

3）重负荷齿轮油按 SAE 黏度分类法分有 75W 号、80W/90 号、85W/90 号、90 号和 85W/140 号 5 个牌号。

中型游乐设施使用 85W/140 号齿轮油，大型游乐设施使用 85W/90 号齿轮油。

3. 齿轮油的使用注意事项

（1）现在市场上供应的齿轮油既有以新分类方法命名的产品，也有以旧分类方法命名的产品，选购时，不应将普通齿轮油用于润滑双曲线齿轮。

（2）加油量应符合标准，如加油过多会增大搅拌阻力，造成能量损失，加速氧化变质，加油过少，又会使润滑不良，加速齿轮磨损。一般在低速传动齿轮箱中，油面无严格限制，但不能过低，最低应淹没齿轮最下面一个齿，最高以不漏油为原则。在高速单级传动齿轮箱中，油应浸没齿轮最下面一个齿，但不能超过齿根。在高速多级齿轮箱中，一般多用短齿小直径的辅助齿轮与旋转最快的齿轮啮合来带油润滑，润滑齿轮很小，不会引起油的剧烈搅动，油面可浸没辅助润滑齿轮直径的 1/2 左右，并应浸没工作齿轮最下面一个齿的齿根。

一般齿轮箱均有油尺，最低不得低于下限刻度，最高不得超过上限刻度。

（3）蜗轮副的润滑可选用 70 号或 90 号导轨油，也可使用机油替代，其用量是蜗杆在蜗轮下面或侧面时，一般要求油面应浸没蜗杆下部螺纹牙底，但不得高于支撑轴承下部球或滚子中心线，过高时蜗杆将油赶到一端头，易造成一个轴承油过多或漏油而另一个轴承缺油发热甚至损坏。蜗杆在上面时，油面应以浸没蜗轮下部最低齿根为准。

（4）不同种类和牌号的齿轮油不能混用。

（5）防止机械杂质和水分进入齿轮箱，以免引起齿轮磨损和生锈。

三、润滑脂

润滑脂俗称黄油，它是由润滑油加稠化剂、稳定剂和添加剂制成的，在常温下呈黏稠的半固体膏状。在游乐设施上使用最多的润滑脂包括钙基润滑脂、石墨钙基润滑脂、钙钠基润滑脂、钠基润滑脂和锂基润滑脂等。

1. 润滑脂的种类、牌号及选用

（1）钙基润滑脂。钙基润滑脂按针入度的不同分为 1 号、2 号、3 号和 4 号 4 个牌号，号数越高，稠度越大，附着力越强。

钙基润滑脂耐水性好，但耐热性差，一般适用于潮湿或易与水接触而温度不高的摩擦部位，如水泵轴承、水上类设备各摩擦点。

（2）石墨钙基润滑脂。石墨钙基润滑脂是由基础油加入稠化剂和石墨制成的墨色均匀油膏，具有耐水性好、耐压性强、耐热性差的特点，主要用于开式传动的齿轮和回转支撑的齿圈等部位。

（3）钙钠基润滑脂。钙钠基润滑脂是由钙钠皂混合稠化润滑油制成的。其耐热性和抗水性均优于钙基润滑脂，但耐热性又次于钠基润滑脂，按针入度不同分为 1 号、2 号、3 号、4 号 4 个牌号，目前使用 1 号和 2 号两个牌号。1 号为冬季用润滑脂，适宜给工作温度在 85℃以下的轴承润滑；2 号为夏用润滑脂，适宜于给工作温度在 100℃以下的滚动轴承润滑，在露天运行中的各类中高速的游乐设施，如惯性滑行车类、赛车类、小火车类设备轴承均适宜采用。

（4）钠基润滑脂。钠基润滑脂是用钠皂混合稠化润滑油制成的，具有耐热性好、耐水性差的特点，按针入度不同分为 2 号、3 号和 4 号 3 个牌号。它多用于工作温度在 50℃以上，干燥、密封条件较好的摩擦部位，如室内小火车类、卡通动物和带有顶棚不易淋雨的碰碰车类设备的摩擦部位均较适用。

（5）锂基润滑脂。锂基润滑脂由脂肪酸、锂基皂、稠化润滑油并加入抗氧化剂制成。其低温性、高温性和耐水性都较好，适宜在－60～120℃的温度范围内使用，可替代钙基、钙钠基润滑脂全年使用，按针入度不同分为1号、2号、3号、4号4个牌号。全国各地的游乐设施均可常年使用，推荐用牌号为2号和3号。

2. 润滑脂的使用注意事项

（1）根据润滑部位的工作温度和使用条件，选用相应种类和牌号的润滑脂。

（2）更换润滑脂时，应将轴承和轴承腔内的润滑脂清除并擦拭干净，装填润滑脂时，一般只装空腔体积的1/2～2/3。轴的转速在1500～3000 r/min时，填满轴承腔体积的1/2；低于1500 r/min时，可填满轴承腔体积的2/3。如果脂量过少起不到润滑作用，过多时则增大阻力造成轴承温升过高。

（3）向各铰链和轴销内加注润滑脂时，应将油枪和黄油嘴擦拭干净，以防把砂粒、尘土带入润滑部位。

（4）从桶内取出润滑脂后，应将剩余的油脂刮平，以免析出润滑油，使润滑脂变硬。

第二节　特种油的种类、牌号与选用

游乐设施除使用燃油、润滑油脂外，还需要用液力传动油、液压油、制动液和空气压缩机油等，这些具有特种用途的油液统称为特种油。

一、液力传动油

液力传动油主要用于机械、车辆的液力变矩器与耦合器等自动变速机构，在游乐设施中用于液力耦合器。

1. 对液力传动油品质的要求

（1）具有良好的黏温性。

（2）凝点低，低温流动性好。

（3）具有良好的抗泡沫性，使油品在机械不断搅拌的工作条件下不产生泡沫。

（4）抗氧化性好，使油品能长期在70～140℃的条件下工作不产生油泥沉淀。

2. 液力传动油的牌号及选用

液力传动油按100℃运动黏度分为6号和8号两个牌号，游乐设施用8号液力传动油。

6号液力传动油用于机械、车辆液力传动系统。

8号液力传动油主要用于小轿车或轻型汽车的液力传动系统，若8号液力传动油缺货时，可用国产20号或30号汽轮机润滑油代替。

3. 液力传动油的使用注意事项

（1）液力传动油加注时，加油器具、加油口周围应擦拭干净，严防杂质水分混入。

（2）不同种类和牌号的液力传动油不能混用。

（3）若用代用油时，应将原油放尽并清洗干净，然后加注新油。

二、液压油

液压油是液压系统传递控制和能量转换的工作介质，同时又是系统的润滑剂和冷却剂，因此对液压油的品质有较高的要求。

1. 对液压油品质的要求

（1）黏度适当。液压油传递动力是借助高压油在系统中的流动来实现的，这就要求液压油应具有适当的黏度，黏度过大，油液在系统中流动困难，机械作业缓慢，反之密封不良，不能保证所需要的工作压力，效率降低。

（2）抗氧化性好。

（3）抗泡沫性好。

（4）无腐蚀性，不含杂质和水分。

2. 液压油的种类、牌号及选用

国产机械车辆使用的液压油共有 3 个系列，各系列液压油的主要性能、牌号和适用范围见表 8—3。

表 8—3　机械车辆用液压油的性能、牌号及适用范围

油名	牌号与主要性能	适用范围
普通液压油	按 50℃运动黏度分为 20 号、30 号、40 号、60 号和 80 号 5 个牌号，此种液压油具有较好的抗氧化性、防锈性和抗泡沫性，无腐蚀性	适用于 8 MPa 以下的中低压精密机床液压系统和 16 MPa 的中高压液压系统
抗磨液压油	按 50℃运动黏度分为 20 号、30 号、40 号、20Y 号和 40Y 号 5 个牌号，该种液压油比普通液压油的抗磨性能好，其他性能与普通液压油相似	适用于 16 MPa 以上压力的高压系统。其中 20Y 号、40Y 号适用于含银部件的液压系统
低凝液压油	按 50℃运动黏度分为 20 号、30 号、30D 号、40D 号 4 个牌号，该油凝点低，黏度指数高，黏温性好	20 号、30 号、40 号适用于−25℃以上寒区液压系统，30D 号适用于−35℃以上严寒区液压系统

一般说来，液压油的牌号应根据使用温度来选用，温度高应用高牌号的液压油，反之则选用低牌号的液压油。低凝点液压油的黏温性能好，可在寒区冬夏使用。游乐设施推荐使用抗磨液压油或按使用说明书的要求使用指定牌号的液压油。

此外，还有 13 号机械油和 20 号、30 号汽轮机油，它们都可作为液压油的代用油，20 号、30 号汽轮机油除可作为液压油外，还可用做螺杆式和滑片式压缩机的润滑油。

3. 液压油的使用注意事项

（1）不同种类和牌号的液压油不能混用，需要更换时，应将旧油放尽，清洗干净后，才可加入新油。

（2）加添液压油时，加油器具、油箱口周围应擦拭干净，防止杂质和水分混入。

（3）系统各接头管路应连接可靠、密封良好，泵前防止空气进入产生噪声，泵后防止泄漏，造成浪费和环境污染。

三、制动液

制动液也称刹车油，主要用于液压制动系统传递压力以制止车轮转动。

1. 对制动液品质的要求

为保证车辆的行驶安全，对制动液的品质有较高的要求。

（1）沸点高、蒸发性小、热稳定性好。在高温条件下，不易汽化或受热分解，保证在使用中不产生气阻。

（2）低温流动性好。制动液在寒区使用时应能保证制动灵敏。

（3）无腐蚀性。车辆长期停放时，对制动系统中的橡胶皮碗、金属零件不腐蚀。

（4）吸水性小。要求制动液吸水后能与水互溶，否则会在系统中产生水珠，水汽化时产生气阻，影响制动效果。

（5）具有适当的黏度，高温不泄漏，低温能流动，并有良好的润滑性。

2. 制动液的种类、牌号及选用

制动液按原料加工工艺的不同，分为醇型、合成型和矿油型三类。

（1）醇型制动液分为101号和103号两个牌号，是由精制蓖麻油分别加入乙醇和丁醇配制而成的。

101号制动液适用于一般地区的赛车。

103号制动液适用于气温较高、车速较快的赛车。

（2）合成型制动液由醚、醇、脂等物质加添加剂制成。其特点是沸点高、性能稳定，可在－35～190℃范围内使用，产品有201号、746号、4603号、4603－1号和4604号5个牌号，是目前应用较普遍的制动液。

合成制动液适用于高速重负荷制动频繁的赛车，全国各地均可使用。

（3）矿油型制动液由石油馏分加入增黏抗氧化防锈剂和调色剂配制而成。目前产品有 N10 号和 N15 号两个牌号。

N10 号用于东北、西北严寒地区的冬季。

N15 号用于－25℃以上地区。

3. 制动液的使用注意事项

（1）各种制动液不能混用。

（2）防止水分混入，因为水分混入会使制动液凝点升高，沸点降低，影响使用性能。

（3）醇型制动液在－25℃以下时，因蓖麻油与乙醇相互溶解度降低，会出现白色结晶沉淀物，应过滤后再使用。

（4）使用矿油型制动液时，应更换耐油的皮碗和橡胶软管。

四、空气压缩机油

1. 对空气压缩机油的一般要求

目前游乐设施中使用空气压缩机的场合较多，所有滑行车类项目的制动、自控飞机类设备的动臂升降和部分转马类设备的垂臂摇动均采用气动方式。所使用的空气压缩机形式不只限于往复式一种形式，也采用螺杆式、滑片式空气压缩机，故了解和掌握空气压缩机油的一般要求比较重要。

空气压缩机油的一般要求如下：

（1）在高温下有一定的黏度，保证汽缸壁与活塞、活塞环间、滑片与定子壁和定子滑片槽间、螺杆与定子壁和阴阳螺杆之间的润滑并能在其间隙内形成可靠的密封油膜，防止漏气。

（2）要有良好的抗氧化性，以降低在高温下氧化的速度，并使胶质与积炭减少至最低限度，以免引起排气系统的堵塞、着火与爆炸。

（3）要有足够高的闪点和较低的挥发性，以减少高温下的蒸发，并防止偶然产生火花时引起润滑油燃烧。压缩机油的闪点要高于压缩空气正常温度 40～60℃。

2. 空气压缩机油的选择

游乐设施用空气压缩机，气压一般不超过 0.8 MPa，均在 0.4～0.7 MPa 范围内，所以往复式压缩机的曲轴箱内用 13 号压缩机油即可，也可用 11 号柴油机油代替，滑片式与螺杆式储油器内均可使用 13 号压缩机油，也可用 20 号、30 号汽轮机油代替。

3. 空气压缩机油的使用注意事项

（1）对连续运行的空气压缩机每天要检查和加添润滑油至标准油位。对间歇运行的空气压缩机，旺季时每周检查加添两次至标准油位；淡季时每周检查加添一次即可。

（2）牌号不可混用，换油时需要将旧油清洗干净后方可加注新油至标准油位。

（3）注油时要注意加油器具和注油口周围的清洁，以防混入灰尘、水分、泥沙。

五、传动链的润滑

传动链的结构如图 8—1 所示。此为套筒滚子链，其外链板与销轴静配合链接在一起，套筒与内链板静配合压装在一块，套筒内径与销轴动配合组装在一起，套筒外径上动配合套装着滚子，滚子在主动链轮轮齿的驱动下，通过链条带动被动链轮与负载一起转动。曲板链与套筒滚子链的不同点是把内外链板转化成了曲板，每节窄端为内链板结构，宽端为外链板结构，通过销轴将各节组合起来就构成了曲板链。在润滑方面点多面广，复杂且困难。

1. 链条传动的特点

（1）润滑油只能通过套筒与滚子两端的间隙浸润到其摩擦副上，很难直接送到摩擦面上。

（2）链条的润滑点多面广。

（3）在旋转运动时，链条的每一个滚子与链轮轮齿啮合时，

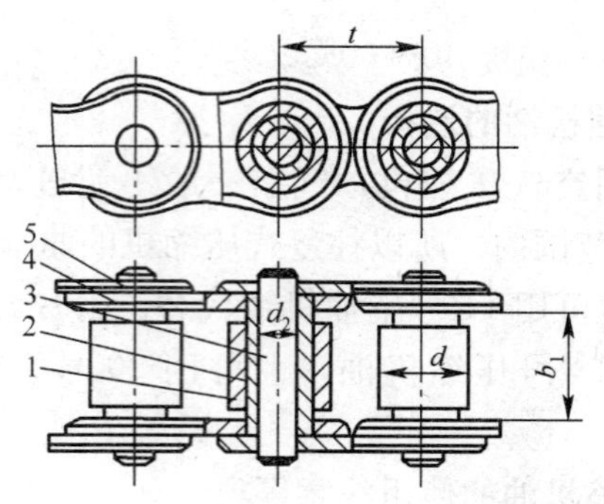

图 8—1　传动链的结构

1—滚子　2—套筒　3—销轴　4—内链片　5—外链片

要产生撞击，会使链条损坏和磨损。

（4）转动时的离心力极易将油甩落，更不易进入摩擦副，引起链板销轴及其座孔的磨损和链条的拉伸与损坏。

2. 传动链对润滑油的要求和选用

（1）润滑油能牢固地吸附在链条上，不致被链条的离心力作用甩掉或者受载荷挤压而脱离摩擦点。

（2）较好的渗透能力，能渗入链条的各个摩擦环节，形成边界膜，减少磨损。

（3）较好的抗氧化性。

（4）一般情况下，用 30 号机械油即可。低速传动链条也可用钙基润滑脂，缺点是不易清除脏物。

六、钢丝绳的润滑

1. 钢丝绳的工作特点

钢丝绳在游乐设施中的应用比较广泛，如火箭蹦极、探空穿梭机、滑翔飞翼、观览塔、高空高速设备重点连接部位的二道保险、维修设备的起吊装置等均需使用钢丝绳。由于其工作环境差，大多在露天条件下工作，经风吹、日晒、雨淋、严寒、酷暑，在工作中承受弯曲拉伸及扭转的多重作用，因此在线股及组成线股的钢丝绳间都要发生摩擦与磨损。

润滑钢丝绳可减少磨损，防止锈蚀，所以在制造钢丝绳时就用润滑油浸润过，但在使用中，润滑油被从麻芯中挤到表面，若得不到及时补充，长期下去就会加剧钢丝绳的磨损与锈蚀甚至断丝断股，发生事故。

2. 钢丝绳对润滑剂的要求

（1）能抵抗较高的温度，受热时不因熔化而失落。

（2）具有较好的附着力和渗透性。

（3）在低温下尤其是冬季露天工作时不因发生龟裂而脱落。

（4）遇水不发生乳化。

（5）具有较好的润滑性和防锈性。

3. 钢丝绳用润滑油的选择

（1）低速重负荷，如观览车、斜坡缆车使用 38 号过热汽缸油。

（2）高速起重绳，如飞行塔蹦极卷扬机电梯等使用 50～70 号机械油。

（3）无运动、传动用钢丝绳，如二道保险绳使用 38 号过热汽缸油。

4. 钢丝绳用润滑油的注意事项

传动用钢丝绳各股空隙的污物、尘土、油泥过多时，需用钢丝刷和高压空气清理干净后，再用毛刷或油壶将润滑油涂在钢丝绳体上。润滑后以绳体油润均匀而无滴落为佳。

第三节　油杯和油枪

游乐设施上润滑点的结构形式是根据润滑油和润滑脂的不同特点而设计的，总体上可归纳为油浴和油脂润滑两种方式。油浴润滑的结构一般均有油池，如内燃机、往复式空气压缩机、曲轴箱的油的底壳、转子空气压缩机的储油器、各种闭式传动箱的油底壳等。链条和钢丝绳的润滑点多面广，通体皆需润滑而又不能甩落，故采用油杯。对一般传动链用毛刷蘸润滑油刷涂或用油壶喷洒也可。油脂润滑点的结构绝大多数为黄油嘴，少有用油杯的场合，由于黄油嘴也称为油杯，而油嘴注油离不开油枪，故本节介绍油杯和油枪的结构形式和油枪的使用方法。

一、油杯

图 8—2 所示为常见的几种油杯。a、b 两种形式多见，杯内装有弹簧和钢球，常态下钢球在弹簧的作用下将注油口封堵，使油道与外界分离，不使灰尘、水分等杂质进入油道。c 的结构不多见，其方法是用手或油枪将油脂填充进螺柱孔后拧上螺柱，将油脂挤进油道，根据注油周期适时再拧进一些即可，待拧到底后，需取下螺栓重新装填新脂后装复，注油方式同上所述。d 的结构较常见，旋盖内充填一定量的润滑脂，根据润滑周期定期将旋盖拧动一定角度，油脂便被挤压至油道进入润滑表面，待旋盖拧到底后，需取下填补新油后再装复即可。e 为检查油位而装设，注油时将其取下，待有油从此溢出时停止注油装复即可。f 为可调式滴漏油杯，在油杯内不缺油的情况下可视情况调节滴油量进行润滑。

二、油枪

1. 油枪的结构形式

图 8—3 所示为油枪的构造示意图。油枪主要由油筒、筒盖、压把、油嘴、弹簧、活塞等部件组成，按长短有 280 mm、330 mm 和 350 mm 三种不同规格，油筒内径一般为 40～50 mm，注油压力为 14 MPa。油嘴形式根据不同的油杯分为尖嘴式和三爪式两种。尖嘴式适用于压配式压注油杯，三爪式适用于接头式压注油杯。

2. 油枪的使用方法

压杆式油枪较为常用，故以此为例。

先把筒盖（柱塞泵总成）与油筒分离，将油筒插入油脂筒

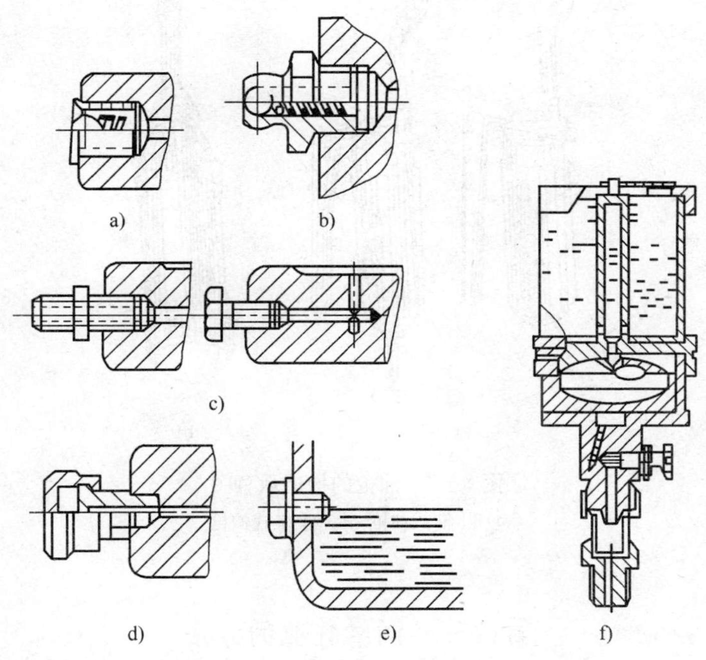

图 8—2　常见的几种油杯

a）压配式压注油杯　b）接头式压注油杯　c）旋柱式压注油杯
d）旋盖式压注油杯　e）油池油平面螺塞　f）阀门调节式滴漏油杯

内，慢慢拉出活塞杆把手，使活塞弹簧受压缩，筒内体积不断扩大形成负压，油脂便在大气压的作用下进入油筒，待活塞杆把手抽到尽头时，将活塞杆固定，从油脂桶中将油筒取出并装复筒盖，把油筒外的油脂擦拭干净后，即可投入注油作业。

根据润滑点不同的油杯形式选择相应的油嘴。注油前先把润滑点周围擦拭干净，而后一手持枪对准油杯注油口并按紧油枪，一手操作压把，待有新油从油封边沿溢出时，即可停止作业。

作业完毕将油枪擦拭干净后，存放于原处。

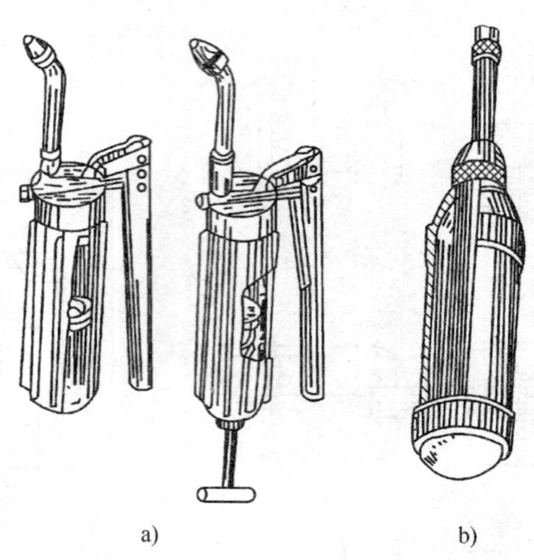

图 8—3　油枪的构造示意图
a）压杆式油枪　b）手推式油枪

第四节　润滑作业的方法

润滑作业有两种形式：一种为更换润滑油脂，另一种为添加润滑油脂。目的就是确保设备各润滑点得到充分的润滑，减少磨损，延长使用寿命。

一、更换润滑油

更换润滑油的前提条件包括：第一，旧油变质。与新油相比，颜色变暗、异味严重、手感变涩，油内杂质（包括金属屑粒、沙尘颗粒、胶质沉淀物等）明显增多或乳化。第二，换季保养。第三，使用不同牌号的油品前，必须在热车时，趁各种杂质在悬浮状态时打开放油螺塞将旧油放尽，然后加煤油兑少量新的油品添加至标准油位，运转 3～5 min 后放尽，将注油口擦拭干净，检查并疏通通气口或空气滤清器之后，用干净的加油桶将新油加注至标准油位。当接近标准油位时，缓慢加油，观察油标或油尺刻度或是拧下油平面螺钉，待有油溢出时，停止注油，封好注油口，插好油尺或拧紧油平面螺钉即可。

二、更换润滑脂

更换润滑脂应在拆卸检修或更新轴承时，先用煤油把旧油清洗干净，沥干后按规定的加脂量加润滑脂，一般加润滑脂的量为油腔的1/3～1/2，用木铲或手指将新油脂涂抹到位，装复即可。

三、添加润滑油

添加润滑油应在油箱油位偏低时进行。连续运行的内燃机、空气压缩机应每天检查润滑油油位，连续运行的传动链条应每周检查润滑油油位，间歇工作的各种类型的减速机应每周检查润滑油油位。添加方法与更换润滑油的方法相同。

四、添加润滑脂

连续运行的轴承应每周添加，间歇运行的轴承应每月添加，低速运行的转动链条应每月添加。轴承通过黄油嘴用油枪压注，注前需将油嘴及其周围擦拭干净后方可进行，以免灰尘等杂质进入。低速转动的链条用木铲对运行中的链条少量连续均匀地涂附上即可。

第五节　游乐设施上的润滑点

各个经营单位的游乐设施除赛车、碰碰车、碰碰船、游览车、游览船等，使用同一厂家同一型号的产品外，其余设备无论大小均为典型设备，所以很难把每个设备的润滑点用图表的形式表达出来，只能笼统地按类区分。各台机器的维修保养人员需详细地对照所属设备找出具体的润滑点实施作业。下面是设备润滑点的分布情况：

第一，内燃机、空气压缩机的油箱或储油器。

第二，各种类型的减速机油箱。

第三，开式齿轮传动的轮齿、链条链齿、销齿与钢丝绳。

第四，齿轮、链轮、带轮、滚筒与各种行走轮、侧轮、底轮、导向轮的轴承座。

第五，动臂、垂臂、转臂、摇臂、推杆、拉杆各活动铰点的轴承或轴套。

第六，汽缸、油缸两端接耳的铰点。

第七，回转支撑及导向轨道的润滑点。

思 考 题

1. 对汽油机润滑油的品质有哪些要求？
2. 对齿轮油的品质有哪些要求？
3. 选用滚动轴承润滑脂应考虑哪些因素？
4. 空气压缩机对润滑油有哪些要求？
5. 传动链对润滑油有哪些要求？
6. 钢丝绳对润滑油有哪些要求？
7. 液力传动、液压传动对油液的要求各是什么？
8. 游乐设施的主要润滑点有哪些？
9. 润滑的功用是什么？

第 九 章

游乐设施的维修与保养

本章知识要点

1. 熟知游乐设施常见故障产生的原因及排除方法
2. 了解游乐设施的维修与保养知识
3. 掌握游乐设施的检查与修理方法

第一节　游乐设施的磨损与维修

一、游乐设施零部件的拆卸及拆卸方法

1. 拆卸时的注意事项

拆卸下的零件要做好核对工作并做好记号。

（1）机器中有许多配合的组件和零件，因为经过选配或重量平衡等原因，装配的位置和方向均不允许改变。如汽车发动机中各缸的挺杆、推杆和摇臂，在运行中各配合副表面得到较好的磨合，不宜变更原有的匹配关系；又如多缸内燃机的活塞连杆组件，是按重量成组选配的，不能在拆装后互换。因此在拆卸时，有原记号的要核对，如果原记号已错乱或不清晰，则应按原样重新标记，以便安装时对号入位，避免发生错乱。

（2）分类存放零件。拆卸下来的零件在存放时应遵循如下原则：同一总成或同一部件的零件尽量放在一起，根据零件的大小与精密度分别存放，不应互换的零件要分组存放，怕脏、怕碰的

精密部件应单独拆卸与存放，怕油的橡胶件不应与带油的零件一起存放，易丢失的零件（如垫圈螺母）要用铁丝拴在一起或放在专门的容器里，各种螺栓应装上螺母存放。

（3）保护拆卸零件的加工表面。在拆卸过程中，一定不要损伤拆下零件的加工表面，否则将给修复工作带来困难，还可能因此而引起漏气、漏油、漏水等故障，亦会导致机器的技术性能降低。

2. 常用零部件的拆卸方法

（1）主轴部件的拆卸。为了避免拆卸不当而降低装配精度，在拆卸时，轴承、垫圈、磨具体壳及主轴在圆周方向的相对位置上都应做上记号，拆卸下来的轴承及内外垫圈各成一组分别放置，不能错乱。拆卸处工作台及周围场地必须保持清洁，拆下的零件放入油内以防生锈。装配时仍需按原记号方向装入。

（2）齿轮副的拆卸。为了提高传动链的精度，对传动比为1∶1的齿轮采用误差相消法装配，即将一处齿轮的最大径向跳动处的齿间与另一个齿轮的最小径向跳动处相啮合。为避免拆卸后再装误差不能相消，拆卸时在两齿轮的相互啮合处做上记号，以便装配时恢复原来的精度。

（3）轴上定位零件的拆卸。在拆卸齿轮箱中的轴类零件时，必须先了解轴的阶梯方向，进而决定拆卸轴时的移动方向，然后拆去两端轴盖和轴上的轴向定位零件，如紧固螺钉、圆螺母、弹簧垫圈、保险弹簧等。先松开装在轴上的齿轮、套等不能穿过轴盖孔的零件的轴向紧固关系，并注意轴上的键能随轴通过各孔，才能用木锤击打轴端拆卸下轴，否则不仅拆不下轴，还会对轴造成损伤。

（4）螺纹连接的拆卸

1）断头螺钉的拆卸。在螺钉上钻孔，打入多角淬钢锥，将螺母拧出，注意打击力不可过大，以防损坏母体螺纹。

如果螺钉断在机件表面以下，可在断头端中心钻孔，用相应反旋向螺钉或丝锥拧出。

如果螺钉断在机件表面以上，可在断头上加焊螺母拧出，或在凸出断头上用钢锯锯出一个沟槽，重新更换比原螺纹直径稍大的螺纹，并选配相应的螺钉。

2）锈死螺钉的拆卸。用锤子敲打螺钉的四周以震碎锈层，然后拧出。可先向拧紧方向稍拧动一点，再向反方向拧，如此反复逐步拧出。

在螺钉四周浇些煤油或放上蘸有煤油的棉纱，浸润 20 min 左右，利用煤油较强的渗透力渗入锈层，使螺钉变松，然后拧出。

若上述方法均无效，如果零件许可，可用喷灯快速加热螺钉四周，使零件膨胀，然后快速拧出。

3）成组螺纹连接的拆卸。成组螺纹连接的拆卸除按照单个螺纹的方法拆卸外，还要做到如下几点：先将各螺栓拧松 1～2 圈，然后按规定顺序，由四周向中间按对角线顺序逐一拆卸螺栓，以免力量最后集中到一个螺栓上，造成难以拆卸或部件的变形损坏。

处于难拆部位的螺栓要先拆下来。拆卸悬臂部件的环形螺栓组时，要特别注意安全。先检查零部件是否垫稳，起重索是否捆牢，然后从下面开始按对称位置拧松螺栓进行拆卸，最上面的一个或两个螺栓要在最后分解吊离时取下，以防事故发生或零件损坏。

（5）过盈配合的拆卸。拆卸过盈配合件时应使用专门的拆卸工具，如拨轮器压力机等，不允许使用铁锤直接敲击机件，以防损坏零部件。在无专用工具的情况下，可用木锤、铜锤、塑料锤或用铁锤敲击时垫以木棒（块）、铜棒（块）。无论使用何种方法拆卸，都要检查有无销钉、螺钉等附加固定或定位装置，若有应先拆下，施力部位必须正确，以使零件受力均匀不歪斜，如对轴类零件，力应作用在受力面的中心，要保证拆卸方向的正确性，特别是带台阶、有锥度的过盈配合件的拆卸。

3. 滚动轴承的拆卸

（1）拆卸轴承的注意事项

1）拆卸轴承的作用力，不要加在滚动体和保持架上，也不要压在防尘盖和密封装置上，以免这些零件损坏和变形。

2）不能用锤子直接敲击轴承的方式拆卸，避免过盈量较大的轴承套圈断裂。

3）对没有报废和修理后仍可使用的轴承，拆卸时应小心，不要损坏，拆下后要妥善放置。

4）拆卸磨损报废的轴承时，除注意不要损坏轴、壳体和其他零件外，对报废轴承也尽可能不要损坏，保留原样，以便分析其损害原因。

5）拆卸轴承前应在轴上或壳体孔处涂上润滑油，便于拆卸。

（2）拆卸方法

1）敲击法。此法简单易行，但容易损伤轴和轴承。拆卸时应当用小于轴承内径的铜棒或其他软金属材料抵住轴端，轴承下部加垫块（垫块应能同时抵住轴承内外圈），用锤子轻轻敲击，或者用软金属冲子沿轴承内圈端面对称均匀地朝轴端冲击。不允许用锤子直接敲击。

2）拉出法。采用拉杆拆卸器（俗称拉马）将轴承拉出。拆卸时将拉杆爪牢固地卡住轴承内圈端面，轻旋螺杆，检查拆卸器有没有歪斜，然后旋紧螺杆加大力量，将轴承拉出。

3）推压法。用机械式或液压式压力机推压，或借助于专门工具用人力推压。经适当改制的千斤顶亦可带用。拆卸时在轴承下面垫一个分成两半的垫圈。加压前检查轴承有无歪斜，轴承被压出时会不会弹出伤人或损伤轴的表面。然后加压，直至轴承从轴上脱出。

4）热拆法。热拆法用于拆卸过盈配合的轴承。将加热至100℃左右的润滑油用油壶浇在待拆卸的轴承圈上，待轴承圈受热膨胀后，即可使用拉具将轴承拉出。加热前，应先将拉具安装在待拆卸的轴承上，并先给轴承施加一定拉力，还要用石棉绳或薄铁板将轴包好，防止轴受热胀大，否则很难拆卸。

5）特殊拆卸法。由于机械事故或安装方法不当等原因，使轴承用普通方法难以拆卸时，可采用以下方法拆卸：

①轴承内圈与轴之间过紧或锈死，可先用煤油将轴承连轴一起浸泡数十小时后，再用一般方法拆卸。如果仍不行，最后只能将轴在台虎钳上夹紧，用凿子凿断内圈。

②由于机械事故造成轴承内圈与轴或外圈与箱壳卡死。此时，轴承内润滑油流干，内外圈变成蓝色或深蓝色甚至黑褐色，滚动体可能也被卡死。这种情况下，可采用氧—乙炔切割拆卸法。

③在轴承上焊补垫圈、拉板来拆卸。

二、零部件的磨损

1. 磨损的原因

磨损的原因比较复杂，主要有以下几种：

（1）机械作用力。相对运动物体的表面，当硬质微粒嵌入时，产生压溃和切削，引起表面的破坏。

（2）分子作用力。当相对运动副间的间隙很小时，承受相互作用力的表面间、金属分子间的吸引力引起金属颗粒的转移性破坏。

（3）摩擦接触点瞬间产生的高温使金属熔融黏结，引起金属组织从表层剥离。

（4）氧化、腐蚀。在与空气、介质的接触过程中，金属表面产生氧化破坏，促使表层剥落损失。

由于以上原因，在相互作用和相对运动物体的表面上，逐步出现斑点、裂纹、划伤、切削片状层剥落及金属颗粒脱落，改变零件表面的几何尺寸，破坏零件表面状态，引起表面间剧烈变化，以致丧失零件功能。

2. 磨损的过程

一般机械零件的正常磨损过程可分为三个阶段。

（1）磨合阶段。新的摩擦副表面有一定的粗糙度，实际接触面积很小，因此，磨合开始时，磨损十分迅速，随着磨合的不断进行，粗糙表面的凸起逐渐被磨平，实际接触面积逐渐增大，表面变得较光滑平整，磨损速率逐渐降低，当达到某一程度后趋向稳定，此时为磨合阶段结束。这一时期的磨损量称为初期磨损量。

磨合阶段是人们有意识地利用该阶段的轻微磨损，为正常运行的稳定磨损创造条件。在这一阶段里，对于未经磨合的设备，应遵守减载、减速、合理操作等规定，加黏度较低的润滑油，尽量恒温等。此外，为缩短磨合期，可以采用适当的先进工艺等，提高设备的利用率。磨合完毕后，清洗润滑系统，使用合乎质量要求的润滑油。

（2）稳定磨合阶段。这一阶段是正常工作阶段。经磨合后，摩擦表面加工硬化，微观几何形状改变，磨损缓慢稳定。这一阶段的后期，由于金属疲劳，磨损相对加快，但仍可继续工作。当接近金属的疲劳极限时，机器就要定期强制检修，以防机器因磨损过重而造成重大机械事故。

（3）剧烈磨损阶段。这一阶段，由于金属表面层基本达到疲劳极限，摩擦条件发生较大变化（如温度的急剧升高、表层金属组织显著变化、微观几何形状改变、间隙增大、润滑条件变坏等），使磨损速度急剧增长，机械效率下降，精度丧失，产生异常噪声及振动，加上材料力学性能的变化，最终导致零件失效，必须进行维修。

3. 磨损的分类

按磨损的破坏机理，摩擦表面的磨损可以分为黏着磨损、磨料磨损、表面疲劳损失、腐蚀磨损。

（1）黏着磨损。摩擦副相对运动时，摩擦表面之间由于黏着作用固相焊合，接触表面产生材料转移而引起的磨损现象称为黏着磨损，严重的黏着磨损一般多发生在高速、重载和润滑不足的条件下，它会使摩擦副卡死，丧失正常的工作能力。

按其摩擦表面黏着程度的不同，黏着磨损可分为4类，见表9—1。

表9—1　　黏着磨损的分类

类别	破坏现象	损坏原因	实例
轻微磨损	剪切破坏发生在黏着结合面上，表面转移的材料极轻微	黏着结合强度比摩擦副的两基体金属都弱	缸套—活塞环的正常磨损
擦伤	剪切破坏主要发生在软金属的亚表层内，有时硬金属亚表面也有划痕	黏着结合强度比两基体金属都高。转移到硬金属表面上的黏着物质又拉削软金属表面	内燃机的铝塞与缸体摩擦常见此现象
撕脱（深掘）	剪切破坏发生在摩擦副一方或两方金属较深处	黏着结合强度大于任一基体金属的剪切强度，剪切应力高于黏着结合强度	主轴—轴瓦摩擦副的轴承表面常见
卡死	摩擦副之间卡死，不能相对运动	黏着结合强度比任一基体金属的剪切强度都高，而且黏着区域大，剪切应力低于黏着结合强度	不锈钢螺栓与不锈钢螺母在拧紧过程中常发生这种现象

（2）磨料磨损。在摩擦过程中，硬的颗粒或硬的凸起物引起材料脱落的现象称为磨料磨损。这是一种常见的磨损形式，因它造成的损失约占磨损的50%。

按摩擦副表面的破坏形式及摩擦副零件的相对运动关系，磨料磨损可分为以下几种：

1）凿切式磨料磨损。由于磨料对零件表面产生高应力碰撞，从零件表面凿削下金属颗粒，使表面产生较深的沟槽，这种磨损形式就是凿切式磨料磨损。

2）高应力碾碎式磨料磨损。磨料的压溃强度低于摩擦面间的最大压应力，磨料被碾碎。磨料硬度若大于摩擦表面强度，在高应力作用下，磨料嵌入和刮伤摩擦表面，引起韧性材料的塑性变形或疲劳，引起脆性材料的碎裂和剥落。这样的磨损形式就是高应力碾碎式磨料磨损。

3）低应力磨料磨损。摩擦表面的应力不超过磨料的压溃强度，在这种情况下运行时产生摩擦表面研伤（由于磨料的切削作用所致），随时间的延长将造成比较严重的积累损失。这种磨损形式就是低应力磨料磨损。

（3）表面疲劳磨损。两接触表面做滚动或滚动、滑动复合摩擦时，在交变接触压应力的重复作用下，表面产生弹性变形和塑性变形以及发热等现象，导致表面材料疲劳，产生裂纹并分离出颗粒或碎片所造成的磨损为表面疲劳磨损。这种磨损常常发生在表层以下的次表层中，常见于滚动轴承、齿轮、凸轮、钢轨与火车轮等摩擦副表面。

1）按裂纹产生的位置分可分为疲劳麻点剥落型和表面压碎剥落型。

①疲劳麻点剥落型。一般出现在闭式传动中，产生在压力较小时，即切应力小于 0.55 倍材料的剪切强度。其特点为：裂纹在表面，剥落时逐渐发生的，如齿轮一般出现在主动齿轮的节径下 2～3 mm 处。

②表面压碎剥落型。当表面压力大于 0.55 倍材料的剪切强度时，裂纹出现在零件内部，是逐渐发生的，剥落较深，大部分发生在滚动轴承上。

2）按是否具有扩展性分为非扩展性表面疲劳磨损和扩展性表面疲劳磨损。

①非扩展性表面疲劳磨损。在新的摩擦表面上，由于表面凹凸不平，实际接触部位只是很小的一部分，其单位面积上承受的压力较大加上所承受的是脉冲循环应力，因而使表面接触疲劳、断裂、脱落形成凹痕（麻点）。随着接触面积的扩大，单位面积的实际压力降低，摩擦表面（特别是塑性较好的金属表面）因加工硬化提高了表面强度，因此凹痕停止扩展，机件可继续正常工作。

②扩展性表面疲劳磨损。当作用在摩擦副两接触面上的交变应力较大，以及由于选材不当（如材料塑性低）或润滑不良，致使在磨合阶段产生的凹痕（麻点）出现初始裂纹，随着承受脉动载荷次数的增加，凹痕（麻点）处的裂纹继续扩展而成为痘斑形凹坑，严重时会使机件失效。

（4）腐蚀磨损。在摩擦过程中，摩擦表面与周围介质发生化学或电化学反应，并在表面间机械作用下产生物质损失的现象称为腐蚀磨损，包括腐蚀和磨损两个过程，两者可互为先后，在高温和潮湿的环境下会加剧这种磨损。

由于介质的性质、介质作用在摩擦表面上的状态以及摩擦材料性能的不同，腐蚀磨损出现的状态不同，其分类见表 9—2。

表 9—2　　腐蚀磨损的分类

类别	破坏现象	损坏原因	实例
氧化磨损	金属表面与氧化性介质的反应速度很快，形成的氧化膜从表面磨掉后，又很快形成新的氧化膜，一般在空气中，其磨损速度较慢	金属的摩擦表面沿滑动方向呈均匀细磨痕，磨损产物为红褐色片状 Fe_2O_3 或灰黑色丝状 Fe_3O_4	曲轴轴颈、铝合金零件等摩擦副表面
特殊介质腐蚀磨损	摩擦副与酸、碱、盐等特殊介质作用，其磨损机理与氧化磨损相似，但磨损速度较快	摩擦表面遍布点状或丝状磨蚀痕迹，一般磨损痕迹深，磨损产物为酸、碱、盐金属化合物	化工设备中的零件表面

续表

类别	破坏现象	损坏原因	实例
振动腐蚀磨损	机械零件配合较紧的部位，在载荷和一定频率振动条件下，使零件表面产生微小滑动，其磨损产物为氧化物	摩擦表面有较集中的小凹坑，使过盈配合部位松动，磨损产物为红褐色氧化铁细颗粒	过盈配合轴颈、螺母、螺栓及键槽处

三、轴的磨损与维修

1. 修理尺寸法

有些滑动摩擦的轴颈磨损后可以用修理尺寸法修复，将轴颈按修理尺寸加工，然后再配制相应修理尺寸的轴套。

2. 电镀修复法

电镀修复的方式有镀铬、镀镍、刷镀等。其中镀铬是用电解法修复磨损零件的最有效方法之一。镀铬既能修复机器零件的磨损表面尺寸，也能在一定程度上改善零件的质量，尤其是提高表面耐磨性。镀铬是较昂贵的，一般应用在比较复杂和精密的零件如花键轴两端支撑轴颈及主轴轴颈等磨损的修复中。镀铬层的厚度一般为 0.1～0.3 mm。若轴件受冲击负荷，则不宜采用镀铬修复，以免零件受冲击后，镀铬层破碎脱落。镀铬之前将零件的表面（需镀铬部分）打光或进行修磨。不需要镀铬的部分应采用防镀的保护措施。镀铬的主要工序有零件的除油、洗净、镀上铬层。对镀铬厚度超过 0.1 mm 的较重要的零件应进行热处理，以提高镀铬层的韧性和结合强度。

3. 金属喷涂修理法

金属喷涂是利用金属喷涂枪，借助高压高速气流把热熔金属材料雾化成细小颗粒强力喷射到修复零件的表面上。金属喷涂修理法是连续不断地喷射铺展和堆积下形成喷涂层的过程。金属喷涂用于轴类零件的磨损修复有显而易见的优点。第一，从雾化金属到工件上结合或涂层，时间很短，在正常操作条件下，工件表面温度低于250℃，不致引起零件变形和金相组织变化，因此，对于细长的或截面悬殊的工作面（如曲轴和机床的主轴等）的磨损修复采用金属喷涂较为理想（如果磨损的轴颈直径已减少到设计强度极限，就不能采用金属喷涂修复）。第二，涂层的组织多孔，能存油，润滑性能较好。喷涂材料不受可焊性限制，则可节约钢材与有色金属。第三，采用金属喷涂修复机械零件，成本低，周期短，耐磨性好。但是，在金属喷涂之前，应将零件的表面进行毛糙处理，因此会降低零件强度。轴件能用金属喷涂法修复的很多，如曲轴、凸轮轴轴颈、传动轴、水泵直轴、机床主轴、电动机转子轴、轧钢辊轴颈、船舶上的推进器以及石油机械上的拉杆等。

四、常用轴承的修理

1. 向心球轴承的修理

（1）这类轴承的保持架最易断裂，内圈滚道磨损和磨坏的也最多。修理时，保持架或更换新的或焊接整形，套圈可焊补、改制、配装（加大钢球直径）等。

（2）磨损的套圈滚道应采用配装的方法，套圈滚道修理时磨去磨损部分，内圈滚道直径会减小，外圈滚道直径增大，装配时如用原来的钢球，轴承的径向游隙会增大很多。因此必须选用较大的钢球。

（3）选用钢球的数量应不变，便于利用原来没有坏的保持架。但是，无装球缺口轴承，能够装入的钢球直径和数量要受填充角（中心角）的限制，钢球直径增大，填充角也应当加大。当填充角超过180°时，装配时会引起若干困难。因此，新选钢球一般只应比原钢球尺寸加大一级。

2. 圆锥滚子轴承的修理

这种轴承修理时会因为清除损坏层面而使内圈减小，外圈内径增大，挡边减薄。若装上原轴承的圆锥滚子，其基本结构将遭到破坏。套圈和滚子锥体母线的交点（锥顶）不能集中于轴承中心线上的一点，从而使滚子在滚道上滚动时产生滑动现象。

根据上述情况，修理圆锥滚子轴承必须遵守下列原则：

（1）为保持圆锥滚子轴承的工作结构，各零件的锥体母线必须在轴承中心线上相交于一点。

（2）滚子不能露出外圈端面之外。

（3）保持轴承的装配高在使用部件允许的调整范围内。

（4）尽量使除去金属层的厚度达到最小，以便利用原有轴承的滚子和套圈。

3. 圆柱滚子轴承和推力球轴承的修理

圆柱滚子轴承和推力球轴承的修理方法与向心球轴承一样，是采用加大滚动体的方法以补偿滚道除去的金属损坏层。圆柱滚子轴承带双挡边的圈套挡边，内面因磨损需要修理时，尽可能少磨去金属层。双挡边滚道的宽度有引导滚子旋转方向的作用。增大滚子与挡边的间隙是不允许的。对于普通级轴承，制造厂规定这种间隙为 0.03～0.13 mm。

推力球轴承可以用减小装配高的方法配套。

五、滑动轴承的修理

因轴承的结构、减摩材料、润滑状态及工作条件等不同，轴承损坏的状态和形式也不同。对轴承损坏的分类方法有很多种。按照轴承表面宏观状态来区分轴承损坏的形式，最常见的金属轴承损坏有下列各种：

1. 异常磨损

在轴承使用过程中，轴承的磨损量不得超过允许磨损值。当磨损量大于允许磨损值，则为异常磨损。

造成异常磨损的主要原因有：超载或超速运行，轴承润滑不良，润滑油中杂质的含量过高或中、大颗粒的杂质过多，轴承与轴颈磨合不良。

2. 擦伤

轴承处在干摩擦状态下，轴承摩擦副工作表面粗糙微体呈固相接触；在边界润滑状态下摩擦副工作表面粗糙微体穿破润滑膜而呈固相接触；在流体润滑状态下，润滑介质中大颗粒的杂质穿破润滑膜并与摩擦副工作表面粗糙微体呈固相接触，当摩擦副工作表面相对滑动时，在剪切力的作用下，使轴承减摩材料脱落，即为擦伤。

3. 划伤

如果外来杂质或轴颈剥离的金属磨屑的尺寸较大，完全穿破润滑膜，而与轴承工作表面呈固相接触，该硬质杂质颗粒在轴颈的驱动下，在轴承工作表面沿轴颈运动方向或杂质运动方向形成一条较深的犁痕。这种犁痕式的破坏即为划伤。划伤的犁痕是孤立或分散的，用手指触觉能辨别。严重的划伤，犁痕的深度可达到或超过轴承间隙的量级。有时在犁痕的两侧，轴承合金稍有凸起。其磨屑形状大多呈切削状。

4. 黏着

当轴承处在边界润滑状态下工作时，较大的轴承载荷使摩擦副工作表面粗糙微体穿破润滑膜和表面膜而呈高应力的固相接触，并产生较为强烈的变形，由于摩擦副的相对滑动致使固相接触区域有很高的温升和局部发生固相焊合，随即将强度较低的轴承合金局部撕下，其中被撕下的部分轴承合金附在轴颈上，这种损坏即为黏着损坏。

5. 卡死

当轴承的工作条件和润滑条件不断恶化时，轴承的摩擦阻力和温升将迅速增大，摩擦阻力到达某一界限值后，轴颈相对于轴承的滑动速度迅速下降，直到相对静止不动，轴承即发生卡死。

轴承在发生卡死前，通常发生不同程度的擦伤与黏着，并使轴承摩擦副的工作表面变得更为粗糙，如果不及时改变其工作条件或润滑条件，将加剧轴承的摩擦阻力并使温升增大，继而使轴承的工作状况不断恶化，直到发生卡死。

6. 杂质入侵

进入轴承间隙空间的杂质或磨屑，在与轴承工作表面垂直或成倾斜方向的作用力作用下，被压入并嵌藏在较为柔软的减摩层中，已嵌藏的杂质在外力作用下，也可能从减摩层中脱落并留下凹坑。这种损坏即为杂质入侵。

7. 过热

轴承的局部或全部区域的温度超过规定的正常工作温度界限，使轴承的工作表面或减摩层损坏，或者使轴承合金的金相组织变化而影响轴承减摩材料的性能。这种现象即为过热。

轴承过热的同时往往伴随着擦伤、黏着等其他形式的损坏现象。

六、链条故障及修理

1. 传动链的常见故障及处理方法

（1）使用中链板发生断裂。其原因是链板在交变载荷作用下发生疲劳破坏，或者是由于冲击载荷过大，操作不当引起的。如果链条尺寸大，价格贵，可以及时剔除已损坏的链节，换上一段新链节。当大规格链条较多链节已断裂损伤，这根链条就应废弃，更换新链条。因为发生3次断裂后，其他链节上的裂纹也扩展到了一定程度，继续使用必然会有更多的链节断裂。如果链条规格小，链条价格也便宜，可更换整根链条。

（2）销轴和套筒发生胶合破坏。重载高速运行下的链条易发生胶合。胶合发生后，用手转动销轴和套筒可以感觉到有转动不灵活的阻滞感。拆开销轴观察胶合部位，如果胶合发生在整个销轴上，那么是由于润滑不良造成的。更换新链条后，应选择更为有效的润滑方式和产品，如选用抗胶合油或者采用更有效的润滑方式以保证充分的润滑。若销轴上的胶合痕迹只发生在一端，则可能是由于链轮与链的工作平面不垂直造成偏载使局部载荷过大引起的，应更换链条。

（3）链条在链轮上爬行和跳齿。这是由于销轴和套筒磨损造成的一种常见的磨损形式。链条磨损使链节距增大，松边垂度过大。在检修中如果发现链条松边太松，应该调整中心距或用张紧装置重新张紧。若中心距不可调整，可减去 1～2 个链节重新安装，这样可以减缓链轮轮齿因啮合不良造成的快磨损。

销轴磨损过大时，链条链节伸长量很大，造成链轮和链条啮合不良并发生爬行或跳齿。爬行和跳齿的原因可能是两方面：第一，由于销轴铰链的磨损，应及时更换链条。第二，链轮轮齿的磨损造成的，则应更换链轮。两者皆磨损过度时，应同时更新。

（4）内外链板产生磨损称为链板的侧磨。如果外链板发生侧磨，是由于链板和链箱摩擦造成的，可以根据链箱的擦痕调整链传动箱体与链的相对位置。若内链板的内侧表面磨损严重，在链板内侧可以发现很亮的磨痕。其原因是链轮和链不共面，维修时应检查轴的平行度和链传动的共面性，还应检查轴的刚性。链板磨损严重时，应考虑更换链条。

（5）滚子碎裂。在反复冲击载荷或短期过载时，滚子可能碎裂，出现该现象时，应更换链条，并分析使用的圆周速度是否过高。

2. 链条的清洗和拆装

（1）链条的清洗。传动链应经常检修，定期将链条拆下用煤油进行清洗去污，除去一切磨料性杂质。清洗干净待干燥后，将链条浸入 70～80℃的润滑油中数小时，使铰链间隙充满润滑油后备用。

（2）链条的拆卸。多排链价格较贵，经常需要修复。下面介绍其拆卸、修理方法。套筒滚子链中内链板用动配合，外链板用静配合，销轴端部用锁止零件的活销式多排滚子链结构。修理时利用报废的多排链轮作为现场修理链条的砧子，可以将链轮切开两半。其中一块焊在一块钢板上则成为砧子。若无报废链轮，也可采用锤子作为支撑。用直径稍细于销轴的钢棒小心地将销轴打出，注意不要用旋具、錾子撬外链板。

在拆卸外链板时要先取下开口销等锁紧装置。然后支撑好链条，选一把轻重合适的锤子打出外链板，可利用工具交替对准一个外链板上的两根销均匀敲击，直至打出为止。

（3）链条的安装。安装链条时，多排链要注意分清外链板和中链板。如果将外链板当成中链板安装，由于销轴和外链板的静配合将会使装配困难，中链板当成外链板安装，则因动配合使连接的可靠性下降，易松脱。

装配时利用一自制套筒将外链板打入销轴。打销轴时注意对准两根销轴交替敲打。

七、轴承的组装

1. 向心球轴承的组装

组装向心球轴承时，先把测量好的内外圈及钢球置于工作台上，按标准游隙选择尺寸进行装配。修理的轴承如用加大的新钢球，应以球的尺寸选配套圈，必要时修理套圈以适应钢球。

装配时先将内圈套入外圈并推至外圈的一侧，另一侧留出较大间隙，装入所需数量的钢球。把内圈推至中心，使钢球均匀地分布于沟道四周。然后将轴承作上下摇动，观察轴向游隙大小，同时核对标准轴承的轴向游隙。一般向心球轴承的轴向游隙比径向游隙大 7～12 倍，所以很容易感觉到它的大小。轴向游隙符合标准后，推动外圈使其运转，检查旋转的灵活性及噪声，径向游隙必须用仪器才能检查，一般当尺寸选配合适时，可不作检查。

有些球轴承填充角过大，内圈须用较大力才能将其推向中心。此时需用专用的安装加力器。或者用台虎钳夹住外圈，使外圈在弹性变形范围内压成椭圆，把内圈推入中心。这样的装配方式要特别小心，夹持力不能过大，夹紧时要垫上软金属或纸、纱布等。

组装后，即可放入两个半波形保持架，并将铆钉插入保持架的铆钉孔中铆牢。

2. 调心球轴承的组装

此类轴承装配时一般用外圈作选配件。先选取沟道直径较大的内圈，装上两个片保持架，每列对称地装上较大尺寸的钢球4～6粒，将两列装球部分对齐，外围立放，把内圈两列两侧没有装球的部分与外圈交叉90°套入，推动内圈使钢球进入沟道。用仪器或凭经验测试原始轴向游隙。合格后再把相同尺寸的钢球装入，最后拨动内圈使保持架和钢球全部进入外圈沟道，并使保持架上的每个小爪略向内倾斜，以收紧钢球，使其在运动中不易脱出。

3. 圆柱滚子轴承的组装

选取内圈、外圈，配上四个圆柱滚子夹放在内圈、外圈滚道四周，用塞尺检查径向游隙。游隙过大或过小时，更换套圈或调整滚子。游隙合格后将保持架装入3～5个滚子，并套入内圈，拨动保持架每个过梁上的两个小爪，将滚子逐一地压入窗孔。滚子全部压入后，在其内圈与保持架过梁之间垫一厚度和大小适当的垫片，将轴承夹在台虎钳上，用铜棒紧贴保持架过梁均匀敲击，使过梁上的小爪向两旁延伸，收紧滚子。如果滚子脱出内圈滚道，说明过松，可按上述方法重新敲击。最后合上外圈。检查保持架过梁小爪与外圈滚道间隙（1～3 mm）及滚子转动是否灵活等。

4. 调心滚子轴承的组装

装配方法与调心球轴承基本相同。不同的是这种轴承的内圈挡边有一半月形的装球缺口，滚子由缺口装入。

5. 向心推力球轴承的组装

选取外圈，窄端面朝上平放在平台上，装入5～8个钢球，并装上相应内圈。拨动钢球使之均匀分布在滚道四周。检查接触角、旋转灵活性及噪声。合格后将外圈加热到80～90℃，内圈套上保持架，每个孔内涂上少量黄油将钢球装入内孔，平放在外圈窄端面上，均匀敲击内圈，使钢球全部落入外圈滚道。等外圈冷却后，洗掉黄油。推动外圈鉴别其旋转灵活性及噪声。

6. 圆锥滚子轴承的组装

把尺寸相同的圆锥滚子摆放在保持架窗孔内，保持架小头朝下大头朝上平放在工作台上，将内圈套入保持架内。用台虎钳或手动压力机等将内圈压入保持架中，使内圈小挡边越过滚子小头。然后套上外圈，推动外圈检查其旋转灵活性和滚子与外圈的接触面（对光检查，接触面以不漏光为好）。

7. 轴承保持架的铆合

凡使用铆钉铆合的轴承保持架，经修理装配合格后均需进行铆合。铆合的方法有专用模具铆合和简易铆合两种。由于维修轴承型号复杂，批量不大，一般使用简易模具铆合比较合适。

简易模具由上铆合模和铆钉底座组成，两者端部均呈凹形，与铆钉头相似。将装配合格的轴承套上保持架，装上铆钉，把铆钉朝下放入凹坑，将轴承垫平，用锤子敲击合上的上铆合模。铆好一个铆钉后，在其对称一边和左右 90°处各铆一个铆钉，定位以后便可任意铆合。铆好后要进行检查。

八、滚动轴承的安装

1. 安装前的准备

（1）按照所安装的轴承，准备好安装用的量具和工具。工具要完好干净，并尽量使用专用工具。常用的安装工具有锤子、钢棒、套筒（或套管）、专用垫板及压力机或螺纹夹具等。

（2）安装前要按照图样要求，检查与轴承相配合的零件。如发现轴、箱体孔、衬套、密封圈、端盖的尺寸精度、形位公差及表面粗糙度等不符合要求时，不允许装配。

（3）零件的装配表面需要用汽油或煤油清洗干净。不允许有碰伤、锈蚀、斑点或固体微粒（金属屑、磨料、砂土等）存在。如有轻微碰伤等缺陷，可用细油石或细锉除去，然后用细砂布打光并清洗干净。

（4）新轴承必须彻底清洗后才能使用。如用防锈油封存的轴承，使用前可用汽油或煤油清洗；如用高黏度油和防锈油脂进行防护的轴承，可先将轴承放入油温不超过100℃的轻质矿物油（10号机油或变压器油）中溶解，待防锈油脂完全溶化，从油中取出，冷却后再用汽油或煤油清洗。用气相剂、防锈水和其他水溶性防锈材料防锈的轴承（只限黑色金属产品），可用皂类或其他清洗剂水溶液清洗。皂类一般为油酸钾皂和油酸钠皂等。

清洗数量较多的轴承时，最好分粗洗和精洗两步进行。

两面带防尘盖或密封圈的轴承，出厂前已加入润滑剂，安装时不需清洗。涂有防锈润滑两用油脂的轴承，也不需要清洗。

（5）内圈、外圈能够分离的轴承，应该注意不要把内圈、外圈互相调换，以免影响接触质量。能自动调心的轴承，也不得把滚动体取出来混放在一起，否则将使其安装位置错乱而影响轴承精度。

（6）清洗干净的轴承，不要直接放在工作台或地上，要用干净的布或纸垫在轴承下面。不要用手直接去拿，以防汗液使轴承生锈。此外，最好戴上不易脱毛的帆布手套进行工作。

（7）安装轴承时，应将刻有轴承型号和标记的一面朝上，便于查看轴承型号。

2. 轴承的安装方法

在安装轴承时，不论采用什么安装方法，压力只许加在具有过盈配合套圈的端面上（装入轴上时，力应加在轴承内圈端面上；装入孔时，力应加在轴承外圈端面上）。不允许通过滚动体和保持架来传递力。

安装过程中，轴和轴承孔的中心线应重合。如果倾斜，不仅安装困难，而且会造成压痕、轴颈弯曲，甚至使轴承套圈和保持架遭到损坏。

（1）利用铜棒和锤子的安装方法。安装中、小型滚动轴承，利用手工锤击是一种较简便的方法。当轴承装入轴上时，不允许用锤子直接敲打外圈，而应采用铜棒等附加工具沿轴承内圈端面均匀敲击，切勿偏敲一边，不能用力过猛，而应轻轻敲打、慢慢加力。

(2) 利用套管安装。利用套管安装方法的优点是，经过套管的敲击，力能均匀地分布在安装轴承的整个套圈端面上，并可与压力机一起使用。

制造套管时应注意，如轴承装在轴上，则管子内径要比轴径略大些，厚度为轴承内圈厚度的 2/3～4/5，管子两端要平整并与管身垂直。往箱壳内安装轴承外圈时，套管外径要比所安装的轴承外径稍小些。

利用套管安装轴承时，如果不是很大的机件，可放在台虎钳上进行。为了防止轴受损伤，钳口应垫铜片或铝片。

安装时应均匀、慢慢地敲打。当套管端盖为平顶时，须用锤子沿圆周依次均匀敲击套管两边。当套管端盖呈球面形时，则应敲击球盖中心处。

圆锥滚子轴承内外圈是可以分离的，装配时可分别把内圈带着滚动体压装到轴上，把外圈单独装入轴承座孔内。装外圈时，套管应置于轴承外圈端面上，而不应置于其倾斜面上。

如果轴承内圈与轴、外圈与箱壳孔都有过盈，套管端面应制成同时压紧内外圈端面的圆环（以防止保持架受到损伤）。也可以用一个圆盘和套管配合使用，使压力同时传到外圈上，把轴承压入轴和箱壳中。这种安装工具仅适用于安装保持架不凸出套圈端的轴承，特别适用于安装能自动调心的向心球轴承。

(3) 压力安装法。这种安装方法常与安装套管一并使用。其特点是轴承不会受到敲击，与轴承相配的密封装置等零件也不会有损伤的危险。使用压力机安装轴承时，应使压力机压轴中心线尽量与安装套管中心线或轴承中心线重合，以保证力加于中心处，防止轴承产生歪斜。

若轴承内圈与轴是过盈配合，外圈与壳体是间隙配合时，先用压力机把轴承装到轴上，然后将轴连同轴承一起装入壳体孔内。若外圈与壳体孔是过盈配合，内圈与轴是间隙配合时，则先用压力机把轴承装到壳体内，然后再把轴装入轴承。

（4）加热安装。对于中、大型轴承或过盈量较大的轴承，必须采用热装的方法。利用热膨胀的原理，不需加太大的压力就可以将轴承内圈平稳且不受损伤地装在轴上。因此现在采用热装的方法比较广泛。但是对灌有润滑脂密封的轴承，为防止润滑脂的流失或变质，不能采用。

采用油加热安装的方法较多，一般是将轴承放在120℃以下的机油（或变压器油）内加温（油温过高会使滚动体和套圈滚道退火而失去应有的硬度），油温达到规定10～15 min后，即可将轴承从油液中取出，迅速套在轴上，必要时用工具在内圈上加一点压力即可装上。轴承装上后，必须立刻压住内圈，使其与轴肩靠紧，直到冷却为止。

（5）滚针轴承的安装。散装滚针的安装方法如下：先将箱壳体上的滚动表面抹一层润滑脂，然后将滚针依次紧贴在安装部位的润滑脂上，再将轴装入。应注意的是，最后一个滚针粘上后应留有间隙。间隙大小根据不同机器有不同要求，如间隙数未知，则可在滚针轴承总圆周上留0.5～1 mm的间隙（或者最大不超过滚针直径），决不允许将最后一个滚针硬挤入轴承内，否则轴承不能旋转。同样，也不能少装一根滚针，因为间隙过大会造成滚针运转时扭摆折断。

安装有内圈、外圈的滚针轴承时，先将内圈、外圈分别装入轴颈和箱体孔，然后在外圈滚道上涂上润滑脂，将滚针挨个粘在外圈滚道上，最后把带内圈的轴装入。

大直径的滚针轴承用润滑脂不易粘住，可采用弹性衬套放入外圈，使其不易散落。装入内圈时将衬套推出即可。

安装无内圈的滚针轴承时，把外圈装在箱体上，涂上润滑脂，将滚针挨个装入，用润滑脂粘住，穿入辅助轴（外径小于安装轴0.1～0.3 mm），使滚针导正，然后装轴时用轴端推出预装的辅助轴。

3. 轴承游隙的调整

（1）轴承的游隙。滚动轴承的滚动体与滚道之间的间隙称为游隙。轴承游隙分为径向游隙和轴向游隙。径向游隙是指轴承的一个套圈固定不动，另一个套圈在垂直于轴承轴线方向的移动量。轴向游隙是指在轴线方向的移动量，也就是通常所说的轴的窜动量。

游隙的大小对轴承的工作情况影响很大。如果游隙太小，轴承容易磨损、发热，甚至烧毁；如果游隙太大，使工作精度下降，易引起振动和噪声，从而降低使用寿命。安装轴承时，必须进行游隙的调整。

（2）游隙的调整方法。根据游隙能否调整的特点，滚动轴承可分为不可调整与可调整两类。

0000 型、1000 型、2000 型、3000 型、4000 型和 5000 型轴承的游隙在制造时已按标准规定调好，安装时不能再调整。这类轴承安装后，如果径向装配游隙太小，则说明轴承的配合选择不当或装配部位加工不正确。此时，一定要将轴承拆下，查清原因并加以消除后再装。有圆锥孔的轴承，在安装时利用轴承在锥度轴颈上的移动量，改变轴承内圈配合的松紧度，也能达到微量调整游隙的目的。

6000 型向心推力球轴承、7000 型圆锥滚子轴承和 8000 型双向推力球轴承等均为可调整类轴承。这类轴承不存在原始游隙，其装配游隙则依靠在安装和使用过程中进行调整，即调整轴承套圈的相互位置而得到。调整轴向游隙多采用箱壳体上加调整垫片，旋紧轴上的锁紧螺母或借助于箱壳体上的螺纹等方法。调整垫片用不同厚度的铜片或铁片冲制而成。维修过程中，则用牛皮纸、青壳纸或石棉纸等工业用纸。要考虑因拧紧端盖受压缩而使厚度减少的因素。

（3）轴承的预紧。轴承的预紧就是在无载情况下，使轴承预先受到一个轴向力，利用它消除游隙，使轴承滚动体和内外圈接触处产生一个初变形，以增加轴承的支撑刚度，减小振动和噪声。所加的力称为轴向预紧力，也称预紧载荷，该轴向力作用于滚道全周。预紧后，当轴承受到外加工作载荷时，外圈与内圈的相对移动量不论径向和轴向都比没有预紧时大为减小。

轴承的预紧度必须适当，过大会引起轴承损坏，过小则对提高支撑刚度的作用不大。所需预紧度大小与各种机械设备的工作性能要求、外加载荷及转速大小有关。

4. 轴承安装后的检查

如果安装不当，则机器一开动，轴承就有烧坏的可能，所以安装后的检查是必不可少的，通常应检查下列几项：

(1) 检查运转零件是否与固定零件相碰，润滑油能否畅通地流入轴承内，以及密封装置和轴向紧固装置安装得是否正确。

(2) 检查轴承是否已紧靠轴肩。如果轴承是以过盈配合装在箱壳体内的，检查轴承外圈与栏缘端面贴合正确与否。

安装推力轴承时，必须检查与轴一起转动的套圈安装是否正确，即检查紧圈端面与轴中心线的垂直度。

(3) 试车前，须用手转动已安装的轴承。以单列向心球轴承为例，要求转动平稳灵活，无振动和左右摇晃现象。这种检查方法十分可靠，即使径向间隙为 0.01 mm，用手摇晃轴承外圈时，也会感到轴承上缘有轴向移动量。

上述几项检查完毕后，可进行运转试验，在试验前，先用手将机器转动几圈，根据旋转的重量，判别油封和密封装置的拧紧程度并调整适当。用手试验正常后进行空载运转试验，如果空载没有异常现象，可接着做负载运转。此时应注意温升、噪声和振动等问题。

轴承的工作温度与转速、载荷、润滑剂以及工作环境等因素有关，开始试运转时，温度往往升高，但最高不应高出周围温度 20～30℃，经 2～3 h 后，温度渐趋稳定。这是正常现象。否则就应查找原因。检查轴承温度可用温度计，也可用手放到轴承箱上试摸，根据经验判断。如果温度比较高或者突然改变，一定是发生了故障。

滚动轴承运转时的噪声主要是由装配不当、制造精度低或润滑不良等原因引起的，而且随着速度和载荷的增大而增大。如果发出的声音是低沉的轻微振颤声，说明轴承转动良好。如果发出有节奏的敲击声、口哨声或其他不规则的声音，说明轴承有故障。

九、常见故障及排除方法

游乐设施各部位零件都有一定的使用寿命，同时在运行中将会正常磨损，但也有因操作人员使用不当、保养不到位或零部件质量差，造成设备运行中故障时常发生。这就需要操作人员掌握设施在运行中常发生的故障原因和排除方法。

1. 机械传动系统常见故障及排除方法（见表 9—3）

表 9—3　机械传动系统常见故障及排除方法

故障部位	故障现象	产生原因	排除方法
电动机	温升不正常	①超载 ②受潮 ③轴承转动不灵活	①找出超载原因后解决 ②烘干电动机 ③检修轴承
	有异常声响	①轴承损坏 ②转子、定子间隙不正常 ③电刷松动 ④转子轴向窜动	①换轴承 ②检修电动机 ③调整电刷 ④找出原因后固定好
	不启动	①继电器未吸合 ②电压太低 ③电线接头脱落	①检查继电器 ②找出原因并解决 ③将接头固定好
	底座移动	①与减速机不同心 ②地脚螺栓松动	①调整同心度 ②拧紧地脚螺栓
减速机	温升不正常	①超载 ②润滑不良	①找出原因解决 ②加润滑油
	有异常声响	①齿折断 ②润滑不良 ③底座移动	①换齿轮 ②加润滑油 ③将底座固定好

续表

故障部位	故障现象	产生原因	排除方法
开式齿轮	有冲击	齿侧间隙不适当	进行调整
	磨损严重	①接触面太小，有偏啮合 ②润滑不良	①进行调整 ②加润滑油脂
V带传动	打滑	①带张紧力不够 ②带轮未固定好	①将带张紧 ②将带轮固定好
	磨损严重	①两带轮槽不对中 ②张紧力过大	①进行调整 ②将带调松
链传动	不平稳	①两链轮不在一个平面上 ②链垂度过大	①进行调整 ②将垂度调小
销齿传动	不平稳	①齿轮与销齿间隙过大 ②销齿轮径向跳动大 ③销齿轮节距变化大	①进行调整 ②进行调整 ③进行调整
钢丝绳传动	打滑	张紧力不够	加大张紧力
	磨损严重	①钢丝绳与轮槽不对中 ②润滑不良	①进行调整 ②加润滑脂

2. 液压系统常见故障及排除方法（见表9—4）

表9—4　　液压系统常见故障及排除方法

故障部位	故障现象	产生原因	排除方法
液压马达及油泵	马达不启动	①油压力不够 ②叶片或柱塞卡死	①调整溢流阀压力 ②进行检修
	油泵供油不足	叶片或柱塞严重磨损，内泄严重	进行检修
	有异常声响	①轴承损伤 ②叶片或柱塞损坏 ③连接键松动	①换轴承 ②进行检修 ③换键
	泵有异常噪声	①油面过低吸油不足 ②吸油管或滤油器阻塞 ③吸油管漏油	①给油箱加油 ②进行清理 ③将接头拧紧

续表

故障部位	故障现象	产生原因	排除方法
液压马达及油泵	泵不出油	①吸油管或滤油器阻塞 ②叶片或柱塞卡死 ③联轴器键损坏	①进行清理 ②进行检修 ③换键
换向阀	阀芯不动作	①油有杂质，阀芯卡死 ②阀芯或阀体变形 ③电磁线圈烧坏	①换油或过滤油 ②换阀 ③换线圈
	电磁线圈烧毁	①电压太低 ②吸合不良 ③线路接错双向带电 ④线圈进水或进油 ⑤阀芯卡死，长时间带电	①找出原因后解决 ②进行检修 ③检查电气线路 ④检修密封圈 ⑤检修阀芯
溢流阀	不起作用	阀内弹簧损坏	换弹簧
	溢流压力有变化	压力调整杆未锁紧	进行检修
油缸	爬行	密封圈与缸体配合过紧	换密封圈
	漏油	密封圈损坏	换密封圈
	有异常声响	①端盖密封圈润滑不良 ②上下销轴位置偏差过大	①加强润滑 ②进行调整
制动系统	制动过快或不能制动	①背压阀压力调整不当 ②背压阀出现故障	①调整背压阀 ②检查背压阀

3. 升降系统（液压控制）故障及排除方法（见表9—5）

表9—5　　升降系统（液压控制）故障及排除方法

常见故障	产生原因	排除方法
座舱不升	①漏油严重，造成压力过低 ②油泵没供油 ③管路阻塞 ④换向阀芯卡死或线圈烧毁不换向 ⑤溢流阀调定溢流压力太低	①检查管路及油缸 ②检查油泵 ③检查管路 ④检修换向阀 ⑤将溢流压力调高

续表

故障部位	产生原因	排除方法
座舱不升	由乘客控制升降座舱时： ①按钮接触不好 ②继电器未吸合或接触不良 ③导线接头断开	 ①检修按钮 ②检修继电器 ③接好导线
座舱上升慢	①超载 ②管路堵塞 ③油泵供油不足 ④溢流阀调定压力偏低	①减轻载荷 ②检查管路 ③检查油泵 ④将溢流阀压力调高
座舱不降	①管路堵塞 ②换向阀线圈烧毁 ③换向阀芯卡死，不换向	①检查管路 ②换线圈 ③检修换向阀
	由乘客控制升降座舱时： ①按钮接触不好 ②继电器未吸合或接触不良 ③导线接头断开	 ①检修按钮 ②检修继电器 ③将导线接好
座舱到位后停不住	①换向阀芯不到位 ②内泄严重	①检修换向阀 ②检修换向阀
升降时座舱抖动	①按钮接触不良（由乘客控制时） ②换向阀吸和不良，阀芯频繁动作	①检查按钮 ②检修换向阀
上升或停止时座舱振动较大	①溢流压力偏高 ②液压缸缓冲失灵 ③液压回路缓冲环节没起作用	①把压力调低 ②检修液压缸 ③检查缓冲件

4. 车辆和轨道常见故障及排除方法（见表9—6）

表9—6　　车辆和轨道常见故障及排除方法

故障部位	故障现象	产生原因	排除方法
车辆	运行不平稳	①轨道不平、不直 ②车轮松动 ③底轮、侧轮与轨道间隙过大	①调整轨道 ②紧固车轮 ③调整间隙

续表

故障部位	故障现象	产生原因	排除方法
车辆	运动中冲击振荡严重	①轨道接缝间隙过大 ②轨道对接焊缝不平或开裂 ③曲线轨道不圆滑	①填补间隙 ②处理焊缝 ③换曲线轨道
	停车位置不准	制动未调整好	调整制动机构
	车轮磨损快	①材质欠佳 ②车轮与轨道间隙调整不适当（侧轮）	①更换材质 ②调整间隙
	车轮磨损不匀	车轮转动不灵活	检修轴承
	导电滑块易掉	①滑块架自由度不够 ②滑块架补偿量不够 ③滑线不直不平	①调整滑块架 ②调整滑块架 ③调整滑线
	车辆脱轨（设在地面上的轨道）	①轨道局部变形严重 ②与轨道接触的地面高出轨道	①更换轨道 ②修整地面
轨道	轨道不平、不直	①安装时未调整好 ②架空轨道地基下降	①重新调整 ②处理地基
	架空轨道摇晃	①立柱地脚螺栓松动 ②立柱刚度不够	①拧紧螺栓 ②加固立柱
	轨道有裂纹	①冲击振动严重 ②使用时间过长	①消除冲击振动因素 ②更换轨道

5. 电气系统常见故障及排除方法（见表 9—7）

表 9—7　　电气系统常见故障及排除方法

故障部位	故障现象	产生原因	排除方法
继电器	不吸合	①线圈烧坏 ②接头松动	①更换 ②拧紧接头
	吸和不良	①触头有脏物 ②触头烧坏	①清洗触头 ②更换

续表

故障部位	故障现象	产生原因	排除方法
继电器	烧坏	①受潮 ②绝缘老化 ③匝间短路	①更换 ②更换 ③更换
	有明显火花	①电刷与滑线（或集电环）接触不良 ②压紧力不够 ③集电环与回转中心不同心	①调整电刷或滑线 ②调整压紧力 ③调整同心度
受流装置	电刷（滑块）磨损太快	①滑线（或集电环）表面粗糙 ②滑线（或集电环）局部烧损 ③电刷（或滑块）材质耐磨性差	①打光表面 ②修理 ③更换材质
	绝缘电阻低于标准值	①绝缘层潮湿 ②绝缘材料性能不佳	①应有防水设施 ②更换绝缘材料
限位开关	不起限位作用	①弹簧损坏 ②摆杆不复位 ③接触不良	①换弹簧 ②修复 ③清理脏物
	限位不准	安装位置移动	拧紧固定螺栓
接近开关	不起作用	①接近距离过大 ②开关本身损坏	①调整距离 ②换开关
按钮、脚踏开关	失灵	①弹簧损坏 ②接触不良 ③进水后锈蚀	①换弹簧 ②清洗触头 ③清洗
机体	带电	①无接地线 ②接地线断开 ③导线接头脱落与机体相接 ④绝缘破坏	①设接地线 ②修复 ③将导线接好 ④更换绝缘体

续表

故障部位	故障现象	产生原因	排除方法
碰碰车	车不启动	①导线接头松动 ②导电杆与天网（板）接触不好 ③接地轮与地板接触不好	①固定好接头 ②检查导电杆 ③检查车轮和地板
	车时走时不走	①天网（板）或地板锈蚀 ②地板灰尘太多 ③天网（板）或地板局部变形 ④天网（板）局部破损	①除锈或更换 ②清理灰尘 ③矫正天网（板）、地板 ④更换网板
	车体带电	绝缘破坏	更换绝缘体

第二节　游乐设施定期保养

任何机械设备都需要维护和保养，游乐设施也不例外。维护保养得好可带来双重好处：一能保证游乐设施和乘客安全；二能延长游乐设施的使用寿命。因此游乐设施使用单位的维修人员、操作人员必须做好游乐设施的维护保养工作。

一、三级保养制度

设施的保养制度一般分为三级保养制度：日常维护保养、一级保养、二级保养。另外，点检制度是一种先进的设施设备维护管理方法，是对影响设备正常运行的一些关键部分进行经常性检查和重点控制的方法。

1. 设施的日常维护是维护工作的基础，其特点是经常化、制度化。日常维护保养包括班前、班后和运行中维护保养。主要内容包括：搞好清洁卫生，定期给设备加油，紧固松动的螺钉和零部件，检查设备是否有漏油、漏气、漏电等情况，检查设施是否有虫害、腐蚀等现象。

2. 设施的一级保养是使设备达到整齐、清洁、润滑和安全的要求，减少设备的磨损，消除设备的隐患，排除小故障，使设备处于正常状态。设备一级保养的内容有：对一些零件、部件进行拆卸、清洗，除去设备表面的油污，检查、调整润滑油路，保持畅通不漏。

3. 设施的二级保养是为了延长设施的使用年限，使设施达到完好标准，保持设备的完好率。设备二级保养的内容是：根据设备使用情况进行部分或全部解体检查或清洁，检修设备的各个部件和线路，修复和更换损坏部件。

二、设备的点检

设备的点检分为日常点检、定期点检和专项点检三部分。日常点检是每日通过当班的操作人员对设备运行中的关键部位的声音、振动、温度、油压等进行检查，并将检查结果记录在点检卡中。定期点检是按一定的时间间隔，用专用检测仪表工具对设备的性能状况进行检查。专项点检是指有针对性地对设备特定项目的检测，使用专用仪器工具，对设备进行检查。

三、游乐设施定期检查

游乐设施在运行过程中，除操作人员对设施进行日常检查外，使用单位还要组织专业技术人员对设施定期进行检查。检查出的问题要及时解决，避免设施带病运行。检查项目、内容、周期见表9—8。

表9—8　游乐设施定期检查的检查项目、内容和周期

检查项目	检查内容	周期	结果
一、基础			
基础	有无裂纹、破损	每月	
	有无不均匀下沉、倾斜	每月	
	周围土质流失陷落情况	每月	
二、机械传动			
电动机	地脚螺栓有无松动	3天	
	有无异常声响	3天	
	温升是否正常	3天	
	满载时运行应良好	3天	

续表

检查项目	检查内容	周期	结果
联轴器	安装情况应良好、无松动	每周	
	弹性联轴器橡胶圈的磨损情况	每周	
液力耦合器	安装情况应良好、无松动	3天	
	温升是否正常	3天	
减速机	地脚螺栓是否松动	每周	
	有无异常声响	每周	
	轴承温升是否正常	每周	
	有无漏油现象	每周	
	是否应加油	每周	
开式齿轮	旋转是否正常，有无杂音	每周	
	有无偏啮合及偏磨损	每周	
	润滑应良好	每周	
带轮	有无松动现象	每周	
	传动应平衡	每周	
齿轮	安装应可靠	每周	
	齿面无偏啮合及偏磨损	每周	
V带	张紧应适度	每周	
	有无不均匀磨损	每周	
	有无开裂现象	每周	
传动提升链条	链条的润滑情况	每周	
	链条的张紧应适度	每周	
	链条的伸长率应符合有关标准	半年	
传动及提升用钢丝绳	钢丝绳与卷筒间有无明显滑动	每周	
	端部固定是否牢固	每周	
	接头有无松散现象，有无钢丝露头	每周	
	有无锈蚀，润滑是否良好	每周	
	磨损及断丝情况应符合 GB 8408—2008 的要求	每周	

续表

检查项目	检查内容	周期	结果
悬挂用钢丝绳	端部固定是否牢固	每周	
	是否锈蚀	每周	
	有无断丝	每周	
滑轮	固定是否牢固	每周	
	有无开裂现象	每周	
	润滑是否良好	3天	
	槽体磨损是否均匀	每周	
滚动轴承	润滑应良好	3天	
	温升是否正常	3天	
	有无异常声响	3天	
滑动轴承	润滑应良好	3天	
	温升是否正常	3天	
	磨损情况	每周	
传动轴及主轴	转动是否平稳	每周	
	润滑是否良好，有无明显磨损	每周	
三、液压及气压传动系统			
油泵及油马达	固定是否牢固	每周	
	有无异常声响	每周	
	有无漏油现象	每周	
	叶片（齿面或柱塞）磨损情况	半年	
	温升是否正常	3天	
阀	固定是否牢固	3天	
	动作是否灵活可靠	3天	
	有无漏油现象	3天	
	线圈温升是否正常	3天	

续表

检查项目	检查内容	周期	结果
油缸	上下销轴连接情况	3天	
	动作是否灵活，速度是否均匀，有无爬行现象	3天	
	密封情况，是否有渗漏	3天	
油箱	密封情况	每周	
	油温是否正常	3天	
	加热器、冷却器工作是否正常	3天	
	油面位置是否符合要求	每周	
	有无渗漏油现象	每周	
管路	接头处是否漏油	每周	
	工作时有无振动	每周	
	软管接头连接是否牢固	每周	
	软管有无老化龟裂现象	每周	
滤油器	是否堵塞	3天	
	是否有破损	3天	
空气压缩机	地脚螺栓固定是否牢固	3天	
	声响是否正常	3天	
	能否达到额定气压	3天	
	温升是否正常	3天	
储气罐	固定是否牢固，有无倾斜现象	每周	
	焊缝锈蚀情况	每周	
阀件	减压阀、油雾器、气水分离器应工作良好	每周	
	气动元件应灵活无卡阻现象	每周	
回转接头	应密封良好，无明显漏气（渗油现象）	3天	
管道	是否有渗漏情况	每周	
	锈蚀情况	每周	

续表

检查项目	检查内容	周期	结果
四、安全装置			
安全带	固定是否牢固	3天	
	有无断裂情况	3天	
安全杠	动作是否灵活可靠	3天	
	锁紧是否可靠	3天	
	有无损坏情况	3天	
吊箱门	开关是否灵活	3天	
	两道锁销是否可靠	3天	
	有无损坏情况	3天	
液压、气动安全阀	动作是否灵活	3天	
	是否按调定压力动作	3天	
制动装置	制动装置的安全可靠性	3天	
	制动是否平稳，间隙是否适当	3天	
	制动闸瓦的磨损情况	3天	
	制动的液压及气压装置动作应正常	3天	
	用弹簧压力制动时，压力应适当，弹簧应无裂纹及破损	3天	
	采用人工制动时，连杆、制动带（瓦）动作应准确可靠	3天	
车辆逆止装置	逆止装置安装牢固、动作可靠	3天	
	逆止装置有无明显变形、磨损及裂纹	3天	
座舱把手	固定是否牢固	3天	
	有无裂纹破损	3天	
绝缘电阻	是否符合标准要求	每周	
接地电阻	是否符合标准要求	每周	
保险装置	各处安全保险装置（限位装置、安全卡盘、保险钢丝绳、保险拉杆等）是否可靠	3天	

续表

检查项目	检查内容	周期	结果
五、紧固件及连接件			
销轴	润滑是否良好	每周	
	有无轴向移动	每周	
	磨损情况，是否有疲劳裂纹	半年	
键	与被连接件间有无松动情况	每周	
各处螺栓	有无松动情况	每周	
轴端卡盘	有无松动及脱槽现象	每周	
开口销	有无折断及脱槽现象	每周	
铆钉	有无松动现象	每周	
六、金属构件			
钢结构件	是否有变形及断裂	每月	
	是否有严重锈蚀	每月	
重要焊缝	是否有裂纹开焊现象	每月	
	是否有严重锈蚀	每月	
铸造件	是否有裂纹	每月	
七、车轮及轨道			
车轮	车轮转动是否灵活	3天	
	车轮轴承是否损伤及有无明显磨损	3天	
	车轮有无裂纹	3天	
	车轮的磨损量应符合有关标准的要求	每月	
	车轮轴应探伤	每年一次	
轨道	轨道、轨枕、主梁有无变形、裂纹及腐蚀	每周	
	轨道的磨损应符合有关标准	每周	
	轨道连接应牢固、焊缝无裂纹，必要时应探伤	每周	
	轨道与轨枕的安装应牢固	每周	
	缓冲用胶垫有无老化及裂纹	每周	
	轨距误差应符合有关标准	每周	
	轨道与车轮之间的间隙应符合有关标准	每周	

续表

检查项目	检查内容	周期	结果
八、座舱			
	座舱骨架有无裂纹、损坏及腐蚀	每周	
	座舱体有无开裂破损、锈蚀	每周	
	坐垫应整洁，舱内无杂物	每周	
九、安全栅栏			
	安全栅栏的安装是否牢固，有无破损	每月	
	进出口门及销是否完好	每月	
十、电气设备			
	控制箱、配电箱中各开关触头接触是否良好	每周	
	电网电压是否正常	每周	
	绝缘电阻接地电阻是否符合标准	每周	
	主电机电流是否正常	每周	
	导电滑块、滑线接触及磨损情况	3天	
	导线有无掉头，绝缘有无损坏情况	3天	
	行程开关是否起作用	3天	
	按钮是否灵活	每周	
	指示灯有无损坏	每周	
	联络信号是否畅通	每周	
	音响是否完好	每周	
	避雷针的引下线有无断开情况，接地电阻是否符合要求	每月	

四、接触器定期维修

1. 接触器的维护

定期而有计划地做好接触器维护，是保证接触器可靠地工作并延长其使用寿命的有效措施。

(1) 定期检查接触器控制回路电源电压，并把电压调整在一定范围内。如电压过高则线圈将过热，系统闭合时冲击大；如电压过低，系统闭合时速度慢，容易使运动系统卡住，触头焊接在一起。

（2）定期以干燥的压缩空气（压力约为2个标准大气压）吹净接触器上堆积的灰尘。灰尘过多，也会使运动系统卡住，加大机械磨损。当带电部件间堆聚过多的导电尘埃时，还可引起相间击穿短路。定期用刷子蘸汽油刷净铁心极面间污垢油泥，防止污垢油泥引起铁心发响及当线圈断电后接触器不释放。

（3）定期检查接触器各紧固件是否松动，特别当接触器安装面承受振动时更应注意。当连接导电零件的螺钉松动时，接触器电阻将增加，并引起过热。可以根据金属零件变色、绝缘零件过热烧焦等现象来确定过热点。可用毫伏计测量连接点的压降来确定过热点。当发现过热点后，可停电卸开紧固螺钉，用细锉（不要用砂布或纱布擦）轻轻锉去导电零件相互接触面间由于过热而产生的氧化膜，然后再重新用螺钉固定。

（4）定期（运转前）用手检查接触器运动系统是否灵活，并按期在轴承中注入润滑油。当发现运动系统不灵活现象时，应加以调整使其运动灵活。

（5）定期调整接触器的触头压力、开距超程，使之保持在规定范围内。对带有钢触头的多项转动式接触器，应调整到使各项触头同时接触。各项不同接触间距差一般不大于0.5 mm。

调整各触头的位置，使其在闭合过程中具有一定的滚动与滑动，以擦破触头表面在工作过程中形成的氧化膜，而保持低接触电阻。除长期工作制用的接触器外，对其他工作制用的接触器，连续工作超过8 h后，应闭合分断1～2次，以清除触头表面的氧化膜。当触头表面严重灼伤时，可用细锉轻轻锉平。对带有银基合金触头的直动式接触器，由于形成的氧化银在触头发热后能分解成金属银，因此这类触头接触器的电阻比较稳定。但当大气中存在硫时，容易形成接触电阻较大的硫化银。在触头压力小、控制回路电压又低的场合，硫化银可使电路不通，此时应用锉将黑色的硫化银轻轻锉去。

2. 接触器的故障和检修（见表9—9）

表9—9　　接触器的故障和检修

故障类别	故障现象	产生故障的原因	检修方法
接触器投入运转前的空载试运转中可能产生的故障	按下启动按钮，接触器根本不闭合	线圈供电电路断路	按可能的原因，依次检查判断并消除故障
		线圈绕组断路	
		按钮的触头失效，不能接通电路	
	按下启动按钮，接触器不能完全闭合	按钮的触头不清洁或过度氧化	
		接触器可动部分被卡住	
		控制电路电源电压低（低于额定电压值的80%）	
		控制电路电源电压小于线圈电压	
		接触器反力过大（即触头压力弹簧和反力弹簧的压力过大）或触头超额行程过大	
	按下启动按钮，接触器闭合过猛或线圈过热、冒烟	控制电路电源电压大于线圈电压	
	启动按钮释放后接触器打开	与启动按钮连锁的接触器，常分连锁触头的接线错误或接触不良	
	按下停止按钮，接触器不打开	可动部分被卡住	
		反力弹簧的反力太小	

续表

故障类别	故障现象	产生故障的原因	检修方法
接触器投入运转前的空载试运转中可能产生的故障	按下停止按钮，接触器不打开	由于剩磁作用，或者由于铁心极面的油泥，使动铁心黏附在静铁心上	按可能的原因，依次检查判断并消除故障
		接触器线圈、连锁触头与按钮间接线不正确而使线圈未断电	
铁心的故障	铁心发出过大的噪声甚至嗡鸣、振动	线圈的电压不足	调整电源电压
		动铁心、静铁心的接触面的相互接触不良	锉平接触面，使动铁心和静铁心相互接触良好
		短路环断裂	按原结构方式更换短路环，或焊接好断裂的短路环
	无压释放失灵	大量磁性垫片装错或未装	按制造厂的资料进行更换或加装
		反力弹簧装错而使反力太小	更换正确的反力弹簧
		主触头过度磨损造成反力过小	更换主触头
		山形铁心因过度磨损而使中间极面的防止剩磁气隙过小	将中间极面锉去 0.05～0.2 mm
		由于剩磁作用，或由于铁心极面的油泥，使动铁心黏附在静铁心上	清洗油泥或换以新铁心
		上述原因以外的其他原因	

续表

故障类别	故障现象	产生故障的原因	检修方法
线圈的故障	接触器根本不能闭合，或在正常工作情况下自行突然打开	线圈的引出线部分断裂	焊接好，把绝缘修复好
		线圈内部的绕组断线（多系绕组的焊接处断线）	拆开线圈、焊好断线处，并把绝缘修复好、绕制好。一般可直接更换新线圈
	线圈局部过热，或因吸力降低而使铁心发生噪声	线圈匝间短路	直接以测圈仪测量其圈数或测量其直流电阻，并与线圈标牌上的圈数或电阻值相比较。一般均更换新线圈而不修理
	肉眼可见的外伤，如线圈外绝缘擦伤或线圈骨架发生裂缝等	机械性损伤	如仅系外损伤，则可进行局部修理，如外部包扎、涂漆或粘好骨架裂缝；如为机械性损伤而引起线圈内部的短路、断路等，则更换新线圈
触头及灭弧系统的故障	触器闭合的过程中触头焊住，使其在线圈断电后不能打开	启动过程中有很大的尖峰电流（如交流接触控制的电容负荷、钨丝灯泡及直流接触控制的钨丝灯泡），致使接触器的闭合能力不足	接触器的吸力有较大裕度时可加大触头的初压力。当关合能力显著不足时，则要换大一级的接触器
		加于线圈的端电压过低，致使磁系统的吸力不足而形成触头的停滞不前或反复振动	设法提高线圈的端电压，使其不低于额定值的85%

续表

故障类别	故障现象	产生故障的原因	检修方法
触头及灭弧系统的故障	触器闭合的过程中触头焊住，使其在线圈断电后不能打开	闭合过程中可动部分被卡住	检查可动部分的运动情况是否正常、灵活，并消除一切卡滞现象
		闭合时触头及动铁心均发生跳动	跳动轻微时可调整触头的初压力及超额行程；严重时只能更换大一级的接触器；对于已焊牢的触头，只能将其拆除，更换新的；当触头轻微焊接时，可稍加外力使其分开，并锉平浅小的金属熔化痕迹，以便重新工作
	相间短路	可逆接触器在其可逆转换过程中，由于其正向接触器尚未完全分断时，反向接触器已接通而形成相间短路	可逆接触器的原设计不当，应更换动作时间较长（即磁系统行程较长）的可逆接触器，或在设计时加上连锁保护
		装于金属外壳内的接触器，因外壳处于其分断时的喷弧距离内而形成相间短路	此系接触器选用不当。可在外壳内壁电弧喷射范围内粘以电气绝缘石棉纸，以消除短路现象 对已发生过相间短路的接触器，如短路严重，则应更换新的接触器；如短路较轻，触头及其他导电零件没有发生熔焊及机械变形，则可以全面清理调整后继续使用

五、热继电器的安装与维护

1. 热继电器安装的方向须与产品说明书中规定的方向相同，一般倾斜不得超过 5°。连接线的材料和截面面积也须符合规定。热继电器与其他电器装在一起使用时，尽可能将其装在其他电器的下面，以免受其他电器发热的影响。热继电器的盖子要盖好。开关箱的壳盖也要盖好。

2. 检视热继电器热元件的额定电流值或刻度盘的刻度值是否与电动机的额定电流值相当。如果不相当，则要更换热元件重新进行调整试验，或转动刻度盘的刻度使之符合要求。通常，热继电器的额定电流值应与电动机的额定电流值相同。有时为了特殊的需要或由于热继电器与电动机分别安装在两处，而两处的环境温度差异较大时，两者的电流值可以略有不同。例如 JR1 和 JR2 系列热继电器是没有温度补偿的，当电动机的环境温度比热继电器的环境温度高 15～25℃时，热元件的额定电流值应比电动机的额定电流值小 10%，即选用小一号的热元件；反之，当电动机的环境温度比热继电器低 15～25℃时，热元件的额定电流值应比电动机大 10%，即选用大一号的热元件。

3. 热继电器在使用中需定期用布擦净尘埃和污垢，双金属片要保持原有金属光泽，如果上面有锈迹，可用布蘸汽油轻轻擦除，但不得用砂布磨光。

4. 动作机构应正常可靠，可用手拨动四五次观察，再扣按钮应灵活。调整部件不得松动，如已松动，应加以紧固并重新进行调整试验。检查调整部件时只能用手或旋具轻轻触动，不得用力拧或推拉。对于可调整的继电器应检视其刻度盘是否对准需要的刻度值。

5. 热继电器的接触螺钉应拧紧，触头必须接触良好，盖子应盖好。

6. 在检视热元件是否良好时，只可打开盖子从旁查看，不得将热元件卸下。若必须卸下再装上后仍需重新通电试验。

7. 在使用过程中，每年应进行一次通电校验。此外，在设备发生事故而引起巨大短路电流后，应检视热元件的双金属片有无显著的变形。若已产生显著的永久变形，或怀疑可能已变形而又不能准确判断时，都需进行通电试验。而因双金属片变形或其他原因致使动作不准确时，只能调整其调整部件，而绝对不能弯折双金属片。热继电器的一般故障及其检修方法见表9—10。

表 9—10　　热继电器的一般故障及其检修方法

故障类别	故障现象	产生故障的原因	检修方法
热继电器的动作太快或太慢或不动作	①电气设备经常烧毁而热继电器不动作 ②机器设备操作正常，但热继电器频繁动作，经常造成停工	热继电器的整定电流值与被保护设备的整定电流值不符	应按照被保护设备的容量来更换热继电器（不按照开关的容量来选用热继电器）
		热继电器可调整部件的固定支钉松动，不在原来整定的点上	将支钉铆紧，重新进行调整试验
		热继电器通过了巨大的短路电流后，双金属片已产生永久变形	对热继电器重新进行调整试验
		热继电器久未校验，灰尘堆积或生锈，或动作机构卡住、磨损，胶木零件变形等	清除热继电器上的灰尘和污垢，重新进行校验（在正常情况下，每年应校验1次）
		可能在安装时将热继电器的调整部件碰坏，或是没有对准刻度	修理损坏的部件并对准刻度，重新进行高速实验

续表

故障类别	故障现象	产生故障的原因	检修方法
热继电器的动作太快或太慢或不动作	①电气设备经常烧毁而热继电器不动作 ②机器设备操作正常，但热继电器频繁动作，经常造成停工	有盖子的热继电器未盖上盖子，或没有盖好	盖好热继电器的盖子
		热继电器与外界连接的接线螺钉没有拧紧或连接线的直径不符合规定	把接线螺钉拧紧或换上合适的连接线
		热继电器的安装方向不符合规定，或安装地方的环境温度与被保护电气设备的环境温度相差太大	将热继电器按照规定的方向安装。按照两地的温差情况配置适当的热继电器
热继电器的动作不稳定	热继电器的动作有时快、有时慢	热继电器内部机构有些部件松动	将这些部件加以固定
		在检修中弯折了双金属片	用高倍电流预试几次，或将双金属片拆下来热处理（一般约270℃），以去除内应力
		热继电器通电校验时，电流波动太大，或接线螺钉未拧紧，或各次实验间的冷却时间不同，或电流表不准确等	在校验的电源上加电压稳定器，把接线螺钉拧紧，确保各次试验后冷却的时间足够，校对电流表是否准确
热继电器的主电路不通	热继电器接入后，主电路不通	热元件烧毁	更换热元件或热继电器
		热继电器的接线螺钉未拧紧	拧紧接线螺钉
热继电器的控制电路不通	控制电路不通	触头烧毁，或动触片的弹性消失，动触头、静触头不能接触	修理触头或触片

续表

故障类别	故障现象	产生故障的原因	检修方法
热继电器的控制电路不通	控制电路不通	在可调整式的热继电器中，有时由于刻度盘或调整螺钉转不到合适的位置，将触头顶开	调整刻度盘或高速螺钉
热继电器无法调整	热继电器在做调整实验时，通过额定电流不动作。如果在过载时将它调整到脱扣，则到第二次实验时，通过额定电流就动作了。反复调整总是这样	热元件的发热量太小，或装错了热继电器（电流值比要求的大）	更换电阻值较大的热元件，或电流值较小的热继电器
		双金属片安装的方向反了，或双金属片用错，比挠度太小	更换双金属片
	热继电器在做调整实验时，通过额定电流就动作，同时导电板的温度很高	热元件的发热量太大，或是装错热继电器（电流值比要求的小）	更换电阻较小的热元件或电流较大的热继电器

思考题

1. 轴承的安装方法有几种？写出安装方法的名称。
2. 主轴部件的拆卸方法是什么？有哪些要求？
3. 拆卸过盈配合部件应用什么方法？需要哪些工具？
4. 轴承拆缸时的注意事项是什么？
5. 轴承安装后的检查有几项？检查内容是什么？

第十章

大型游乐设施实操技能培训

本章知识要点

1. 了解游乐设施的检查部位
2. 掌握游乐设施操作的技能和程序
3. 熟知游乐设施的应急措施

第一节　实操技能培训项目

一、游乐设施运转操作程序

1. 滑行车类（翻滚过山车）操作程序

游乐设施每天开始运行之前，为了确保运行安全，应确认设施有无异常。因此，必须密切注意、慎重进行。游乐设施由于天气恶劣、地震、故障、停电等其他异常情况中止运转后，再开始运转前也必须检查。

（1）运行前对整个游乐设施及周边部分进行清扫，擦拭机械设备、设施。

（2）做好设备运行前的安全检查，内容因机型而异。

（3）进行不少于两次的试运转，确认无异常，并将试运转结果记录在运行日志上。

（4）合闸接通电源。

（5）打开钥匙开关接通控制回路。

（6）启动空气压缩机。

（7）达到额定压力，空气进入气缸，在气缸的作用下提升链张紧。

（8）拨动转换开关使其断电，电磁阀动作，使制动打开。

（9）乘客入座舱坐好后，服务人员检查乘客的安全带、压杠，确认牢固可靠后方可启动运行。

（10）运行前服务人员向操作人员发出运转开始信号，操作人员启动鸣铃提示乘客做好准备。

（11）营业结束时，操作人员检查确认设备、设施一切正常，切断总电源，关好窗户锁好门。

2. 陀螺类（勇敢者转盘）操作程序

（1）运行前对整个游乐设施及周边部分进行清扫，擦拭机械设备、设施。

（2）做好设备运行前的安全检查，内容因机型而异。

（3）进行不少于两次的试运转，确认无异常，并将试运转结果记录在运行日志上。

（4）合闸接通配电柜电源总开关。

（5）检查三相电流、电压是否正常、平衡。

（6）打开操作控制柜电锁（钥匙开关）。

（7）检查各指示灯、电铃发声是否正常，按钮是否灵活，确认一切正常后方可进行操作。

（8）按下控制柜面板上的旋转电动机，升降电动机油泵的启动按钮。

（9）乘客入座舱坐好后，服务人员检查乘客的安全带、舱门，确认牢固可靠后方可启动运行。

（10）运行前服务人员向操作人员发出运转开始信号，操作人员启动鸣铃提示乘客做好准备。

（11）营业结束时，操作人员检查确认设备、设施一切正常，切断总电源，关好窗户锁好门。

3. 飞行塔类（旋风飞椅）操作程序

(1) 运行前对整个游乐设施及周边部分进行清扫，擦拭机械设备、设施。

(2) 做好设备运行前的安全检查，内容因机型而异。

(3) 进行不少于两次的试运转，确认无异常，并将试运转结果记录在运行日志上。

(4) 合闸接通总电源，使各控制系统电流接通。

(5) 确认控制设备的全套系统，包括灯光系统正常运行。由于控制系统使用了先进的 PLC 控制，操作人员只需要按一次“自助运行”按钮，整套设备就会自动运行。

(6) 设备在出厂前已将运行程序输入 PLC 和变频器里，使用单位不能随便更改。

(7) 用户可对时间继电器设置定时，如 0～10 min（使用单位可设置的定时即飞椅升到最高点开始计时到飞椅从最高点开始下降，飞椅在空中停留的时间。使用单位不能调整起步和上升时间 30 s、下降和止步时间 40 s）。

(8) 旋风飞椅有两种控制状态：自动状态和手动状态。自动状态为正常运行时使用，手动状态在调试或维修时使用。具体操作方法详看说明书。

(9) 乘客坐好后，服务人员检查确认安全设施完好无损后，方可启动运行。运行前按铃提示。

(10) 营业结束时，操作人员检查确认设备、设施一切正常，切断总电源，关好窗户锁好门。

4. 转马类（双层转马）操作程序

(1) 运行前对整个游乐设施及周边部分进行清扫，擦拭机械设备、设施。

(2) 做好设备运行前的安全检查，内容因机型而异。

(3) 进行不少于两次的试运转，确认无异常，并将试运转结果记录在运行日志上。

(4) 合闸接通总电源。

(5) 打开控制柜钥匙开关。

(6) 按下预备电铃按钮。

(7) 按下油泵启动按钮。

(8) 油泵电动机启动运转，设备运转并平缓上升至额定的转速运行。

(9) 设备在运转中如发现意外情况，先按下油泵停止按钮，然后按下机械制动按钮，使设备缓慢地进入停止状态。

(10) 控制台上设有彩灯类开关及音响开关时，按需要独立使用。

(11) 乘客坐好后，服务人员检查确认安全设施完好无损后，方可启动运行。运行前鸣铃提示。

(12) 营业结束时，操作人员检查确认设备、设施一切正常，切断总电源，关好窗户锁好门。

5. 观览车类（阿拉伯飞毯）操作程序

(1) 运行前对整个游乐设施及周边部分进行清扫，擦拭机械设备、设施。

(2) 做好设备运行前的安全检查，内容因机型而异。

(3) 进行不少于两次的试运转，确认无异常，并将试运转结果记录在运行日志上。

(4) 合闸通电。将控制柜内短路开关接通，观察柜门上下励磁指示灯、正反转指示灯、运行启动指示灯是否正常工作。

(5) 打开操作台控制电源的钥匙开关。

(6) 按下励磁、风机、主机按钮，使其进入待机状态。

(7) 开机前按预告铃，提示乘客注意开机。

(8) 按左右转向开关，使毯体左右摆动及360°旋转。

(9) 停机后，待毯体摆动角度小于30°时，按下停止按钮进行制动。

(10) 下次开机前，应再按一次主机按钮。

（11）营业结束时，操作人员检查确认设备、设施一切正常，切断总电源，关好窗户锁好门。

6. 赛车类（豪华型赛车）操作程序

（1）运行前对整个游乐设施及周边部分进行清扫，擦拭机械设备、设施。

（2）做好设备运行前的安全检查，内容因机型而异。

（3）进行不少于两次的试运转，确认无异常，并将试运转结果记录在运行日志上。

（4）在上站台发车时，服务人员需对乘客进行必要的安全方法指导。

（5）帮助乘客系好安全带，检查确认无问题后，方可发动赛车。

（6）启动发动机打开风门开关，拉发动机手柄数下，直至发动机启动，进入正常怠速状态。

（7）关闭发动机风门开关，放行赛车进入行驶车道。

（8）在下站台接车时，当车辆将要进入站台时，服务人员应示意驾车乘客降低车速，当车进入站台后，待车停稳并解开安全带，引导乘客顺序下车。

（9）营业结束时，操作人员检查确认设备、设施一切正常，切断总电源，关好窗户锁好门。

7. 小火车类（童话火车）操作程序

（1）运行前对整个游乐设施及周边部分进行清扫，擦拭机械设备、设施。

（2）做好设备运行前的安全检查，内容因机型而异。

（3）进行不少于两次的试运转，确认无异常，并将试运转结果记录在运行日志上。

（4）合闸接通总电源。

（5）乘客安全就座后，操作人员打开控制柜钥匙开关，按下预备铃，铃声响后约 5 s，按下启动按钮，火车慢慢启动运行，车上的扬声器播放蒸汽火车的模拟响声。

（6）通过火车接触在路轨适当位置上安装的计圈行程开关，将火车平稳停在站台上。

（7）若控制箱有过电流保护装置，车辆的电流超过额定值时自动停车待检，确认无故障，才允许重新启动。

（8）营业结束时，操作人员检查确认设备、设施一切正常，切断总电源，关好窗户锁好门。

8. 自控飞机类（自控飞碟）操作程序

（1）运行前对整个游乐设施及周边部分进行清扫，擦拭机械设备、设施。

（2）做好设备运行前的安全检查，内容因机型而异。

（3）进行不少于两次的试运转，确认无异常，并将试运转结果记录在运行日志上。

（4）合闸接通总电源。

（5）打开控制柜钥匙开关。

（6）按顺序开启空气压缩机并按下 1 号、2 号、3 号按钮。

（7）待压缩空气充满并符合额定压力时，方可运行。

（8）乘客坐好后，服务人员为乘客系好安全带，确认安全装置可靠，方可启动运行，启动前鸣铃提示。

（9）营业结束时，操作人员检查确认设备、设施一切正常，切断总电源，关好窗户锁好门。

9. 架空游览车类（UFO 飞碟车）操用程序

（1）运行前对整个游乐设施及周边部分进行清扫，擦拭机械设备、设施。

（2）做好设备运行前的安全检查，内容因机型而异。

（3）进行不少于两次的试运转，确认无异常，并将试运转结果记录在运行日志上。

（4）合闸接通总电源。

（5）打开控制柜，按下通电按钮。

（6）乘客坐好后，服务人员为乘客系好安全带方可运行，启动前鸣铃提示。

（7）营业结束时，操作人员检查确认设备、设施一切正常，切断总电源，关好窗户锁好门。

10. 碰碰车类（豪华碰碰车）操作程序

（1）运行前对整个游乐设施及周边部分进行清扫，擦拭机械设备、设施。

（2）做好设备运行前的安全检查，内容因机型而异。

（3）进行不少于两次的试运转，确认无异常，并将试运转结果记录在运行日志上。

（4）打开控制柜门，合上电源开关，面板上的交流电压表指示电网的电压值。

（5）旋动钥匙开关，工作指示灯点亮。

（6）按下启动按钮，外接电铃响 2 s，铃声过后运行指示灯亮，天花板有电接通，车体可以行车。定时结束后，铃响提醒乘客时间到，乘客下车走出场地，进行下一个工作循环。

（7）如遇紧急情况，需做断电处理，按下停止按钮即刻停止输出电流。

（8）遇意外短路，柜内电铃报警故障灯点亮，应立即排除故障再工作。当电流表指示超过 250 A 时，应视为不正常工作。

（9）营业结束时，操作人员检查确认设备、设施一切正常，切断总电源，关好窗户锁好门。

11. 水上游乐设施（峡谷漂流）操作程序

（1）运行前对整个游乐设施及周边部分进行清扫，擦拭机械设备、设施。

（2）做好设备运行前的安全检查，内容因机型而异。

（3）进行不少于两次的试运转，确认无异常，并将试运转结果记录在运行日志上。

（4）闭合总电源断路器及分路电源断路器（含控制电源、轴流泵电源、提升机电源、瀑布造景电源、空压机电源、潜水泵电源的断路器。除总电源断路器需要每天班后断开，其余电源的断路器不必每次班后断开）。

（5）打开钥匙开关。

（6）启动轴流泵、提升机、瀑布造景、空压机、潜水泵。

（7）确定使用主副水道（选择主副水道开关，以后操作使用相应水道按钮）。

（8）确定水道水位正常。

（9）松开阻船钩。

（10）确定漂流船回到等候船道。

（11）挂上阻船钩。

（12）关闭轴流泵、提升机、瀑布造景、空压机、潜水泵。

（13）关闭钥匙开关。

（14）断开总电流断路器（含控制电源、轴流泵电源、提升机电源、瀑布造景电源、空压机电源、潜水泵电源的断路器。除总电源断路器需要每天班后断开，其余断路器电源不必每次班后断开）。

（15）营业结束时，操作人员检查确认设备、设施一切正常，切断总电源，关好窗户锁好门。

12. 电池车类（4A 型交通车）操作程序

（1）运行前对整个游乐设施及周边部分进行清扫，擦拭机械设备、设施。

（2）做好设备运行前的安全检查，内容因机型而异。

（3）进行不少于两次的试运转，确认无异常，并将试运转结果记录在运行日志上。

（4）打开控制柜门合闸接通电源。

（5）乘客坐在车上后，在确认场内无人和障碍物后才能按下预备按钮，启动游艺机。

（6）启动后要密切注意场内动态，当发现有人下车或其他特殊情况时，应立即制止，并做好疏通工作。

（7）不能随意乱动控制柜电路，如发生故障，应请专业人员排除。

（8）营业结束时，操作人员检查确认设备、设施一切正常，填好当日记录，切断总电路电源，关好窗户锁好门。

二、重点部位的检查

每日开机前，操作人员对所管辖的设备、设施进行安全检查，内容包括安全装置、电气系统、机械设备、仪器仪表、液压系统、油水器、乘坐物舱、连接装置、传动装置、轨道、旋转行走装置。

三、对设备进行试运行检查

按规定对设备、设施逐项进行安全检查后，还要对设备、设施进行试运转检查，因在检查设备过程中，设备在静止状态，采用的方法一般是用手摸、目视敲击、转动等方法，有时设备故障在深层背角处，以上几种方法不易发现故障，所以设备在运行前还要进行至少两次的试运转检查，确认设备完好无异常，方可运行。试运转检查内容如下：

1. 机械转动系统是否平稳，有无不正常的噪声和振动。

2. 滑动轴承温度不超过 70℃，滚动轴承温度不超过 65℃。

3. 油箱的油温不超过 60℃。

4. 润滑、液压、气动等各辅助系统工作正常，无渗漏现象。

5. 过压、欠压、过流保护等应正确、灵敏、可靠。

四、填写检查记录

1. 作业人员在每天检查设备的重要部件后，根据检查情况认真填写记录。

2. 填写记录的字迹应工整，检查项目要如实填写，不漏项，内容有设备的故障部位、配件的名称。

3. 按要求填写记录，检查人员要依次签字，另外还要请机台责任人验证确认。

第二节 操作服务岗位训练项目

一、乘坐游乐设施的禁忌

游客乘坐游乐设施，除应确保设备、设施安全外，游客的身体也应符合乘坐条件才能乘坐。制造厂家根据设备不同的运转方式，规定了乘客须知。

患有高血压、低血压、心脏病、癫痫病、精神病、恐高症、颈椎病、头晕流鼻血、美尼尔综合征、头部脊椎异常、体衰年迈者和孕妇、不符合身高条件的儿童、醉酒者、婴儿不应乘坐游乐设施。

设备运行前，服务人员应向乘客宣讲乘坐须知及要求，对身有疾病及不符合乘坐条件的游客应亲切耐心地劝说，避免身体条件不符合乘坐条件的游客乘坐游乐设施，造成不必要人身安全事故。

二、乘客坐好后检查确认安全装置

当乘坐游乐设施的游客进入坐舱后，安全设施系压完毕，服务人员应再次检查安全装置，确认安全设施是否灵活有效。安全压杠、压肩是否压牢、有无空行程，液压锁杆是否牢固。安全杠是否压紧有无松旷，安全扶手、安全挡杆是否牢固。

三、宣讲游客乘坐注意事项

服务人员在确认安全装置完好，设备即将启动时，还要向游客宣传设备运行中应注意的事项。

以滑行车类为例，服务人员的宣讲词如下：乘坐滑行车类设备的游客请注意，为了您在乘坐设备时保证安全，当设备运行时，请坐好，手扶好安全把手，两臂双脚不得伸出车厢外，避免运行时刮伤。

四、开机前鸣铃声提示

开机前鸣铃声提示是运行中不可缺少的一项操作程序，鸣铃是为了提示乘客注意设备将要启动，让乘客从思想上做好准备，做到运行时，乘客都能准确扶好，抓牢安全把手，避免因精神不集中而造成磕碰致伤情况。

操作人员一定要在确认乘客已经坐好无任何险情时，方可鸣铃开机。

五、设备运转中密切观察乘客状态

设备运转中要密切观察游客的动态，特别是青年游客。因为乘坐游乐设施的大部分是青年，青年人喜欢参与科技含量高的游乐设施，个别游客会在游乐设施运行中违反乘坐坐定，呈现出不安全行为及隐患。操作人员在游乐设施运行时，要时刻观察每一位乘客的动态。发现乘客有不安全行为、举止时要及时制止，避免发生安全事故。

六、当日运行结束后对游乐设施再次检查确认

营业结束时，游乐设施停在既定位置后，必须进行结业检查。结业检查项目因机型而异。检查的结果应按要求写入运营日志。

1. 结业检查的内容

（1）座舱部分有无异常。

（2）安全栅栏有无异常。

（3）机械装置、电气装置有无异常。

（4）操作装置有无异常。

（5）其他必要部位有无异常。

2. 确认的内容

（1）游客遗忘的物品。

（2）空压机的放气阀门。

（3）切断各部分电源。

（4）其他必要事项。

七、填写当日运行记录

1. 每日运行前，严格按设备晨检内容进行检查，并认真逐项填写点检记录。

2. 设备正常维修或设备在运行中发生故障、损坏，进行维修的，要将所修设备的故障部位、换件名称、辅料、日期、时间、维修人员名单填写到维修记录上，留档保存。

3. 营业结束后将设备的运转时间、次数、接待人数、设备发生故障的时间记录在运行日志上（记录表）。

第三节　紧急事故状态应采取的措施和步骤

一、紧急状态立即按下急停按钮

游乐设施运转时，若乘客大声惊呼产生恐慌，以及设备出现故障或险情时，操作人员采取安全措施的必要手段是按下急停按钮，切断主回路，将电源断开，使运行的设备停下来。

遇紧急情况，操作人员应迅速按下急停按钮，立即切断总电源，对遇到险情及惊呼的乘客采取措施进行救助。

二、安抚游客（以滑行车类为例）

游乐设施在运营过程中，有时会遇到突发性的设备故障和人身安全事故。当设备出现障碍、发生事故或事故将要发生时，因为游客对设备性能、故障原因不了解，且不知道设备发生的故障将会给自己造成怎样的伤害，所以游客在心理上自然会产生恐惧。这时操作人员和服务人员为了减轻游客的心理压力，避免事故的发生，必须沉着冷静，按应急预案步骤采取紧急措施，对乘客进行安抚。

以滑行车类游乐设施为例，在游乐设施出现紧急情况时，操作人员和服务人员应采取的安抚游客的措施如下：

乘坐滑行车类设备的游客请注意，现在滑行车因故障停在提升段上，请您不要惊慌，听从服务人员的指挥，请坐好，扶好安全把手，现在我机组人员已启动应急预案。因设有防倒滑装置，滑行车会锁定原地不动，各位乘客不用担心，坐在滑行车上是安全的。

服务人员已采取有效应急措施，请您不要惊慌。待安全压杠打开后不要乱动，听从服务人员指挥，按救援程序开始依次向后进行疏散，请您注意安全慢步走下阶梯，要扶好阶梯护栏，身体保持平衡，注意步伐节奏，前后保持一定距离。

救助的乘客您现在已安全到达地面，谢谢您的合作。此次设备故障给您带来不便，深表歉意。如您的身体有什么不适，我们现场安排了医务人员，为您提供服务，谢谢!

三、按预案步骤采取措施

1. 当游乐设施在运行中，遇有突发性机械、电气设备的故障，出现紧急情况时，操作人员应立即按下急停按钮，迅速切断总电源。

2. 服务人员用广播或喊话器，安抚乘坐在设备上的游客。

3. 操作人员组织本机组人员按步骤实施救助，并维持好现场秩序。

4. 及时通知票务人员停止售票，并在设施栅栏门上悬挂“停止运营”的提示牌告知其他游客。

5. 通知上级安全负责人。

思　考　题

1. 设备试运行检查有哪些内容?

2. 设备有哪些安全装置?

3. 设备应急预案有哪些步骤?

附录一

游乐设施操作人员题库

一、判断题

1. 游乐设施的出现极大地丰富了人民的业余文化生活，增进了身心健康，在促进青少年儿童智力开发和体质锻炼，陶冶人们的情操，美化城市环境，推动精神文明建设等方面，发挥了积极作用。（ ）

2. 新修订的《特种设备安全监察条例》于 2009 年 5 月 1 日起施行。（ ）

3. 国家将对特种设备实行专项安全监察的职责和权力，授予了国家质量监督检验检疫总局。（ ）

4. 特种设备是指涉及生命安全、危险性较大的锅炉、压力容器（含气瓶）、压力管道、电梯、起重机械、客运索道、大型游乐设施和场（厂）内专用机动车辆等八种设备。（ ）

5. 特种设备是指涉及生命安全、危险性较大的电梯、起重机械、客运索道、大型游乐设施和场（厂）内专用机动车辆等设备。（ ）

6. 特种设备持证人员应当在复审期满 3 个月前，向发证部门提出复审申请。（ ）

7.《生产安全事故报告和调查处理条例》于 2007 年 6 月 1 日起施行。（ ）

8.《特种设备安全监察条例》修改后增加了节能管理、事故预防和调查处理共 8 章 103 条。（ ）

9.《特种设备安全监察条例》修改后增加了节能管理、事故预防和调查处理共 8 章 104 条。（ ）

10. 新《特种设备安全监察条例》对特种设备使用单位或者

对事故发生负有责任的单位及其主要负责人免于行政处罚。（ ）

11.《特种设备注册登记与使用管理规则》《特种设备作业人员监督管理办法》《特种设备作业人员考核规则》和《大型游乐设施安全管理人员和作业人员考核大纲》是现行的规范性文件。（ ）

12.《游乐设施安全技术监察规程》《游乐设施监督检验规程》不是现行的游乐设施安全技术规范文件。（ ）

13.“监督检查”是指一是体现依法行政，依法监察；二是任何单位和个人都不能置于法律法规之外。（ ）

14. 新《特种设备安全监察条例》明确规定，特种设备检验检测机构对其检验检测结果、鉴定结论不承担法律责任。（ ）

15. 大型游乐设施高空滞留人员 1 小时以上 12 小时以下的为一般事故。（ ）

16. 发生一般事故，对事故发生负有责任的单位处 10 万元以上 20 万元以下罚款。（ ）

17. 发生一般事故，对事故发生负有责任的单位处 5 万元以上 10 万元以下罚款。（ ）

18. 特种设备事故分为特别重大事故、重大事故、较大事故和一般事故 4 级。（ ）

19. 根据游乐设施的设备类型及高度、摆角、倾角、回转直径、速度、运行高度等技术参数把制造类别分为 A、B、C 三个制造等级。（ ）

20. 游乐设施的施工单位只有取得特种设备安装改造维修许可证才能开展相应的活动。（ ）

21. 使用单位必须购置有制造许可证的产品，对安全装置，使用单位可以根据自已的需要进行选择性安装。（ ）

22. 安全检验合格标志的有效期为一年。有效期满前1个月需申请定期检验，过期和检验不合格的游乐设施可以继续

使用。（　　）

23. 游乐设施的使用单位应当制定事故应急措施和救援预案，每两年至少组织一次游乐设施出现意外事件或者发生事故的紧急救援演习，演习情况应当记录备查。（　　）

24. 安全管理人员在紧急情况时，必须报告单位负责人后，才可以停止使用游乐设施。（　　）

25. 游乐设施操作人员等必须经专业培训，通过考核，持有国家质量监督检验检疫总局颁发的特种设备作业人员证后，方可以从事相应工作。（　　）

26. 使用单位可以不对持特种设备作业人员证游乐设施作业人员进行安全教育和培训。（　　）

27.《中华人民共和国安全生产法》于 2002 年 11 月 1 日开始施行。（　　）

28. 我国安全生产工作的基本方针是“以人为本，安全第一”。（　　）

29.“以人为本”必须要以人的生命为本。发展不能以牺牲人的生命为代价，不能损害劳动者的安全和健康权益。（　　）

30. 从业人员在任何情况下，必须绝对服从领导的指挥和完成其所分配的任务。（　　）

31. 安全事故报告应当及时、准确、完整，任何单位和个人对事故不得迟报、漏报、谎报或者瞒报。（　　）

32.《北京市安全生产条例》规定，生产安全事故案例是安全生产的教育和培训的主要内容之一。（　　）

33.《北京市安全生产条例》规定，安全警示标志应当明显、保持完好，便于从业人员和社会公众识别。（　　）

34.《北京市安全生产条例》规定，生产经营单位不得以任何形式与从业人员订立协议，减轻其对从业人员因生产安全事故伤亡依法应当承担的责任。（　　）

35.《北京市安全生产条例》规定，生产经营单位应当按照

国家标准或者行业标准为从业人员无偿提供合格的劳动防护用品，也可以以货币形式或者其他物品替代。（　　）

36.《北京市安全生产条例》规定，在经营场所应设置标志明显的安全出口和符合疏散要求的疏散通道，并确保畅通。

（　　）

37.《北京市安全生产条例》规定，生产经营单位应当定期演练生产安全事故应急救援预案，每年不得少于一次。（　　）

38.《北京市安全生产条例》规定，发生生产安全事故造成人员伤害需要抢救的，发生事故的生产经营单位应当及时将受伤人员送到医疗机构，医疗费用由受害者自付。（　　）

39. 游乐设施是指有动力的游乐器械和无动力的游乐载体以及为游乐而设置的构筑物。（　　）

40. 游乐设施整机的使用寿命不少于 23 000 h。（　　）

41. 乘坐成人 1～2 人时按 800 N/人计算，2 人以上按 600 N/人计算。10 岁以下儿童按 400 N/人计算。（　　）

42. 游乐设施的分类，主要是按游乐设施的名称划分。

（　　）

43. 游乐设施的分类，主要是把结构及运动形式类似的游乐设施划为一类，而不是按游乐设施的名称划分。（　　）

44. 每类游乐设施可划分为基本型和类似型。（　　）

45. 特种设备目录中游乐设施共分成观览车类等 13 个类别。

（　　）

46. 观览车类游乐设施的主要运动特点是乘人部分绕水平轴转动或摆动。（　　）

47. 飞毯系列的运动特点是乘客随船绕水平轴做 360°转动，乘客翻滚。（　　）

48. 太空船系列的运动特点是绕水平轴做 360°转动，但是不翻滚。（　　）

49. 摩天环车的运动特点是沿圆形轨道绕水平轴做 360°转

动，乘客翻滚。（　　）

50. 组合式观览车系列的运动特点是主运动绕水平轴转动，兼有其他运动形式。（　　）

51. 滑行车类游乐设施的运动特点是车辆本身无动力，由提升装置提升到一定高度后，靠惯性沿轨道运行。车辆本身有动力，在起伏较大的轨道上运行的不属于本类。（　　）

52. 单环双螺旋过山车由主体滑行结构、提升机、滑车、站台、制动系统、气动系统、电控系统、设备基础组成。（　　）

53. 悬挂式过山车由滑行导轨、立柱、列车、提升系统、制动系统和推进系统、站台、电气系统等部分组成。（　　）

54. 弯月飞车系列游艺机的特点是沿轨道下滑。（　　）

55. 滑道系列的运动特点是小车沿半圆轨道滑行。主要产品有槽式滑道、轨式滑道等。（　　）

56. 陀螺类分为陀螺系列和组合式陀螺系列 2 个品种。（　　）

57. 飞行塔类游乐设施的运动特点是用挠性件悬挂吊舱边升降边绕垂直轴旋转。（　　）

58. 摇头飞椅游艺机由机座、主柱、立柱、轨道、升降套筒、转盘、吊椅、驱动装置、微机控制系统等组成。（　　）

59. 赛车类游乐设施的运动特点是沿地面指定线路运行，全部属于 C 级。（　　）

60. 小火车类游乐设施的运动特点是沿地面轨道运行，分为内燃机驱动小火车和电力驱动小火车 2 个品种，全部属于 B 级。（　　）

61. 碰碰车类游乐设施的运动特点是用电力、内燃机或人力驱动，乘客自己操作。碰碰车类分成三个品种。（　　）

62. 电池车类游乐设施的运动特点是以电池为动力，在地面上运行，一般为乘客自己操作，速度小于等于 5 km/h，适合儿童乘坐，全部为 B 级。（　　）

63. 无动力类游乐设施的运动特点是游乐设施本身无动力，由乘客在其上操作或游乐。（ ）

64. 无动力游乐设施分为高空蹦极系列、弹射蹦极系列、小蹦极系列、滑索系列、空中飞人系列、系留式观光气球系列和组合式无动力游乐设施等7个品种。（ ）

65. 结构及运动形式特殊，不能划分到某一类别的游乐设施为其他类游乐设施。（ ）

66. 纳入安全监察的游乐设施按照速度、高度、摆角等技术参数分为A、B、C、D四个等级。（ ）

67. 轨道高度是指乘客约束物支撑面（如座位面）距安装基面运动过程中的最大垂直距离。（ ）

68. 运行高度是指车轮与轨道接触面最高点距轨道支架安装基面最低点之间的垂直距离。（ ）

69. 对观览车系列而言，高度是指避雷针最高点距主立柱安装基面的垂直距离。（ ）

70. 单侧摆角是指绕水平轴摆动的摆臂偏离铅垂线的角度（最大180°）。（ ）

71. 滑道长度是指滑道下滑段和提升段的总长度。（ ）

72. 滑索长度是指承载索固定点之间的斜长距离。（ ）

73. 倾角是指主运动（即转盘或座舱旋转）绕可变倾角轴做旋转运动的设备，其主运动旋转轴与铅垂方向的最大夹角。

（ ）

74. 速度是指设备运行过程中座舱达到的最大线速度，水上游乐设施指乘客达到的最大线速度。（ ）

75. 游乐设施的传动系统要具备三个功能：第一，传递动力；第二，改变运动速度和方向；第三，改变运动形式。（ ）

76. 游乐设施的传动系统由动力机构、传动机构和执行机构三部分组成。（ ）

77. 齿轮传动是应用最广泛的机械传动，常用齿轮传动增速

或增大扭矩。（ ）

78. 齿轮传动具有传递功率大、传动平稳和传动效率高等特点，但是不能保证传动比。（ ）

79. 链传动只能用于两根平行轴同向回转的传动，不能保持恒定的瞬时传动比，工作时有噪声，宜在载荷变化很大和急速反向的传动中应用。（ ）

80. 带传动一般由固连于主动轴上的主动轮、固连于从动轴上的从动轮和紧套在两轮上的传动带组成。工作时，靠带与带轮之间摩擦力将运动和动力由主动轮传给从动轮。（ ）

81. 机械传动机构（变速器）具有增速减速、改变传动方向、改变转动力矩、离合功能、分配动力等五项功能。（ ）

82. 机械传动机构（变速器）在同等功率条件下，速度转得越快的齿轮，轴所受的力矩越大，反之越小。（ ）

83. 减速器可分为齿轮减速器、蜗轮蜗杆减速器、行星齿轮减速器、摆线针轮减速器等四类。（ ）

84. 常用的齿轮减速器可分为圆柱齿轮减速器、圆锥齿轮减速器和圆锥—圆柱齿轮减速器等三种。（ ）

85. 蜗轮蜗杆减速器主要有圆柱蜗杆减速器、圆弧齿蜗杆减速器、锥蜗杆减速器和齿轮蜗杆减速器等。（ ）

86. 行星减速器主要有渐开线行星齿轮减速器、摆线针轮减速器和谐波齿轮减速器等。（ ）

87. 常用的减速机润滑方式有齿轮油润滑、半流体润滑脂润滑、固体润滑剂润滑几种方式。（ ）

88. 机械式联轴器按结构和功用的不同可分为安全联轴器、刚性联轴器和挠性联轴器三大类。（ ）

89. 按工作状态，制动器可分为常闭式和常开式。（ ）

90. 常开式制动器依靠弹簧或重力的作用经常处于紧闸状态，而机构工作时，可利用人力或松闸器使制动器松闸。（ ）

91. 常闭式制动器经常处于松闸状态，只有施加外力时才能

使其紧闸。（ ）

92. 蹄式制动器主要由制动鼓、制动蹄和驱动装置组成，蹄片装在制动鼓内，结构紧凑，密封性好。（ ）

93. 盘式制动器沿制动盘径向施力，制动轴受弯矩，径向尺寸小，制动性能稳定。（ ）

94. 常用的盘式制动器有钳盘式、全盘式和锥盘式三种。（ ）

95. 板式制动器是一种较为特殊的制动器，只有当运动物体呈曲线运动时才可使用，在游乐设施中应用较为广泛。（ ）

96. 板式制动器分为常开式与常闭式两种。（ ）

97. 常闭式板式制动器利用气囊（缸）气压推动制动板压紧，实现制动，利用弹簧复位，实现松闸。（ ）

98. 常开式板式制动器利用弹簧弹力压紧制动板，实现制动，利用气压推动实现松闸。（ ）

99. 常用的松闸器有制动电磁铁、电磁液压推动器、电力液压推动器、离心及滚动螺旋推动器等。（ ）

100. 回转支撑是游乐设施的重要部件，由齿圈、座圈、滚动体、隔离块、连接螺栓及密封条等组成。（ ）

101. 液压传动是靠密封容器内的气体压力能来进行能量转换、传递与控制的一种传动方式。（ ）

102. 液压传动系统主要由动力元件、执行元件、控制元件、辅助元件四部分组成。（ ）

103. 单向阀的作用是调节系统压力。（ ）

104. 换向阀的作用是调节系统流量。（ ）

105. 安全阀的作用是确保气压系统安全压力。（ ）

106. 油雾的作用是保障其后执行元件润滑。（ ）

107. 换向阀的作用是改变执行元件的工作方向。（ ）

108. 汽缸的工作状态是回转运动。（ ）

109. 马达的工作状态是直线运动。（ ）

110. 气压传动系统主要由动力元件、执行元件、控制元件、辅助元件四部分组成。 ( )

111. 气压表用以指示系统气压，要保持清洁并定期进行检测。 ( )

112. 消声器用于调节执行元件的排气速度，减少排气噪声。 ( )

113. 液力元件的基本形式是液力耦合器和液力变矩器。 ( )

114. 液力耦合器主要由泵轮和涡轮组成。泵轮是液力耦合器的主动元件。 ( )

115. 涡轮是液力耦合器的被动元件。 ( )

116. 易溶塞是耦合器的保护元件。 ( )

117. 无腐蚀性是润滑油脂的一项重要特点，其作用是不使金属零件锈蚀。 ( )

118. 电动机制动器得电时抱闸打开，电动机正常旋转，失电时抱闸锁紧，电动机制动。 ( )

119. 变频器的制动有两种方式：电阻能耗制动和反馈电网能耗制动。 ( )

120. 电动机的直流能耗制动，是指交流电动机在切断电源以后，立即向电动机定子绕组通入交流电流，使定子产生直流磁场。 ( )

121. 交流电动机反接制动是在电动机断电的同时，改变输入电源的相序，使转子产生一个逆旋转方向的制动力矩，电动机会很快停止转动。这种制动方法称为反接制动。 ( )

122. 安全带固定在玻璃钢座舱上，其固定处必须有钢筋板或埋设的金属构件。 ( )

123. 座舱中常用的安全压杠，主要作用是压住乘客大腿部分并拦住身体。 ( )

124. 过山车、天旋地转、流星锤等垂直或平面回转的游艺

机的座舱，设置安全压杠压在乘客的双腿上。（ ）

125. 采用液压缸锁紧和打开的肩式安全压杠，电磁阀通电时，液压缸上下腔连通，压杠可打开，不通电时，液压缸上下腔不连通，压杠不可打开。（ ）

126. 压杠处于锁紧还是打开状态均有信号显示，若显示未锁紧时，开机按钮可以使设备正常运行。（ ）

127. 双保险门的另一个锁紧装置必须装在座舱里面，紧急情况时，乘客可以自行打开逃生。（ ）

128. 摆动舱的保险绳是防止吊挂臂或上下销轴断裂时，摆动舱坠落的安全保护装置。摆动舱的保险绳平时承受负载。（ ）

129. 疯狂老鼠游艺机的座舱前后均设有撞击缓冲装置，车前有橡胶管缓冲，车后有缓冲杠和弹簧，所以可大大减轻撞车对乘客造成的伤害。（ ）

130. 滑索的滑车进站时，由于速度快，冲击力较大，除有制动装置外，还必须设置缓冲装置。大部分滑索都采用了弹簧缓冲加缓冲垫的方式。缓冲装置设在上站台。（ ）

131. 回转臂式游乐设施的牵引杆是防止座舱倾翻的安全保险装置。（ ）

132. 滑行车沿斜坡被牵引，提升段的轨道齿条和车体上的自动下滑的挡块是滑行类游艺机的防倒滑装置。（ ）

133. 重要连接件的防松措施有弹簧垫圈防松、双螺母防松、各种防松垫圈、采用轴端挡板固定销轴防松。（ ）

134. 安全带的材质可以是棉线带、塑料带、人造革带及皮带。（ ）

135. 安全压杠必须有可以随意打开的锁紧装置。（ ）

136. 安全挡杆既可做安全挡杆用，也可做扶手用。（ ）

137. 在空中运动的游乐设施，若为封闭式座舱，其进出口的门必须设两道门锁，以防在运动过程中，由于冲击振动或锁失

效，舱门自动打开，威胁乘客安全。（　）

138. 勇敢者转盘是一种高速旋转的游乐设施，其座舱用钢性构件吊挂在销轴上，为了确保安全，加了一条保护绳。在游乐设施运转过程中，如果销轴断裂，因有保护绳牵引，座舱不会被甩出，从而也保证了乘客的安全。（　）

139. 架空脚踏车只在前部设置了缓冲装置。（　）

140. 游乐设施的供配电一般采用三相四线制低压供电系统。（　）

141. 我国供电电网低压侧电压为380/220 V，频率为50 Hz。（　）

142. 乘客易接触部位的装饰照明电压应采用不大于24 V的安全电压。（　）

143. 由乘客操作的电气开关应采用不大于50 V的安全电压。（　）

144. 轨道带电在地面行驶的游乐设施，如儿童小火车等，轨道电压应不大于50 V。（　）

145. 阀类控制电路的控制对象是气动电磁阀，不包括液压电磁阀。（　）

146. 游乐设施的照明和装饰照明广泛被制造商采用。无论是场景照明还是装饰照明在夜间都能起到渲染游乐设施、烘托游乐设施整体效果的作用。（　）

147. 场景照明的灯具有投光灯、泛光灯、碘钨灯、各种射灯等。（　）

148. 游乐设施的装饰照明一般安装在设备本体上，随设备运动。（　）

149. 游乐设施的电力拖动的动力源为电动机，电动机分为交流电动机和直流电动机两大类。（　）

150. 高度大于15 m的游乐设施和滑索上站、下站及钢丝绳等应装设避雷装置，高度超过60 m时还应增加防侧向雷击的避

雷装置。（ ）

151. 观览车、过山车等高度较高的游艺机和滑索上站、下站及钢丝绳等应装设避雷装置。（ ）

152. 电气设备中正常情况下不带电的金属外壳、金属管槽、电缆金属保护层、互感器二次回路等必须与电源线的接地线可靠连接，重复接地电阻不应大于 4 Ω。（ ）

153. 雷雨来临时及时疏散乘客，可在避雷装置附近避雨。

（ ）

154. 游乐设施常用的保护设备正常运行的互锁措施包括：电动机Y/△转换的互锁，电动机正、反转之间的互锁，压杠检测、运行允许之间的互锁，在同一轨道区间运行两列车之间的互锁，维修与运行之间的互锁，舱门打开与平台升起之间的互锁等。（ ）

155. 交流接触器广泛用于电路的通断控制。它利用主接点来开闭电路，用辅助接点来执行控制指令。（ ）

156. 警告指示灯的颜色是绿色。（ ）

157. 在表头某一个地方印有“—”“～”分别代表“直流”“交流”。（ ）

158. 在表头上印有“A”“V”“Ω”“P”分别代表“电流”“功率”“电阻”“电压”。（ ）

159. 限位开关又称行程开关，主要安装在游乐设施一些动作过程路线的终端位置，也有安装在动作过程路线的中间位置上的。在控制线路上起着传递某种“动作”信息的作用。（ ）

160. 接近开关又称无触点行程开关，除了可以完成行程控制和限位保护外，还是一种接触型的检测装置。（ ）

161. PLC 即可编程控制器是指以计算机技术为基础的新型工业控制装置。（ ）

162. 游乐设施操作要做好三个安全：游客安全、员工安全、设施安全。（ ）

163. 旅游职业道德规范中要求服务人员首先要做到热情友好、宾客至上。（　）

164. 旅游服务质量总的要求是坚守岗位，不离岗，不串岗，一视同仁，以礼待人。（　）

165. 旅游资源建设要讲求经济效益、社会效益、环保效益。（　）

166. 游乐设施的操作人员上岗前，必须经考核合格取得特种设备作业人员证，方可从事相应的作业。（　）

167. 没有特种设备作业人员证的人员，只要用人单位的法定代表人（负责人）或者其授权人雇（聘）用后，就可在许可的项目范围内作业。（　）

168. 服务工作应做到一视同仁，以礼待人。（　）

169. 当观览车运转中突然停电时，要立即截断所有电源，同时通过广播向游客说明情况，让游客耐心等待，再采用备用动力源将游客疏散下来。（　）

170. 单轨空中列车车厢门的关闭，必须由乘客或站台工作人员控制。（　）

171. 当自控飞机运行中突然停电时，液压控制的座舱不能自动下降，服务人员应迅速打开手动阀门泄油，将高空的乘客降到地面。（　）

172. 急停开关的颜色应使用红色。（　）

173. 电动机日常检查内容有：地脚螺栓有无松动，有无异常声响，温升是否正常，满载时运行是否良好。（　）

174. 在坠落高度基准面大于等于 2 m 时，有可能坠落的高处进行的作业，均称为高处作业。（　）

175. 游乐设施运营前只要试运行不少于两次，就可以接待客人了。（　）

176. 游乐设施每天运转前，发现有变形、龟裂、折损等，可以监护运行。（　）

177. 游乐设施每天运转前，要进行安全检查。发现异常现象，马上停机，修好后才可继续运行。（ ）

178. 安全带日常检查的内容有固定是否牢固、有无严重磨损及断裂现象、带扣是否灵活可靠。（ ）

179. 高空旋转的敞开式座舱均应采用安全带，其材料应采用尼龙编织带。（ ）

180. 观览车类游艺机封闭式吊箱必设有两道锁紧装置。（ ）

181. 座舱安全装置主要有安全带、安全压杠、安全扶手等。（ ）

182. 海盗船的安全压杠可以在运行中打开。（ ）

183. 撞击缓冲装置可分为车辆和人体两种。（ ）

184. 其他形式的保险装置有 4 种：牵引杆保险装置、防倒滑装置、重要连接件防松装置、升降牵引安全保险装置。（ ）

185. 游乐设施上各种安全保护装置是保护操作人员的用具。（ ）

186. 游乐设施在运行中，经常伴有冲击和振动，应经常检查重要紧固件的防松和防脱措施。（ ）

187. 制动装置未调整好，有时制动过急，有时制动不起作用，会给乘客造成不安全或恐惧心理。（ ）

188. 游客在滑索上滑行中始终面对下站台。（ ）

189. 各类游乐设施，除在明显位置公布游客须知外，操作人员还应向游客宣传有关注意事项，运行中时刻注意游客动态，及时制止游客的危险行为。（ ）

190. 对各类游乐设施要分别制定详细的操作规程和紧急救护措施，并要求落实。如有违反操作规程的现象，应停止运营，直到整改后才可重新投入运营。（ ）

191. 乘客上机后，操作人员应认真检查乘客是否系好安全带或安全压杆等安全防护装置，确认无误后方可开机运行。
( )

192. 在日检和周检中发现问题，在及时向有关部门汇报后，就能开机接待游客。 ( )

193. 游乐园（场）对各种游乐设施制定的乘客须知和游乐规则应在明显的地方公布。 ( )

194. 游乐园（场）等运营单位对游乐设施只要按规定每年检测一次就没有问题了。 ( )

195. 凡遇恶劣天气风速大于 15 m/s 时，大观览车、飞行塔类、滑行车类应停止运行。 ( )

196. 做好防止电气火灾和爆炸的措施是：不能使电气设备长期超载运行，电气设备周围要保持必要的防火间距和良好的通风。 ( )

197. 在游乐过程中发生人员伤亡事故时，操作人员采取应急措施的程序是：紧急停止并关闭电源开关；将伤者送医救治；挂牌暂停，保护现场；通知上级部门；写事故的经过。 ( )

198. 发生游客伤亡事故，立即拨打“120”急救电话即可，不必对受伤人员进行针对性的救援。 ( )

199. 游乐过程中如发现有游客发生触电事故，应采取的步骤是：立即将触电人员转移到合适位置，采取必要的人工呼吸等急救措施，迅速通知医疗单位及上级。 ( )

二、选择题

1. 修订后的《特种设备安全监察条例》自( )起施行。

A. 2009 年 1 月 24 日　　B. 2008 年 5 月 1 日

C. 2009 年 5 月 1 日　　D. 2008 年 10 月 10 日

2. 特种设备是指涉及生命安全、危险性较大的锅炉、压力容器（含气瓶，下同）、压力管道、电梯、起重机械、客运索道、( )和场（厂）内专用机动车辆等八种设备。

A. 汽车　　B. 发电机

C. 大型游乐设施　　　　　　　　D. 内燃式观光车

3.(　　)负责全国特种设备的安全监察工作。

A. 安全生产监督管理部门

B. 计划执行监督部门

C. 劳动保障部门

D. 国家质量监督检验检疫总局

4. 特种设备生产、使用单位应当建立健全特种设备安全管理制度和(　　)。

A. 岗位安全责任制度　　　　　B. 领导责任制度

C. 领导监督制度　　　　　　　D. 岗位协调制度

5. 特种设备生产、使用单位和特种设备检验检测机构，应当接受(　　)依法进行的特种设备安全监察。

A. 安全生产监督管理部门

B. 计划执行监督部门

C. 特种设备安全监督管理部门

D. 劳动保障部门

6. 特种设备检验检测机构，应当依照《特种设备安全监察条例》，进行检验检测工作，对其检验检测结果、鉴定结论承担(　　)。

A. 有限责任　　　　　　　　　B. 法律责任

C. 经济责任　　　　　　　　　D. 权威责任

7. 游乐设施的安装、改造、维修，必须由(　　)或依照《特种设备安全监察条例》取得许可的单位进行。

A. 特种设备安全监督管理部门

B. 上级主管部门

C. 本单位检测部门

D. 游乐设施制造单位

8. 特种设备在投入使用前或者投入使用后(　　)日内，特种设备使用单位应当向特种设备安全监督管理部门登记。

A. 10　　B. 30　　C. 25　　D. 40

9. 特种设备使用单位应当建立特种设备(　　)。

A. 安全技术档案　　B. 使用记录档案

C. 维修记录档案　　D. 值班人员档案

10. 特种设备使用单位对在用特种设备应当至少(　　)进行一次自行检查，并记录检查结果。

A. 每 15 天　　B. 每 20 天

C. 每月　　D. 每两个月

11. 特种设备使用单位应当按照安全技术规范的定期检验要求，在安全检验合格有效期届满前(　　)向特种设备检验检测机构提出定期检验要求。

A. 15 天　　B. 20 天　　C. 2 个月　　D. 1 个月

12. 特种设备作业人员，应当按照国家有关规定经特种设备安全监督管理部门考核合格，取得国家质量监督检验检疫总局统一格式的(　　)，方可从事相应的作业或者管理工作。

A. 特种技术等级证

B. 特种设备作业人员证

C. 特种作业证

D. 以上 3 种证书中任意一种均可

13. 特种设备作业人员在作业中应当(　　)执行特种设备的操作规程和安全规章制度。

A. 选择　　B. 参照　　C. 严格　　D. 熟练

14. 发生人身伤亡事故，游乐园经营单位应当立即(　　)，停止运行设施，积极抢救、疏散游客并立即按照有关规定报告。

A. 切断电源　　B. 维护秩序

C. 安抚游客　　D. 保护现场

15. 取得特种设备作业人员证者，每(　　)进行一次复审。

A. 四年　　B. 六个月　　C. 一年　　D. 两年

16. 游乐设施定期安全检验的周期是(　　)。

A. 半年　　B. 一年　　C. 两年　　D. 三年

17. 下列不适用《特种设备安全监察条例》进行安全监察的是(　　)。

A. 电梯　　B. 起重机械

C. 铁路机车　　D. 大型游乐设施

18. 以下不属于特种设备的是(　　)。

A. 大型游乐设施　　B. 氧气瓶

C. 自动扶梯　　D. 高压配电柜

19. 任何单位或者个人对事故隐患或者安全生产违法行为，均有权向负有安全生产监督管理职责的部门(　　)。

A. 报告或举报　　B. 揭发和控告

C. 检举和揭发　　D. 揭发和取证

20. 依照《安全生产法》和有关法律、法规的规定，国家实行生产安全事故(　　)制度，追究生产安全事故责任人员的法律责任。

A. 追究责任　　B. 责任追究

C. 责任　　D. 追究

21. 安全生产法的立法目的是："为了加强安全生产监督管理，(　　)生产安全事故，保障人民群众生命和财产，促进经济发展。"

A. 控制　　B. 防止和减少

C. 预防　　D. 降低

22. 以下不属于《安全生产法》中规定的从业人员的义务是(　　)。

A. 消除事故隐患的义务

B. 接受安全生产教育和培训的义务

C. 发现不安全因素报告的义务

D. 遵章守规，服从管理的义务

23. 《安全生产法》自(　　)起施行。

A. 2002 年 11 月 1 日　　B. 2001 年 11 月 1 日

C. 2002 年 6 月 19 日　　D. 2002 年 1 月 1 日

24. 依照《安全生产法》的规定，生产经营单位必须依法参加工伤社会保险，工伤保险费应由(　　)缴纳。

A. 从业人员　　B. 生产经营单位

C. 地方财政拨款　　D. 国家财政

25. 安全生产管理，坚持(　　)的方针。

A. 以人为本、安全第一　　B. 安全第一、预防为主

C. 责任重于泰山　　D. 安全生产、人人有责

26. 在生产安全事故中受到伤害的从业人员，除依法享有工伤社会保险外，还依法有权(　　)。

A. 要求子女顶替工作　　B. 获得优质医疗服务

C. 向本单位提出赔偿要求　　D. 申请提前退休

27. 《北京市安全生产条例》自(　　)起施行。

A. 2004 年 6 月 1 日　　B. 2004 年 7 月 1 日

C. 2004 年 8 月 1 日　　D. 2004 年 9 月 1 日

28. 《北京市安全生产条例》规定，生产经营单位应当根据本单位生产经营活动的特点，建立、健全(　　)制度。

A. 安全生产责任　　B. 安全生产管理

C. 安全生产规章　　D. 安全生产监督

29. 《北京市安全生产条例》规定，生产经营单位的(　　)对本单位的安全生产工作全面负责。

A. 从业人员　　B. 安全生产管理人员

C. 主要负责人　　D. 决策机构

30. (　　)生产安全事故是制定《北京市安全生产条例》的目的之一。

A. 防止　　B. 防止和减少

C. 控制　　D. 减少

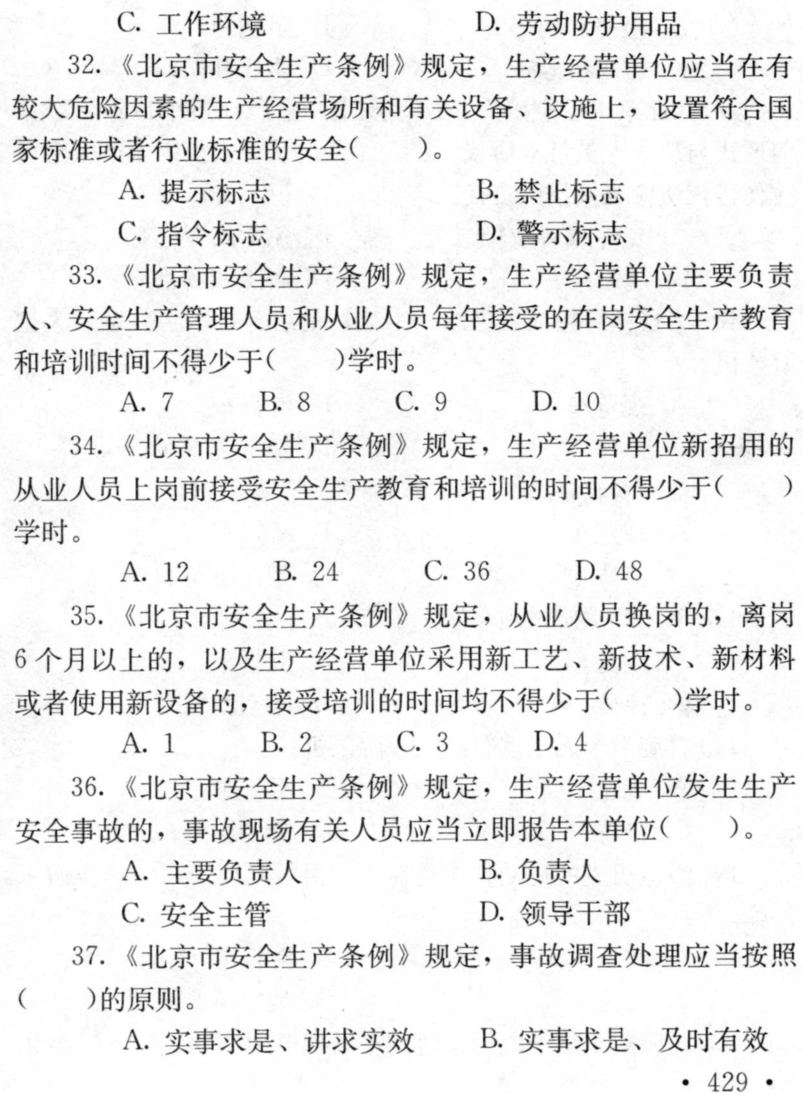

31.《北京市安全生产条例》规定，生产经营单位应当按照国家标准或者行业标准为从业人员无偿提供合格的(　　)，不得以货币形式或者其他物品代替。

A. 劳动防护工具　　B. 安全卫生设施

C. 工作环境　　D. 劳动防护用品

32.《北京市安全生产条例》规定，生产经营单位应当在有较大危险因素的生产经营场所和有关设备、设施上，设置符合国家标准或者行业标准的安全(　　)。

A. 提示标志　　B. 禁止标志

C. 指令标志　　D. 警示标志

33.《北京市安全生产条例》规定，生产经营单位主要负责人、安全生产管理人员和从业人员每年接受的在岗安全生产教育和培训时间不得少于(　　)学时。

A. 7　　B. 8　　C. 9　　D. 10

34.《北京市安全生产条例》规定，生产经营单位新招用的从业人员上岗前接受安全生产教育和培训的时间不得少于(　　)学时。

A. 12　　B. 24　　C. 36　　D. 48

35.《北京市安全生产条例》规定，从业人员换岗的，离岗6个月以上的，以及生产经营单位采用新工艺、新技术、新材料或者使用新设备的，接受培训的时间均不得少于(　　)学时。

A. 1　　B. 2　　C. 3　　D. 4

36.《北京市安全生产条例》规定，生产经营单位发生生产安全事故的，事故现场有关人员应当立即报告本单位(　　)。

A. 主要负责人　　B. 负责人

C. 安全主管　　D. 领导干部

37.《北京市安全生产条例》规定，事故调查处理应当按照(　　)的原则。

A. 实事求是、讲求实效　　B. 实事求是、及时有效

C. 实事求是、尊重科学　　D. 实事求是、求真务实

38. 《北京市安全生产条例》规定，任何单位和个人不得(　　)对事故的依法调查、对事故责任的认定以及对事故责任人员的处理。

A. 阻挠和妨碍　　B. 阻挠和干涉

C. 妨碍和干涉　　D. 阻止和妨碍

39. 《北京市安全生产条例》规定，生产经营单位不得以任何形式与从业人员订立协议，(　　)其对从业人员因生产安全事故伤亡依法应当承担的责任。

A. 免除或者减轻　　B. 免除或者逃避

C. 逃避或者减轻　　D. 解除或者逃避

40. 大摆锤（挑战者之旅、木星）是组合式(　　)系列大型游艺机。

A. 观览车　　B. 滑行车

C. 转马　　D. 架空游览车

41. 金刚魔轮是组合式(　　)系列大型游艺机。

A. 观览车　　B. 滑行车

C. 转马　　D. 架空游览车

42. 单环双螺旋过山车属于单车(　　)系列游艺机。

A. 观览车　　B. 滑行车

C. 转马　　D. 架空游览车

43. 自旋滑车属于多车(　　)游艺机。

A. 观览车　　B. 滑行车

C. 转马　　D. 架空游览车

44. 激流勇进的运动特点是在水中滑行，属于(　　)类游乐设施。

A. 观览车　　B. 滑行车

C. 转马　　D. 架空游览车

45. 环园列车属于电力单轨列车系列电力驱动型(　　)游乐

项目。

A. 观览车　　B. 滑行车

C. 转马　　D. 架空游览车

46. 太空漫步游艺机属于其他型式(　　)游乐项目。

A. 观览车　　B. 滑行车

C. 转马　　D. 架空游览车

47. 橄榄球属于(　　)系列游艺机。

A. 观览车　　B. 滑行车

C. 陀螺　　D. 架空游览车

48. 天旋地转游艺机属于组合式(　　)系列。

A. 观览车　　B. 滑行车

C. 陀螺　　D. 架空游览车

49. 摇头飞椅游艺机是一种新颖的(　　)类游乐设施。

A. 观览车　　B. 飞行塔

C. 陀螺　　D. 架空游览车

50. 青蛙跳游艺机是一种匀速升高、分段下降的(　　)类游乐设施。

A. 观览车　　B. 飞行塔

C. 陀螺　　D. 架空游览车

51. 跳楼机就像一个火箭发射塔，在几秒之内，可将乘客从平地弹射到 20 多米的高空，而后从高空中自由坠落，是(　　)类游乐设施。

A. 观览车　　B. 飞行塔

C. 陀螺　　D. 架空游览车

52. 荷花杯系列游艺机是回转盘绕垂直轴旋转，乘客座舱自身旋转的(　　)类游乐设施。

A. 观览车　　B. 飞行塔

C. 陀螺　　D. 转马

53. 滚摆舱系列游艺机是转动架绕垂直轴旋转，乘客座舱自身翻滚的(　　)类游乐设施。

A. 观览车　　B. 飞行塔

C. 陀螺　　D. 转马

54. 反斗转盘的主运动绕垂直轴旋转，属于其他形式(　　)类游乐设施。

A. 观览车　　B. 飞行塔

C. 陀螺　　D. 转马

55. 旋转迪斯科（神州飞碟）属于其他形式(　　)游艺机。

A. 观览车系列　　B. 水上游乐设施系列

C. 滑行车系列　　D. 架空游览车类

56. UFO 飞碟车属于轨道架空，人力驱动，单车运行，单轨脚踏的(　　)游乐项目。

A. 观览车系列　　B. 滑行车系列

C. 水上游乐设施系列　　D. 架空游览车类

57. 极速风车（金星）游艺机运行时，立柱缓缓托起，然后正反公转，座舱托臂急速正反自转，属于三种运动叠加组合的(　　)。

A. 观览车系列　　B. 陀螺类

C. 水上游乐设施系列　　D. 架空游览车类

58. 章鱼系列游艺机是主运动绕垂直轴旋转、升降及乘客座舱自身旋转的(　　)。

A. 观览车系列　　B. 滑行车系列

C. 水上游乐设施系列　　D. 自控飞机系列

59. 美人鱼游艺机是圆形台面沿有三个波峰的曲轨做圆周式公转旋转，偏心安装在扇形台面上的八个座椅沿绕自己轴线自转的(　　)游乐设施。

A. 观览车系列　　B. 滑行车系列

C. 转马系列　　D. 架空游览车类

60. 时空穿梭机、动感电影平台、音乐喷泉属于其他形式

(　　)游艺机。

A. 观览车系列　　B. 滑行车系列

C. 水上游乐设施系列　　D. 自控飞机系列

61. 峡谷漂流属于(　　)。

A. 观览车系列　　B. 滑行车系列

C. 水上游乐设施系列　　D. 自控飞机系列

62. 滑翔飞翼游艺机属于（　　）游艺机。该类设备包括高塔、滑行索道、牵引装置、飞翼装置、牵引绳、张紧装置、控制装置及辅助设施等。

A. 观览车系列　　B. 滑行车系列

C. 其他类　　D. 架空游览车类

63. 电动滑索是具有动力的滑索，是滑索和往复式索道技术的有机结合的游艺机，属于(　　)。

A. 观览车系列　　B. 滑行车系列

C. 其他类　　D. 架空游览车类

64. 美洲探险是一项同时具有(　　)和光电打靶两类设备综合特点的新颖的游乐设施。

A. 观览车系列　　B. 小火车游乐设施

C. 滑行车系列　　D. 架空游览车类

65. 过山车经过立环时游客不会坠落是因为(　　)。

A. 压肩的阻挡作用

B. 此时的离心力大于身体的重力

C. 安全带的阻挡作用

D. 安全扶手的阻挡作用

66. 传动机构（也称传动装置）是指将动力机产生的机械能传递到执行机构上去的(　　)。

A. 动力装置　　B. 执行装置

C. 控制装置　　D. 中间装置

67. 圆柱齿轮、锥齿轮、蜗轮及动轴轮系（摆线针轮减速器、行星齿轮减速器）等齿轮传动系统属于(　　)传动系统。

A. 挠性摩擦　　B. 挠性啮合

C. 流体传动　　D. 齿轮

68. 带传动、曳引钢丝绳传动等属于(　　)传动系统。

A. 挠性摩擦　　B. 挠性啮合

C. 流体传动　　D. 齿轮

69. 链传动（套筒链、弯板链）、带传动（同步齿形带）属于(　　)传动系统。

A. 挠性摩擦　　B. 挠性啮合

C. 流体传动　　D. 齿轮

70. 气压传动、液压传动、液力传动等属于(　　)传动系统。

A. 挠性摩擦　　B. 挠性啮合

C. 流体传动　　D. 齿轮

71. 蜗杆蜗轮的传动中，彼此既不平行又不相交的情况下，主动轴和从动轴的轴线成(　　)。

A. 90°　　B. 45°

C. 60°　　D. 30°

72. 依照少齿差行星传动原理，通过摆线针齿啮合实现减速的称为(　　)。

A. 行星齿轮减速器　　B. 蜗杆蜗轮减速器

C. 摆线针轮减速机　　D. 齿轮减速机

73. 在齿轮机构中只有一个齿轮轴线是可动的，则这种机构就称为(　　)。

A. 行星齿轮减速器　　B. 蜗杆蜗轮减速器

C. 摆线针轮减速机　　D. 齿轮减速机

74. 联轴器是用来连接不同机构中的两轴或轴和回转件，使之共同旋转以传递扭矩的机械零件，某些特殊结构的联轴器还具有(　　)的作用。

A. 补偿　　B. 过载保护

C. 增加扭矩　　D. 制动

75.（　　）制动器一般都是常开式制动器，有单蹄、双蹄和多蹄等形式，其中双蹄式应用较为广泛。

A. 全盘式　　B. 锥盘式

C. 钳盘式　　D. 蹄式

76.（　　）制动器有单盘式和多盘式，其特点是结构紧凑，制动力矩大，但散热条件差，装拆不方便。

A. 全盘式　　B. 锥盘式

C. 钳盘式　　D. 蹄式

77.（　　）制动器是全盘式制动器的变形。制动盘呈锥形，多用于锥形转子电动机。

A. 全盘式　　B. 锥盘式

C. 钳盘式　　D. 蹄式

78. 大多数常开式内涨蹄式和（　　）制动器利用液体作为传力介质，通过杠杆或气动总泵或液压推动机构推动制动分泵工作，分泵压缩制动液体推动制动油缸工作，实现制动。

A. 全盘式　　B. 锥盘式

C. 钳盘式　　D. 蹄式

79. 液压系统的液压泵是（　　）。

A. 动力元件　　B. 执行元件

C. 控制元件　　D. 辅助元件

80. 液压系统的压力、流量和方向等各种阀类是（　　）。

A. 动力元件　　B. 执行元件

C. 控制元件　　D. 辅助元件

81. 液压系统的液压缸与液压马达是（　　）。

A. 动力元件　　B. 执行元件

C. 控制元件　　D. 辅助元件

82. 液压系统的油箱、管路、管接头、蓄能器、滤油器、换能器以及各种控制仪表等是(　　)。

A. 动力元件　　B. 执行元件

C. 控制元件　　D. 辅助元件

83. 液压传动的工作介质是(　　)。

A. 齿轮油　　B. 黄油

C. 液压油　　D. 润滑油

84. 液压系统中，压力是由(　　)决定的。

A. 液压泵　　B. 液压阀

C. 外界负载　　D. 液压马达

85. 液压系统中最高压力是由(　　)决定的。

A. 溢流阀　　B. 负载

C. 液压泵　　D. 液压马达

86. 液压系统中执行元件的动作快慢是由(　　)决定的。

A. 节流阀　　B. 压力阀

C. 方向阀　　D. 溢流阀

87. 液压系统中执行元件的方向变化是由(　　)决定的。

A. 节流阀　　B. 压力阀

C. 方向阀　　D. 单向阀

88. 溢流阀、减压阀、顺序阀是(　　)。

A. 压力控制阀　　B. 流量控制阀

C. 方向控制阀　　D. 液压阀

89. 节流阀、调速阀是(　　)。

A. 压力控制阀　　B. 流量控制阀

C. 方向控制阀　　D. 液压阀

90. 单向阀、换向阀是(　　)。

A. 压力控制阀　　B. 流量控制阀

C. 方向控制阀　　D. 液压阀

91. 溢流阀的调定压力比系统最大工作压力高(　　)。

A. 5%～10%　　B. 10%～20%

C. 15%　　　　D. 30%

92. 气压传动系统的(　　)是指气泵。

A. 动力元件　　　　B. 执行元件

C. 控制元件　　　　D. 辅助元件

93. 气压传动系统的(　　)是指气缸和气马达。

A. 动力元件　　　　B. 执行元件

C. 控制元件　　　　D. 辅助元件

94. 气压传动系统的(　　)是指控制压缩空气的压力、流量和流动方向的各类阀和传感器等。

A. 动力元件　　　　B. 执行元件

C. 控制元件　　　　D. 辅助元件

95. (　　)的作用是使压缩空气净化、润滑、消声、指示及便于元件连接密封等所需要的一些装置和元件。

A. 动力元件　　　　B. 执行元件

C. 控制元件　　　　D. 辅助元件

96. 安全阀、减压阀、减荷阀、流量阀、方向阀、行程阀、传感器是(　　)。

A. 动力元件　　　　B. 执行元件

C. 控制元件　　　　D. 辅助元件

97. 空气滤清器、分水滤气器、油雾器、消声器、压力表及管件、接头、密封圈等是(　　)。

A. 动力元件　　　　B. 执行元件

C. 控制元件　　　　D. 辅助元件

98. 空气压缩机是(　　)。

A. 动力元件　　　　B. 执行元件

C. 控制元件　　　　D. 辅助元件

99. 气缸、回转式和摆动式气马达等是(　　)。

A. 动力元件　　　　B. 执行元件

C. 控制元件　　　　D. 辅助元件

100.(　　)是确保系统元件尤其是压力容器即储气罐的安全使用的。

A. 安全阀　　B. 减压阀

C. 流量阀　　D. 方向阀

101.(　　)用调节空气流量的大小来控制阀后气缸或气马达的运行速度，是通过其内部通路面积变化来改变空气流量的。

A. 安全阀　　B. 减压阀

C. 流量阀　　D. 方向阀

102.(　　)是储备一定量的压缩空气，保障工作系统有充裕的气量供应，降低因气源变化所导致的压力脉动。

A. 储气罐　　B. 分水滤气器

C. 空气过滤器　　D. 方向阀

103. 为了防止来自气压发生装置的空气中含有的水分、灰尘等进入气动控制回路，在入口处要设置(　　)。

A. 安全阀　　B. 油雾器

C. 空气过滤器　　D. 分水滤气器

104.(　　)是利用流动的压缩空气将润滑油喷成雾状后，送到气缸、气马达和气阀等内部的滑动部分、摩擦副等处润滑，使之动作圆滑、减少磨损、延长寿命。

A. 安全阀　　B. 油雾器

C. 空气过滤器　　D. 分水滤气器

105. 气压传动的工作介质是(　　)。

A. 空气　　B. 油液

C. 水　　D. 油雾气体

106. 气缸的润滑靠的是(　　)。

A. 机油　　B. 液压油

C. 油雾气体　　D. 变压器油

107. 空气中的水分杂质是靠(　　)滤除的。

A. 油雾器　　B. 分水过滤器

C. 空气过滤器　　D. 水

108. 气压的产生是靠(　　)。

A. 气泵　　B. 气缸

C. 气阀　　D. 电动机

109. 油雾气体的产生是靠(　　)。

A. 油雾器　　B. 气泵

C. 分水过滤器　　D. 气缸

110. 液力耦合器的工作介质是(　　)。

A. 空气　　B. 油液

C. 水　　D. 油雾气体

111. 液力耦合器属于(　　)。

A. 动力元件　　B. 执行元件

C. 控制元件　　D. 传动元件

112. 交流电动机在电源断开以后，立即向电动机定子绕组通入直流电流，使定子产生直流磁场电动机的电制动称为(　　)。

A. 能耗制动　　B. 电网反馈制动

C. 机械制动器　　D. 反接制动

113. 在电动机内部的一端安装一套抱闸式制动器。制动器得电时抱闸打开，电动机正常旋转，失电时抱闸锁紧，电动机制动，这种制动方式称为(　　)。

A. 能耗制动　　B. 电网反馈制动

C. 机械制动器　　D. 反接制动

114. 电动机在断电的同时，改变输入电源的相序，使转子产生一个逆旋转方向的制动力矩称为(　　)。

A. 能耗制动　　B. 电网反馈制动

C. 机械制动器　　D. 反接制动

115. 安全带的材质应采用(　　)，不要采用棉线带、塑料带、人造革带及皮带。

A. 尼龙编织带　　B. 棉线带

C. 皮带　　D. 人造革带

116. 座舱中常用的安全压杠一般用无缝钢管或不锈钢管制成，直径为(　　)mm。

A. 10～20　　B. 20～30

C. 40～50　　D. 50～60

117. 疯狂老鼠游艺机提升段防止车辆倒滑的装置是(　　)。

A. 制动器

B. 防倒钩

C. 提升段的棘齿和车体上的防倒钩

D. 棘齿

118. 滑索的缓冲垫最先接触游客的(　　)。

A. 双手　　B. 双膝

C. 双脚　　D. 屁股

119. 吊挂座椅上保险绳和吊挂摆动件的保险绳平时(　　)。

A. 受力　　B. 不受力

C. 部分受力　　D. 根据需要受力

120. 采用轴端挡板方式，可以防止(　　)沿轴线转动和移动。

A. 轴承　　B. 螺母

C. 销轴　　D. 安全杠

121. 高速旋转的勇敢者转盘，在座舱与销轴吊挂连接处加了一条(　　)，在游艺机运转过程中，如果销轴断裂，座舱不会被甩出。

A. 保险绳　　B. 安全带

C. 拉杆　　D. 安全压杠

122. 回转臂式游乐设施的牵引杆是防止(　　)倾翻的安全保险装置。

A. 座舱　　B. 游客

C. 设备　　D. 维修工

123. 高度大于(　　)m 的游乐设施应装设避雷装置，高度超过 60 m 时还应增加防侧向雷击的避雷装置。

A. 15　　B. 30　　C. 50　　D. 60

124. 电气设备中正常情况下不带电的金属外壳、金属管槽、电缆金属保护层、互感器二次回路等必须与电源线的接地线可靠连接，电压配电系统保护重复接地电阻不应大于(　　)Ω。

A. 1　　B. 10　　C. 100　　D. 1000

125. TN－S 系统是三相五线制的中性导体与保护导体在系统中分开的接线方式，由(　　)相线、一根中性线和一根保护接地线组成。

A. 一根　　B. 二根　　C. 三根　　D. 五根

126. (　　)主要用于内燃机的润滑。

A. 内燃机油　　B. 齿轮油

C. 黄油　　D. 液压油

127. (　　)用于各种减速机的润滑。

A. 内燃机油　　B. 齿轮油

C. 黄油　　D. 液压油

128. (　　)主要用于一切得不到机油与齿轮油润滑的滚动轴承和滑动轴承的润滑。

A. 内燃机油　　B. 齿轮油

C. 黄油　　D. 液压油

129. 润滑油量过多的直接坏处是(　　)。

A. 加大功率损失　　B. 润滑不良

C. 影响寿命　　D. 设备损坏

130. 润滑油量过少的直接坏处是(　　)。

A. 加大功率损失　　B. 润滑不良

C. 影响寿命　　D. 设备损坏

131. 干燥高温条件下的轴承应加注(　　)。

A. 钙基润滑脂　　B. 钠基润滑脂

C. 锂基润滑脂　　D. 石墨钙基润滑脂

132. 任何场合和季节条件下的轴承均可加注(　　)。

A. 钙基润滑脂　　B. 钠基润滑脂

C. 锂基润滑脂　　D. 石墨钙基润滑脂

133. 开式齿轮传动最好用(　　)润滑。

A. 钙基润滑脂　　B. 钠基润滑脂

C. 锂基润滑脂　　D. 石墨钙基润滑脂

134. 高速链条传动最好用(　　)润滑。

A. 润滑油液　　B. 钠基润滑脂

C. 锂基润滑脂　　D. 石墨钙基润滑脂

135. 高速钢丝绳传动最好用(　　)润滑。

A. 钙基润滑脂　　B. 钠基润滑脂

C. 锂基润滑脂　　D. 石墨钙基润滑脂

136. 游乐园经营单位应当加强管理，健全安全责任制度，配备相应的(　　)人员，保证安全运营。

A. 操作、管理　　B. 操作、维修、管理

C. 操作、维修　　D. 操作、专业技术

137. 游乐园经营单位应当设置(　　)，保持游览路线和出入口的畅通，及时做好游览疏导工作。

A. 游乐引导标志　　B. 指路标志

C. 出入口标志　　D. 导向标志

138. 游乐园经营单位应当在每项游乐设施的入口处向游客作出(　　)。

A. 安全保护说明

B. 警示标志

C. 安全保护说明和警示标志

D. 游客注意事项

139. 每次运行前应当对乘坐游客的(　　)，设施运行时应当注意游客动态，及时制止游客的不安全行为。

A. 状态进行检查　　　　B. 安全防护加以确认

C. 安全进行说明　　　　D. 安全进行检查

140. 游乐设施操作人员在游客游乐前应(　　)、操纵方法及有关注意事项。

A. 介绍设施对身体状况的要求

B. 向游客详细介绍游乐规则

C. 介绍保险装置

D. 向游客详细介绍设施状况

141. 凡遇恶劣天气当风速大于(　　)m/s 时，大观览车、飞行塔类、滑行车类应停止运行。

A. 10　　B. 6　　C. 15　　D. 18

142. 游乐设施在结束一天的营业后，操作人员要做好营业后的(　　)。

A. 运营记录　　　　B. 营业记录

C. 关机切断电源　　　　D. 安全检查

143. 为使游乐设施经常处于良好的运营状态，延长设施的使用年限，维修系统除应加强正常维护保养外(　　)。

A. 还必须进行有计划的修理

B. 还必须进行一级保养

C. 还必须进行二级保养

D. 还必须进行有计划的项目修理

144. 在游乐设施突发故障、停电等情况，乘客仍乘坐在游乐设施中时，处于现场的操作人员必须处事不惊，(　　)，其次安抚在游乐设施上的游客，说明情况，使游客不要随意离开游乐设施，说服其他游客严禁接近游乐设施。

A. 首先通知领导

B. 首先叫附近职工共同处理

C. 首先维持现场秩序

D. 首先切断电源

145. 游乐设施上发生人身伤亡事故，首先要实施对伤员的抢救。对伤势较重的除拨打“120”急救电话求助外，还要(　　)。

A. 及时将伤员运送到通道上

B. 将伤员安置在安全的地方

C. 在现场对伤员进行针对性的救援

D. 观察伤员的情况

146. 游乐园经营单位应当建立紧急救护制度。发生人身伤亡事故，游乐园经营单位应当立即停止运行设施，(　　)并立即按照有关规定报告所在地城市人民政府园林、质量技术监督、公安等有关部门。

A. 积极抢救、保护现场　　B. 积极抢救、维护秩序

C. 积极抢救、疏散游客　　D. 维护秩序、保护现场

147. 过山车、天旋地转、流星锤等垂直或平面回转的游艺机的座舱，设置压在乘客(　　)的安全压杠。

A. 双腿　　B. 双肩

C. 胸部　　D. A、B 都有

148. 压杠处于锁紧或打开状态，均有信号显示，若显示(　　)锁紧，就可开机运行。

A. 全部　　B. 部分　　C. 90%　　D. 99%

149. 双保险门锁紧装置由(　　)在站台上打开。

A. 乘客　　B. 站台操作人员

C. 站台操作人员或司机　　D. 司机

150. (　　)是摆动舱防止吊挂臂或上下销轴断裂时坠落的安全保护装置。

A. 牵引杆　　B. 防倒滑装置

C. 拉杆　　D. 保险绳

151. 疯狂老鼠游艺机的座舱前后均设有撞击缓冲装置，车前有(　　)，车后面有橡胶管缓冲，所以可大大减轻撞车对乘客

造成的伤害。

A. 缓冲杠和弹簧　　B. 缓冲杠

C. 弹簧　　D. 橡胶块缓冲

152. 滑索的滑车进站时，由于速度快，冲击力较大，除有制动装置外，还必须设置缓冲装置。大部分滑索都采用了(　　)的方式。

A. 弹簧缓冲　　B. 弹簧缓冲加缓冲垫

C. 缓冲垫　　D. 橡胶管缓冲

153. 轨道带电在地面行驶的游乐设施，如儿童小火车等，轨道电压应不大于(　　)V。

A. 220　　B. 110　　C. 50　　D. 25

154. 接近开关又称无触点行程开关，它除可以完成(　　)外，还是一种非接触型的检测装置。

A. 行程控制保护　　B. 限位保护

C. 行程控制和限位保护　　D. 极限保护

附录二

游乐设施维修人员题库

一、选择题

1. 游乐设施的出现极大地丰富了人民的业余文化生活，增进身心健康，在促进青少年儿童智力开发和体质锻炼，陶冶人们的情操，美化城市环境，推动精神文明建设等方面，发挥了积极作用。（　）

2. 国家将对特种设备实行专项安全监察的职责和权力，授予了国家质量监督检验检疫总局。（　）

3. 对特种设备的安全监察包括特种设备的生产（设计、制造、安装、改造、修理）、使用、检验等环节。（　）

4. 对特种设备的“监督检查”体现了依法行政、依法监察，任何单位和个人都不能置于法律法规之外。（　）

5. 特种设备是指涉及生命安全、危险性较大的锅炉、压力容器（含气瓶，下同）、压力管道、电梯、起重机械、客运索道、大型游乐设施和场（厂）内专用机动车辆等八种设备。（　）

6. 特种设备是指涉及生命安全、危险性较大的电梯、起重机械、客运索道、大型游乐设施和场（厂）内专用机动车辆等设备的总称。（　）

7. 修订后的《特种设备安全监察条例》于 2009 年 6 月 1 日起施行。（　）

8. 特种设备持证人员应当在复审期满 3 个月前，向发证部门提出复审申请。（　）

9. 修订后的《特种设备安全监察条例》将安全监察工作的重点改为节能等经济方面。（　）

10.《特种设备安全监察条例》修订后增加了节能管理、事故预防和调查处理共 8 章 103 条。（　）

11. 新《特种设备安全监察条例》完善了与特种设备事故相关的法律责任，加大了对特种设备使用单位或者对事故发生负有责任的单位及其主要负责人的行政处罚。 （ ）

12. 新《特种设备安全监察条例》只明确了生产单位承担对特种设备安全质量全面负责的主体责任。 （ ）

13. 新《特种设备安全监察条例》只明确了使用单位承担对特种设备安全质量全面负责的主体责任。 （ ）

14. 新《特种设备安全监察条例》明确规定，特种设备检验检测机构对其检验检测结果、鉴定结论承担法律责任。 （ ）

15. 新《特种设备安全监察条例》明确了政府安全监督管理部门承担特种设备安全监管责任。 （ ）

16. 大型游乐设施高空滞留人员 1 小时以上 12 小时以下的为一般事故。 （ ）

17. 发生一般事故，对事故发生负有责任的单位处 10 万元以上 20 万元以下罚款。 （ ）

18. 发生一般事故，对事故发生负有责任的单位处 5 万元以上 10 万元以下罚款。 （ ）

19. 发生一般事故，负有责任的单位主要负责人将处上一年年收入的 30％的罚款。 （ ）

20. 发生一般事故，负有责任的单位主要负责人将处上一年年收入的 50％的罚款。 （ ）

21. 特种设备事故分为特别重大事故、重大事故、较大事故和一般事故 4 级。 （ ）

22. 《特种设备注册登记与使用管理规则》《特种设备作业人员监督管理办法》《特种设备作业人员考核规则》是现行的技术规范性文件。 （ ）

23. 《游乐设施安全技术监察规程》《游乐设施监督检验规程》和《大型游乐设施安全管理人员和作业人员考核大纲》是现行的游乐设施安全技术规范文件。 （ ）

24. 根据游乐设施的设备类型及高度、摆角、倾角、回转直径、速度、运行高度等技术参数把制造类别分为A、B、C三个制造等级。（　　）

25. 游乐设施的施工单位只有取得“特种设备安装改造维修许可证”才能开展相应的工作。（　　）

26. 对游乐设施的安装、改造、维修施工实行电话告知制度，告知后，即可施工。（　　）

27. 新增游乐设施只要检验合格，就可以投入使用，使用单位不必到所在地区的地、市级以上特种设备安全监察机构办理注册登记手续。（　　）

28. 有关游乐设施的技术标准规范，如与《游乐设施安全技术监察规程（试行）》相抵触时，以《游乐设施安全技术监察规程（试行）》为准。（　　）

29. 游乐设施安装、改造、维修活动结束后，施工单位应当在验收后15日内将涉及安全性能参数技术的资料移交使用单位，存入该台游乐设施的技术档案。（　　）

30. 使用单位必须购置有制造许可证的产品，对安全装置，使用单位可以根据自己的需要进行选择性安装。（　　）

31. 游乐设施的安全检验合格标志的有效期为一年。有效期满前一个月需申请定期检验，过期和检验不合格的可以继续使用。（　　）

32. 游乐设施的使用单位应当制定事故应急措施和救援预案，每两年至少组织一次游乐设施出现意外事件或者发生事故的紧急救援演习，演习情况应当记录备查。（　　）

33. 安全管理人员在出现紧急情况时，必须报告单位负责人后，才可以停止使用游乐设施。（　　）

34. 游乐设施操作人员等必须经专业培训，经考核合格，取得质检总局颁发的特种设备作业人员证后，方可以从事相应工作。（　　）

35. 只要有特种设备作业人员证，使用单位就不必对游乐设施作业人员进行安全教育和培训。（ ）

36.《中华人民共和国节约能源法》于 2008 年 4 月 1 日开始施行。（ ）

37.《生产安全事故报告和调查处理条例》于 2007 年 7 月 1 日起施行。（ ）

38.《中华人民共和国安全生产法》于 2002 年 11 月 1 日开始施行。（ ）

39. 我国安全生产工作的基本方针是“以人为本，安全第一”。（ ）

40.“以人为本”必须要以人的生命为本。发展不能以牺牲人的生命为代价，不能损害劳动者的安全和健康权益。（ ）

41. 从业人员有拒绝违章指挥和强令冒险作业的权利。（ ）

42. 安全事故报告应当及时、准确、完整，任何单位和个人对事故不得迟报、漏报、谎报或者瞒报。（ ）

43.《北京市安全生产条例》规定，生产安全事故案例是安全生产教育和培训的主要内容之一。（ ）

44.《北京市安全生产条例》规定，安全警示标志应当明显、保持完好，便于从业人员和社会公众识别。（ ）

45.《北京市安全生产条例》规定，生产经营单位不得以任何形式与从业人员订立协议，减轻其对从业人员因生产安全事故伤亡依法应当承担的责任。（ ）

46.《北京市安全生产条例》规定，生产经营单位应当按照国家标准或者行业标准为从业人员无偿提供合格的劳动防护用品，也可以以货币形式或者其他物品替代。（ ）

47.《北京市安全生产条例》规定，应在经营场所设置标志明显的安全出口和符合疏散要求的疏散通道，并确保畅通。（ ）

48.《北京市安全生产条例》规定，生产经营单位应当定期演练生产安全事故应急救援预案，每年不得少于一次。（　　）

49.《北京市安全生产条例》规定，发生生产安全事故造成人员伤害需要抢救的，发生事故的生产经营单位应当及时将受伤人员送到医疗机构，医疗费用由受害者自付。（　　）

50. 游乐设施是指包括具有动力的游乐器械、为游乐而设置的构筑物和其他附属装置以及无动力的游乐载体。（　　）

51. 游乐设施整机使用寿命不小于 23 000 h。（　　）

52. 乘坐成人 1～2 人时按 800 N/人计算，2 人以上按600 N/人计算。10 岁以下儿童按 400 N/人计算。（　　）

53. 游乐设施的分类主要是按游乐设施的名称划分。（　　）

54. 游乐设施的分类主要是把结构及运动形式类似的游乐设施划为一类，而不是按游乐设施的名称划分。（　　）

55. 每类游乐设施可划分为基本型和类似型。（　　）

56. 特种设备目录中游乐设施共分成观览车类等 13 个类别。（　　）

57. 观览车类游乐设施的主要运动特点是乘人部分绕水平轴转动或摆动。（　　）

58. 飞毯系列的运动特点是乘客随船绕水平轴做 360°转动，乘客翻滚。（　　）

59. 太空船系列的运动特点是绕水平轴做 360°转动，但是不翻滚。（　　）

60. 摩天环车的运动特点是沿圆形轨道绕水平轴做 360°转动，乘客翻滚。（　　）

61. 海盗船系列的运动特点是海盗船船体绕水平轴往复摆动，乘客不翻滚。（　　）

62. 组合式观览车系列的运动特点是主运动绕水平轴转动，兼有其他运动形式。（　　）

63. 滑行车类游乐设施的运动特点是车辆本身无动力，由提

升装置提升到一定高度后，靠惯性沿轨道运行。车辆本身有动力，在起伏较大的轨道上运行的不属于本类。（　）

64. 单环双螺旋过山车由主体滑行结构、提升机、滑车、站台、制动系统、气动系统、电控系统、设备基础组成。（　）

65. 悬挂式过山车由滑行导轨、立柱、列车、提升系统、制动系统和推进系统、站台、电气系统等部分组成。（　）

66. 弯月飞车系列游艺机的特点是沿轨道下滑。（　）

67. 滑道系列的运动特点是小车沿半圆轨道滑行。主要产品有槽式滑道、管式滑道等。（　）

68. 陀螺类分为陀螺系列和组合式陀螺系列 2 个品种。（　）

69. 飞行塔类游乐设施的运动特点是用挠性件悬挂吊舱边升降边绕垂直轴旋转。（　）

70. 摇头飞椅游艺机由机座、主柱、立柱、轨道、升降套筒、转盘、吊椅、驱动装置、微机控制系统等组成。（　）

71. 赛车类游乐设施的运动特点是沿地面指定线路运行，全部属于 C 级。（　）

72. 小火车类游乐设施的运动特点是沿地面轨道运行，分为内燃机驱动小火车和电力驱动小火车 2 个品种，全部属于 B 级。（　）

73. 碰碰车类游乐设施的运动特点是用电力、内燃机或人力驱动，乘客自己操作。碰碰车类分成三个品种。（　）

74. 电池车类游乐设施的运动特点是以电池为动力，在地面上运行，一般由乘客自己操作，速度小于等于 5 km/h，适合儿童乘坐，全部为 B 级。（　）

75. 无动力类游乐设施的运动特点是游乐设施本身无动力，由乘客在其上操作或游乐。（　）

76. 无动力游乐设施分为高空蹦极系列、弹射蹦极系列、小蹦极系列、滑索系列、空中飞人系列、系留式观光气球系列和组

合式无动力游乐设施等 7 个品种。（　）

77. 结构及运动形式特殊，不能划分到某一类别的游乐设施为其他类游乐设施。（　）

78. 纳入安全监察的游乐设施按照速度、高度、摆角等技术参数分为 A、B、C、D 四个等级。（　）

79. 轨道高度是指乘客约束物支撑面（如座位面）距安装基面运动过程中的最大垂直距离。（　）

80. 运行高度是指车轮与轨道接触面最高点距轨道支架安装基面最低点之间的垂直距离。（　）

81. 观览车系列的高度指避雷针最高点距主立柱安装基面的垂直距离。（　）

82. 单侧摆角是指绕水平轴摆动的摆臂偏离铅垂线的角度（最大 180°）。（　）

83. 滑道长度是指滑道下滑段和提升段的总长度。（　）

84. 滑索长度是指承载索固定点之间的斜长距离。（　）

85. 倾角是指主运动（即转盘或座舱旋转）绕可变倾角轴做旋转运动的设备，其主运动旋转轴与铅垂方向的最大夹角。

（　）

86. 速度是指设备运行过程中座舱达到的最大线速度，水上游乐设施指乘客达到的最大线速度。（　）

87. 游乐设施的传动系统要具备三个功能：第一，传递动力；第二，改变运动速度和方向；第三，改变运动形式。（　）

88. 游乐设施的传动系统由动力机构、传动机构和执行机构三部分组成。（　）

89. 齿轮传动是应用最广泛的机械传动，常用齿轮传动增速或增大扭矩。（　）

90. 齿轮传动具有传递功率大，传动平稳和传动效率高等特点，但是不能保证传动比。（　）

91. 齿条传动可以将两根距离不远并成任意相对位置的轴的

运动联系起来。但是在传动中速比不能保持常值，而速比仅与齿有关。 ( )

92. 利用齿轮的不同啮合情况，可以很容易地在主动件速度一定的条件下，使被动件获得各种不同的转速与方向。 ( )

93. 齿条传动的主要缺点是传动不够平稳，齿条制造较复杂，运行时噪声较大。 ( )

94. 当螺旋线由右下方绕向左上方时，称为右斜圆柱齿轮；当螺旋线由左下方绕向右上方时，称左斜圆柱齿轮。 ( )

95. 当主动轴和从动轴两轴线相交，常采用圆锥齿轮传动，两轴间的夹角通常为 60°。 ( )

96. 链传动是由链条和主、从动链轮组成的，依靠链轮轮齿与链节的啮合来传递运动和动力。 ( )

97. 链传动只能用于两根平行轴同向回转的传动，不能保持恒定的瞬时传动比，工作时有噪声，宜在载荷变化很大和急速反向的传动中应用。 ( )

98. 带传动一般由固连于主动轴上的主动轮、固连于从动轴上的从动轮和紧套在两轮上的传动带组成的。工作时，靠带与带轮之间摩擦力将运动和动力由主动轮传给从动轮。 ( )

99. 机械传动机构（变速器）具有增速减速、改变传动方向、改变转动力矩、离合功能、分配动力等五项功能。 ( )

100. 机械传动机构（变速器）具有可以用一台发动机，通过变速器主轴带动多个从轴，从而实现一台发动机带动多个负载的功能。 ( )

101. 机械传动机构（变速器）具有在同等功率条件下，速度转得越快的齿轮，轴所受的力矩越大，反之越小。 ( )

102. 减速器可分为齿轮减速器、蜗轮蜗杆减速器、行星齿轮减速器、摆线针轮减速机器等四类。 ( )

103. 常用的齿轮减速器可分为圆柱齿轮减速器、锥齿轮减速器和圆锥—圆柱齿轮减速器等三种。 ( )

104. 锥齿轮减速器和二级圆锥—圆柱齿轮减速器用于需要输入轴与输出轴成 85°配置的传动中。 ( )

105. 蜗轮蜗杆减速器主要有圆柱蜗杆减速器、圆弧齿蜗杆减速器、锥蜗杆减速器和齿轮、蜗杆减速器等。 ( )

106. 蜗杆传动相当于螺旋传动，为多齿啮合传动，故传动平稳、噪声很小；当蜗杆的导程角小于啮合轮齿间的当量摩擦角时，可实现反向自锁，即只能由蜗轮带动蜗杆，而不能由蜗杆带动蜗轮。 ( )

107. 齿轮—蜗杆减速器是由高速级为圆柱齿轮传动、低速级为圆弧圆柱蜗杆传动的两级传动组成的。 ( )

108. 行星减速器主要有渐开线行星齿轮减速器、摆线针轮减速器和谐波齿轮减速器等。 ( )

109. 常用的减速机润滑方式有齿轮油润滑、半流体润滑脂润滑、固体润滑剂润滑几种方式。 ( )

110. 机械式联轴器按结构和功用的不同可分为安全联轴器、刚性联轴器和挠性联轴器三大类。 ( )

111. 按工作状态，制动器可分为常闭式和常开式。 ( )

112. 常开式制动器依靠弹簧或重力的作用经常处于紧闸状态，而机构工作时，可利用人力或松闸器使制动器松闸。( )

113. 常闭式制动器经常处于松闸状态，只有施加外力时才能使其紧闸。 ( )

114. 蹄式制动器主要由制动鼓、制动蹄和驱动装置组成，蹄片装在制动鼓内，结构紧凑，密封性好。 ( )

115. 盘式制动器沿制动盘径向施力，制动轴受弯矩，径向尺寸小，制动性能稳定。 ( )

116. 常用的盘式制动器有钳盘式、全盘式和锥盘式三种。

( )

117. 板式制动器是一种较为特殊的制动器，只有当运动物体呈曲线运动时才可使用，在游乐设施中应用广泛。 ( )

118. 板式制动器分为常开式与常闭式两种。（ ）

119. 常闭式板式制动器利用气囊（缸）气压推动制动板压紧，实现制动，利用弹簧复位，实现松闸。（ ）

120. 常开式板式制动器利用弹簧力压紧制动板，实现制动，利用气压推动实现松闸。（ ）

121. 常用的松闸器有制动电磁铁、电磁液压推动器、电力液压推动器、离心及滚动螺旋推动器等。（ ）

122. 回转支撑是游乐设施的重要部件，由齿圈、座圈、滚动体、隔离块、连接螺栓及密封条等组成。（ ）

123. 液压传动是靠密封容器内的气体压力能来进行能量转换、传递与控制的一种传动方式。（ ）

124. 液压传动系统主要由动力元件、执行元件、控制元件、辅助元件四部分组成。（ ）

125. 在液压系统中，用于控制系统液流的压力、流量和流向的元件，总称为液压控制阀。（ ）

126. 液压系统中的油箱、散热器、加热器、过滤器、蓄能器、密封件、管件是执行元件。（ ）

127. 溢流阀在变量泵供油系统中当成安全阀使用。（ ）

128. 溢流阀在定量泵系统中用节流阀调速时当成溢流阀使用。（ ）

129. 溢流阀控制的是阀后压力。（ ）

130. 减压阀控制的是阀前压力。（ ）

131. 节流阀的作用是调节流量以改变执行元件的速度。（ ）

132. 调速阀的作用是调节执行元件的速度。（ ）

133. 单向阀的作用是调节系统压力。（ ）

134. 换向阀的作用是调节系统流量。（ ）

135. 安全阀的作用是确保气压系统的安全压力。（ ）

136. 减压阀的作用是调节系统流量进而调整执行元件的

速度。（　　）

137. 油雾的作用是保障其后执行元件的润滑。（　　）

138. 换向阀的作用是改变执行元件的工作方向。（　　）

139. 气缸的工作状态是回转运动。（　　）

140. 马达的工作状态是直线运动。（　　）

141. 气压传动是靠密封容器内的液体压力能来进行能量转换、传递与控制的一种传动方式。（　　）

142. 气压传动系统主要由动力元件、执行元件、控制元件、辅助元件四部分组成。（　　）

143. 气压表用以指示系统气压，要保持清洁并定期进行检测。（　　）

144. 消声器用于调节执行元件的排气速度，减少排气噪声。（　　）

145. 液体传动是以液体为工作介质来传递能量的，可分为液力传动与液压传动。（　　）

146. 液力元件的基本形式是液力耦合器和液力变矩器。（　　）

147. 液力传动中，液体动能的大小取决于液体的质量和速度。（　　）

148. 液力耦合器有三种基本类型：标准型、安全型和调速型。（　　）

149. 液力耦合器主要由泵轮和涡轮组成。泵轮是液力耦合器的主动元件。（　　）

150. 涡轮是液力耦合器的被动元件。（　　）

151. 易溶塞是耦合器的保护元件。（　　）

152. 内燃机油、齿轮油和液压油的共同特点是黏度适宜。（　　）

153. 黏温性能是指黏度随温度变化的性能，变化越小越好。（　　）

154. 抗泡沫性是润滑油的一项重要特点，工作过程中泡沫越少越好。（ ）

155. 无腐蚀性是润滑油脂的一项重要特点，其作用是不使金属零件锈蚀。（ ）

156. 钙基润滑脂耐热性好。（ ）

157. 钠基润滑脂耐水性好。（ ）

158. 锂基润滑脂耐热性、耐水性能均差。（ ）

159. 石墨钙基润滑脂耐水性好，耐压性强，但耐热性差。（ ）

160. 带制动功能的电动机实际上是一种电动机上的机械制动，即在电动机内部安装一套抱闸式制动器。（ ）

161. 电动机制动器得电时抱闸打开，电动机正常旋转，失电时抱闸锁紧，电动机制动。（ ）

162. 变频器制动有两种方式：电阻能耗制动和反馈电网能耗制动。（ ）

163. 如果电动机做减速运动或是制动，被动体也会做相应的减速运动或是制动，这种制动称为电制动。（ ）

164. 电动机的直流能耗制动是指交流电动机在电源断开以后，立即向电动机定子绕组通入交流电流，使定子产生直流磁场。（ ）

165. 交流电动机反接制动是在电动机断电的同时，改变输入电源的相序，使转子产生一个逆旋转方向的制动力矩，电动机会很快停止转动。这种制动方法称为反接制动。（ ）

166. 安全带固定在玻璃钢座舱上，其固定处必须有钢筋板或埋设的金属构件。（ ）

167. 座舱中常用的安全压杠的主要作用是压住乘客大腿部分并拦住身体。（ ）

168. 过山车、天旋地转、流星锤等垂直或平面回转的游艺机的座舱，设置肩式安全压杠压在乘客的双肩上。（ ）

169. 过山车、天旋地转、流星锤等垂直或平面回转的游艺机的座舱，设置安全压杠压在乘客的双腿上。（ ）

170. 游乐设施应在必要的地方和部位设置醒目的安全标志。（ ）

171. 安全标志分为禁止标志（红色）、警告标志（黄色）、指令标志（蓝色）和提示标志（绿色）等四种类型。（ ）

172. 游乐设施的操作室应单独设置，视野开阔，有充分的活动空间和照明。对于操作人员无法观察到运转情况的盲区，有可能发生危险时，应有监视系统等安全措施。（ ）

173. 飞行塔升降系统的制动装置必须为常开式，并有可调措施；制动装置必须安全可靠。（ ）

174. 滑行车在提升段当动力电源突然断电或设备发生故障而停车时，滑行车不能重新启动。（ ）

175. 车场四周的拦挡物上边缘应高于车辆缓冲轮胎的上边缘，下边缘应高于车辆缓冲轮胎的下边缘。（ ）

176. 玻璃钢件表面允许有部分裂纹、破损等缺陷，但转角处的过渡要圆滑。（ ）

177. 控制元件应灵敏可靠、操作方便，操作按钮等应有明确标志。（ ）

178. 操作室内明显处或站台上应设紧急事故开关，开关按钮采用自动复位式。（ ）

179. 电刷和集电环应接触良好，外露的集电器必须设防雨罩。（ ）

180. 大臂升降不必设置限位装置。（ ）

181. 吊舱升降必须设提升到最高和下降到最低位置时的限位装置。（ ）

182. 座舱升降支撑臂应设限位装置。（ ）

183. 有可能超速的游乐设施，应设防止超速的控制装置。（ ）

184. 上下电极板直流馈电的碰碰车每辆车上不必设短路保护装置。 （ ）

185. 提升钢丝绳应设有效的断绳保护装置。 （ ）

186. 池壁周围和池内水深变化地点，应有醒目的水深标志。 （ ）

187. 游乐池必须设置相应能力的池水过滤净化及消毒设备。 （ ）

188. 采用液压缸锁紧和打开的肩式安全压杠，电磁阀不通电时，液压缸上下腔连通，压杠可打开；通电时，液压缸上下腔不连通，压杠不可打开。 （ ）

189. 压杠处于锁紧还是打开状态均有信号显示，若显示未锁紧，则开机按钮不起作用。 （ ）

190. 双保险门的另一个锁紧装置必须装在座舱外面游客不可触及的地方，防止乘客在运行过程中自行打开。 （ ）

191. 双保险门的另一个锁紧装置必须装在座舱里面，在紧急情况时，乘客可以自行打开逃生。 （ ）

192. 摆动舱的保险绳是防止吊挂臂或上下销轴断裂时，摆动舱坠落的安全保护装置。摆动舱的保险绳平时承受负载。 （ ）

193. 疯狂老鼠游艺机的座舱前后均设有撞击缓冲装置，车前有橡胶管缓冲，车后有缓冲杠和弹簧，所以可大大减轻撞车对乘客造成的伤害。 （ ）

194. 滑索的滑车进站时，由于速度快，冲击力较大，除有刹车装置外，还必须设置缓冲装置。大部分滑索都采用了弹簧缓冲加缓冲垫的方式。缓冲装置设在上站台。 （ ）

195. 回转臂式游乐设施的牵引杆是防止座舱倾翻的安全保险装置。 （ ）

196. 滑行车沿斜坡被牵引，提升段的轨道齿条和车体上的防止自动下滑的挡块是滑行类游艺机防倒滑装置。 （ ）

197. 重要连接件防松措施有弹簧垫圈防松、双螺母防松、各种防松垫圈、采用轴端挡板固定销轴防松。（　）

198. 安全带的材质应可以是棉线带、塑料带、人造革带及皮带。（　）

199. 安全压杠必须有可以随意打开的锁紧装置。（　）

200. 安全挡杆既可做安全挡杆用，也可做扶手用。（　）

201. 在空中运动的游艺机若为封闭式座舱，其进出口的门必须设两道门锁，以防在运动过程中，由于冲击振动或锁失效，舱门自动打开，威胁乘客安全。（　）

202. 勇敢者转盘是一种高速旋转的游乐设施，其座舱用钢性构件吊挂在销轴上，为了确保安全，加了一条保护绳。在游艺机运转过程中，如果销轴断裂，因有保护绳牵引，座舱不会被甩出，从而也保证了乘客的安全。（　）

203. 只在架空脚踏车的前部设置了缓冲装置。（　）

204. 游乐设施的供配电一般采用三相五线制低压供电系统。（　）

205. 我国供电电网低压侧电压为380/220 V，频率为50 Hz。（　）

206. 乘客易接触部位的装饰照明电压应采用不大于24 V的安全电压。（　）

207. 由乘客操作的电气开关应采用不大于50 V的安全电压。（　）

208. Y/△启动方式是交流电动机的降压启动方式之一。（　）

209. Y/△启动方式属于交流电动机的直接启动方式。（　）

210. 智能控制方式的游乐设施电路中，常用的智能器件有单片机、工控机、可编程控制器、人机界面等。（　）

211. 轨道带电在地面行驶的游乐设施，如儿童小火车等，

轨道电压应不大于 50 V。 (　　)

212. 轨道带电在地面行驶的游乐设施，如儿童小火车等，轨道电压应不大于 24 V。 (　　)

213. 一般游乐园、公园或游乐设施的直接供电单位的配电室（站、所）以点对点供电。 (　　)

214. 游乐设施的供电电缆一般应该采用地埋敷设，而不采用架空电缆敷设。 (　　)

215. 阀类控制电路的控制对象是气动电磁阀，不包括液压电磁阀。 (　　)

216. 电磁阀的控制形式只对开关量控制，模拟量控制不包括在内。 (　　)

217. 游乐设施的照明和装饰照明广泛被制造商采用。无论是场景照明还是装饰照明在夜间都能起到渲染游乐设施、烘托游游乐设施整体效果的作用。 (　　)

218. 场景照明的灯具有投光灯、泛光灯、碘钨灯、各种射灯等。 (　　)

219. 游乐设施的装饰照明一般安装在设备（本体）上，随设备运动。 (　　)

220. 游乐设施电力拖动分为直接电力拖动和间接电力拖动。 (　　)

221. 游乐设施的电力拖动的动力源为电动机，电动机分为交流电动机和直流电动机两大类。 (　　)

222. 交流电动机的主要技术参数有功率、电压、电流、转速、连接方式和绝缘等级等。 (　　)

223. 直流电动机的主要技术参数有功率、电枢电压、电枢电流、转速、励磁电流和绝缘等级等。 (　　)

224. 高度大于 15 m 的游乐设施和滑索上站、下站及钢丝绳等应装设避雷装置，高度超过 60 m 时还应增加防侧向雷击的避雷装置。 (　　)

225. 观览车、过山车等高度较高的游艺机和滑索上站、下站及钢丝绳等应装设避雷装置。（　）

226. 电气设备中正常情况下不带电的金属外壳、金属管槽、电缆金属保护层、互感器二次回路等必须与电源线的接地线可靠连接，重复接地电阻不应大于 4 Ω。（　）

227. 雷雨来临时及时疏散乘客，可在避雷装置附近避雨。（　）

228. 保护设备正常运行的常用互锁措施包括：电动机Y/△转换的互锁，电机正、反转之间的互锁，压杠检测、运行允许之间的互锁，在同一轨道区间运行两列车之间的互锁，维修与运行之间的互锁，舱门打开与平台升起之间的互锁等。（　）

229. 集电环又称导电滑环，是实现两个相对转动机构的信号及电流传递的精密输电装置。（　）

230. 交流接触器广泛用于电路的开断控制。它利用主接点开闭电路，用辅助接点执行控制指令。（　）

231. 警告指示灯的颜色是绿色。（　）

232. 轨道带电在地面行驶的游乐设施，如儿童小火车等，轨道电压应不大于 220 V。（　）

233. 在表头某一个地方印有“—”“～”分别代表“直流”“交流”。（　）

234. 在表头上印有“A”“ V”“Ω”“P ”，分别代表“电流”“电压”“电阻”“功率”。（　）

235. 限位开关又称行程开关，主要安装在游乐设施一些动作过程路线的终端位置，也有安装在动作过程路线的中间位置上的。在控制线路上起着传递某种“动作”信息的作用。（　）

236. 接近开关又称无触点行程开关，除可以完成行程控制和限位保护外，还是一种接触型的检测装置。（　）

237. PLC 即可编程控制器是指以计算机技术为基础的新型工业控制装置。（　）

238. 电气系统中的互锁条件可以两条件也可以多条件，既可以由硬件电路组成也可以由软件实施。（　）

239. 单轨空中列车车厢门的关闭，由司机或站台工作人员控制。（　）

240. 当自控飞机运行中突然停电时，液压控制的座舱不能自动下降，服务人员应迅速打开手动阀门卸油，将高空的乘客降到地面。（　）

241. 电动机日常检查内容有：地脚螺钉有无松动，有无异常声响，温升是否正常，满载时运行应良好。（　）

242. 在坠落高度基准面为 2 m 以上，有可能坠落的高处进行的作业，均称为高处作业。（　）

243. 高处作业使用的工具可以抛掷传递。（　）

244. 游乐设施每天运转前，发现有变形、龟裂、折损等可以监护运行。（　）

245. 高空旋转的敞开式座舱均应采用安全带，其材料应采用尼龙编织带。（　）

246. 观览车类游艺机封闭式吊箱必须设有两道锁紧装置。（　）

247. 座舱安全装置主要有安全带、安全压杠、安全扶手等。（　）

248. 海盗船的安全压杠可以在运行中打开。（　）

249. 安全压杠未关闭前也可以运行。（　）

250. 撞击缓冲装置分为车辆和人体 2 种。（　）

251. 其他形式的保险装置有 4 种：牵引杆保险装置、防倒滑装置、重要连接件防松装置、升降牵引安全保险装置。（　）

252. 游乐设施在运行中，经常伴有冲击和振动，应经常检查重要紧固件的防松和防脱措施。（　）

253. 制动装置未调整好，有时制动过急，有时制动不起作用，会给乘客造成不安全或恐惧心理。（　）

254. 滑索缓冲垫设在下站台。（　　）

255. 游客在滑索上滑行中始终面对下站台。（　　）

256. 站台不宜铺设表面光滑材料，防止游客滑倒。（　　）

257. 对各类游乐设施，要分别制定详细的操作规程和紧急救护措施，并要求落实。如有违反操作规程的现象，应停止运营，直到整改后才可重新投入运营。（　　）

258. 登高人员要求衣着要灵便、穿防滑鞋、系安全带。（　　）

259. 营业前游乐设施应试运行不少于两次，确认一切正常才能正式开机营业。（　　）

260. 凡遇恶劣天气，风速大于 15 m/s 时，大观览车、飞行塔类、滑行车类应停止运行。（　　）

261. 防止电气火灾和爆炸的措施是：不能使电气设备长期超载运行，电气设备周围要保持必要的防火间距和良好的通风。（　　）

262. 可燃物体主要有木柴、汽油、液化石油气等。（　　）

263. 发生电气火灾而来不及断开电源时，需采用不导电的灭火器灭火。（　　）

264. 发生火灾时应采取的措施是：抢救灭火的同时应立即拨打“119”电话报警；报警时要说明起火的地点、路名、门牌号码、单位名称、着火物品名称；报警后要派人到马路口等待消防车；组织好抢救队伍，疏散物资和人员。（　　）

二、选择题

1.《特种设备安全监察条例》已经于 2003 年 2 月 19 日国务院第 68 次常务会议通过，自（　　）起施行。

A. 2003 年 10 月 1 日　　B. 2003 年 6 月 1 日

C. 2003 年 6 月 10 日　　D. 2003 年 10 月 10 日

2. 修订后的《特种设备安全监察条例》自（　　）起施行。

A. 2009 年 1 月 24 日　　B. 2008 年 5 月 1 日

C. 2009 年 5 月 1 日　　　　D. 2008 年 10 月 10 日

3. 特种设备是指涉及生命安全、危险性较大的锅炉、压力容器（含气瓶，下同）、压力管道、电梯、起重机械、客运索道、(　　)和场（厂）内专用机动车辆等八种设备的总称。

A. 汽车　　　　B. 发电机

C. 大型游乐设施　　　　D. 内燃式观光车

4. (　　)负责全国特种设备的安全监察工作。

A. 安全生产监督管理部门

B. 计划执行监督部门

C. 劳动保障部门

D. 国家质量监督检验检疫总局

5. 特种设备生产、使用单位应当建立健全特种设备安全管理制度和(　　)。

A. 岗位安全责任制度　　　　B. 领导责任制度

C. 领导监督制度　　　　D. 岗位协调制度

6. 特种设备生产、使用单位和特种设备检验检测机构，应当接受(　　)依法进行的特种设备安全监察。

A. 安全生产监督管理部门

B. 计划执行监督部门

C. 特种设备安全监督管理部门

D. 劳动保障部门

7. 特种设备检验检测机构应当依照《特种设备安全监察条例》规定，进行检验检测工作，对其检验检测结果、鉴定结论承担(　　)。

A. 有限责任　　　　B. 法律责任

C. 经济责任　　　　D. 权威责任

8. 游乐设施的特种设备安装改造维修许可证，必须由(　　)依照《特种设备安全监察条例》经评审合格颁发的。

A. 特种设备安全监督管理部门

B. 上级主管部门

C. 本单位检测部门

D. 游乐设施制造单位

9. 特种设备在投入使用前或者投入使用后(　　)日内，特种设备使用单位应当向特种设备安全监督管理部门登记。

A. 10　　B. 30

C. 25　　D. 40

10. 特种设备使用单位应当建立特种设备(　　)。

A. 安全技术档案　　B. 使用记录档案

C. 维修记录档案　　D. 值班人员档案

11. 特种设备使用单位对在用特种设备应当至少(　　)进行一次自行检查，并作出记录。

A. 每 15 天　　B. 每 20 天

C. 每月　　D. 每两个月

12. 特种设备使用单位应当按照安全技术规范的定期检验要求，在安全检验合格有效期届满前(　　)个月向特种设备检验检测机构提出定期检验要求。

A. 6　　B. 3　　C. 2　　D. 1

13. 特种设备作业人员经特种设备安全监督管理部门考核合格，取得国家质检总局统一格式的(　　)，方可从事相应的作业或者管理工作。

A. 特种技术等级证　　B. 特种设备作业人员证

C. 特种作业证　　D. 以上三种证书均可

14. 特种设备作业人员在作业中应当(　　)执行特种设备的操作规程和安全规章制度。

A. 选择　　B. 参照　　C. 严格　　D. 熟练

15. 取得特种设备作业人员证者，每(　　)进行一次复审。

A. 四年　　B. 六个月　　C. 一年　　D. 两年

16. 游乐设施定期安全检验的周期是(　　)。

A. 半年　　B. 一年　　C. 两年　　D. 三年

17. 不适用《特种设备安全监察条例》的设备是(　　)。

A. 电梯　　B. 起重机械

C. 铁路机车　　D. 大型游乐设施

18. 不适用《特种设备安全监察条例》的设备是(　　)。

A. 大型游乐设施　　B. 氧气瓶

C. 自动扶梯　　D. 高压配电柜

19. 任何单位或者个人对事故隐患或者安全生产违法行为，均有权向负有安全生产监督管理职责的部门(　　)。

A. 报告或举报　　B. 揭发和控告

C. 检举和揭发　　D. 揭发和取证

20. 依照《安全生产法》和有关法律、法规的规定，国家实行生产安全事故(　　)制度，追究生产安全事故责任人员的法律责任。

A. 追究责任　　B. 责任追究

C. 责任　　D. 追究

21. 安全生产法的立法目的是："为了加强安全生产监督管理，(　　)生产安全事故，保障人民群众生命和财产，促进经济发展。"

A. 控制　　B. 防止和减少

C. 预防　　D. 降低

22. 以下不属于《安全生产法》中规定的从业人员的义务是(　　)。

A. 消除事故隐患的义务

B. 接受安全生产教育和培训的义务

C. 发现不安全因素报告的义务

D. 遵章守规，服从管理的义务

23.《安全生产法》自(　　)起施行。

A. 2002 年 11 月 1 日　　　B. 2001 年 11 月 1 日

C. 2002 年 6 月 19 日　　　D. 2002 年 1 月 1 日

24. 依照《安全生产法》的规定，生产经营单位必须依法参加工伤社会保险，工伤保险费应由(　　)缴纳。

A. 从业人员　　　B. 生产经营单位

C. 地方财政拨款　　　D. 国家财政

25. 在生产安全事故中受到伤害的从业人员，除依法享有工伤社会保险外，还依法有权(　　)。

A. 要求子女顶替工作　　　B. 获得优质医疗服务

C. 向本单位提出赔偿要求　　　D. 申请提前退休

26.《北京市安全生产条例》自(　　)起施行。

A. 2004 年 6 月 1 日　　　B. 2004 年 7 月 1 日

C. 2004 年 8 月 1 日　　　D. 2004 年 9 月 1 日

27.《北京市安全生产条例》规定，生产经营单位应当根据本单位生产经营活动的特点，建立、健全(　　)制度。

A. 安全生产责任　　　B. 安全生产管理

C. 安全生产规章　　　D. 安全生产监督

28.《北京市安全生产条例》规定，生产经营单位的(　　)对本单位的安全生产工作全面负责。

A. 从业人员　　　B. 安全生产管理人员

C. 主要负责人　　　D. 决策机构

29. (　　)生产安全事故是制定《北京市安全生产条例》的目的之一。

A. 防止　　　B. 防止和减少

C. 控制　　　D. 减少

30.《北京市安全生产条例》规定，生产经营单位应当按照国家标准或者行业标准为从业人员无偿提供合格的(　　)，不得以货币形式或者其他物品代替。

A. 劳动防护工具　　　B. 安全卫生设施

C. 工作环境　　　　　　　　　D. 劳动防护用品

31.《北京市安全生产条例》规定，生产经营单位应当在有较大危险因素的生产经营场所和有关设备、设施上，设置符合国家标准或者行业标准的安全(　　)。

A. 提示标志　　　　　　　　　B. 禁止标志

C. 指令标志　　　　　　　　　D. 警示标志

32.《北京市安全生产条例》规定，生产经营单位主要负责人、安全生产管理人员和从业人员每年接受的在岗安全生产教育和培训时间不得少于(　　)学时。

A. 7　　　　B. 8　　　　C. 9　　　　D. 10

33.《北京市安全生产条例》规定，生产经营单位新招用的从业人员上岗前接受安全生产教育和培训的时间不得少于(　　)学时。

A. 12　　　　B. 24　　　　C. 36　　　　D. 48

34.《北京市安全生产条例》规定，从业人员换岗的，离岗6个月以上的，以及生产经营单位采用新工艺、新技术、新材料或者使用新设备的，接受生产教育和培训的时间均不得少于(　　)学时。

A. 1　　　　B. 2　　　　C. 3　　　　D. 4

35.《北京市安全生产条例》规定，生产经营单位发生生产安全事故的，事故现场有关人员应当立即报告本单位(　　)。

A. 主要负责人　　　　　　　　B. 负责人

C. 安全主管　　　　　　　　　D. 领导干部

36.《北京市安全生产条例》规定，事故调查处理应当按照(　　)的原则。

A. 实事求是、讲求实效　　　　B. 实事求是、及时有效

C. 实事求是、尊重科学　　　　D. 实事求是、求真务实

37.《北京市安全生产条例》规定，任何单位和个人不得(　　)对事故的依法调查、对事故责任的认定以及对事故责任人

员的处理。

A. 阻挠和妨碍　　B. 阻挠和干涉

C. 妨碍和干涉　　D. 阻止和妨碍

38.《北京市安全生产条例》规定，生产经营单位不得以任何形式与从业人员订立协议，(　　)其对从业人员因生产安全事故伤亡依法应当承担的责任。

A. 免除或者减轻　　B. 免除或者逃避

C. 逃避或者减轻　　D. 解除或者逃避

39. 大摆锤（挑战者之旅、木星）是组合式(　　)系列大型游艺机。

A. 观览车　　B. 滑行车

C. 转马　　D. 架空游览车

40. 金刚魔轮是组合式(　　)系列大型游艺机。

A. 观览车　　B. 滑行车

C. 转马　　D. 架空游览车

41. 单环双螺旋过山车属于单车(　　)系列游艺机。

A. 观览车　　B. 滑行车

C. 转马　　D. 架空游览车

42. 自旋滑车属于多车(　　)游艺机。

A. 观览车　　B. 滑行车

C. 转马　　D. 架空游览车

43. 激流勇进的运动特点是在水中滑行，属于(　　)类游乐设施。

A. 水上游乐设施　　B. 滑行车

C. 转马　　D. 架空游览车

44. 环园列车属电力单轨列车系列电力驱动型(　　)游乐项目。

A. 观览车　　B. 滑行车

C. 转马　　D. 架空游览车

45. 太空漫步游艺机属于其他型式(　　)游乐项目。

A. 观览车　　B. 滑行车

C. 转马　　D. 架空游览车

46. 橄榄球属于(　　)系列游艺机。

A. 观览车　　B. 滑行车

C. 陀螺　　D. 架空游览车

47. 天旋地转游艺机属于组合式(　　)系列。

A. 观览车　　B. 滑行车

C. 陀螺　　D. 架空游览车

48. 摇头飞椅游艺机是一种新颖(　　)类游乐设施。

A. 观览车　　B. 飞行塔

C. 陀螺　　D. 架空游览车

49. 青蛙跳游艺机是一种匀速升高、分段下降的(　　)类游乐设施。

A. 观览车　　B. 飞行塔

C. 陀螺　　D. 架空游览车

50. 跳楼机就像一个火箭发射塔，在几秒之内，将乘客从平地弹射到20多米的高空，然后从高空中自由坠落的(　　)类游乐设施。

A. 观览车　　B. 飞行塔

C. 陀螺　　D. 架空游览车

51. 荷花杯系列游艺机是回转盘绕垂直轴旋转，乘客座舱自身旋转的(　　)类游乐设施。

A. 观览车　　B. 飞行塔

C. 陀螺　　D. 转马

52. 滚摆舱系列游艺机是转动架绕垂直轴旋转，乘客座舱自身翻滚的(　　)类游乐设施。

A. 观览车　　B. 飞行塔

C. 陀螺　　D. 转马

53. 反斗转盘的运动特点是主运动绕垂直轴旋转。属于其他形式(　　)类游乐设施。

A. 观览车　　B. 飞行塔

C. 陀螺　　D. 转马

54. 旋转迪斯科（神州飞碟）属于其他形式(　　)游艺机。

A. 观览车系列　　B. 水上游乐设施系列

C. 滑行车系列　　D. 架空游览车类

55. UFO 飞碟车属于轨道架空、人力驱动、单车运行、单轨脚踏的(　　)游乐项目。

A. 观览车系列　　B. 滑行车系列

C. 水上游乐设施系列　　D. 架空游览车类

56. 极速风车（金星）游艺机是运行时，立柱缓缓托起，然后正反公转，座舱托臂急速正反自转的三种运动叠加组合的(　　)游艺设施。

A. 观览车系列　　B. 滑行车系列

C. 水上游乐设施系列　　D. 陀螺类

57. 章鱼系列游艺机是主运动绕垂直轴旋转、升降及乘客座舱自身旋转的(　　)游艺设施。

A. 观览车系列　　B. 滑行车系列

C. 水上游乐设施系列　　D. 自控飞机系列

58. 美人鱼游艺机是圆形台面沿有三个波峰的曲轨做圆周式公转旋转，偏心安装在扇形台面上的八个座椅沿绕自己轴线自转的(　　)游乐设施。

A. 观览车系列　　B. 滑行车系列

C. 转马系列　　D. 架空游览车类

59. 时空穿梭机、动感电影平台、音乐喷泉属于其他形式(　　)游艺机。

A. 观览车系列　　B. 滑行车系列

C. 水上游乐设施系列　　D. 自控飞机系列

60. 峡谷漂流属于(　　)。

A. 观览车系列　　B. 滑行车系列

C. 水上游乐设施系列　　D. 自控飞机系列

61. 滑翔飞翼游艺机属于（　　）游艺机。该类设备包括高塔、滑行索道、牵引装置、飞翼装置、牵引绳、张紧装置、控制装置及辅助设施等。

A. 观览车系列　　B. 滑行车系列

C. 其他类　　D. 架空游览车类

62. 电动滑索是具有动力的滑索，是滑索和往复式索道技术的有机结合的游艺机，属于(　　)。

A. 观览车系列　　B. 滑行车系列

C. 其他类　　D. 架空游览车类

63. 美洲探险是一项同时具有(　　)和光电打靶两类设备综合特点的新颖的游乐设施。

A. 观览车系列　　B. 小火车游乐设施

C. 滑行车系列　　D. 架空游览车类

64. 传动机构（也称传动装置）是指将动力机产生的机械能传递到执行机构上去的(　　)。

A. 动力装置　　B. 执行装置

C. 控制装置　　D. 中间装置

65. 圆柱齿轮、锥齿轮、蜗轮及动轴轮系（摆线针轮减速器、行星齿轮减速器）等传动系统属于(　　)传动系统。

A. 挠性摩擦　　B. 挠性啮合

C. 流体传动　　D. 齿轮

66. 带传动、曳引钢丝绳传动等属于(　　)传动系统。

A. 挠性摩擦　　B. 挠性啮合

C. 流体传动　　D. 齿轮

67. 链传动（套筒链、弯板链）、带传动（同步齿形带）属于(　　)传动系统。

A. 挠性摩擦　　　　B. 挠性啮合

C. 流体传动　　　　D. 齿轮

68. 气压传动、液压传动、液力传动等属于(　　)传动系统。

A. 挠性摩擦　　　　B. 挠性啮合

C. 流体传动　　　　D. 齿轮

69. 蜗杆蜗轮的传动中，彼此既不平行，又不相交的情况下，主动轴和从动轴的轴线成(　　)。

A. 90°　　　　B. 45°

C. 60°　　　　D. 30°

70. 依照少齿差行星传动原理，通过摆线针齿啮合实现减速的称为(　　)。

A. 行星齿轮减速器　　　　B. 蜗杆蜗轮减速器

C. 摆线针轮减速机　　　　D. 齿轮减速机

71. 在齿轮机构中只要有一个齿轮轴线是可动的，则这种机构就称为(　　)。

A. 行星齿轮减速器　　　　B. 蜗杆蜗轮减速器

C. 摆线针轮减速机　　　　D. 齿轮减速机

72. 联轴器是用来连接不同机构中的两轴或轴和回转件，使之共同旋转以传递扭矩的机械零件，某些特殊结构的联轴器还具有(　　)的作用。

A. 补偿　　　　B. 过载保护

C. 增加扭矩　　　　D. 制动

73. 利用液体作为传力介质，通过杠杆或气动总泵或液压推动机构推动制动油缸工作，实现制动的(　　)制动器一般都是常开式制动器。

A. 全盘式　　　　B. 锥盘式

C. 钳盘式　　　　D. 蹄式

74. (　　)制动器有单盘式和多盘式，特点是结构紧凑，制动力矩大，但散热条件差，装拆不方便。

A. 全盘式　　B. 锥盘式

C. 钳盘式　　D. 蹄式

75. (　　)制动器是全盘式制动器的变形。制动盘呈锥形，多用于锥形转子电动机。

A. 全盘式　　B. 锥盘式

C. 钳盘式　　D. 蹄式

76. 大多数常开式内涨蹄式和(　　)制动器，利用液体作为传力介质，通过杠杆或气动总泵或液压推动机构推动制动分泵工作，分泵压缩制动液体推动制动油缸工作，实现制动。

A. 全盘式　　B. 锥盘式

C. 钳盘式　　D. 蹄式

77. 减速器的传动比的数值是(　　)。

A. 不好确定　　B. 大于1

C. 小于1　　D. 等于1

78. 摆线齿轮减速器的速比为(　　)。

A. 单数　　B. 双数

C. 单数、双数　　D. 由减速等级决定

79. 标准渐开线齿轮全齿高等于(　　)m。

A. 2　　B. 2.25　　C. 3　　D. 4

80. 双头蜗杆每转一圈，蜗轮转过(　　)个齿。

A. 2　　B. 1　　C. 4　　D. 3

81. 传动带工作运转时，两侧的张力(　　)。

A. 不相同　　B. 相同

C. 不一定　　D. 由压紧轮决定

82. 带传动压紧轮正确安装的位置是压在带(　　)一侧。

A. 松边　　B. 紧边

C. 都可以　　D. 由带长短决定

83. 钢丝绳终端在卷筒上应留有不少于(　　)圈的余量。

A. 3　　B. 4　　C. 5　　D. 2

84. 当采用滑轮传动或导向时，应安装(　　)安全保护装置。

A. 过载　　B. 防脱槽

C. 断绳　　D. 断轴

85. 当钢丝绳的出现(　　)现象，超过报废标准时应更新。

A. 表面干燥

B. 不超过名义直径的7%的腐蚀量

C. 磨损、断丝、锈蚀、变形

D. 出现小于钢丝总数10%的断丝

86. 钢丝绳的许用拉力等于(　　)。

A. 破断拉力×安全系数

B. 破断拉力+安全系数

C. 破断拉力÷安全系数

D. 破断拉力－安全系数

87. 钢丝绳每月至少检验(　　)次。

A. 1　　B. 2　　C. 3　　D. 4

88. 在钢丝绳的标记中，右交互捻表示为(　　)。

A. ZZ　　B. SS　　C. ZS　　D. SZ

89. 钢丝绳外层钢丝直径磨损达(　　)以上时，应报废。

A. 7%　　B. 10%　　C. 40%　　D. 50%

90. 钢丝绳公称直径磨损达到其直径的(　　)时，钢丝绳应报废。

A. 7%　　B. 10%　　C. 40%　　D. 50%

91. 当钢丝绳直径为18～26 mm时，钢丝绳绳夹数量为(　　)个，间距为108～156 mm。

A. 2　　B. 3　　C. 4　　D. 5

92. 当钢丝绳直径小于18 mm时，钢丝绳绳夹数量为(　　)个。

A. 2　　B. 3　　C. 4　　D. 5

93. 钢丝绳的钢丝破断呈均匀分布状态，每股在一个捻距内同向捻允许破断数为(　　)，交互捻允许破断数为(　　)。

A. 5%　10%　　B. 10%　5%

C. 5%　5%　　D. 10%　10%

94. 钢丝绳磨损后，钢丝绳直径允许值为原钢丝绳直径的(　　)以上。

A. 60%　　B. 70%　　C. 80%　　D. 93%

95. 制动器一般安装在减速器的(　　)部位上。

A. 输入轴　　B. 中间轴

C. 慢速轴　　D. 输出轴

96. 制动装置的制动力矩（力）应大于等于(　　)倍额定负荷力矩（力）。

A. 1　　B. 1.5　　C. 2　　D. 2.5

97. 制动器的(　　)磨损严重，制动时铆钉与制动轮接触，不仅降低制动力矩而且划伤制动轮表面，应及时更换。

A. 制动轮　　B. 芯轴

C. 力臂　　D. 瓦衬

98. 制动轮的(　　)有油污时，摩擦因数减小导致制动力矩下降。

A. 表面　　B. 转轴

C. 侧面　　D. 联结处

99. 制动器的(　　)张力过大时，电磁铁拉力小于(　　)的张力时，将产生制动器打不开故障。

A. 弹簧　制动轮　　B. 弹簧　销轴

C. 销轴　弹簧　　D. 弹簧　弹簧

100. 制动器的(　　)产生疲劳、材料老化或产生裂纹、失效后，将导致张力减小、制动力矩减小。

A. 制动轮　　B. 销轴

C. 瓦衬　　D. 弹簧

101. 制动器的闸带磨损情况检查周期为(　　)。

A. 每天　　B. 每周

C. 每旬　　D. 每月

102. 当制动器行程调得过大时，可能产生(　　)现象。

A. 制动力矩随之增大而松不开闸

B. 松不开闸

C. 动作迅速有冲击，出现较大声响

D. 瓦衬与制动轮之间的间隙过大

103. 制动器瓦衬与制动轮之间的间隙应调整为(　　)mm。

A. 0.4～0.5　　B. 0.5～0.7

C. 0.6～0.8　　D. 0.6～1.0

104. 制动器摩擦垫片与制动轮的实际接触面积不应小于理论接触面积的(　　)。

A. 80%　　B. 70%　　C. 60%　　D. 50%

105. 利用消耗惯性运动的动能来进行制动的方法称为(　　)。

A. 反接制动　　B. 电容制动

C. 能耗制动　　D. 发电制动

106. 制动轮表面凸凹的不平度不能大于(　　)mm。

A. 0.5　　B. 1.0　　C. 1.5　　D. 2.5

107. 制动轮的轮缘厚度磨损达原厚度的(　　)时，应报废。

A. 40%　　B. 20%　　C. 25%　　D. 30%

108. 制动带厚度磨损达原厚度的(　　)时，应报废。

A. 60%　　B. 50%　　C. 40%　　D. 30%

109. 滑轮因磨损使轮槽底部直径减少量达钢丝绳直径的(　　)时，应报废。

A. 60%　　B. 50%　　C. 40%　　D. 30%

110. 滑轮轮槽壁厚磨损达原壁厚的(　　)时，应报废。

A. 60%　　B. 40%　　C. 20%　　D. 10%

111. 滑轮出现以下(　　)时，应报废。

A. 裂纹　　B. 磨损　　C. 开焊　　D. 锈蚀

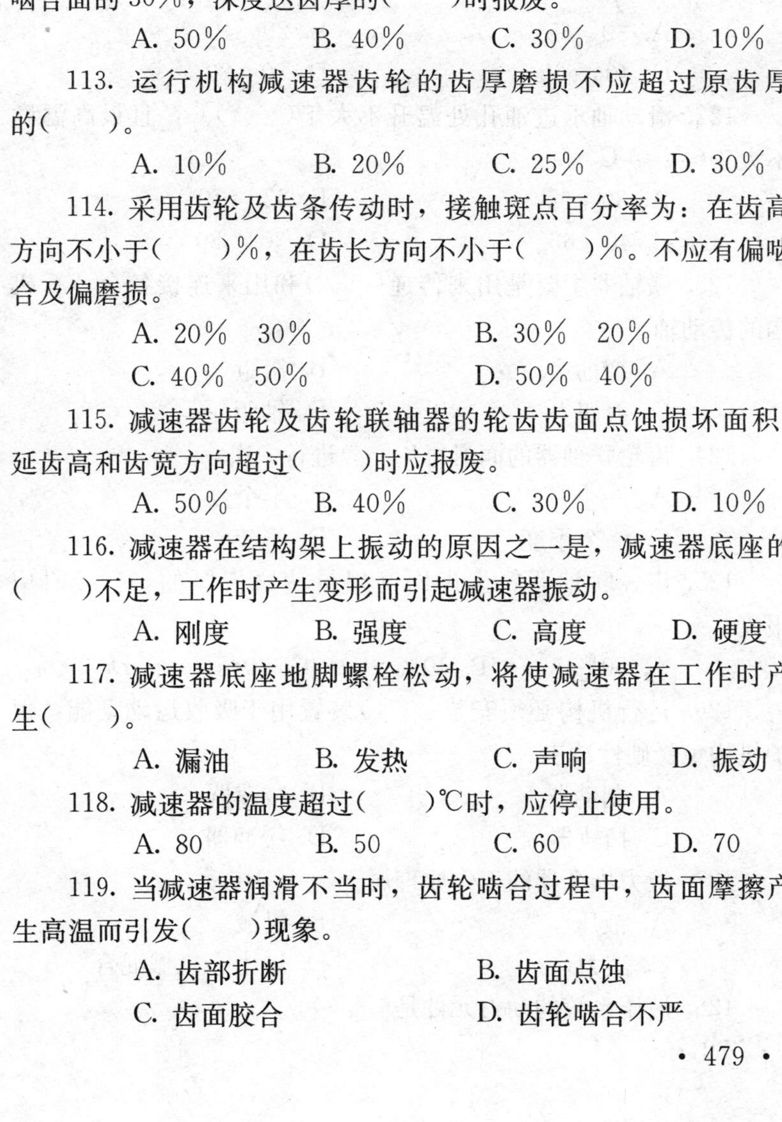

112. 减速器齿轮及齿轮联轴器的轮齿齿面点蚀损坏面积达啮合面的30%，深度达齿厚的(　　)时报废。

A. 50%　　B. 40%　　C. 30%　　D. 10%

113. 运行机构减速器齿轮的齿厚磨损不应超过原齿厚的(　　)。

A. 10%　　B. 20%　　C. 25%　　D. 30%

114. 采用齿轮及齿条传动时，接触斑点百分率为：在齿高方向不小于(　　)%，在齿长方向不小于(　　)%。不应有偏啮合及偏磨损。

A. 20%　30%　　B. 30%　20%

C. 40%　50%　　D. 50%　40%

115. 减速器齿轮及齿轮联轴器的轮齿齿面点蚀损坏面积，延齿高和齿宽方向超过(　　)时应报废。

A. 50%　　B. 40%　　C. 30%　　D. 10%

116. 减速器在结构架上振动的原因之一是，减速器底座的(　　)不足，工作时产生变形而引起减速器振动。

A. 刚度　　B. 强度　　C. 高度　　D. 硬度

117. 减速器底座地脚螺栓松动，将使减速器在工作时产生(　　)。

A. 漏油　　B. 发热　　C. 声响　　D. 振动

118. 减速器的温度超过(　　)℃时，应停止使用。

A. 80　　B. 50　　C. 60　　D. 70

119. 当减速器润滑不当时，齿轮啮合过程中，齿面摩擦产生高温而引发(　　)现象。

A. 齿部折断　　B. 齿面点蚀

C. 齿面胶合　　D. 齿轮啮合不严

120. 新减速器(　　)换油一次。

A. 一个月　　B. 一个季度

C. 半年　　D. 一年

121. 滚动轴承端盖处温升不大于(　　)℃，且最高温度不大于(　　)℃。

A. 30　65　　B. 20　40

C. 40　65　　D. 30　80

122. 滑动轴承进油孔处温升不大于(　　)℃，且最高温度不大于(　　)℃。

A. 30　65　　B. 35　70

C. 40　66　　D. 30　80

123. 联轴器主要是用来传递(　　)和用来连接各个运行机构的传动轴。

A. 弯曲力　　B. 扭矩

C. 剪切力　　D. 轴距

124. 齿轮联轴器的润滑每(　　)进行一次。

A. 一个月　　B. 半个月

C. 一个季度　　D. 半年

125. 齿式联轴器轮齿齿面磨损量达原齿厚的(　　)时应报废。

A. 50％　　B. 40％　　C. 30％　　D. 20％

126. 运行机构必须安装(　　)装置用于吸收运动动能，保护机构免受硬性冲击。

A. 制动器　　B. 减速器

C. 扫轨器　　D. 缓冲器

127. 液力耦合器的工作原理属于(　　)传动。

A. 液压　　B. 机械

C. 液力　　D. 液力、机械混合

128. 液压系统的动力元件是(　　)。

A. 转向油缸　　B. 换向阀

C. 起升油缸　　D. 液压泵

129. 液压或气动系统中，应设有不超过额定工作压力（　　）倍的过压保护装置。

A. 1.5　　B. 1.0　　C. 1.2　　D. 2.0

130. 施工用电焊机的一次侧电源线宜不大于（　　）m。

A. 3　　B. 5　　C. 8　　D. 10

131. 游乐设施低压配电系统的接地形式应采用（　　）系统。

A. TN－S或TN－C－S　　B. TN－S

C. TN－C－S　　D. TN－C

132. 带电回路与地之间的绝缘电阻应不小于（　　）MΩ。

A. 0.5　　B. 1　　C. 5　　D. 7

133. 几个不等值的电阻串联，每个电阻上的电压的相互关系是（　　）。

A. 阻值小的电压大　　B. 阻值大的电压大

C. 相等　　D. 无法确定

134. 阻值为 40 Ω 的电阻丝，对折后并联，其阻值为（　　）Ω。

A. 5　　B. 10　　C. 20　　D. 80

135. 交流接触器或继电器经常掉闸，是由于（　　）。

A. 电压过低　　B. 滑线接触不良

C. 速度减慢　　D. 起重机启动过猛

136. 接触器接触不良，是因为动触头与静触头的压力（　　）产生的。

A. 均衡　　B. 不均衡

C. 过大　　D. 过小

137. 磁导体可动部分离开静止部分过远时，交流接触器出现（　　）。

A. 动作迟缓　　B. 发热

C. 声响　　D. 振动

138. 接触器是一种开关电器，可频繁接通、断开的是(　　)的开关电器。

A. 控制电路　　B. 主电路

C. 照明系统电路　　D. 保护电路

139. 主接触器吸合后，因为主回路有接地现象，会出现(　　)。

A. 过电流继电器动作　　B. 接触器线圈烧损

C. 接触器无自保　　D. 熔断器烧损

140. 接触器闭合后产生较大的嗡嗡声，其原因是(　　)。

A. 线圈接线不实　　B. 固定螺钉松动

C. 电压低　　D. 短路环断

141. 限位开关不起作用的原因是(　　)造成的。

A. 限位开关内部短路　　B. 限位回路中短路

C. 限位开关零件失效　　D. 限位开关外部短路

142. 对控制回路起短路保护作用的保护电器是(　　)。

A. 过电流继电器　　B. 限位器

C. 紧急开关　　D. 熔断器

143. 为防止电器失火，要经常检查各绝缘是否符合规定，发生火险和失火时应先(　　)。

A. 立即离开火源　　B. 用灭火器扑救

C. 立即切断电源　　D. 用灭火剂扑救

144. 带电设备发生火灾时使用的灭火物质应该是(　　)。

A. 空气泡沫灭火器　　B. 液体灭火剂

C. 泡沫灭火剂　　D. 二氧化碳灭火剂

145. 我国使用的交流电的电流、电压的变化频率为(　　)Hz。

A. 20　　B. 30　　C. 40　　D. 50

146. 电动机电刷磨损掉原高度的(　　)时应更换。

A. 1/2　　B. 1/3　　C. 1/4　　D. 2/3

147. 过山车经过立环时游客不会坠落是因为(　　)。

A. 压肩的阻挡作用

B. 此时的离心力大于身体的重力

C. 安全带的阻挡作用

D. 安全扶手的阻挡作用

148. 由乘客操作的电气开关应采用不大于(　　)V 的安全电压。

A. 12　　B. 24　　C. 36　　D. 42

149. 三角形联结是将绕组的(　　)个线头首尾依次连接在一起的接线方式。

A. 4　　B. 6　　C. 8　　D. 2

150. 当电动机转子绕组有两处接地时，电动机在带上负载后会出现(　　)现象。

A. 发热　　B. 声响

C. 速度减慢　　D. 振动

151. 电动机转子变形，严重时与定子相接触，即产生“扫膛”现象而导致电动机出现(　　)。

A. B和D　　B. 发热

C. 声响　　D. 振动

152. 对于频繁启动的电动机选型应合理，启动电流宜不大于额定电流值的(　　)倍。

A. 2　　B. 2.5　　C. 3　　D. 4.5

153. 乘客易接触部位（高度小于 2.5 m 或安全距离小于 500 mm范围内）的装饰照明电压应采用不大于(　　)V 的安全电压。

A. 380　　B. 250　　C. 220　　D. 50

154. 轨道带电在地面行驶的游乐设施，轨道电压应不大于(　　)V。架空行驶的游乐设施，滑接线高度低于(　　)m 处应设置安全栅栏和安全标志。

A. 380　5　　　　B. 250　4

C. 220　3　　　　D. 50　2.5

155. 低压配电系统保护重复接地电阻应不大于(　　)Ω。

A. 4　　B. 10　　C. 15　　D. 30

156. 高度大于(　　)m 的游乐设施和滑索上站、下站及钢丝绳等应装设避雷装置，高度超过(　　)m 时还应增加防侧向雷击的避雷装置。

A. 10　20　　　　B. 15　30

C. 10　40　　　　D. 15　60

157. 避雷装置引下线宜采用圆钢或扁钢，圆钢直径不应小于(　　)mm，扁钢截面不应小于(　　)mm^2，其厚度不应小于(　　)mm。

A. 8　48　4　　　　B. 10　48　4

C. 8　48　10　　　　D. 8　50　4

158. 游乐设施电压大于 50 V 的带电回路与接地装置之间的绝缘电阻应不小于(　　)MΩ。

A. 0.5　　B. 1　　C. 2　　D. 7

159. 距地面(　　)m 以上封闭座舱的门，必须设乘客在内部不能开启的两道锁紧装置或一道带保险的锁紧装置，非封闭座舱进出口处的拦挡物也应有带保险的锁紧装置。

A. 1　　B. 2.5　　C. 3　　D. 4

160. 沿钢丝绳运动的游乐设施，必须有防止乘客部分(　　)的保险装置，保险装置应有足够的强度。

A. 脱落　　B. 碰撞　　C. 坠落　　D. 超速

161. 安全带宜采用尼龙编织带等适于露天使用的高强度的带子，带宽应不小于(　　)mm，安全带破断拉力不小于(　　)N。

A. 20　6000　　　　B. 30　8000

C. 30　6000　　D. 20　8000

162. 乘坐物有翻滚动作的游乐设施，其乘人的肩式压杠应有(　　)套可靠的锁紧装置。

A. 2　　B. 3　　C. 4　　D. 1

163. 小赛车类游乐设施的最大制动距离应不大于(　　)m，在滑道内滑行的车不大于 8 m，脚踏车、内燃或电力单车等不大于 6 m，架空列车不大于(　　)m。

A. 7　10　　B. 7　15

C. 8　10　　D. 8　15

164. 对于强度等级为 6.8、8.8 和 10.9 的高强螺栓，轴向可传递允许(　　)。

A. 预紧力　　B. 预紧力和力矩

C. 力矩　　D. 摩擦力

165. 滑轮或卷筒直径应不小于钢丝绳直径的(　　)倍。

A. 20　　B. 30　　C. 40　　D. 50

166. 制动装置必须安全可靠，小火车最大制动距离应小于(　　)m。

A. 5　　B. 8　　C. 10　　D. 15

167. 转动平台与固定部分间隙应不大于(　　)mm。

A. 20　　B. 30　　C. 40　　D. 50

168. 吊舱吊挂乘客部分的钢丝绳不得少于两根，直径不得小于(　　)mm。

A. 6　　B. 12　　C. 18　　D. 24

169. 侧轮（或轮缘）与轨道间隙每侧应不大于(　　)mm。

A. 5　　B. 10　　C. 15　　D. 20

170. 碰碰车车架四周应设缓冲轮胎，缓冲轮胎应突出车体和装饰物不小于(　　)mm。

A. 20　　B. 30　　C. 40　　D. 50

171. 碰碰车车速大于 5 km/h，车体缓冲装置突出车体的尺寸不得小于(　　)mm。

A. 20　　B. 30　　C. 40　　D. 50

172. 碰碰车车速小于等于 5 km/h，车体缓冲装置突出车体的尺寸不得小于(　　)mm。

A. 20　　B. 30　　C. 40　　D. 50

173. 内燃机和电力单车驱动的架空游览车的制动距离，脚踏车不大于(　　)m，架空列车不大于(　　)m。

A. 6　15　　B. 12　30

C. 6　30　　D. 12　15

174. 电动机不频繁启动时端电压不宜低于额定电压的(　　)。

A. 95%　　B. 90%　　C. 85%　　D. 80%

175. 工作电压不大于 50 V 的电源变压器一次、二次绕组间的绝缘电阻不小于(　　)MΩ。

A. 0.5　　B. 1　　C. 2　　D. 7

176. 工作电压不大于 50 V 的电源变压器绕组对金属外壳间的绝缘电阻不小于(　　)MΩ。

A. 0.5　　B. 1　　C. 2　　D. 7

177. 带电回路与地之间的绝缘电阻应不小于(　　)Ω。

A. 0.5　　B. 1　　C. 2　　D. 7

178. 距地面高度超过(　　)m 的游乐设施应设风速计。

A. 20　　B. 30　　C. 40　　D. 50

179. 游乐设施高度超过 15 m 时应设避雷装置，避雷装置的接地电阻不大于(　　)Ω。

A. 4　　B. 10　　C. 20　　D. 30

180. 滑索飞渡的水池水深应保证游客安全，一般为(　　)m。

A. 1　　B. 1.5　　C. 2　　D. 2.5

181. 滑梯滑道表面应平整光滑，接口处过渡圆角半径小于等于(　　)mm，且下口不高于上口。

A. 2　　B. 3　　C. 4　　D. 5

182. 滑梯在起点处必须安装高度为(　　)m 的横杆。

A. 1.5　　B. 1.4　　C. 1.2　　D. 1.1

183. 成人滑梯滑道末端距水池水面高度不得大于(　　)mm。

A. 200　　B. 300　　C. 400　　D. 500

184. 儿童滑梯滑道末端距水池水面高度不得大于(　　)mm。

A. 200　　B. 300　　C. 400　　D. 500

185. 滑道末端距水池水面高度上抛入水的滑梯末端距水池水面高度小于等于(　　)mm，上抛角度不大于 30°。

A. 1 000　　B. 1 100　　C. 1 200　　D. 1 400

186. 液压系统的液压泵是(　　)。

A. 动力元件　　B. 执行元件

C. 控制元件　　D. 辅助元件

187. 液压系统的压力、流量和方向等各种阀类是(　　)。

A. 动力元件　　B. 执行元件

C. 控制元件　　D. 辅助元件

188. 液压系统的液压缸与液压马达是(　　)。

A. 动力元件　　B. 执行元件

C. 控制元件　　D. 辅助元件

189. 液压系统的油箱、管路、管接头、蓄能器、滤油器、换能器以及各种控制仪表是(　　)。

A. 动力元件　　B. 执行元件

C. 控制元件　　D. 辅助元件

190. 液压系统中，压力是由(　　)决定的。

A. 液压泵　　B. 液压阀

C. 外界负载　　D. 液压马达

191. 液压系统中的最高压力是由(　　)决定的。

A. 溢流阀　　B. 负载

C. 液压泵　　D. 液压马达

192. 液压系统中执行元件的动作快慢是由(　　)决定的。

A. 节流阀　　B. 压力阀

C. 方向阀　　D. 溢流阀

193. 液压系统中执行元件的方向变化是由(　　)决定的。

A. 节流阀　　B. 压力阀

C. 方向阀　　D. 单向阀

194. 溢流阀、减压阀、顺序阀是(　　)。

A. 压力控制阀　　B. 流量控制阀

C. 方向控制阀　　D. 液压阀

195. 节流阀、调速阀是(　　)。

A. 压力控制阀　　B. 流量控制阀

C. 方向控制阀　　D. 液压阀

196. 单向阀、换向阀是(　　)。

A. 压力控制阀　　B. 流量控制阀

C. 方向控制阀　　D. 液压阀

197. 气压传动系统的(　　)是指气泵。

A. 动力元件　　B. 执行元件

C. 控制元件　　D. 辅助元件

198. 气压传动系统的(　　)是指气缸和马达。

A. 动力元件　　B. 执行元件

C. 控制元件　　D. 辅助元件

199. 气压传动系统的(　　)是指控制压缩空气的压力、流量和流动方向的各类阀和传感器等。

A. 动力元件　　B. 执行元件

C. 控制元件　　D. 辅助元件

200. (　　)的作用是使压缩空气净化、润滑、消声、指示及便于元件连接密封等所需要的一些装置和元件。

A. 动力元件　　B. 执行元件

C. 控制元件　　D. 辅助元件

201. 安全阀、减压阀、减荷阀、流量阀、方向阀、行程阀、传感器是(　　)。

A. 动力元件　　B. 执行元件

C. 控制元件　　D. 辅助元件

202. 空气滤清器、分水滤气器、油雾器、消声器、压力表及管件、接头、密封圈等是(　　)。

A. 动力元件　　B. 执行元件

C. 控制元件　　D. 辅助元件

203. 空气压缩机是(　　)。

A. 动力元件　　B. 执行元件

C. 控制元件　　D. 辅助元件

204. 气缸、回转式和摆动式气马达等是(　　)。

A. 动力元件　　B. 执行元件

C. 控制元件　　D. 辅助元件

205. (　　)能确保系统元件尤其是压力容器即储气罐的安全使用。

A. 安全阀　　B. 减压阀

C. 流量阀　　D. 方向阀

206. (　　)用调节空气流量的大小来控制阀后气缸或气马达的运行速度，是通过其内部通路面积变化来改变空气流量的。

A. 安全阀　　B. 减压阀

C. 流量阀　　D. 方向阀

207. (　　)是储备一定量的压缩空气，保障工作系统有充裕的气量供应，降低因气源发生变化所导致的压力脉动。

A. 储气罐　　B. 分水滤气器

C. 空气过滤器　　D. 方向阀

208. 为了防止来自气压发生装置的空气中含有的水分、灰尘等进入气动控制回路，在入口处要设置(　　)。

A. 安全阀　　B. 油雾器

C. 空气过滤器　　D. 分水滤气器

209. (　　)是利用流动的压缩空气将润滑油喷成雾状后，送到气缸、气马达和气阀等内部的滑动部分、摩擦副等处润滑，使之动作圆滑、减少磨损、延长寿命。

A. 安全阀　　B. 油雾器

C. 空气过滤器　　D. 分水滤气器

210. 气压传动的工作介质是(　　)。

A. 空气　　B. 油液

C. 水　　D. 油雾气体

211. 气缸的润滑靠的是(　　)。

A. 机油　　B. 液压油

C. 油雾气体　　D. 变压器油

212. 空气中的水分杂质是靠(　　)滤除的。

A. 油雾器　　B. 分水过滤器

C. 空气过滤器　　D. 水

213. 气压的产生是靠(　　)。

A. 气泵　　B. 气缸

C. 气阀　　D. 电动机

214. 油雾气体的产生是靠(　　)。

A. 油雾器　　B. 气泵

C. 分水过滤器　　D. 气缸

215. 液力耦合器的工作介质是(　　)。

A. 空气　　B. 油液

C. 水　　D. 油雾气体

216. 液力耦合器的主动元件是(　　)。

A. 活塞　　B. 螺杆

C. 泵轮　　D. 涡轮

217. 液力耦合器的被动元件是(　　)。

A. 油缸　B. 马达　C. 涡轮　C. 泵轮

218. 液力耦合器属于(　　)。

A. 动力元件　　B. 执行元件

C. 控制元件　　D. 传动元件

219. 交流电动机在电源断开以后，立即向电动机定子绕组输入直流电流，使定子产生直流磁场电动机的电制动称为(　　)。

A. 能耗制动　　B. 电网反馈制动

C. 机械制动器　　D. 反接制动

220. 在电动机内部的一端安装一套抱闸式制动器。制动器得电时抱闸打开，电动机正常旋转，失电时抱闸锁紧，电动机制动称为(　　)。

A. 能耗制动　　B. 电网反馈制动

C. 机械制动器　　D. 反接制动

221. 电动机在断电的同时，改变输入电源的相序，使转子产生一个逆旋转方向的制动力矩称为(　　)。

A. 能耗制动　　B. 电网反馈制动

C. 机械制动器　　D. 反接制动

222. 变频器大部分使用(　　)和电网反馈制动。

A. 电阻能耗制动　　B. 电网反馈制动

C. 反接制动　　D. 直流能耗制动

223. 安全带的材质应采用(　　)，不要采用棉线带、塑料带、人造革带及皮带。

A. 尼龙编织带　　B. 棉线带

C. 皮带　　D. 人造革带

224. 座舱中常用的安全压杠一般用无缝钢管或不锈钢管制

成，直径为(　　)mm。

A. 10～20　　B. 20～30

C. 40～50　　D. 50～60

225. 疯狂老鼠游艺机提升段防止车辆倒滑的装置是(　　)。

A. 制动器

B. 防倒钩

C. 提升段的棘齿和车体上的防倒钩

D. 棘齿

226. 滑索的缓冲垫最先接触游客的是(　　)。

A. 双手　　B. 双膝

C. 双脚　　D. 屁股

227. 吊挂座椅上的保险绳和吊挂摆动件的保险绳，平时(　　)。

A. 受力　　B. 不受力

C. 部分受力　　D. 根据需要受力

228. 采用轴端挡板方式，可以使(　　)防松。

A. 轴承　　B. 螺母

C. 销轴　　D. 安全杠

229. 高速旋转的勇敢者转盘，在座舱与销轴吊挂连接处加了一条(　　)，在游艺机运转过程中，如果销轴断裂，座舱不会被甩出。

A. 保险绳　　B. 安全带

C. 拉杆　　D. 安全压杠

230. 回转臂式游乐设施的牵引杆是防止(　　)倾翻的安全保险装置。

A. 座舱　　B. 游客

C. 设备　　D. 维修工

231. 电气设备中正常情况下不带电的金属外壳、金属管槽、电缆金属保护层、互感器二次回路等必须与电源线的接地线可靠连接，电压配电系统保护重复接地电阻不应大于(　　)Ω。

A. 1　　B. 10　　C. 100　　D. 1 000

232. TN－S系统是三相五线制的中性导体与保护导体在系统中分开接线的方式，有(　　)根相线、一根中性线和一根保护接地线组成。

A. 一　　B. 两　　C. 三　　D. 五

233. (　　)主要用于内燃机的润滑。

A. 内燃机油　　B. 齿轮油

C. 黄油　　D. 液压油

234. (　　)用于各种减速机的润滑。

A. 内燃机油　　B. 齿轮油

C. 黄油　　D. 液压油

235. (　　)主要用于一切得不到机油与齿轮油润滑的滚动轴承和滑动轴承的润滑。

A. 内燃机油　　B. 齿轮油

C. 黄油　　D. 液压油

236. 钙基润滑脂(　　)好，但耐热性差，一般适用于潮湿或易与水接触而温度不高的轴承润滑。

A. 耐水性　　B. 耐热性

C. 低温性　　D. 高温性

237. 钠基润滑脂(　　)好，但耐水性差，多用于工作温度在50℃以上干燥密封条件较好的轴承润滑。

A. 耐水性　　B. 耐热性

C. 低温性　　D. 高温性

238. 锂基润滑脂各项指标(　　)，可替代钙基润滑脂、钠基润滑脂在各种场合全年使用。

A. 说不清　　B. 都一般

C. 都不好　　D. 都好

239. 润滑油量过多的直接坏处是(　　)。

A. 加大功率损失　　　　　　B. 润滑不良
C. 影响寿命　　　　　　　　D. 设备损坏

240. 润滑油量过少的直接坏处是(　　)。
A. 加大功率损失　　　　　　B. 润滑不良
C. 影响寿命　　　　　　　　D. 设备损坏

241. 空气压缩机曲轴箱的油底壳应加注(　　)。
A. 内燃机油　　　　　　　　B. 齿轮油
C. 空压机油　　　　　　　　D. 液压油

242. 水泵等潮湿场合的轴承应加注(　　)。
A. 钙基润滑脂
B. 钠基润滑脂
C. 锂基润滑脂
D. 石墨钙基润滑脂

243. 干燥高温条件下的轴承应加注(　　)。
A. 钙基润滑脂
B. 钠基润滑脂
C. 锂基润滑脂
D. 石墨钙基润滑脂

244. 任何场合和季节条件下的轴承均可加注(　　)。
A. 钙基润滑脂
B. 钠基润滑脂
C. 锂基润滑脂
D. 石墨钙基润滑脂

245. 开式齿轮传动最好用(　　)。
A. 钙基润滑脂
B. 钠基润滑脂
C. 锂基润滑脂
D. 石墨钙基润滑脂

246. 高速链条传动使用(　　)润滑。

A. 润滑油液

B. 钠基润滑脂

C. 锂基润滑脂

D. 石墨钙基润滑脂

247. 高速钢丝绳传动使用(　　)润滑。

A. 钙基润滑脂

B. 钠基润滑脂

C. 锂基润滑脂

D. 石墨钙基润滑脂

248. 游乐园经营单位应当加强管理，健全安全责任制度，配备相应的(　　)人员，保证安全运营。

A. 操作、管理

B. 操作、维修、管理

C. 操作、维修

D. 操作、专业技术

249. 游乐园经营单位应当设置(　　)，保持游览路线和出入口的畅通，及时做好游览疏导工作。

A. 游乐引导标志

B. 指路标志

C. 出入口标志

D. 导向标志

250. 游乐园经营单位应当在每项游乐设施的入口处向游客作出(　　)。

A. 安全保护说明

B. 警示标志

C. 安全保护说明和警示标志

D. 游客注意事项

251. 每次运行前应当对乘坐游客的(　　)，设施运行时应当注意游客动态，及时制止游客的不安全行为。

A. 状态进行检查

B. 安全防护加以确认

C. 安全进行说明

D. 安全进行检查

252. 游乐设施操作人员在游客游乐前应(　　)、操纵方法及有关注意事项。

A. 介绍设施对身体状况的要求

B. 向游客详细介绍游乐规则

C. 介绍保险装置

D. 向游客详细介绍设施状况

253. 凡遇恶劣天气，风速大于(　　)m/s 时，大观览车、飞行塔类、滑行车类应停止运行。

A. 10　　B. 6　　C. 15　　D. 18

254. 游乐设施在结束一天的营业后，操作员要做好营业后的(　　)。

A. 运营记录　　B. 营业记录

C. 关机切断电源　　D. 安全检查

255. 为使游艺类设施经常处于良好的运营状态，延长设施的使用年限，维修系统除应加强正常维护保养外(　　)。

A. 还必须进行有计划的修理

B. 还必须进行一级保养

C. 还必须进行二级保养

D. 还必须进行有计划的项目修理

256. 在游乐设施突发故障、停电等情况，乘客乘坐在游乐设施中时，处于现场的操作人员必须处事不惊，(　　)，其次安抚在游乐设施上的游客并说明情况，使游客不要随意离开游乐设施，说服其他游客不要接近游乐设施。

A. 首先通知领导

B. 首先叫附近职工共同处理

C. 首先维持现场秩序

D. 首先切断电源

257. 游乐设施上发生人身伤亡事故，首先要对伤员实施抢救。若伤员伤势较重，除拨打“120”急救电话求救外，还应(　　)。

A. 及时将伤员运送到通道上

B. 将伤员安置在安全的地方

C. 在现场对伤员进行针对性的救援

D. 观察伤员的情况

附录三

游乐设施操作人员题库答案

一、判断题

1. √	2. √	3. √	4. √	5. ×	6. √
7. √	8. √	9. ×	10. ×	11. √	12. ×
13. √	14. ×	15. √	16. ×	17. ×	18. √
19. √	20. √	21. ×	22. ×	23. ×	24. ×
25. √	26. ×	27. √	28. ×	29. √	30. ×
31. √	32. √	33. √	34. √	35. ×	36. √
37. √	38. ×	39. √	40. √	41. ×	42. ×
43. √	44. √	45. ×	46. √	47. ×	48. ×
49. √	50. √	51. ×	52. √	53. √	54. ×
55. ×	56. √	57. √	58. √	59. √	60. ×
61. ×	62. ×	63. √	64. √	65. √	66. ×
67. ×	68. ×	69. ×	70. √	71. √	72. √
73. √	74. √	75. √	76. √	77. ×	78. ×
79. ×	80. √	81. √	82. ×	83. √	84. √
85. √	86. √	87. √	88. √	89. √	90. ×
91. ×	92. √	93. ×	94. √	95. ×	96. √
97. ×	98. ×	99. √	100. √	101. ×	102. √
103. ×	104. ×	105. √	106. √	107. √	108. ×
109. ×	110. √	111. √	112. √	113. √	114. √
115. √	116. √	117. √	118. √	119. √	120. ×
121. √	122. √	123. √	124. ×	125. √	126. ×
127. ×	128. ×	129. ×	130. ×	131. √	132. √
133. √	134. ×	135. ×	136. √	137. √	138. √
139. ×	140. ×	141. √	142. ×	143. ×	144. √

145. × 146. √ 147. √ 148. √ 149. √ 150. √
151. × 152. × 153. × 154. √ 155. √ 156. ×
157. √ 158. × 159. √ 160. × 161. √ 162. √
163. √ 164. × 165. √ 166. √ 167. × 168. √
169. √ 170. × 171. √ 172. √ 173. √ 174. √
175. × 176. × 177. √ 178. √ 179. √ 180. √
181. √ 182. × 183. √ 184. √ 185. × 186. √
187. √ 188. √ 189. √ 190. √ 191. √ 192. ×
193. √ 194. × 195. √ 196. √ 197. √ 198. ×
199. ×

二、选择题

1. C 2. C 3. D 4. A 5. C 6. B
7. A 8. B 9. A 10. A 11. D 12. B
13. C 14. A 15. A 16. B 17. C 18. D
19. C 20. B 21. B 22. A 23. A 24. B
25. B 26. C 27. D 28. A 29. C 30. B
31. D 32. D 33. B 34. B 35. D 36. B
37. C 38. B 39. A 40. A 41. A 42. B
43. B 44. B 45. D 46. D 47. C 48. C
49. B 50. B 51. B 52. D 53. D 54. D
55. C 56. D 57. B 58. D 59. C 60. D
61. C 62. C 63. C 64. B 65. B 66. D
67. D 68. A 69. B 70. C 71. A 72. C
73. A 74. C 75. C 76. A 77. B 78. C
79. A 80. C 81. B 82. D 83. C 84. C
85. A 86. A 87. C 88. A 89. B 90. C
91. A 92. A 93. B 94. C 95. D 96. C
97. D 98. A 99. B 100. A 101. C 102. A
103. D 104. B 105. A 106. C 107. B 108. A

109. A	110. B	111. D	112. A	113. C	114. D
115. A	116. C	117. C	118. C	119. B	120. C
121. A	122. A	123. A	124. B	125. C	126. A
127. B	128. C	129. A	130. B	131. B	132. C
133. D	134. A	135. A	136. B	137. A	138. C
139. B	140. B	141. C	142. D	143. A	144. D
145. C	146. A	147. D	148. A	149. C	150. D
151. A	152. B	153. C	154. C		

附录四

游乐设施维修人员题库答案

一、判断题

1. √	2. √	3. √	4. √	5. √	6. ×
7. ×	8. √	9. ×	10. √	11. √	12. ×
13. ×	14. √	15. √	16. √	17. √	18. ×
19. √	20. ×	21. √	22. √	23. √	24. √
25. √	26. ×	27. ×	28. √	29. ×	30. ×
31. ×	32. ×	33. ×	34. √	35. ×	36. √
37. ×	38. √	39. ×	40. √	41. √	42. √
43. √	44. √	45. √	46. ×	47. √	48. √
49. ×	50. √	51. √	52. ×	53. ×	54. √
55. √	56. ×	57. √	58. ×	59. ×	60. √
61. √	62. √	63. ×	64. √	65. √	66. ×
67. ×	68. √	69. √	70. √	71. √	72. ×
73. ×	74. ×	75. √	76. √	77. √	78. ×
79. ×	80. ×	81. ×	82. √	83. √	84. √
85. √	86. √	87. √	88. √	89. ×	90. ×
91. ×	92. √	93. √	94. ×	95. ×	96. √
97. ×	98. √	99. √	100. √	101. ×	102. √
103. √	104. ×	105. √	106. ×	107. √	108. √
109. √	110. √	111. √	112. ×	113. ×	114. √
115. ×	116. √	117. ×	118. √	119. ×	120. ×
121. √	122. √	123. ×	124. √	125. √	126. ×
127. √	128. √	129. ×	130. ×	131. √	132. √
133. ×	134. ×	135. √	136. ×	137. √	138. √
139. ×	140. ×	141. ×	142. √	143. √	144. √

145. √	146. √	147. √	148. √	149. √	150. √
151. √	152. √	153. √	154. √	155. √	156. ×
157. ×	158. ×	159. √	160. ×	161. √	162. √
163. √	164. ×	165. √	166. √	167. √	168. √
169. ×	170. √	171. √	172. √	173. ×	174. ×
175. ×	176. ×	177. √	178. ×	179. √	180. ×
181. √	182. √	183. √	184. ×	185. √	186. √
187. √	188. ×	189. √	190. √	191. ×	192. ×
193. ×	194. ×	195. √	196. √	197. √	198. ×
199. ×	200. √	201. √	202. √	203. ×	204. ×
205. √	206. ×	207. ×	208. √	209. ×	210. √
211. √	212. ×	213. √	214. √	215. ×	216. ×
217. √	218. √	219. √	220. √	221. √	222. √
223. √	224. √	225. ×	226. ×	227. ×	228. √
229. √	230. √	231. ×	232. ×	233. √	234. √
235. √	236. ×	237. √	238. √	239. √	240. √
241. √	242. √	243. ×	244. ×	245. √	246. √
247. √	248. ×	249. ×	250. √	251. √	252. √
253. √	254. √	255. √	256. √	257. √	258. √
259. √	260. √	261. √	262. √	263. ×	264. √

二、选择题

1. B	2. C	3. C	4. D	5. A	6. C
7. B	8. A	9. B	10. A	11. A	12. D
13. B	14. C	15. A	16. B	17. C	18. D
19. C	20. B	21. B	22. A	23. A	24. B
25. C	26. D	27. A	28. C	29. B	30. D
31. D	32. B	33. B	34. D	35. B	36. C
37. B	38. A	39. A	40. A	41. B	42. B
43. B	44. D	45. D	46. C	47. C	48. B

49. B	50. B	51. D	52. D	53. D	54. C
55. D	56. D	57. D	58. C	59. D	60. C
61. C	62. C	63. B	64. D	65. D	66. A
67. B	68. C	69. A	70. C	71. A	72. C
73. C	74. A	75. B	76. C	77. B	78. A
79. B	80. A	81. A	82. A	83. A	84. B
85. C	86. C	87. B	88. C	89. C	90. A
91. C	92. B	93. A	94. D	95. A	96. B
97. D	98. A	99. D	100. D	101. B	102. B
103. C	104. B	105. C	106. C	107. A	108. B
109. B	110. C	111. A	112. D	113. D	114. C
115. A	116. A	117. D	118. A	119. C	120. B
121. A	122. B	123. B	124. A	125. D	126. D
127. C	128. D	129. C	130. B	131. A	132. B
133. B	134. B	135. A	136. D	137. A	138. B
139. D	140. D	141. D	142. D	143. C	144. D
145. D	146. D	147. B	148. B	149. B	150. C
151. A	152. D	153. D	154. D	155. B	156. D
157. A	158. B	159. A	160. A	161. C	162. A
163. B	164. B	165. C	166. B	167. B	168. B
169. A	170. B	171. D	172. A	173. A	174. C
175. D	176. C	177. B	178. A	179. D	180. B
181. B	182. D	183. B	184. A	185. C	186. A
187. C	188. B	189. D	190. C	191. A	192. A
193. C	194. A	195. B	196. C	197. A	198. B
199. C	200. D	201. C	202. D	203. A	204. B
205. A	206. C	207. A	208. D	209. B	210. A
211. C	212. B	213. A	214. A	215. B	216. C
217. C	218. D	219. A	220. C	221. D	222. A

223. A	224. C	225. C	226. C	227. B	228. C
229. A	230. A	231. B	232. C	233. A	234. B
235. C	236. A	237. B	238. D	239. A	240. B
241. C	242. A	243. B	244. C	245. D	246. A
247. A	248. B	249. A	250. C	251. B	252. B
253. C	254. D	255. A	256. D	257. C	

参考文献

沈勇，刘志学，张宏伟. 游乐设施作业与管理 [M]. 北京：学苑出版社，2003.

王福绵，杨立治，何毅，王晓雷. 起重机械技术检验 [M]. 北京：学苑出版社，2000.

王玉卿. 工程机械实用液体传动 [M]. 北京：机械工业出版社，1991.

邓绍规. 液压传动 [M]. 北京：机械工业出版社，1998.

徐炳辉. 气动基础知识 [J]. 液压与气动，1994 (3) (4) (5).

陈绪杰，蒋乐增等. 机械基础 [M]. 北京：解放军出版社，1998.